国家中医药公益性行业专项“我国水生、耐盐中药资源的合理利用研究”（201407002）资助出版

谨以此书献给：
南京中山植物园建园90周年！

植物园学导论

INTRODUCTION TO PHYTOHORTOLOGY

李 亚 著

江苏省中国科学院植物研究所（南京中山植物园）
Institute of Botany, Jiangsu Province and Chinese Academy of Sciences(Nanjing Botanical Garden, Mem. Sun Yat-sen)

东南大学出版社
SOUTHEAST UNIVERSITY PRESS

内容简介

《植物园学导论》共6章，系统地阐述了植物园的起源和发展、植物引种驯化和资源开发利用、植物学研究和科普教育、植物景观建设和园艺展示、植物的迁地保护以及植物园的经营和管理等内容。同时，针对我国植物园建设中的薄弱环节，还以扩展阅读的方式在相关章节分别介绍了东西方园林的差异；草坪和花境的起源、发展及其在植物园景观建设中的应用；又以荷兰莱顿植物园的郁金香引种驯化和南京中山植物园的活植物收集与数据管理策略为例，说明了植物园在资源开发利用、物种保育方面的作用和方法等其他内容。

图书在版编目(CIP)数据

植物园学导论 / 李亚著 . 一南京 ：东南大学出版社，2019.8

ISBN 978-7-5641-8389-9

Ⅰ . ①植… Ⅱ . ①李… Ⅲ . ①植物园 Ⅳ . ① Q94-339

中国版本图书馆 CIP 数据核字 (2018) 第 081864 号

植物园学导论　Zhiwuyuanxue Daolun

著　　者	李　亚	责任编辑	陈　跃
电　　话	(025)83795627	电子邮箱	chenyue58@sohu.com
出版发行	东南大学出版社	出 版 人	江建中
地　　址	南京市四牌楼2号	邮　　编	210096
销售电话	(025)83794121/83795801		
网　　址	http://www.seupress.com	电子邮箱	press@seupress.com
经　　销	全国各地新华书店	印　　刷	南京迅驰彩色印刷有限公司
开　　本	889mm×1194mm	印　　张	19.75
字　　数	558千字		
版 印 次	2019年8月第1版　　2019年8月第1次印刷		
书　　号	ISBN 978-7-5641-8389-9		
定　　价	210.00元		

*本社图书若有印装质量问题，请直接与营销部联系。电话：025-83791830。

序 一

植物是人类赖以生存的物质基础和支撑经济社会发展的重要资源。顾名思义，植物园是“植物学的园地”，是一个集活植物收集、对植物进行登录和管理、科学研究和展示、植物多样性保育和利用、植物文化传播和教育等功能的场所。植物园已经历了近 500 年的发展。西方早期建立的植物园多以收集和研究药用植物为主，并逐步转变为系统收集、保存世界各地植物并开展科研、科普活动的园地。20 世纪 70 年代以来，很多植物园还承担着濒危植物引种、迁地保护和回归自然栽培等功能。中国植物园的发展历史较短，但与我国经济社会发展的进程是同步的。成立于 1929 年的南京中山植物园是由中国人自己创建的现代植物园之一。至 20 世纪 60 年代，我国植物园数量达 34 个，植物园的内涵建设不断拓展。改革开放以来，随着经济社会发展和城市化进程不断加快，国家对生物多样性保护和生态文明建设越来越重视，建设的植物园数量和质量都得到明显提升。目前，全国已有不同等级、规模和功能的植物园 200 多个，在区域植物种质资源收集保存、濒危物种迁地保护、经济和药用植物研发利用以及生态文明宣传教育等方面发挥了不可替代的作用。然而，目前大多数植物园面临植物种类欠丰富、科研原创成果偏少、科普教育受众面较窄等问题和挑战，个别植物园还存在公园化发展倾向。因此，如何将植物园建设成为集科技创新、园艺展示和科普教育为一体的综合场所是摆在新时期植物园建设者面前的重要任务。

近年来，国内有关植物园建设理论和建设方法、功能和服务、运行和管理的权威著述迭出且各有所长。本书作者着重阐述了建立植物园的科学原理和基本原则，系统梳理了植物园建设的理念和技术脉络，分析了不同历史阶段植物园建设理论的演化、传承与发展。在借鉴国际植物园建设和发展经验的基础上，结合我国国情园情，汇聚了国内外植物园管理和科技工作者的智慧与成果。本书作者在南京中山植物园参与科研和管理工作 20 余载，长期的探索和建园实践为本书积累了丰富的素材和成果。另一方面，作者广泛收集整理了国内外植物园的相关研究资料并加以归纳吸收，力图博采众长，系统阐述植物园建设的历史、理论、方法和技术体系，难能可贵。这本书的面世，将为植物园工作者提供颇具理论和应用价值的参考，也将为推动我国植物园事业的可持续发展作出贡献。本人欣然为该书写序，并期盼投身于植物园事业的各位同仁携手并进，共创我国植物园事业的美好未来。

江苏省中国科学院植物研究所 所长
南京中山植物园 主任

序 二

植物园是园林体系中的一个分支。世界植物园的历史已近500年。近年来，尤其在中国，对其发展过程已有较多的研究，虽然各家见解可能有所不同，但对植物园包括收集植物、保护植物、利用植物在内的主要功能，在伦理上倡导人类与自然和谐共存，在行动上落实“绿水青山就是金山银山”的准则，进而保护和节约植物资源，促进可持续发展的使命，则是一致公认的。

由于植物园的功能有相当大的部分与公园、花园、园林绿地相同，很容易被人们认知；植物园不同于其他园林的科研成分则往往被人们忽略。而过多地强调科研成分，又往往容易造成一种错觉，似乎在炫耀植物园要比其他园林高出一头。之所以如此，可能与我国精神文化领域里“唯有读书高”的流毒和文化惯性有关。其实，这种区别仅仅是分工的不同。有鉴于此，笔者一直建议“academic botanical garden”最好译作“研究性（科研）植物园”，而不是“科学植物园”，以免造成受众误解，似乎其他类型的植物园就无科学可言了。说白了，也仅仅是分工不同而已。

本书缘起于李亚和华南植物园廖景平先生的相对兴叹：似乎“中国植物园诞生得太早”，故而不为人知；笔者认为，可能只是“养在花丛人未知”的缘故吧?！故本书的目的之一就是要让更多人认知植物园。植物园对人类生存的贡献，不仅是为了今天，还深谋远虑到了明天。在只顾近利的短视热潮盛行时，人们有意无意地撇开还要为明天努力的植物园，也未必不是原因之一。

自诞生以来，植物园传承着几千年来人类利用植物的知识，对数以几十万计的植物物种科学地进行发掘、区分、认识、分类、收集、引种、栽培、种质保存与开发利用，涉及的方面难以计数，作出的贡献也密切关系着人类的兴衰存亡。吴征镒院士在他对《植物园学》（*Phytohortology*）的评述中指出：“不断发展的植物园事业是如此鲜活、复杂和丰富”。诚然，植物园是具有“科学内涵、艺术外貌和文化展示”，倡导“人与自然和谐共处”的综合体。它不仅是一般性的多学科的交叉，还包含着自然科学和社会科学两大方面的内容。吴征镒院士又指出：“这是一个无穷大的事业”“我们就是要以‘有涯道无涯’，首先就要让它成为一个学科”。所以，植物园学的内容也必须有“涯”“岸”的界定，而不能无所不包，也不能无限扩展与延伸，以致“走调”和把握不住自己的学科特点；既要容得下多学科的结合，也要止得住可能导致的失衡，始终坚持植物园发展的大方向。

第二次世界大战以后，西方发达国家的植物园出现了巨大变化，显著地降低了对经济植物利用研究的关注，尤其是20世纪70年代以后，随着生物多样性保育和环境保护的急切需要，植物园几乎是全力以赴，集中力量于物种保护。到21世纪初，国际植物园保护联盟（BGCI）的激进人士甚至提出要给植物园重新定义。强调植物园要面向社会，要淡化经典（学院式）植物园，把教育放到了前所未有的重要位置。这种倾向实际上就是向文化机构倾斜，向公园化方向发展。中国和其他生物多样性丰富国家的植物园是否也应如此发展是当前急切需要回答的问题。笔者认为：拥有丰富植物资源国家的植物园，保护、发现和利用植物资源的科学研究任务还远远没有结束，即使强调面向社会、为社会服务的方向是正确的，当前也不能放松对经济植物的利用研究，至少在未来50年或更长时间里，保护、发掘和开发利用植物资源还是植物园工作的重点。何况，笔者并不认为植物园淡化对经济植物的研究是一个正确的决策。全世界数以千计的植物园必然是多样的，具体到每个植物园，可以有自己的特色、侧重和不同于其他植物园的形式，但植物园队伍的主体绝不能放松对植物利用的研究。对人类而言，物种保护也是为了可持续利用。中国和其他生物多样性丰富国家的植物园还必须紧紧抓住植物利用研究不放，这是植物园生命力的重要源泉。

李亚先生在植物园工作20余年，对国内外植物园均有较深入的了解，植物园建设的造诣颇高。积20多年潜心研究，撰写这本内容丰富、图文并茂的巨著，十分可贵。笔者相信此书的出版将为我国和世界植物园的发展作出重要贡献，特为之序。

前国际植物园协会（IABG） 主席
江苏省中国科学院植物研究所 名誉所长

自　序

人类是自然之子，纵有短暂的背叛，但终究要归于自然！

——作者按

这个册子本来拟名为《中国植物园——机遇与挑战》，因为负责植物园工作以来，这样的机遇与挑战时刻伴随着我。在一次和华南植物园廖景平先生交流的时候，他坦言植物学在中国是“早产儿”，我认为若如斯，则植物园更“早产”，从来源上讲也应该如此：现代植物园是在植物学基础上发展起来的，如果植物学“早产”，那么在此基础上诞生的植物园也势必“羸弱”或“生不逢时”，因此植物园在中国的成长需要更多的关爱与呵护。写下这个题目的时候，我初到园艺与科普中心任职，颇有那种“下车伊始，哇啦哇啦”的热情。虽然在江苏省中国科学院植物研究所已经工作多年，但过去多在管理或科研部门任职或从事研究工作，对植物园的认识还多流于感性，缺乏理性的思考和建设、管理的经验，连认真学习、考察过的兄弟植物园都不多，更不要说世界名园了，适应并胜任新岗位的首要任务是补课，希望能把国内外植物园建设和管理过程中好的经验和做法总结归纳，应用到南京中山植物园的建设和管理上来。因此，刚到任不久，就有了写篇东西的打算，具体目的有两个：一是通过这个过程，自己学习、掌握植物园建设的理论和技术，二是为园艺与科普中心的同事们整理一份植物园建设、管理的资料，供大家学习和借鉴。好在国外植物园已经有很丰厚的经验积累，国内植物园虽然起步较晚，但理论上的思考并不逊色，如中国科学院北京植物研究所余树勋先生的《植物园》(1982)和《植物园规划与设计》(2000)、本所（园）贺善安先生等的《植物园学》(2005)及其英文版 *Phytohortology*（2016)、华南植物园任海先生的《科学植物园建设的理论与实践》(2006)和北京植物园张佐双先生等的《植物园研究》(2006)等都是世界植物园史上少有的有关植物园的专题论述。其中贺先生的《植物园学》出版之后，曾送我一本，因为我在其中贡献了一些图片。当时我正在南京林业大学攻读博士学位，也是离植物园最远的时候，所以浏览一遍之后就珍藏起来了；任海先生的《科学植物园建设的理论与实践》和张佐双先生等的《植物园研究》则是在有了这个想法之后上网搜资料时在孔夫子旧书网上找到的，因为它们都在2006年出版，算下来也已经9年了。值得一提的是，在《科学植物园建设的理论与实践》里，任海先生明确指出南京中山植物园是我国第一座现代意义上的植物园，这不仅肯定了中山植物园的历史地位，更加重了我的使命感：第一座国立植物园总该在中国植物园的发展史上多留下点什么。因此，在确定题目的时候，我决定把它放大一些，以便有更多的空间、内容进行探讨，毕竟中国植物园建设、发展的历史还很短，南京中山植物园作为第一座国立植物园也刚走完86个春秋，这其中还有许多工作需要探讨，值得深究。这是一项浩瀚的工作，因此，计划用4年的时间来收集、整理和完善这份资料，希望它对南京中山植物园的建设和发展有所指导，对园艺与科普中心同事们的工作有所帮助，如果它还能对中国植物园建设和发展有所裨益，则幸莫大焉。

在按计划写完所有的内容，回头自省的时候，限于自己经验、理论的不足，总觉得还有很多欠缺，还有很多东西没有深入的探讨，还有很多想法未经实践的检验，因此曾改名为《植物园概论》，以期与南京中山植物园同进步、共成长。最后经薛建辉所长建议，在贺善安先生的鼓励和允许下，定名为《植物园学导论》，使得本书具有了理论探索的性质，但我深知，它还有很多缺点与不足，即使按照我自己原本的计划，这本书也应在4年之后出版，因此还希望读者和同行业者不吝赐教，以便于今后不断地丰富和完善。

起草于2015年5月，重修于2018年8月。

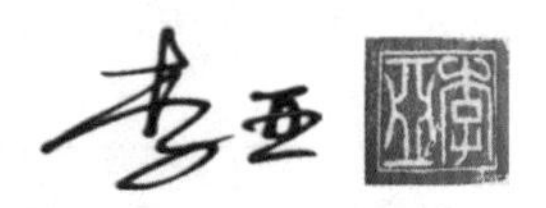

江苏省中国科学院植物研究所
南京中山植物园

缩略词表

缩写	全称	中文
AABGA	American Association of Botanical Gardens and Arboreta	美国植物园和树木园协会
ABCDNet	Asia Biodiversity Conservation and Database Network	亚洲生物多样性保护和数据库网络
AFLP	amplified fragment length polymorphorism	扩增片段长度多态性
AM	assisted migration	人工辅助迁徙
APGA	American Public Gardens Association	美国公园协会
Art	artemisinin	青蒿素
BGANZ	Botanic Gardens Australia and New Zealand	澳大利亚和新西兰植物园协会
BGCI	Botanic Gardens Conservation International	国际植物园保护联盟
BGCS	Botanical Garden Conservation Secretary	植物园保护秘书处
BHL	Biodiversity Heritage Library	生物多样性文献图书馆
CAS	Chinese Academy of Sciences	中国科学院
CBD	Convention on Biological Diversity	生物多样性公约
CGM	corn gluten meal	玉米麸质粉
CIFOR	Center for International Forestry Research	国际林业研究中心
CITES	Convention on International Trade in Endangered Species of Wild Fauna and Flora	濒危野生动植物物种国际贸易公约
COP	Conference of the Parties	缔约方大会
CPC	Center for Plant Conservation	（美国）植物保护中心
CSHL	Cold Spring Harbor Lab	（美国）冷泉港实验室
CSPC	Chinese Strategy for Plant Conservation	中国植物保护战略
CUBG	Chinese Union of Botanical Gardens	中国植物园联盟
DBGCF	Dutch Botanic Garden Collections Foundation	荷兰植物园活植物收集基金会
DNA	deoxyribo nucleic acid	脱氧核糖核酸
EBC	the economic botany collection	经济植物收集
EPA	U.S. Environmental Protection Agency	美国国家环保局
EPS	effective population size	有效种群大小
FAI	function, attraction and interpretation	功能、景观和可讲解决策程序
FAO	Food and Agriculture Organization of the United Nations	联合国粮食与农业组织
FCCC	United Nations Framework Convention on Climate Change	联合国气候变化框架公约

续 表

缩 写	全 称	中 文
GBGC	Global Botanic Garden Congress	世界植物园大会
GCA	Garden Club of American	美国公园俱乐部
GDP	gross domestic product	国内生产总值
GGBN	Global Genome Biodiversity Network	全球基因组生物多样性网络
GGI	Global Genome Initiative	全球基因组计划
GISH	genome *in situ* hybridization	基因组原位杂交技术
GMO	genetically modified organism	遗传修饰有机体
GPM	Global Phenological Monitoring	全球物候监测网
GSPC	Global Strategy for Plant Conservation	全球植物保护战略
IABG	International Association of Botanic Gardens	国际植物园协会
IABMS	International Association of Botanical and Mycological Societies	国际植物学和真菌学联合会
IAPT	International Association for Plant Taxonomy	国际植物分类协会
IBC	Internaltional Botanical Congress	国际植物学大会
IBM	Integreated Pest Management System	有害生物综合管理系统
IPEN	International Plant Exchange Network	国际植物交换网络
IPG	International Phenological Gardens	国际物候观测园
ISB	International Society of Biometeorology	国际生物气象学会
IUBS	International Union of Biological Science	国际生物科学学会
IUCN	International Union for Conservation of Nature	国际自然保护联盟
LBO	Laboratory for Bulb Research	球茎研究实验室
LICIS	Living Collection Information System	活植物收集信息系统
MAS	marker-assisted selection	分子标记辅助选择
MTX	maitotoxin	刺尾鱼毒素
MVP	minimum viable population	最小存活种群
NGRP	National Genetic Resources Program	（美国）国家遗传资源计划
NHC	natural history collections	博物学收集
PBR	plant breeders′ rights	植物育种者权利
PCA	principal component analysis	主成分分析
PIMS	Plant Information Management System	植物信息管理系统
PPT	phosphinothricin	磷化麦黄酮

续 表

缩 写	全 称	中 文
PRI	Plant Research International	国际植物研究联盟
RHS	Royal Horticultural Society	（英国）皇家园艺学会
RIKEN	Rikagaku Kenkyūsho	（日本）理化学研究所
RSG	the reintroduction specialist group	回归引种专家组
SGSV	Svalbard Global Seed Vault	（挪威）斯瓦尔巴全球种子库
SSC	Species Survival Commission	国际物种存续委员会
SWOT	strengths weakness opportunity threats	态势分析
TBV	tulip breaking virus	郁金香杂色病毒
THC	tetrahydrocannabinol	四氢大麻酚
TNV	tobacco necrosis virus	烟草坏死病毒
TPC	Threatened Plants Committe	受威胁植物委员会
TPU	Threatened Plants Unit	受威胁植物组织
TRV	tobacco rattle virus	烟草脆裂病毒
UNEP	United Nations Environment Programme	联合国环境规划署
UNESCO	United Nations Educational, Scientific and Cultural Organization	联合国教科文组织
UPGMA	unweighted pair-group method with arithmetic means	非加权组平均法
UPOV	International Convention for the Protection of the New Varieties of Plants	植物新品种保护国际公约
USDA	The United States Department of Agriculture	美国农业部
USFWS/FWS	United States Fish and Wildlife Service	美国鱼类及野生动植物管理局
USGA	United States Golf Association	美国高尔夫球协会
VBG	Verband Botanischer Gärten	德国植物园联合会
WCMC	World Conservation Monitoring Center	世界保护监测中心
WUR	Wageningen University Research Center	瓦赫宁根大学研究中心
WWF	World Wildlife Fund	世界自然基金会

目　录

第3章 植物园的植物学研究和科普教育 ………………… 65

第4章 植物园的景观建设和园艺展示 ………………… 98

纽约植物园乡土植物园（摄影　郗厚诚）

第1章　植物园的起源和发展

植物园是外来语，译自英语“botanical garden”或“botanic garden”，意为植物学的园地，其中“garden”和其他西方拼音文字的“Garten”“Jardon”等，都源自古希伯来文“Gen”和“Eden”二字的结合，前者是指界墙、藩篱，后者意为乐园，也就是《圣经·旧约·创世纪》中的伊甸园，这和囿、圃、园等中国园林的早期形式有着类似的渊源。

现代植物园起源于欧洲中世纪的药草园（garden of the simples）。到了17世纪，随着航海业的发展和资产阶级革命的兴起，植物园关注的对象由药用植物扩展到由欧洲以外引进的其他新经济植物。在此期间，现代植物学开始形成，在这些基础上，现代植物园开始发展起来。随着18世纪末欧洲帝国的扩张，植物园在热带地区的殖民地得以发展，经济植物成为这个时期植物园收集的重点。20世纪中期以后，随着殖民地纷纷独立和保护植物资源的需要，植物园开始在发展中国家兴起，世界植物园也进入了快速发展的时期。

人类最初在寻找、采集食物和药草等赖以生存的生活必需品的过程中，积累了关于植物的初步知识。定居以后，先民们开始有目的、有意识地引种驯化野生植物，栽培农作物等，人类开始从采集经济向种植经济的过渡。这些活动都是在早期西方称之为“garden”，中国称之为“囿”“圃”或“园”的场所中进行的，这些地方逐渐成为食物，甚至宗教、权利等的主要来源地（Colburn, 2012），人类也迎来了第一个文明时代——农耕文明。在这个过程中，先贤们开始建设一些专门用于了解药用、食用或观赏植物的习性、用途等植物学知识的地方，这就是植物园思想的萌芽。这种萌芽首先发生在埃及、亚述（Assyria，西亚古国）、中国和墨西哥等地，其中中国被认为是植物园思想的发源地（Hill, 1915；黄宏文，2017），如相传建于公元前2800年的中国神农本草园（Xu, 1997）和始建于秦、兴盛于西汉的上林苑等。类似的药草园在欧洲的记载相对较晚，如公元8世纪，穆斯林统治西班牙时期的埃米尔·阿卜杜勒拉赫曼二世（Abderramán Ⅱ，792—852）皇宫中就有植物驯化引种园；“欧洲之父”查理曼大帝（Charlemagne, 742—814）时期，则在圣加尔（St. Gall）修道院花园中建有药草园（Hill, 1915; Heywood, 2015；黄宏文，2017）。到了13世纪初期，意大利及其他地中海地区国家的大学开始建立药草园，成为植物园的早期形式，如意大利西南部萨勒诺（Salerno）大学药用植物园（Raimondo et al, 1986；黄宏文，2017）等。

1.1 现代植物园发展简史

如果说植物园雏形还过多地带有农耕文明色彩的话，那么随着文艺复兴、航海业和资本主义的发展，植物学和对植物资源的需求也快速发展起来，于是专事植物学研究和教学的园地——现代植物园首先在意大利诞生了，并很快在欧洲发展起来。因此，早期的植物园大都是以植物学研究和教学为主要目的而建立的，而后期建立的植物园由于发展基础、区域条件、资源禀赋的差异，功能定位等各有侧重，发展水平参差不齐，但总体上随着人口、资源和环境关系的演变，现代植物园的发展历程可以概括为三个阶段：

（1）16 世纪中期—18 世纪中期

世界上第一个现代意义上的植物园——比萨大学植物园（Orto Botanico di Pisa），诞生于 16 世纪文艺复兴时期的意大利，1544 年由托斯卡纳大公科西莫一世・德・美迪奇（Cosimo I de' Medici, 1519—1574）创立，植物学家吉尼（Luca Ghini）建设完成，是意大利科学和文化中心之一，分别于 1563、1591 年两次移址重建；而同为大学植物园且晚一年建立的帕多瓦大学植物园（Orto Botanico, Universita degli Studi di Padova）则成为世界上最老的、仍在原址的植物园，加之它对植物学、化学、药学和生态学等学科发展的重要贡献，1997 年被联合国教科文组织（United Nations Educational, Scientific and Cultural Organization, UNESCO）列入世界遗产名录，成为首个进入该名录的植物园。这两个既是意大利，也是世界上最老的植物园，早期都是为教学而建立的、以种植药用植物（simple① plants 或 herbularis）为主的药草园，所以称为“garden of simples”“hortus herbularis”“herb garden”或者“physic gardens”。这也正反映了早期植物园的特点：① Hill（1915）曾指出，黄金、香料和药物是那个时代人们满世界寻找的三样东西，而正是对后两者的需求促进了植物园的诞生。因此，早期的植物园多以收集药用植物和香料植物为主要目的。② 多由大学来运营管理，并配有相应的标本馆，研究工作则多以植物分类或其他相关的植物学研究为主，而此前的药草园等多由家族、教堂等来经营管理。就像亚当在伊甸园给生物命名一样，植物学家在植物园认识、命名收集到的活植物，了解它们的特性和用途（黄宏文，2015）。在景观方面，早期的植物园受到宗教、欧洲古典园林以及对植物界认知程度的影响，多表现为规则式的布局，那些活植物也是分门别类规则地栽植在长方形的“系统圃”（order beds）中，使杂乱、混沌的植物种类在这里变得有序，为人类所认识（Prest, 1981；黄宏文，2017）。到了 17、18 世纪交替时期以及 18 世纪上半叶，植物园和其他园林的景观风格一样，逐渐摆脱意大利式古典园林的影响，进入规则式园林、自然式园林和美式旷野园林混搭的时期（黄宏文，2017）。

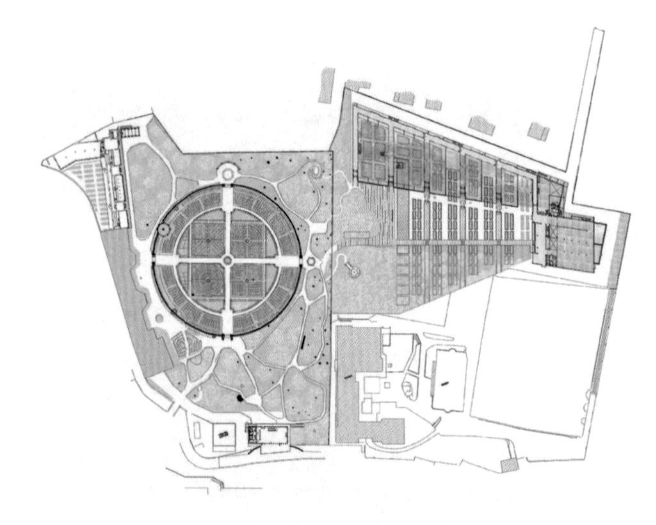

图 1-1 帕多瓦大学植物园 2014 年扩建设计图
（Stanton Williams 建筑公司绘制）

这个阶段的植物园主要是认识植物、了解植物、拓展植物学知识、开展野生植物引种驯化的场所；之前的药草园、贵族花园、庭院和皇家的御花园等只是植物园的雏形。

（2）18 世纪中期—20 世纪初

18 世纪中期到 20 世纪初的 150 余年是植物园发展的第二个阶段。这期间，伴随着生物科学、工业化的快速发展和对世界生物资源广泛的调查、研究、认识和利用，植物园在欧洲、北美的发达国家首先发展起来，从不足 100 个发展到 500 余个，其中欧洲、北

① 相对于compound、admixtures而言（Hill, 1915）。

美占半数以上（贺善安，2005），英国邱皇家植物园（Royal Botanic Garden, Kew，简称邱园）是其典型代表。这个阶段植物园的主要任务是植物资源的搜集和开发利用，植物园也一度成为欧美工业化国家从全世界，尤其是热带地区攫取植物资源的主要方式和重要工具。中国是其中主要的被攫取国之一，据不完全统计（毕列爵，1983），1850—1950年的100年间，有英、法、俄、美、日、荷等14个国家，计232人次到我国采集植物及其标本等材料，采集地点遍布全国，甚至包括了边远地区，如新疆的天山、柴达木、吐鲁番地区，西藏的拉萨，四川的康定和云南的蒙自、大理、丽江等地，均有这些植物猎人的足迹，共采集标本393 179号，31 389~31 399种，几乎是我国高等植物的全部。许多产自中国的珍稀名贵野生植物正是在这个时期被源源不断地输送到西方发达国家的植物园、树木园和花园里。

建立于1759年的英国邱皇家植物园，以其悠久的历史、丰富的收藏、优美的景观和强大的植物学研究实力著称于世。2003年，被UNESCO列入世界遗产名录，成为第二个进入该名录的植物园。其实，邱园并非英国历史最悠久的植物园，建立于1621年的牛津大学植物园（University of Oxford Botanic Garden and Arboretum）、1673年的切尔西药用植物园（Chelsea Physic Garden）都远早于邱园。邱园建园后的第一任首席园艺师Willian Aiton就来自切尔西药用植物园。

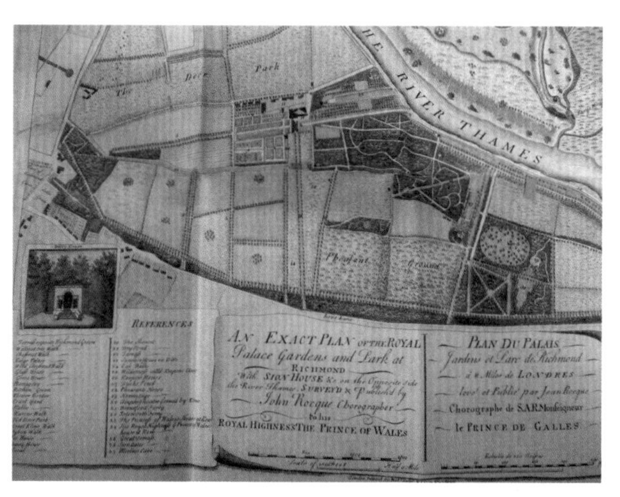

图1-2　邱园早期规划图
（William Kent绘制）

正如威廉·肯特（William Kent, 1685—1748）说的那样“跨越围墙，辽阔自然即是植物园”。进入18世纪中期，在渐趋成熟的英国式园林的影响下，伴随着对自然界认识的逐渐加深，植物园进一步朝着追求自然美的方向发展，尤其是18世纪后期，伴随着生态学思想的萌芽，植物园成为人们再次认识自然的地方。在此期间改造的英国切尔西药用植物园、新建的英国邱皇家植物园、爱尔兰国家植物园（National Botanic Gardens of Ireland）和法国巴黎皇家药用植物园（Jardin Royal des Plantes Médicinals），无不体现了这一发展趋势（O’Malley, 1992）。18世纪后期，尤其是19世纪以后，美国开始取代欧洲成为植物园建设和景观艺术创新的中心，科学和艺术在植物园开始有机地融合，植物园有了更多的社会和审美特征，并涌现出了一批科学内涵和艺术外貌兼备的植物园或树木园，如哈佛大学阿诺德树木园（The Arnold Arboretum of Harvard University）、宾夕法尼亚大学莫里斯树木园（Moris Arboretum of University of Pennsylvania）、耶鲁大学马什植物园（Marsh Botanical Garden of Yale University）等（黄宏文，2017）。在此期间，植物园的教育功能开始受到重视，如美国第三任总统托马斯·杰斐逊（Thomas Jefferson, 1743—1826）在创立弗吉尼亚大学及其植物园时曾批评的那样：“几乎所有的植物园似乎都倾向于增加植物属、种的数量，而不是向学生提供植物界有用的概念。如此昂贵的植物园仅为满足好奇，只能是徒劳的虚荣或主权辉煌的炫耀……如果要使植物知识成为具有哲学基础的科学，就必须端正思想，在教植物分类和命名前，就应该讲授和实践植物的生命力、生长、死亡、逆境和胁迫或植物外界环境的作用等内容”（O’Malley ,1992；黄宏文，2017）。

（3）20世纪初期到中期

二战以前，大多类似邱园那样的西方国家著名植物园已经达到鼎盛时期，其他西方植物园也都已经具备相当规模，活植物收集已经非常丰富。二战以后，植物资源丰富的热带、亚热带殖民地国家纷纷独立，植物资源也不再为欧美殖民国家所垄断。在此期间，发达国家城市病的蔓延等导致对公共空间需求的增长，于是城市公园、城市美化运动开始在欧美西方国家兴起，如1916年美国联邦政府通过了《国家公园管理局法案》(*National Parks Service Act*)，在内政部设立了国家公园管理局等。植物园也成为公园化和城市美化运动的主要参与者。在这个过程中，植物园作为植物学园地的研究功能逐渐让位于相应行业的专业科研推广机构，如美国农业部（The United States Department of Agriculture, USDA）农业实验站等，获得政府资助的渠道越来越少。经济上的拮据也使得那些曾经的私人或政府资助的植物园开始考虑如何吸引更多游客以增加资金收入，于是开始向公众开放等。在这种大背景下，西方植物园正逐渐淡化植物资源搜集、挖掘和开发利用的传统使命，转而突出景观和园艺展示、科普教育功能等（Colburn, 2012），最突出的例子可能是长木植物园、英国伊甸园（Eden Garden）、新加坡的滨海湾花园（Garden by the Bay）等；在科学研究方面，开始突出植物园的生物多样性保护和相关研究，只有植物分类和系统演化、民族植物学和植物园艺学等少数传统领域还保留一定优势，活植物收集也主要服务于这些方面。

与此相反，发展中国家，特别是那些植物资源丰富、过去为西方所觊觎的国家和地区，为了保护本国、本地区植物资源，开始建立植物园并开展相关研究。发展中国家植物园的快速发展成为这一时期世界植物园发展的一大特色和亮点，但由于经济基础、社会发展水平、公众素质和国家发展需求、动力乃至历史文化等方面的差异，在对植物园使命的认知上也有所不同。总体上，发展中国家植物园的使命还处在相对早期的阶段，而在景观建设、公众教育和科学研究水平等方面与西方植物园还存在不小差距。

（4）20世纪中期到现在

近代科学技术的发展和产业革命一方面促进了社会的变革和经济的发展，另一方面则加快了资源的消耗，导致了生态环境的恶化，使人口、资源、环境之间的矛盾越来越突出。发展中国家60至90年代出现的经济发展与环境退化之间的“贫困陷阱”和发达国家70年代爆发的“石油危机”等使人们清醒地认识到“我们只有一个地球”和“增长的局限”，要求在实现经济增长的同时，防治污染、保护环境、恢复和维持生态系统良性循环，使经济增长能建立在稳定的资源和良好的环境基础上，实现可持续发展（许再富，1998）。在这种背景下，1972年，联合国在瑞典斯德哥尔摩召开“联合国人类环境会议”，通过了著名的《联合国人类环境会议宣言》(*Declaration of the United Nations Conference on the Human Environment*)。1974年国际自然保护联盟（International Union for Conservation of Nature, IUCN）成立了“受威胁植物委员会”(Threated Plants Committee, TPC，后改为Threated Plants Unit，TPU)，1975年和1978年，分别在英国邱皇家植物园、爱丁堡皇家植物园先后举行了两次以植物园保护稀有、濒危植物为议题的国际会议。从此，植物园挑起了生物多样性保护的历史新重担。1984年IUCN与世界自然基金会（World Wildlife Fund, WWF）一起建立了“植物保护计划”，提出了“抢救植物就是拯救人类本身（saving the plants that save us）”的纲领，并提出了6个目标：

i. 传播信息；

ii. 保护能力建设；

iii. 植物多样性的监测与保护；

iv. 野生经济植物和遗传资源的保护；

v. 植物园的发展及其在保护中的作用；

vi. 在选定的国家中推动植物多样性保护。

20世纪中期以来，植物资源的可持续利用和生物多样性保护、全球气候变化、环境变化和生态恢复以及公众教育成为这一时期植物园的主要任务，尤其是西方国家的植物园在这些方向引领下，研究活动又重新活跃起来，成为这一时期植物园的一个显著特点。这一阶段世界植物园发展的第三个特点是随着发展中国家植物园的迅速崛起，植物园开始更加突出本土历史、文化、人文、民族性等个性化特征，表现在景观建设上除了接受现代景观艺术创新的辐射，并保持植物园兼收并蓄的特点之外，开始强调各自的民族特色，如我国一些地方建设的神农本草园、红楼梦植物专类园、少数民族植物专类园、中华诗词蕴含植物专类园等，植物园的设计融入了丰富的民族文化和艺术特征（黄宏文，2017）。第四个特点是更加突出植物园的博物馆功能，以丰富包括活植物在内的植物材料的收集（Sizykh et al, 2007; Martins-Loução et al, 2017）。

图 1-3　新加坡国立植物园展出的中国台湾雕塑大师朱铭系列铜雕“太极”（上）和泰国东芭热带植物园（Nong Nooch Tropical Botanical Garden）的佛塔（下）（摄影 Tony Rodd）

但也要看到，植物园的发展除了与经济、科技的发展水平以及生产、环境和生物多样性保护的需求直接相关外，也与社会发展水平和公众的整体素质有着非常紧密的关系。植物园是高端的准公共产品，要求它的生产者、使用者要有较高的文化素养，其所在国要有较高的文明程度，而在这些方面，发展中国家植物园和发达国家植物园之间还存在很大的差距，而这势必会给植物园的可持续发展带来一定的影响。

1.2 中国植物园发展简史

如果说早期的药草园、皇家园林或私家花园是植物园的雏形的话，这个雏形的出现在中国要比在西方早得多，例如建于东汉时期的上林苑［秦朝始建，汉武帝建元三年（公元前 138 年）扩建，内置有引种南方花木的扶荔宫，这可能是最早的关于植物引种温室的记载］、北宋熙宁六年（公元 1073 年）时期的独乐园（司马光著《资治通鉴》之所，内置有采药圃）都是典型代表。然而，它并没有像西方的药草园或皇家园林那样发展成现代植物园，除了尚无明确答案的李约瑟难题外，这是因为，不管是北方的皇家园林还是南方的私家园林，它们的属性、建设的初衷和服务的对象均不像西方早期植物园那样是为了学习或传播植物学知识，而是为达官贵人等特殊人群服务的，是他们享乐或隐居的地方，因此也就缺乏发展成现代植物园的动力；再则，现代植物学发源于西方，实践于植物园，自然也促进了植物园在欧洲的发展。现代意义上的植物园在中国的发展是伴随着殖民化和现代科学技术一起由西方传入的，这样算来，中国植物园的历史尚不足 90 年，而且在此期间还饱受战争、“文革”和东西方不同思想的影响，历史虽短，却跌宕起伏，大致可以划分为以下几个阶段。

（1）19 世纪 50 年代—20 世纪 50 年代

19 世纪 40 年代以后签订的《南京条约》《马关条约》和《辛丑条约》等一系列不平等条约打开了中国的通商口岸，最终迫使中国沦为半殖民地半封建社会，客观上也促进了东西方之间文化的交流，尤其是随着西学东渐更加广泛、深入，植物园也随之传入中国。这期间建设了 10 余个植物园，它们又可以分为两类：

1）作为在中国土地上实行殖民统治和掠夺中国

植物资源的工具，殖民者在我国土地上建立了第一批植物园，如英国殖民者1871年建成的香港动植物园，日本殖民者1895年建立的台北植物园、1906年建立的恒春热带植物园和1915年建立的熊岳树木园等。

2）一批抱着学术救国思想的人士学成回国，将西方植物园思想传输到中国或亲自参与了植物园的创建，创办了首批中国半殖民地半封建制度下的植物园，成为中国植物园的开拓者。如陈嵘1915年领衔创办了江苏甲等农业学校树木园，1926年建议设立了总理陵园纪念植物园（现江苏省中国科学院南京中山植物园）；胡先骕1934年倡议创办了庐山森林植物园（现江西省中国科学院庐山植物园），1938年又创建了云南省农林植物研究所（现中国科学院昆明植物研究所）；1929年钟观光创办了第三中山大学劳农学院植物园（又名笕桥植物园，即现浙江大学植物园）；同年，陈焕镛创办了中山大学农林植物研究所（现中国科学院华南植物园）等。

陈嵘：中国植物园奠基者之一。1888年生于浙江省安吉县。1906年东渡日本求学，1913年毕业于北海道帝国大学森林科，回国后受聘浙江省立甲种农业学校校长，1915年应江苏省立第一农业学校之邀，任林科主任，随即创办了一个教学树木园。1923年赴美留学，在哈佛大学阿诺德树木园专攻树木学。1925年学成归国，受聘任金陵大学森林系教授，在此期间提出了建设总理陵园纪念植物园的建议，并被时任总理葬事筹备处委员会主任的杨杏佛采纳。一生著述甚丰，如《中国树木分类学》《造林学本论》《造林学各论》和《造林学特论》等。

图1-4　总理葬事筹备处委员会关于同意设立总理陵园纪念植物园的会议纪要（南京档案馆提供，摄影　王述贵，黄胜男）

胡先骕：中国植物园奠基者之一。1894年生于江西南昌。1912年赴美国加州大学伯克利分校农学院学习，1916年回国。1923年再次赴美深造，在哈佛大学攻读植物分类学，1925年回国，先在中国科学社生物研究所任职，后参与创办北平静生生物调查所，在此期间创办了庐山森林植物园。1938年，胡先骕派俞德浚会同蔡希陶在云南昆明创建了云南省农林植物研究所并兼任所长，并办有植物园，即现中国科学院昆明植物研究所植物园的前身。

陈焕镛：中国植物园奠基者之一。1890年6月生于香港。1909年赴美国留学，1919年毕业于美国哈佛大学森林系，当年受哈佛大学的委托，回国赴海南岛五指山采集标本。1920—1927年先后任金陵大学、国立东南大学教授。1927—1954年在广州中山大学任教期间，创办中山大学植物研究室，后改名农林植物研究所、植物研究所（现华南植物园前身），1946年曾被委任为总理陵园纪念植物园主任，但未到职。1958年又领衔创办了广西桂林植物园。

（2）20世纪50年代—80年代

中华人民共和国成立后，非常重视植物园的建设，早在1956年我国第一个中长期科技规划《1956—1967年科学技术发展规划纲要》中就提出了建设植物园，开展活植物收集的课题。在此背景下，中国科学院率先恢复和新建了一批植物园，例如南京中山植物园、沈阳树木园、中国科学院华南植物园、中国科学院武汉植物园、中国科学院植物研究所植物园、桂林植物园以及中国科学院西双版纳植物园等，成为中国植物园的引领者和基本力量。此后，中国医科院下属的北京药用植物园、广西药用植物园以及教育部门下属的南京林业大学树木园、北京教学植物园等也开始建立。在此期间，其他行业主管部门也建立了一些植物园，如建设、园林部门下属的杭州植物园、厦门植物园和上海植物园，林业部门下属的黑龙江省森林植物园、福州植物园以及农业部门下属的兴隆热带植物园等。据统计，1950—1970年间，我国共恢复、新建植物园62座（廖景平等，2018）。

（3）20 世纪 80 年代—目前

20 世纪 80 年代以后，在中国科学院植物园的引领下，林业、城建和教育行业主管部门也纷纷开始了植物园、树木园的建设，中国植物园进入快速发展的时期，呈现出百花齐放的景象。如 1988 年建成开放的深圳仙湖植物园、2006 年建成的济南植物园以及新近建成开放的上海辰山植物园、宁波植物园等，中国植物园的发展正呈现出方兴未艾之势。值得一提的是，2002 年，我国第一个私人植物园——大连英歌石植物园开工建设，虽然到目前为止这还是我国唯一的私人植物园，但它的意义却是里程碑式的：说明中国植物园事业已经得到了公众的认可，已经具备了发展的民间土壤。

据统计，这期间我国大陆新建植物园 103 座，全国植物园总数达到 162 座，其中台湾 16 座，香港 3 座、澳门 1 座[①]。

1.3 植物园组织的发展

伴随着植物园的发展，植物园组织也在不断地发展壮大，并极大地推动了世界植物园事业的发展和植物园之间广泛的合作。这其中两个最大的国际植物园组织分别是 1954 年成立的国际植物园协会（International Association of Botanic Gardens, IABG）和 1987 年成立的“植物园保护秘书处”[Botanical Garden Conservation Secretary, BGCS, 1990 年独立并更名为 Botanic Gardens Conservation International（国际植物园保护联盟），BGCI]。之后，一些区域性和国家级植物园组织也相继成立起来，如 2004 年成立的澳大利亚和新西兰植物园协会（Botanic Gardens Australia and New Zealand, BGANZ）、2006 年成立的美国公园协会[American Public Gardens Association, APGA, 前身为 1940 年成立的美国植物园和树木园协会（American Association of Botanical Gardens and Arboreta，AABGA）]和 2013 年成立的中国植物园联盟（Chinese Union of Botanical Gardens, CUBG）等。

为促进国际植物园及类似机构间科学研究和实践活动的开展，加强国际间的合作等，1954 年，国际生物科学学会（International Union of Biological Science, IUBS）下成立了 IABG，隶属于 IUBS 下设的国际植物学和真菌学联合会（International Association of Botanical and Mycological Societies, IABMS），早先还是国际植物分类协会（International Association for Plant Taxonomy, IAPT）的附属机构，1981 年分离为平级协会，建立有自己的宪章。IABG 是一个全球植物园的学术团体，全世界植物园都是其成员，不收会费。原则上每六年和世界植物学大会一起举行世界植物园大会。下设有欧洲与地中海分会（后转变为 BGCI/IABG 欧洲联合会）、拉丁美洲和加勒比分会、亚洲分会、澳大利亚和南太平洋分会等。

1987 年，IUCN 下设立了 BGCS，成立后即开始在世界范围内建立植物园会员关系，开展协助植物园发展的活动项目。1989 年，BGCS 与 IUCN、WWF 制定了《植物园保护策略》(*The Botanic Gardens Conservation Strategy,* Heywood, 1989）这一纲领性文件。次年，BGCS 正式从 IUCN 中独立出来，成为在英国注册的慈善机构，并更名为国际植物园保护联盟（BGCI），仍以“为人类和地球福祉，推动植物园参与保护植物多样性”为使命。BGCI 在英国获得威尔士亲王及其皇室成员、邱皇家植物园及爱丁堡皇家植物园（Royal Botanic Garden Edinburgh）的赞助，总部就设在邱园，并在美国、俄罗斯设有基金会，在中国、哥伦比亚、印度尼西亚、荷兰和西班牙设有地区办事处。到目前为止，BGCI 已经拥有 148 个国家的 1 800 多个成员单位，成为世界最大的植物保护组织，其中植物园有 800 多个。BGCI 通过调动一系列资源，发行出版物、组织国际会议和保护项目等。

BGCI 中国项目办公室于 2007 年在中国科学院华南植物园内设立，目标是将直接的植物保护行动与硬性的法规结合起来以促进中国的环境教育和能力建设。通过与其各地方成员紧密合作，国际植物

① Huang H W, Liao J P, Heywood V, et al. A global checklist of botanic gardens and arboreta［EB/OL］.［2018-08-07］. http: //iabg.scbg.cas.cn/news/201807/t20180712_416005.html.

园保护联盟将利用全球植物园系统为中国的各成员提供专家意见和技术支持。

1.4 植物园的使命及时代特点

植物园为植物学研究和教学而建立，因此科学研究和教育也自然成为植物园主要使命的一部分，尽管实际情况并非总是如此。陈封怀先生曾概括了“科学的内容，艺术的外貌”的植物园特点，在此基础上，贺善安先生将现代植物园的特点概括为“科学的内涵、艺术的外貌和文化的展示”，如今已成为植物园界的共识。18世纪以后，随着资产阶级革命的深入和殖民地的扩张，植物园逐步发展成为西方帝国掠夺植物资源和实现殖民统治的重要工具。二战以后，随着全球政治、经济和社会因素的变化，植物园的研究功能逐渐被分离至高校和其他专业研究机构，很多西方植物园开始转向公众服务，如科普教育、教学、艺术展示等，也为游客提供图书阅览、销售服务以及露地剧场演出等娱乐活动。

大部分植物园的功能都被很宽泛地描述在《北美栽培植物词典》(Bailey et al, 1976）中：“植物园是一个雇佣人员进行管理的受控机构，目的在于将科学管理的活植物收集用于教育和研究。根据人力、地理位置、范围、可获得资助和各自的目标，不同植物园可独自发展各自专业领域。可能还包括温室、实验场地、标本馆、树木园、图书馆、博物馆等其他部门，常配备相应的研究和园艺管理人员，定期发布相应的出版物。”这个定义后来被扩展为：“植物园可以是一个独立、政府管理或者附属于高校的机构。其中高校的植物园一般都与某个教育项目有关。在任何情况下，植物园都因科学的目的而存在，而不因为其他需要而受限或转移。”尽管植物园都强调艺术性，但它不只是一个景观或观赏园，它也不仅是个试验站或者植物上挂了标签的公园。植物园最基本的使命是植物学知识的获得和传播。

按照APGA的标准，植物园应该：

i. 至少部分时间向公众开放；

ii. 具有审美、教育和/或研究的功能；

iii. 维护植物记录；

iv. 至少有一个专业职员（取酬或无酬）；

v. 访客可以通过标签、导游图或其他讲解资料鉴别植物。

现在普遍认为，植物园是指用于进行大范围植物收集、栽培和展示的场所，所收集栽培的植物一般都有相应的登记记录，在园区展示时则多标有植物名称等信息。这种收集可以是分类上专科、专属植物，如冬青属（*Ilex*)、槭属（*Acer*）等，可以是生态习性相似的一类植物，如多肉多浆植物、草本植物等，可以是用途类似的植物，如药用植物、饲用植物等，也可以是某一地理区域或区系的植物，如地中海植物、热带植物、高山植物等。温室或冷室等保护地栽培措施则可以为不适合本地生态条件的区域外植物创造一定的条件，从而实现异地栽培，主要用于热带植物、高山植物等。

WWF和IUCN编制的《植物园保护策略》中提供了更为精简的定义：“植物园是一个包含科学的植物收集记录的园区，一般保存了完整植物记录档案，定植植物进行挂牌管理，并在娱乐、教育和科学研究的基础上对外开放。”这一定义为《新皇家园艺学会园艺词典》(*The New Royal Horticultural Society Dictionary of Gardening*, Huxley et al, 1999）所引用。后来，BGCI将这一定义进一步精简为：“植物园是一个保存活植物收集记录，并在此基础上开展科学研究、保护、展示和教育活动的机构。”(BGCI, 2000, 2012)，更加简洁明了，也更加符合真正的植物园精神。

当代植物园大多是一块严格保护的自然绿地，除了提供公共展示、教育教学、物种保育和相关的游览服务及娱乐活动等以外，作为科学研究机构，植物园主要开展植物引种驯化、园艺学等相关的研究。现在，绝大部分植物园依然以这些学科知识的研究、展示和传播为主，只是随着全球气候变化所引起的环境问题越来越突出，植物园开始越来越多地关注环境、植物多样性保护和可持续发展等公众关注的热点问题。

尽管植物园的使命自现代植物园诞生以来一直是相对明确的，但也具有鲜明的时代和区域特点。除了前面已经讨论过的生物多样性保护以外，当代植物园的新特征还表现在：活植物收集的历史价值即活植物博物馆的功能越来越受到重视（Sizykh et al, 2007; Martins-Loução et al, 2017）；植物园的公园化趋势越来越明显（Colburn, 2012；黄宏文，2017）；遗传资源保存与分享的价值越来越重要（Hurka et al, 2004; Yezhov et al, 2005；武建勇等，2013）。这其中的遗传资源保存与分享，虽然和早期的植物引种驯化、现在的生物多样性保护等联系紧密，但它们的侧重点和广度有很大不同。早期的引种驯化更接近于直接利用，无论是以收获种子、获取营养体还是提取化合物为目的，对植物种类本身而言都是选优并直接利用的过程，而生物多样性保护尤其是迁地保护更侧重在珍稀濒危的植物种类、多样性及其生境的保护方面等。遗传资源则不同，尤其是随着现代技术的发展，保存对象从物种扩展到基因，从这个角度上说，活植物收集越来越接近于基因库。

在世界范围内，尤其在发展中国家，植物园的传统使命和这些新使命一起正需要得到进一步的讨论和确认（Kuzevanov, 2007; Kangombe et al, 2016；洪德元，2016，2017；许再富，2017）。但整体上，植物园的使命基本是延续的，这些时代和区域特点只是进一步丰富了植物园的任务和工作内容，正如Krishnan（2016）所概括的那样。

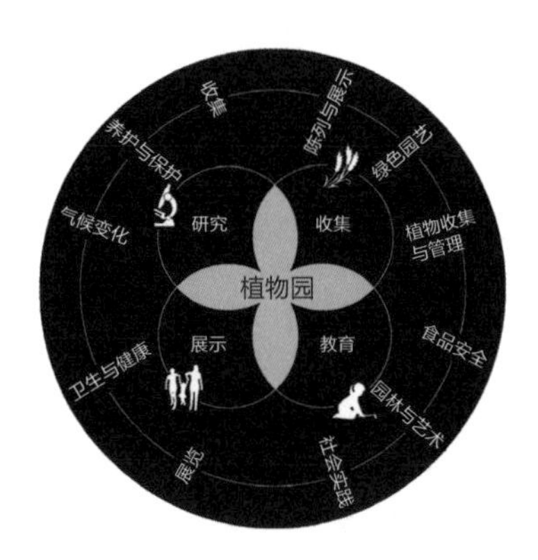

图1-5 植物园的功能和基本任务
（参考Krishnan et al, 2016，有修改）

1.5 植物园的任务和工作内容

植物园的任务和工作内容被很好地归纳在WWF和IUCN共同制定的《植物园保护策略》以及后来为BGCI所修订的《植物园保护国际议程》（*International Agenda for Botanic Gardens in Conservation*, BGCI 2000，2012）中，这些任务或特征可以归纳为：

i. 适当的植物标牌；

ii. 对收集植物开展科学研究；

iii. 与其他植物园等组织、机构和公众进行符合国际、国家法定和习惯要求的信息、种子和其他材料的交换；

iv. 活植物收集的长期维护；

v. 利用附属标本馆开展植物分类等科学研究；

vi. 活植物的监测；

vii. 对公众开放；

viii. 通过宣传、环境教育活动以及适当的收集（包括野生来源）记载来促进物种保护、开展科学和技术研究。

这些对植物园具体任务的描述，覆盖面是较宽的，也是大部分植物园都具有的特征。根据BGCI关于植物园定义中关键词的调查（Smith et al, 2017），使用最多的是研究、保护、科学、收集和教育。但更多的时候，植物园的主要功能可以概括成以下几个方面：

图1-6 植物园定义中使用的关键词及其使用频率
（引自Smith et al, 2017，字号越大表示引用频率越高）

1）**活植物收集**（living collection） 随着时代的发展，活植物收集的范围有不断扩大的趋势，不仅包括以物种或种源为主的传统意义的活植物收集（狭义的活植物收集），还包括以珍稀濒危植物为主的，针对植物多样性的保护性收集，以及以种质资源为主，以开发利用为主要目的的资源性收集，如活植物、其他活体材料（种子、组织、花粉、基因片段等）等现代意义上的活植物收集，还包括其他相关研究材料、中间产品、标本、产品等的收藏或展示性收集（广义的活植物收集）。活植物收集是植物园的核心功能和基本任务，也应该是所在国家或地区的战略任务，造福当代，更惠及未来。

2）**科学研究**（science & research） 在上述活植物收集、保护的基础上，有目的地发掘、培育或筛选人类需要的种类、种质、品种或有效物质，改善人民物质生活、提高人类健康水平、优化人类生存环境；开展生物多样性保护和可持续利用研究，促进环境保护和资源永续利用；利用广义的活植物收集和相关数据积累，开展全球气候变化、生态环境修复研究等。当然，很多植物园还开展更为广泛或更具特色的科学研究工作，由于其显著的个性特征，在此不再一一罗列。

3）**科普教育**（public education & awareness） 主要是植物学知识的传播，这里说的植物学知识是个广义的概念，既包括一般意义的植物学知识，也包括与植物有关的传统知识和植物文化，包括了植物与人类、植物与环境等相关方面，旨在提高公众的科学和文化素养等综合素质。形式上则包括丰富多样的科普讲座、科普活动等，但无论如何，它们都应该基于已有的活植物收集和开展的相关研究，否则很难有特色和生命力。

4）**展示和游憩**（display & recreation） 向公众展示园艺品种、产品、技术和植物景观以及其他有关的收集或收藏等，为公众提供优美的植物和植物环境。这项工作也是基于活植物收集和科学研究的，至少是基于活植物收集的。

对于一个理想的、综合性的植物园而言，这些功能是相辅相成的，其中活植物收集是血肉，活植物数据是灵魂，科学研究是心脏，它们构成了植物园的躯干，体现了植物园的内涵；植物学知识的传播是植物园之口鼻，展示和游憩的功能是植物园之外表，它们一起传播了植物学知识，展示了植物园的文化和外貌。

植物园另外一项重要的常规工作是经营与管理，主要指资金筹措以及相关的管理措施，以提高效率和效益，为上述基本任务提供保障等。这虽非植物园的功能或任务，但对于一个机构的运转而言是必需的。

尽管植物园的任务和工作内容有着比较广的范围，但其最核心的部分是基本一致的，这已经被概括为植物园界广泛认可的“科学的内涵，艺术的外貌和文化的展示”。具体到植物园的日常工作，就是要回答好三个基本问题，这里不妨称之为FAI（function, attraction, inter pretation）决策程序，它是植物园任何决策都应首先回答的三个问题：

● 要实现什么样的功能（function）?

功能定位是做任何事情之前都必须要首先明确的问题，一旦确定下来，后续的任何工作都要围绕这一目标来开展。对植物园而言，大到植物园使命的确立，小到一条园路的建设、一个物种的引进和定植都是如此。比如教学植物园和观赏性植物园就有着不同的要求，前者如意大利的帕多瓦大学植物园、国内的浙江大学植物园等，后者如美国的长木植物园（Longwood Gardens）、国内的深圳仙湖植物园等；再比如，园区道路的铺设，首先要实现通行的功能，这就要考虑距离、载荷、通行量、便捷性等问题；一个物种的引进，首先考虑是否和所在植物园的使命相吻合，是否满足其活植物收集政策的要求，定植到园区时则要考虑是否和拟定植园区的目标和任务相一致，比如，大量的阔叶植物定植到松柏区显然是不合适的，同样地，珍稀濒危区等保护性收集的园区也不能过多地配置园艺品种。

● 如何最大限度地展现相应的景观（attraction）?

植物园是对公众开放的自然空间，任何设施、园区的建设都有景观上的要求，观赏性园区如此，保护性专类园也是如此。例如，植物园的园路规划和建设，除了前面提到的通行功能之外，也要考虑景观的问题，除了道路本身，还要考虑道路周围如何美化，和周围环境是否协调等，因此园路多曲折，以增加观赏距离和可达性，便于游客顾盼有景；观赏性园区可以适当多地利用园艺品种展现植物之美，保护性园区尽管更侧重于收集和保存野生来源的植物，但也要通过合理的植物搭配来展现植物的自然之美。

● 怎样让公众理解（interpretation）?

植物学知识的普及是植物园的基本任务，因此，任何设施、园区的建设也都要尽可能地做到可讲解。主题园如此，其他专类园、设施等也是如此。回到前面的例子，植物园的道路除了通行、景观的要求之外，还应该尽可能地利用被提倡的材料，提高可讲解性，如使用自然的、环保的材料，设置与植物园或所在区位有关的科普元素，例如树木园的园路可以考虑采用木栈道，系统园的道路可以按照植物进化路线布置等。专类园区更应该如此，例如蔷薇园在收集保存蔷薇科植物的过程中，可以收集、展示现代月季系谱中的主要野生亲本和育种历史，以让公众了解现代月季培育和改良的过程；树木园可以利用枯木来展示年轮的形成过程以及在此过程中气候的变化、与之相关的重要事件等；至于系统园、儿童园等以植物学知识普及为主的主题园就更不用说了。

1.6 植物园的分类和分区

植物园间有上述共性，但由于建立时间和发展阶段不同、区域资源有别、地方文化各异、经济水平差距，不同植物园也各有其特殊性和侧重的方面，可以按照不同的分类标准进行一定的界定。同样地，在植物园内有不同的功能区，这些功能区也是根据各植物园自身的使命来确定和建设的，它们既有类似的分区，如大部分植物园都建有游客服务中心、标本馆以及岩石园、蔷薇园、树木园等专类园，也有各自的特色分区，例如美国长木植物园多达半数的室内花园、英国邱园的高山植物冷室以及我国的新疆沙漠植物园等。

1.6.1 植物园的分类

（1）按照行政或行业归属分类

这是一种常见、实用的分类方法，如我国习惯上将植物园分为以研究为主的科学院植物园、以景观见长的园林植物园、以教学和实习为主的教育教学植物园和以林木种质保存为主要目的的树木园等。余树勋（1982）的分法即属此类。

（2）按照植物园本身的性质分类

1952年，我国老一代林学家陈嵘在其《造林学特论》中曾根据性质将植物园分为广泛的植物园和单纯的植物园。前者指开展科学研究的综合性植物园，而后者指收集、保护植物资源，对公众开放的植物园。

（3）按照所收集、保存的植物类群或植物区系分类

按照植物类群可以分为专类的植物园，如欧石南（*Erica*）园、杜鹃（*Rhododendron*）园等；按照植物区系或生态系统来分，则可以分为乡土植物园、高山或山地植物园、热带植物园等。由于很多植物园收集物种的范围更广泛、研究内容更综合，这两类都常作为其中的专类园来建设和管理，因此这个方法只适合于专业性或主题性植物园的分类。

（4）按照收集、保存植物的用途分类

按照用途，可以分为观赏植物园、药用植物园、园艺植物园等。同样地，这种分类更多地用于专类园或社区公园，因此这个方法只适合于专业性或主题性植物园的分类。

（5）按照植物园的功能和目的分类

每个植物园都有自己的定位、使命和相关的任务，按照植物园建设的功能和目的进行分类，正像前面概括的那样，植物园功能可以概括为保护、科学研究、科学普及、游憩和经营管理等5个方面，其中植物园的经营管理只是用来筹措资金和保障自身运行效率的手段，而非植物园的基本功能。这样

按照前4个功能可以相应地将植物园划分为保护性植物园、研究性植物园、教育和教学植物园以及观赏植物园等。同样地，由于很多植物园都兼具其中多个功能，所以，这个分类方法也仅仅适合于专业性或主题性植物园的分类。

（6）综合分类

根据BGCI统计，全球有超过3 000个植物园类植物学机构，分布在148个国家和地区[①]，由于植物园的多样性，采用一种分类标准往往很难涵盖所有的植物园，因此，需要采用综合的分类方法。

BGCI采用这种方法把植物园分为12类（BGCI 2000），主要包括：

1）综合植物园（classic multi-purpose gardens） 经典的多功能植物园在园艺和园艺培训、科学研究等方面组织开展多种多样的活动，特别是在植物分类（包括标本馆）、实验室和公众教育以及休憩等方面。一般由政府资助。邱园、密苏里植物园（Missouri Botanical Garden）、新加坡国立植物园（Singapore National Botanic Gardens）等大部分国际名园均属此列。

2）观赏植物园（ornamental gardens） 有丰富的植物收集和优美的植物及植物景观，但不一定开展科学研究、教育或保护活动。部分观赏性植物园是私有的，例如美国长木植物园，一些市政、社区公园也属于此列。

3）历史植物园（historical gardens） 包括早期建立的一些教授药物知识的植物园，如意大利帕多瓦大学植物园，其中有些是出于宗教目的而建立的。大部分这类植物园依然在药用植物保护、研究等方面非常活跃，它们主要关心药用植物的收集、栽培，并在此基础上开展公众教育。作为活植物及其相关材料保存的场所，植物园植物学研究博物馆的价值在一些大的综合性植物园（如邱园、新加坡国立植物园）也已经开展起来，类似这样的植物园也许更符合历史植物园的概念。上述3个植物园均已被UNESCO认定为世界文化遗产。一些以植物为主的自然历史博物馆应该也可以划归此列。

4）保护性植物园（conservational gardens） 大部分是最近为保护当地的乡土植物而建立的，有些除了栽培区之外，还包含或附带了一定面积的自然植被区。此类植物园在公众教育方面发挥了重要作用。例如建立于1932年的威斯康星大学树木园（University of Wisconsin-Madison Arboretum）在恢复生态学方面所开展的工作就令人印象深刻。

5）大学植物园（university gardens） 国外的很多大学都建有植物园以服务于相关的教学和研究工作，部分也向公众开放。例如哈佛大学阿诺德树木园、剑桥大学植物园（Cambridge University Botanic Garden）；也有一些独立的教学植物园，主要面向学校提供教学实践等方面的服务，如北京教学植物园等。

6）动植物园（combined botanical and zoological gardens） 将植物、动物合并收集、保护和展示的园区，其植物收集、研究大都是为展示的动物区系提供一个适宜的生境，如海南热带野生动植物园。也有些植物园曾经兼有动物园，如新加坡国立植物园、悉尼皇家植物园（Royal Botanic Garden Sydney）等，但后来动物园都陆续关闭了。

7）农业植物资源植物园（agro-botanical and germplasm gardens） 主要用于那些具有经济价值的植物资源的迁地保护，以服务于研究、育种和农业生产的需要。有些是农、林业的试验站，多与相关的研究机构有关系，大都不对公众开放。如厦门华侨亚热带植物引种园。

8）高山或山地植物园（alpine or mountain gardens）绝大部分位于欧洲山区，部分热带国家也有。这类植物园主要为了保护、栽培山地的植物区系而建立的，而热带国家可以在其山地收集展示亚热带地区的植物，它们可能是一些综合性植物园为不适合本地保存的植物而建的卫星园，例如我国的华西亚高山植物园。

9）自然或野生植物园（natural or wild gardens） 包括了自然或半自然植被的园区。绝大部分是为保护乡土植物和开展公众教育而建立。

① BCGI. GardenSearch［DB/OL］.［2018-03-17］. https://www.bgci.org/garden_search.php.

10）园艺植物园（horticultural gardens）　多由园艺协会拥有和运营，并向公众开放。主要开展专业园艺技术培训，园艺植物育种、登录，品种保存与展示，例如荷兰球宿根植物园（Hortus Bulboroum）。

11）主题植物园（thematic gardens）　专于栽植相关或形态类似的植物类群，以阐释一个特殊的主题，以支持相关的教育、科研、保护或公众展示，包括兰花、玫瑰、杜鹃、竹类和多肉多浆植物或关于民族植物学、药用植物、盆栽或修剪植物、食虫植物或水生植物等。

12）社区植物园（community gardens）　当地社区拥有并运营的一些小规模的植物园，多是为一些特殊需求，如娱乐、园艺培训、教育以及展示相关的经济植物等而设立。

虽然这套分类系统基本囊括了世界上现有的植物园类型，但很显然这不是严格按照一个分类标准来进行的分类，而是将行业和管理权归属、收集保存植物的类型（类群）、植物园本身的性质和定位等因素综合起来进行分类的，而且这些分类标准相互交叉使用，与其说是植物园的分类，不如说是植物园类型的罗列。其中有些类型功能类似、目的相同，如自然或野生植物园和保护性植物园；有些类型虽然有些许特殊性，但与其他类型比，没有明显边界，如历史植物园，可能仅仅是建立较早，历史更悠久而已，应该作为主题植物园的一种。再如农业植物资源植物园，也可能仅仅是因为更侧重于农作物种质资源的收集、保存，并服务于相关科研院所而已，与园艺植物园、观赏植物园也无大的区别。因此，贺善安（2005）进行了进一步的概括，将植物园分为多功能综合性植物园、大学或科研机构植物园、专业性植物园和其他植物园四类。其中前两类分别和BGCI分类中的综合性植物园、大学植物园和农业植物资源植物园相类似。前者如英国的邱园、美国的密苏里植物园以及中国的中国科学院西双版纳热带植物园等；后者指那些有特定功能的附属植物园，如哈佛大学阿诺德树木园、中国科学院昆明植物研究所植物园等。专业植物园则包括了观赏植物园、历史植物园、保护性植物园、高山或山地植物园、主题植物园等。而其他类型植物园则多数是私人植物园，并以展出、游览为主，并从事一定的引种保育和种质交流活动。还有其他一些界定植物园类别的方法，例如任海的科学植物园（任海，2006）。

由于植物园的性质不同、大小有别，它的分类有时和专类园的分类之间没有界限，例如地理生态系统园（陈嵘，1952），因此专类园的分类或者分区也许更有意义。

1.6.2 植物园的分区

从上述关于植物园分类的讨论中可以看出，很多植物园都具有不止一个BGCI所罗列的植物园主要特征，也就是说大部分植物园都具有相对综合的性质，而主题植物园、园艺植物园或保护性植物园等都只是其中的特例。因此，研究植物园内的分区管理也许较植物园的分类更有价值和必要，也更有操作上的意义，以便于植物园不同园区的分类管理。

植物园园区分类需要考虑两个方面的内容：一是收集、保存植物的类型，二是该收集在承担植物园主要任务（保护、科研、科普、游憩和经营管理）方面所发挥的作用。从这两个方面出发，可以将植物园内部园区分为以下类型：

1）专类园（specialized garden）　即按照特定的植物类群或区系进行收集、保存，并在此基础上开展科学研究为主要目的的园区。可以分为4类：① 按照类群进行的植物收集，如兰花专类园、槭树专类园、紫薇（*Lagerstroemia*）专类园等；② 按照区系进行的植物收集，如乡土植物专类园、北美植物专类园或高山（山地）植物专类园等；③ 按照功能用途进行的植物收集，如药用植物专类园、芳香植物专类园或果树种质资源圃、能源植物专类园等；④ 按照习性与特性进行的植物收集，如宿根植物专类园、常绿植物专类园或彩叶植物专类园等。

专类园除了具有一定的专类植物的展示功能外，与农业、林业等方面的种质资源圃具有同样的作用、内容和相类似的管理方式，是农业种质资源的重要组成部分。不同点在于，植物园的专类园除了保存、保护的功能以外，还应尽可能地考虑景观和科普功能的要求。

有些专类园由于约定俗成的关系，可能会有些交叉，但大体上也可以划入此类，如禾草园，因为传统上的禾草（grass）主要来自三个完全不同的类群：禾本科（Gramineae）、莎草科（Cyperaceae）和灯心草科（Juncaceae）。再如，多肉多浆（succulent）植物主要由仙人掌科（Cactaceae）和大戟科（Euphorbiaceae）植物构成，产地多位于沙漠地带，在植物学特性上则表现为叶高度退化、薄壁组织发达而呈肥厚多汁状等特点，多肉多浆植物园是综合了上述几个分类性质的植物专类园。

2）主题园（thematic garden） 根据公众教育、科学普及和展示等目标的特殊需要而设立的，具有明确主题和服务对象的园区。这类园区一般以服务于某些特殊人群、团体为主，配置有相应的设施或功能区域，承担较少的科学研究任务。如系统分类园以向大、中学生展示和普及系统分类学知识为主，盲人植物园、儿童植物园等分别以盲人和少年儿童为服务对象，组织相应的活动，提供社会公共服务。需要指出的是，这里的主题园的概念和之前所谓主题园，如BGCI划分的12类植物园之一的主题园，是不同的。之前所提到的主题园更类似专类园，而中国所谓专类园（specialized garden）的概念在西方植物园中是很少使用的。

3）珍稀濒危植物区（rare & endangered species garden） 是具有植物园特殊性和特色的园区，传统上也作为专类园对待，但由于其保护对象的广泛性（来自不同的类群）、稀有性（多为当地植物区系或其他国家和地区的珍稀濒危植物）和管理要求的特殊性，更应作为一个独立的园区类型。

4）自然植被区或乡土植物区（indigenous species garden） 植物园多为人工栽培和管理的区域，但很多具有一定规模的植物园也都有相应的自然植被区，将其作为独立的区域加以管理有三个方面的目的：一是保护自然生境和乡土生物的多样性；二是为迁地保护植物，尤其是那些需要特殊生态环境的珍稀濒危植物提供一个相对适宜的生境，以提高迁地保护的成功率，为回归引种奠定基础；三是作为公众环境教育的场所。

5）引种驯化区（introduction & domestication garden） 为驯化引种植物而专门设置的区域，为了开展相关的引种驯化试验，也为避免外来植物潜在的入侵性、携带有害生物的传入等，引种驯化区需要一定程度的隔离。驯化成功或经过筛选符合要求的种类可以直接进入园区定植，因此有些生产面积不足的植物园也把它和生产区混在一起。

6）园艺景观区（horticulture & landscape garden）以观赏植物品种和园林艺术的展示、植物园艺景观的营造为主，兼顾植物的收集、保存。一般不开展相应科研活动，主要通过不同植物的景观配置、不同观赏特点或少数植物的不同景观营造方式等营造植物景观，向公众开放，提供一个良好的游憩环境。植物园中一些非植物主体的景观，如日本的禅花园、欧洲的台地园等也可以作为独特的类型划归这一类。

7）温室和冷室（conservatory） 为了保护和展示区域以外的植物，植物园一般都建有温室或冷室，其中以温室为主，用于保存热带和亚热带植物。在植物园历史比较悠久的欧洲，由于相对冷凉的气候，和引种热带、亚热带植物的需要，温室往往是其植物园的重要组成部分。冷室则是为了保存、驯化高纬度或高山植物的需要而建立的。

8）生产开发区（苗圃）（nursery） 严格说来，这不是植物园园区的一个类型，正像经营管理工作不是植物园必备的特征一样。但植物园一般都设有生产区，以满足园区建设和社会、市场对园艺产品的需求。

9）游客服务区（visitor center） 和生产开发区一样，这也不能算是园区的一个基本类型，但的确是植物园必要的组成部分，因为开展科普活动是植物园的基本任务之一，在开展此类活动的过程中，需要多个这样的区域为游客提供相关的服务。

少数植物园还有不在上述分区范围的一些特殊园区，如华南植物园的鼎湖山自然保护区，这样更便于开展综合性保护方面的研究。综合性植物园为了更好、更多地开展保护工作，也都有设立异地分园的传统，如英国邱园的Wakehurst分园、爱丁堡皇家植物园的Benmore、Dawyck和Logan分园以及澳大利亚悉尼皇家植物园的蓝山植物园（Blue Mountains Botanic Garden）等。

1.6.3 植物园的评价和评价要素

任海（2006）曾以知名科学家、发表论文、占地面积、保存物种（包括重要类群）、科普设施、物种交换单位、专利和品种、培养人才的数量以及产学研合作、景观和环境质量等为参数，分别提出了国际一流植物园和中国科学院植物园的分级和评价标准（任海，2006）。其中对植物园的分级如表1–1。

表1–1　植物园分级指标

规模	客流量/（万人·年）	规定员工/人	初期投入/亿美元
国际	>1 000	>1 000	15
国家（区域）	100~400	100~300	0.5~1
地方	10~50	50~100	0.05~0.15

摘自任海（2006）

这是植物园分级评价工作的有益尝试，但以人工、资金投入和入园客流量作为产出指标可能偏离了传统植物园的使命表述。首先，它们都不是，也不能反映植物园的基本任务，尽管入园客流量可能反映了一个植物园的影响力，但以此为主要指标则有可能将植物园的建设引导至泛公园化的方向。其次，客流量设置标准似乎偏高。根据黄宏文等（2016）最新调查结果，按照152个植物园计算，每个国内植物园的年均游客量也就在34万人左右，国内游客量较多的西双版纳热带植物园、华南植物园的年游客接待量也不足100万人次，客流量雄踞全球植物园榜首的新加坡国立植物园年均游客量440万人次，已经很可观了，但也没达到所谓“国际植物园”的下限！更何况入园客流量是否越高越好本身也存在争议。最后，尽管资金投入水平是植物园发展的基本保障，但初期投入这一参数却值得商榷，因为很多知名植物园都是历史名园，虽然难以全面考证，但建园初期的投入并不一定很高，例如南非科斯坦布须国家植物园（Kirstenbosch National Botanical, Garden）1913年建立的时候，政府每年拨款仅1 000英镑（约8800元人民币），需要靠出卖木材和提炼合香叶（buchu）油来增加收入（贺善安，2005）。黄宏文等（2016）在此基础上进一步完善的《中国植物园质量评定与等级划分标准》作为综合评价的指标还是比较合理的。但由于植物园类型的多样性，很难用一套标准去衡量和评价，这个评价标准更应该成为一面指引植物园发展方向的旗帜而非一把衡量其优劣的尺子。

从植物园的使命和基本任务出发来确定评价指标可能更为合适，更有利于促进植物园功能的发挥，也更便于植物园间的比较。黄宏文等的评价体系基本反映了这一思路，只是缺少了反映园艺和文化展示的指标，可能是因为这方面指标的确定的确非常困难。

在具体评价时，专类园数量和保育物种数量不宜同时列入，因为，如果以保育物种数量为主要指标，在物种数恒定的情况下，专类园数量增加可能意味着其质量下降；活植物收集类型之间应互不包含，但在用途上可以拓展，如保护性收集可用于研究，展示性收集也包括了保护性收集所关注的特有种、关键种、特殊生境植物等，这时可以根据需要设置不同的权重；研究经费投入也应该有所区分，全球气候变化、保护生物学、回归引种和恢复生态学、民族植物学、植物分类和系统学、园艺学等被认为是植物园主流研究方向的经费投入应给予更高权重；最难以衡量的也许是园艺展示和科普教育效果的评价，可以是展示面积或场次等，也可以用旅游收入或受众人数来反映，当前用旅游收入作为指标也许是最简单、直接的方法（图1–7）。

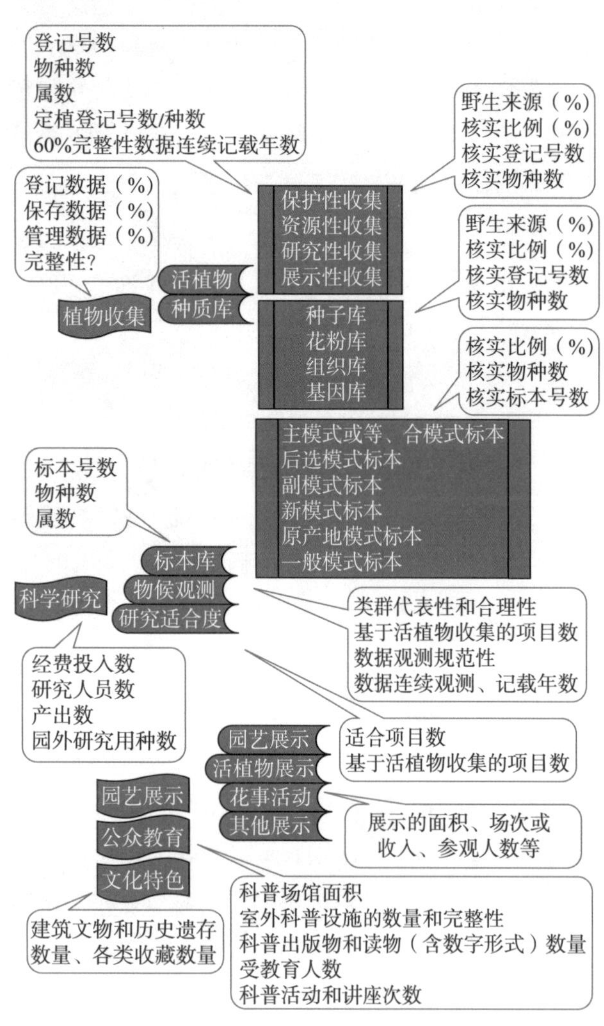

图 1-7　植物园评价内容和评价要素

1.7 植物园与社会发展

植物园是人类文明的标志之一，植物园的发展水平从一个侧面反映了一个国家或地区社会经济和科学文化发展的水平。这从植物园在世界范围内和在中国的分布情况就可以看出来。在世界范围内，主要植物园大都分布在经济发达、植物资源相对贫乏的欧洲和北美地区，占植物园总数的一半以上，虽然发展中国家也有著名植物园，如印度尼西亚的茂物植物园（Bogor Botanic Gardens）、印度植物园[Acharya Jagadish Chandra Bose India Botanic Gardens，原东印度公司加尔各答植物园（Calcutta Botanical Garden），因位于加尔各答的卫星城豪拉（Howrah），所以也被称为豪拉植物园]等，但这些植物园多少都带有殖民地植物园的痕迹。在中国，植物园也主要分布在经济发达的东部、南部地区，而植物资源丰富、经济相对落后的西部地区，植物园则十分匮乏。虽然从收集、保护的角度来看，理想的植物园分布应该与相应的植物区系相联系，但实际情况并非如此，这主要和经济发展水平以及由此而来的对植物资源的强烈需求等有关，还包括投入能力、保障条件等方面的因素。因此，世界上最早的一批植物园首先在意大利建立起来，随后在英国及其他欧洲国家得到快速发展就不足为奇了，因为欧洲的文艺复兴这一伟大的思想文化运动正是于 13 世纪末叶在意大利各城市兴起，以后扩展到西欧各国，于 16 世纪在欧洲盛行，而这正是现代植物园在欧洲发端的时期。18 世纪 60 年代英国率先兴起的工业革命则带动了邱园、爱丁堡植物园等一批英国植物园进入国际一流植物园的行列，并随着欧洲帝国主义殖民地的扩张而发展到世界其他地区，如新加坡国立植物园、印度植物园、印度尼西亚的茂物植物园等。根据最新统计①，全世界有植物园共 2 122 座，欧洲依然是全球植物园最多的地区，有 678 座，占全球植物园的 31.95%。第一次世界大战之后，随着经济中心从欧洲转移到以美国为首的北美地区，植物园在北美开始繁荣起来，目前有植物园 506 座，约占全球总数的 23.85%，其中美国有植物园 374 座，占世界总数的 17.6%，为世界上植物园最多的国家。亚洲作为近年来经济发展最快的地区，目前有植物园 499 座，已接近于北美洲的水平。

我国植物园也经历了相似的发展历程，自第一座国立植物园建立以来的 90 年间，植物园发展经历也都与经济发展、转型有关，除了中国科学院下属植物园之外，地方政府自发建设的植物园大都在经济发达的地区或城市，如上海辰山植物园、深圳仙湖植物园、厦门植物园等，目前全国总计有植物园 162 座②。整体看，我国植物园还处于发展时期，随

①② Huang H W, Liao J P, Heywood V, et al. A global checklist of botanic gardens and arboreta [EB/OL]. [2018-08-07]. http://iabg.scbg.cas.cn/news/201807/t20180712_416005.html.

着我国经济的不断发展、人民生活水平的不断提高和环境意识的不断增强，中国植物园即将迎来新的发展机遇期。这些机遇主要包括：

1）经济文化发展到了一定水平。经过改革开放后近40年的发展，我国国内生产总值（GDP）从1978年的3 650.2亿元发展到2017年的82.7万亿元，增长了约225.6倍；城镇居民家庭人均可支配收入由405元增加到36 396元，同比增加了约89倍。我国经济总体上已经从追求数量逐步转移到追求质量上来，绿色增长正日益成为经济发展追求的目标。从科技文化发展角度来看，普通高等学校毕业生人数从1979年的8.5万人增加到2017年的795万人，增长92.5倍，以此为代表的公众素质正在不断提高；国内旅游人数从2000年的7.4亿人次上升到2017年的50.01亿人次，增长了5.7倍。

2）发展理念日臻成熟。经过多年来中国特色社会主义道路的探索，从“三个代表”“科学发展观”到目前的“四个全面”、“五位一体”总体布局，理念日臻务实、成熟和以人为本。2015年底的中央城市工作会议上，又提出了转变城市发展方式，着力解决“城市病”等突出问题，不断提升城市环境质量，建设和谐宜居的现代化城市的城市工作要求。生态文明越来越受到重视，发展路径日渐清晰和可持续，而植物园事业的发展正顺应了这一要求，是实现“中国梦”的具体措施和目标之一。

3）伴随着人民生活水平的不断提高，对环境、文化、艺术的需求不断增长。近年来，包括出境旅游在内的境外消费大幅度增长，正日益成为大家讨论和热议的话题。其背后的原因之一就是发达国家乃至部分具有特色资源禀赋的发展中国家提供的包括植物园在内的优质旅游产品和其他消费品更加丰富，以及国内相应消费品的短缺。因此，近年来，国家大力提倡的供给侧改革，就是为了从相应消费品的生产、供给这个方面来解决境内外消费不平衡的现象。而植物园作为公共或准公共产品也理应成为国家和地方政府，尤其是经济发达而环境负荷比较大的我国东部地区地方政府优先考虑的目标之一。

4）“一带一路”建设为植物园的建设与发展带来新机遇。这是一条继续开放之路，开放办园、兼收并蓄是植物园发展的必由之路。早在古丝绸之路开通之前的公元前138年至公元前115年，汉使张骞两出西域，引种了紫苜蓿（*Medicago sativa*）、葡萄（*Vitis vinifera*）、石榴（*Punica granatum*）等大量经济植物；丝绸之路开通之后我国又相继引进了莴苣（*Lactuca sativa*）、蓖麻（*Ricinus communis*）、胡椒（*Piper nigrum*）等；16—17世纪，我国从海上丝绸之路引进了番薯（*Ipomoea batatas*）、玉米（*Zea mays*）、落花生（*Arachis duranensis*）等，在我国的粮食供给、人口增长和经济社会发展等方面发挥了重要作用，因此“康乾盛世”也被称为“番薯盛世”。这是一条合作之路，互联互通是实现全球合作的基础，这条路为植物园间加强国际合作、实现生物多样性惠益分享、构建全球或区域性生物多样性保护与利用信息平台提供了基础。这更是一条发展之路，加强基础设施建设，推进开放、合作的最终目的是促进发展、实现共赢，构建全球利益共同体，这也是全球植物园应该要做、必须要做，而且翘首以盼的。

5）世界植物园事业的蓬勃发展为我国植物园的建设提供了可借鉴的经验，也带动了我国植物园的发展。为了推动了世界植物园事业的发展，IABG、BGCI等国际组织于1954年、1987年先后成立，区域性组织如APGA、BGANZ、CUBG的成立则促进了所在国家和地区植物园事业的发展，例如2005年美国有植物园296个，而短短13年后已经发展到有植物园类植物学机构近374个。植物园在世界各国都呈现出蓬勃发展的趋势，近30年来建设的大型植物园项目包括澳大利亚维多利亚植物园（Royal Botanic Gardens Victoria）、克兰本植物园（Cranbourne Gardens, 1989），英国的伊甸园（2001），新加坡滨海湾花园（2012）等，其中新加坡滨海湾花园耗资约10亿新元（约7.1亿美元）。

虽然存在诸多机遇，但也应看到，我国还处于经济转型期，政府部门和社会公众对植物园在生态文明、社会发展中作用和地位的认识还存在不足，植物园参与生态文明建设的路径还不够清晰、能力也不够强大，因此中国植物园的发展还面临着很大的挑战，主要表现在：

（1）人口、资源和环境之间的不平衡给包括植物园在内的生态文明建设带来巨大压力，也是发展我国植物园事业必要性的体现。生态文明不是一个空洞的概念，更不是一句简单的口号，它代表了人和自然之间的和谐关系，是一个可以用鸟（例如鸽子）和人之间的距离来测量的文明。植物园即是生态文明的组成部分，也应该是生态文明建设的主要参与者，中国植物园应积极主动地承担起这个历史的责任。

（2）对植物资源、生物多样性保护和可持续利用重要性的认识还存在偏差。随着时代的发展、社会需求变化，活植物收集的内容和范围也应适应变化了的需要，活植物收集不能仅满足于传统的物种收集，要有目的、有计划地开展农业种质资源、生物多样性的保存和保护，还要充分利用植物园的场地、专业和已有的活植物积累数据等管理优势，充分挖掘活植物收集数据在物候观测、全球气候变化等方面的作用，有条件的植物园可以逐步扩大到与植物有关的博物学的收集。

（3）植物园的科普教育不能仅限于植物学知识的传播，还应该传播更加广泛的植物文化。面向公众传播时，应超越唯科学主义，应当明确科普教育的最终目标不是把听众、观众转化成植物学家一样的人，而是调动和培育公众对植物的兴趣，学习欣赏自然之美，学会理解演化之精致（刘华杰，2017）。

（4）植物园这一高端准公共产品的生产还缺乏动力和成熟的机制，也缺乏充分的公众基础。植物园是联结人和自然、知识创新和公众意识之间的纽带，植物园即服务于社会，也离不开社会公众的参与和支持。这就要求植物园的工作者即熟悉业务又充满热情，要充分利用广大社会公众喜闻乐见的形式开展植物文化的传播，并在这一过程中带动植物园自身的发展。

参考文献

毕列爵，1983. 从19世纪到建国之前西方国家对我国进行的植物资源调查［J］. 武汉植物学研究，1（1）：119-127.

陈嵘，1952. 造林学特论［M］. 南京：华东印书馆：400.

贺善安，2005. 植物园学［M］. 北京：中国农业出版社.

洪德元，2017. “三个‘哪些’：植物园的使命”的补充发言［J］. 生物多样性，25（9）：917.

洪德元，2016. 三个“哪些”：植物园的使命［J］. 生物多样性，24（6）：728.

黄宏文，廖景平，张征，2016. 植物园国家标准体系建设与评估［Z］. 勐腊：中国植物园联盟.

黄宏文，段子渊，廖景平，等，2015. 植物引种驯化对近500年人类文明史的影响及其科学意义［J］. 植物学报，50（3）：280-294.

黄宏文，2017. “艺术的外貌、科学的内涵、使命的担当”——植物园500年来的科研与社会功能变迁（一）：艺术的外貌［J］. 生物多样性，25（9）：924-933.

廖景平，黄宏文，2018. 植物迁地保护的方法［C］// 黄宏文. 植物迁地保育理论与实践. 北京：科学出版社：52-57.

任海，2006. 科学植物园建设的理论与实践［M］. 北京：科学出版社.

武建勇，薛达元，赵富伟，2013. 欧美植物园引种中国植物遗传资源案例研究［J］. 资源科学，3（7）：1499-1509.

许再富，1998. 稀有濒危植物迁地保护的原理与方法［M］. 昆明：云南科技出版社.

许再富，2017. 植物园的挑战——对洪德元院士的“三个‘哪些’：植物园的使命”一文的解读［J］. 生物多样性，25（9）：918–923.

Bailey L H, Bailey E Z, 1976. Hortus third: A concise dictionary of plants cultivated in the United States and Canada［M］. New York: Macmillan.

BGCI, 2000. International agenda for botanic gardens in conservation［R］. Richmond: Botanic Gardens Conservation International: 14–15.

BGCI, 2012. International agenda for botanic gardens in conservation［R］. 2nd ed. Richmond: Botanic Gardens Conservation International.

Colburn C T, 2012. Growing gardens: botanical gardens, public space and conservation［D］. San Luis Obispo: California Polytechnic State University.

Heywood V H, 2015. Mediterranean botanic gardens and the introduction and conservation of plant diversity［J］. Flora Mediterranean, 25（Special Issue）: 103–114.

Heywood V H, 1987. The changing role of the botanic gardens［C］//Bramwell D. International Union for Conservation of Nature and Natural Resources. Botanic gardens and the world conservation strategy: Proceedings of an international conference, 26–30 Norember 1985, held at Las Palmas de Gran Canaria. London: Academic Press: 3–18.

Heywood V H, 1989. The botanic gardens conservation strategy［M］. Gland: IUCN & WWF.

Hill A W, 1915. The history and functions of botanic gardens［J］. Annals of the Missouri Botanical Garden, 2（1/2）: 185–240.

Hurka H, Neuffer B, Friesen N, 2004. Plant genetic resources in botanical gardens［J］. Acta Horticulturae, 651: 181–184.

Huxley A, 1999. The new royal horticultural society dictionary of gardening［M］. London: Macmillan.

Kangombe F N, Moses M N, Kwembeya E G, 2016. The role of the National Botanic Garden of Namibia in plant species conservation［J］. International Science and Technology Journal of Namibia, 8: 31–42.

Krishnan S, Novy A, 2016. The role of botanic gardens in the twenty-first century［J］. CAB Reviews, 11（23）: 1–8.

Kuzevanov V, Sizykh S, 2007. Mission of botanic garden in the Lake Baikal region［C］//Proceedings of the 3rd Global Botanic Gardens Congress. Wnhan: BGCI.

Martins-Loução A M, Gaio-Oliveira G, 2017. New challenges to promote botany's practice using botanic gardens: The case study of the lisbon botanic garden［C］//Ansari A A, Gill S S, Abbas M Z. Plant biodiversity: Monitoring, assessment and conservation. Wallingford: CAB International: 1–17.

O'Malley T, 1992. Art and science in the design of botanic gardens, 1730—1830［C］//Hunt J D. Garden history: Issues, approaches, methods. Washington: Dumbarton Oaks Research Library and Collection: 279–302.

Prest J, 1981. The Garden of Eden, the botanical garden and the recreation of paradise［M］. New Haven: Yale University Press: 38–48.

Raimondo F M, Garbari F, 1986. Gli orti botanici in Italia［C］//Montacchini F. Erbari e iconografia botanica: Storia delle collezioni dell'Orto Botanico dell' Università di Torino. Torino: Umberto Allemandi & C.

Sizykh S, Kuzevanov V, 2007. Changing mission of botanic gardens as living museums: Tangible and intangible aspects of linking natural and cultural heritage with human well-being［C］//Proceedings of the 3rd Global Botanic Gardens Congress. Wuhan: BGCI.

Smith P, Harvey-Brown Y, 2017. BGCI技术评议报告：如何定义植物园以及如何衡量植物园的表现与成功［R］. 郭霞丽，卞芸芯，韩诗诗，译. Richmond: NCBI.

Smith P, Harrey-Brown Y, 2017. BGCI techniqual review: defining the botanic garden, and how to measure the performance and success [M]. Richmond: Botanic Gardens Conservation International: 4.

Xu Z F, 1997. The status and strategy for ex situ conservation of plant diversity in Chinese botanic gardens: discussion of principles and methodologies of ex situ conservationa for plant diversity [C]// Schei P J, Wang S. Conservationg China's biodiversity. Beijing: China Environmental Science Press: 79–95.

Yezhov V N, Smykov A V, Smykov V K, et al, 2005. Genetic resources of temperate and subtropical fruit and nut species at the Nikita Botanical Gardens [J]. Hortscience, 40 (1) : 5–9.

莫里斯树木园秋色（摄影　郗厚诚）

第 2 章　植物引种驯化和资源开发利用

植物引种驯化是人类利用野生植物资源最直接、有效的方式之一，也是植物园最传统的基本任务之一，尤其在植物园发展的早期更是如此。植物引种驯化及其广泛栽培深刻地改变了和改变着世界农业生产的格局，促进了人类文明的巨大进步。随着现代科学技术的不断发展，开发、保存和利用植物资源的方式、手段都发生了日新月异的变化，但作为准公共产品的属性和主要功能之一，植物园的引种驯化总是和植物资源的收集、生物多样性保护联系在一起，植物园一直是植物种质资源保存的中心，并在此基础上开展种质创新、遗传改良和天然产物化学研究等。

人类早期获得食物的手段除渔猎外，主要靠采集野生植物为食。在定居或半定居之后，这些食物常被带到住地食用，多余的则被遗弃或埋藏起来，那些具有繁殖能力的果实、种子、块根（茎）等在住地附近开始繁衍起来，由于这里土壤肥沃，植物生长格外繁茂，在这些现象的启发下，人们开始有目的地进行家化栽培，这就是植物引种驯化的萌芽。大约 1.2 万年前的新石器时代早期，中国开始出现这种原始农业的雏形，这种早期的“植物引种驯化”促进了采集经济向种植经济的过渡，为之后农业文明的发展提供了原材料和原动力。之后，始于欧洲的工业文明则进一步扩大了引种驯化的范围。无论是瑞士植物学家阿方斯・德康多尔（Alphonse L.P.P. de Candolle, 1806—1893），还是苏联植物育种学家瓦维洛夫（Н.И. Вавилов, 1887—1943），他们所谓的栽培植物的起源中心也大都是人类文明的发祥地，因此，一定程度上人类文明的发展进程就是直接采集、驯化和现在强调的可持续地利用以植物为主的自然资源的过程，植物引种驯化是人类农业文明和之后工业文明发展的源动力（黄宏文，2015）。

李自超（1999）曾将人类对植物资源的认识及考察、收集、利用、创造等有关活动划分为三个阶段：以作物起源中心学说的提出为标志，人们对植物遗传资源的生物地理、分类、进化等问题进行的大量研究为第一阶段。二战后，人类在面临植物资源流失、枯竭等严峻问题的情况下，对遗传资源的收集与保存为第二阶段。在此期间，各国都收集并保存了大量的遗传材料，根据联合国粮农组织 1996 的统计，全球保存的遗传资源已达到 450 万份。如何对如此众多的遗传资源进行保存、评价、创新和有效利用就成为第三阶段也就是目前植物资源研究的主要内容。实际上，从人类利用或者说引种驯化野生植物的历史来看，第一阶段远在作物起源中心学说提出以前就已经开始了，作物起源中心学说本身就是这个阶段的发展总结而非开始的标志。正如 Juma（1989）指出的那样，殖民统治与劳力、植物遗传资源密切相关，殖民过程通常伴随着经济植物在世界范围的大规模引种、栽培以及殖民地农业的形成，而此期间建立的殖民地植物园网络则形成了欧洲帝国全球植物种质资源交换的有效机制，远早于现代遗传资源相关学科的兴起（Heywood, 2011）。而李自超（1999）划分的三阶段只是人类利用野生植物资源历史的一部分，是在栽培植物起源学说指导下，对栽培植物的野生资源更为科学的考察、评价和利用的过程。

2.1 植物引种驯化

植物的引种（introduction）是指人类把植物转移到自然分布区或当前范围以外的地方进行栽培的过程，本质上是物种的人工辅助迁徙（assisted migration, AM）；驯化（domestication）是人们利用植物的变异性和适应性，通过选择发现其环境可塑性，本质上是物种对新环境条件的适应，并且能够以原有的繁殖方式进行正常繁殖的过程。一般认为，评价引种是否成功的关键是看引种植物在新的栽培区能否完成由种子（播种）到种子（开花结果）的生理过程。如果未能达到开花、结果阶段，就只能叫作“引种栽培”。但这可能只是在没有具体经济性状要求情况下考察引种成功与否的标准。在农业生产上，引种是否成功总是和引种的目的、生产上要利用的器官、部位或性状相联系，一种作物被引种后，只要在生产上能够被利用，就是引种成功。例如对于利用根茎的植物的引种，如果也能以根茎或其他营养方式繁殖，就不需要完成生殖生长阶段。生产实践上，引种和驯化常联系在一起，指通过人工栽培，自然选择或人工选择，使野生植物、外来（外地或外国）的植物能适应本地的自然环境和栽种条件，满足人类某种生产实践需要的、本地化的过程。

2.1.1 植物引种驯化的理论基础

引种驯化是交叉学科，主要涉及生态学和遗传学的交叉。遗传变异和生态适应是植物引种驯化的基础。如果被引种植物的适应性较宽，环境条件的变化在植物适应性反应范围之内，就是“简单引种”。反之，就是“驯化引种”或“复杂引种”。由于不同植物种类适应范围相差很大，总体上，植物引种驯化的效果可以描述为：

$$P = G + E \text{ 或 } P = G + E + IGE$$

其中，P 为引种效果（表型值），G 为植物适应性的反应规范（基因型值），E 是原产地与引种地生态环境的差异（环境效应值），IGE 是基因型与环境的互作偏差效应值。

（1）遗传学和进化论

达尔文在《物种起源》（*On the Origin of Species by Means of Natural Selection, or the Preservation of Favoured Races in the Struggle for Life*, 1859）中提出了进化的观点，并指出自然选择是进化的动力；1868 年，他又在《动物和植物在家养下的变异》（*The Variation of Animals and Plants Under Domestication*）一书中阐述了各种家养动植物和野生种类之间的关系以及人工选择理论，并论述了动植物变异、遗传和杂交等的原因和规律：i. 植物在自然条件下有适应风土的能力；ii. 植物有机体的地理分布不仅取决于现代因子，还与历史因子有关；iii. 在自然和栽培条件下，通过自然或人工选择可保持新的变异，促进植物驯化；iv. 植物个体在特定条件下可变异成为新个体甚至新变种。但是，由于当时还没有发现遗传规律，达尔文不得不用“泛生论”假说来解释这些现象，这就使得人们对达尔文的进化论产生了一定的质疑，甚至一度让位于拉马克的获得性遗传学说。

随着孟德尔遗传规律的发现和分子生物学等的发展，达尔文进化论被不断修改、完善，又发展出了现代达尔文主义（综合达尔文主义）、中性学说（Kimura, 1991）等。前者认为种群是生物进化的基本单位，突变是自然选择的基础，隔离是新物种形成的基本环节；而后者认为突变大都是中性的，自然选择不起作用，遗传漂变是物种分化的动力之一。如果说自然选择是淘汰有害突变，并没有主动选择有利突变的话，引种驯化则是一种方向性很强的主动选择过程，使得一些有利于人类的性状在一个小群体甚至个体上被保留下来。因此不同于植物的自然进化，引种驯化包括后来的植物遗传育种等都是按照选择者的意志人为“进化”的过程。因此，现代达尔文主义以及奠基者效应理论等相对于中性学说对植物引种驯化更有借鉴意义，但是自然选择和引种驯化却可能朝着不同的方向发展。中性学说以及现代分子生物学在分子进化特征上的一些发现有助于对驯化过程的理解，这些特征包括：i. 对每种生物大分子而言，只要其三级结构与功能基本不变，那么各条演化路线上，以突变替代表示的演化速率大致保持每年在每个位置上恒定；ii. 机能较次要的分子或分子片段的进化速率高于机能较重要的分子或分子片段的进化速率；iii. 在分子演化进程中，使分子现存结构和功能破坏较小的突变，比破坏较大的突变有更高的替换率；iv. 基因重复通常发生在一个具有新功能的基因出现之前；v. 明显有害的选择净化和选择上呈中性或轻微有害的突变随机固定，比明显有利突变的正达尔文选择更为频繁（Kimura, 1991）。

（2）表观遗传学和米丘林风土驯化学说

从有机体与环境条件相统一的观点出发，经反复实践、探索，米丘林（Michurin I. V., 1855—1935）提出了风土驯化的两条原则：i. 从引种材料看，利用遗传不稳定、易动摇的实生苗等幼龄植物作为风土驯化材料，使其在新环境下逐渐改变原来性状，适应新的环境条件，达到驯化效果，尤其在个体发育的最幼龄阶段（种子阶段）可塑性最大，也最有可能产生新的变异以适应新的环境；ii. 从引种步骤看，采用逐步迁移播种的方法。实生苗对新环境往往有较大的适应性，但有一定限度，当原产地与引种地条件相差太大而超越了幼苗的适应范围时，驯化难以成功，这时需要采用渐进式迁移的方法，逐步移向引种地，逐渐过渡到预定的栽培条件。在此基础上，米丘林创造了很多驯化植物的方法，如实生苗法、定向培育法、远缘杂交法、逐级驯化法、混合授粉法、预先无性接近法和媒介法等，很多方法今天依然适用。

米丘林风土驯化学说很难用经典遗传学来解释，拉马克的进化论又不被承认，所以在相当长的一段时期里，风土驯化说不被人们所接受，甚至和获得性遗传学说一起被批判，但表观遗传学和表观基因组学表明部分获得性性状是能够遗传的，因而米丘林风土驯化说也得到了一定的理论支持。

表观遗传学（epigenetic）是指基于非基因序列改变，如DNA甲基化和染色质构象变化等，所致基因表达水平的变化；表观基因组学（epigenomics）则是在基因组水平上对表观遗传改变的研究。而研究最多的就是DNA的甲基化（methylation）和乙酰化（acetylation）。

甲基化和乙酰化会发生在几个不同的区域：① 转录因子本身；② 协助包裹染色体（染色质）的组蛋白上；③ 启动子（promoter）。这些位点可能受外界因素影响而发生甲基化或乙酰化修饰，并很大程度地影响到相应基因的表达，如果写入到生殖细胞中，就有可能遗传给下一代。

（3）生态学

在我国古代的农业生产实践中，就已经总结出了“相其阴阳，观其流泉……度其隰原”（《诗经・大雅・公刘》）的“土宜论”及“顺天时，量地利”和“人力之至，亦或可以回天”（《齐民要术》）的“风土论”。这些都是早期关于植物引种驯化的传统知识，正是在这些实践中积累起来的朴素的传统知识的基础上，随着现代科技发展，人们逐步总结出了一些关于引种驯化的生态学理论或者假说。

1）气候相似论　20世纪初期，德国慕尼黑大学迈尔（Mayr H.）在其所著的《欧洲以外的园林树木》（1906）和《自然历史基础上的林木培育》（1909）中论述了后来被称为“气候相似论”的林木引种驯化思想，认为“最有可能成功引种木本植物的地方是与树种原产地和新栽培区气候条件有相似性的地方”。迈尔所指的气候相似性主要是指温度，并以相应温度条件下的群落典型指示树种为名，把北半球划分为六个平行林区或林带，即棕榈带、月桂带、板栗带、山毛榉带、冷杉带和极寒带，认为在这些林带内迁移植物是可行的。气候相似论的实质是引种地区的气候和土壤条件是否接近于原产地。只有气候、土壤等条件相似才有引种成功的可能，同纬度地区间引种较有把握。

气候只是生态因素中比较重要的一个方面，后来的一些学者在此基础上不断延展，提出了一些新的、更加综合的生态分析方法。例如美国生态学家克里门茨（Clements F. E., 1874—1945）的“平行指示植物法”（也称“植物测量法”）在植被类型、群体生态和个体生态研究的基础上，发现某些植物可以代表某一地区的气候条件，可以作为指示植物来解决植物引种的区划问题；中国学者朱彦丞提出的“生态相似法”认为，植物引种驯化应从整个植物生态环境来分析，在生态条件相似时，所选择的植物材料更容易引种成功，生态条件相差悬殊的植物材料则不易成功引种。其他如周多俊的“生态综合分析法”、董保华的“地理生态学特性综合分析法”等（谢孝福，1994）。这些方法多衍生自气候相似论，提倡更综合地考虑其他生态因素，但这只是一种理想状态，因为在大部分情况下，人们无法对这些因素进行充分的考察和分析，生产实践上远不及气候相似论、平行植物指示法等容易操作。

2）生态历史分析法　莫斯科总植物园（Moscow Main Botanical Garden）库里阿基索夫（Кулътиасов, 1953）在多年专属植物引种的基础上总结出来的一种方法。其理论基础是通过分析、揭示某一植物区系成分的生态历史，将那些外来的区系成分迁回起源地或与起源地相同或相似的环境条件下，这些植物不但极容易引种成功，而且生产率可以得到大大的提高。水杉（*Metasequoia glyptostroboides*）等许多孑遗植物的大范围推广种植是对生态历史分析法的有力支撑。

3）区系发生法　俄罗斯尼基塔植物园（Nikitsky Botanical Garden）在对植物区系成分及其形成历史和自然生态研究基础上，认为起源上有亲缘关系或者有某些共性的区系之间的植物引种容易成功。例如，我国从北美气候相似地区引种植物的成功率很高，相互间无意引种导致的植物入侵也比较多，其原因除了两地现在相似的气候条件之外，就是我国与北美植物区系在起源和发展历史上具有较密切的联系，现在的植物区系也具有一定的相似性。区系发生法也与植物的个体生态有关，只是从区系成分及其形成历史和自然生态历史的角度进行表述。

4）生境因子分析法　贺善安等（1991）根据油橄榄（*Olea europaea*）引种和南京中山植物园迁地保护的经验，提出了生境因子分析法：i. 和野生种相比，栽培种的特性、对生境的要求都已发生分化，其起源中心的原生境不一定还是该作物的最适生境；ii. 引种时，应先把各生态因子划分为适宜（或最适宜）因子、非适宜（或非最适宜）因子、可适应（或可改良）因子三类，与新生境进行比较；iii. 各生境因子既具有相对独立性，又互相联系，综合地对植物起作用；iv. 充分重视栽培条件的作用，栽培措施在一定程度上可改变生境条件以满足植物需要。与其他理论相比，生境因子分析法强调了生境和植物本身的可变性，注重通过单因子或多因子引种试验对生境因子进行分析、比较，特点是重视人的因素，认为引种不仅是人类对适宜自然条件的利用，也包括了对不适自然条件的改造，所以生境因子分析法和其他生态学方法一样是在气候相似论基础上的发展、开拓。

（4）栽培植物起源中心学说

所谓栽培植物起源中心是指栽培植物野生起源地，一般也是该植物野生变异最为丰富的地方。瓦维洛夫栽培植物起源中心学说主要观点包括：i. 一个物种的多数变种、类型集中的地区就是这个种的起源中心。起源中心的变种含有大量的显性等位基因，而隐性等位基因则分布在中心边缘和被隔离的地区。ii. 有些栽培种不只起源于一个中心，起源中心也有原生中心和次生中心的区别。iii. 最重要的栽培植物起源中心多位于北纬20°～45°，在其野生种自然分布区域内蕴藏了大量的种和变种等。由于常被沙漠、海洋和高山等阻隔，独立的动植物区域、人群又产生了独立的农业文化。iv. 绝大部分栽培植物起源于东方，特别是中国、印度，其次是西亚和地中海地区。v. 栽培植物的品种多样性呈现出一定的地理分布规律。如从喜马拉雅山脉至地中海，作物种子和果实有逐步变大的倾向，而阿拉伯山区的全部植物都有早熟类型（Vavilov, 1992）。

（5）景观生态学

景观生态学（landscape ecology）是研究在一个相当大的区域内，由许多不同生态系统所组成的整体（即景观）的空间结构、相互作用、协调功能及动态变化的一门生态学分支学科。虽然景观生态学研究是在比植物园大得多的空间、时间尺度上开展的，但其有关空间异质性、时间和空间尺度效应、干扰作用等思想对于植物园迁地保护环境的建设具有一定的借鉴作用和指导意义。

2.1.2 植物引种驯化的方法和技术

复杂引种（驯化引种）和简单引种采用不同的方法，遵循不同的流程。前者可以采用实生苗的多代选择、逐步驯化等方法；后者可能不需要任何人工干预，或者只给予适度的人工干预（调整温度、光照、湿度等）。另外，引种目标也影响到引种的方法和流程。具体的引种驯化技术主要包括：

1）引种材料处理（机械擦伤法，酸蚀法，水浸法，层积法等）与繁殖。

2）适应性锻炼（处理）。

3）小环境、微气候的选择与建植。

4）选择与杂交育种　① 不同地理种源的选择；② 本地栽培后选择变异类型；③ 杂交育种（一般是生产性引种、品种改良的步骤，如果是保护性引种，则要尽量避免人为或自然的种群间杂交）。

5）设施栽培　提供人工辅助条件以改善植物生存环境的措施。

2.1.3 植物引种驯化的程序

（1）确定引种目标

每个植物园都应该有自己的活植物收集策略，其中就确定了引种的目标物种范围。总体上，目标物种的确定是与植物园自身的使命、定位以及所处的植物区系，研究、保护和教育等的需要相联系的。在确定目标物种类群的基础上，要确保引种的成功率，避免盲目引种可能导致的损失，一般都要求遵循一些诸如西方植物园称“right species in right place”，中国称为“适地适树”的共性的原则。具体到引种材料的选择主要包括：① 植物所在区系；② 植物的习性；③ 植物的潜在适应性；④ 种源类型；⑤ 杂交与栽培类型（生产性引种）；⑥ 栽培植物的区划（生产性引种）等。

但植物园的引种驯化尤其是保护性收集不应该拘泥于此。这是因为，首先这些原则不是一成不变的，丰富的植物多样性提供了很多潜在的可能性，因此一切符合活植物收集策略的物种都值得尝试；其次，对那些重要的、亟须保护的物种而言，更迫切需要解决的是提高引种成功率的技术和方法，而不是成功率本身；最后，也是最重要的，不同于其他引种机构更多地以服务于生产为目的的引种，植物引种驯化尤其是野生植物的驯化是植物园的主要任务和特色之一。

（2）制定引种规划与实施计划

在确定引种目标以后，要对引种目标的生物学特征、特性以及自然分布区及其自然条件、目标物种的生境条件等进行详细的调查和分析，并与引种目的地的生态条件、生境因子等，包括单因子（如光、温、水和土壤等）和综合因子（如生态因子与植物生长发育的节律同步协调、生态因子的补偿作用以及限制因子的分析等）进行对比分析的基础上，制定合理的引种规划，并根据目标物种的情况（繁殖方式、种群大小、是否受威胁及受威胁程度、花期、种子成熟期等）和实际需要，选择引种材料，确定材料保存与运输方式以及引种时间、栽植场地、繁殖和栽植方式等实施计划，尤其要注意分析引种驯化过程中可能遇到的问题，如目标植物种类的适应性及其特殊需求等，并提前准备好相应的解决方法。

（3）开展引种试验

引种试验主要包括栽培、驯化，在这个过程中对植物适应性与变异性进行分析与筛选等。需要注意的是，根据引种目的（如用于农业生产、资源性收集还是保护性收集等）的不同，采取的技术、试验的内容也不相同，判断是否成功的标准也不一样。对于保护性收集而言，一般要求完成由种子到种子的完整生命周期，尽可能高的遗传代表性，并尽可能地避免杂交等基因污染；而对于生产性引种而言，只要有经济利用价值就可以了。

（4）建立技术档案

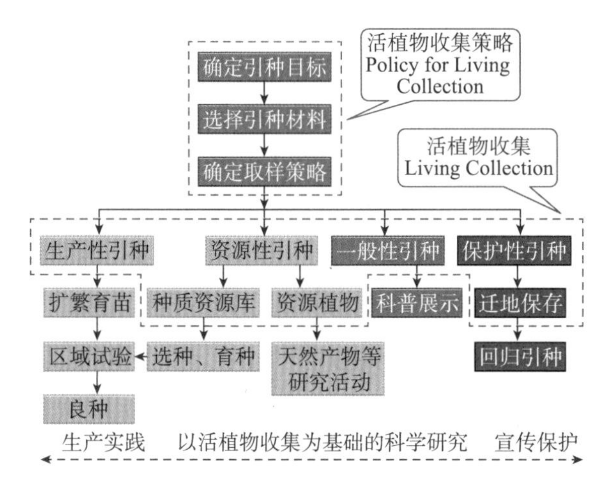

图 2-1 植物园引种的类型和基本流程

2.1.4 植物引种驯化与我国古代文明

中国古代文明主要包括黄河流域文明和长江流域文明，而这两大流域也正是以“五谷”为代表的我国栽培植物的两个次生中心。禾谷类种子适应性强，结实多，成熟期较一致，易贮藏，所以也成为最早被成功驯化栽培的植物种类。“五谷”之中至少有三个，即稷（*Setaria italica* var. *germanica*）、黍（*Panicum miliaceum*）和大麻（*Cannabis sativa*）起源于黄河流域，这也是我国农业文明的主要发源地，也是当时的政治、经济和文化中心。水稻（*Oryza sativa*）在德康多尔、瓦维洛夫的栽培植物起源学说中都被认为是印度起源的，而现在更多的证据支持其为我国长江流域起源，是长江流域文明的标志之一。我国湖南省道县玉蟾岩遗址考古发现的栽培稻距今已有2万年的历史，这也是迄今为止发现的最早的关于稻作文明的遗存。古代中国以农业立国，称教民稼穑者为后稷，更称国家为社稷，说明以“五谷”为代表的粮食作物驯化在中华古文明的形成与发展过程中发挥了极其重要的作用。

一个国家或者民族对于植物资源的重视是与其经济、文化和社会发展程度、需求紧密联系在一起的。除了上述当地起源的栽培植物以外，汉武帝建元三年（公元前138年）与元狩四年（公元前119年），汉使张骞2次出使西域，引种了紫苜蓿、葡萄、石榴、胡麻（芝麻，*Sesamum indicum*）、胡蒜（大蒜，*Allium ativum*）、胡桃（核桃，*Juglans regia*）、胡豆（蚕豆，*Vicia faba*；豌豆，*Pisum sativum*）、胡葱（*Allium ascalonicum*）、胡瓜（黄瓜，*Cucumis sativus*）和红花（*Carthamus tinctorius*）等。丝绸之路开通之后的汉唐至宋朝期间（公元初至1279年）又引种了莴苣、蓖麻、胡椒、菠菜（*Spinacia oleracea*）、小茴香（*Foeniculum vulgare*）、波斯枣（椰枣，*Phoenix dactylifera*）、巴旦杏（*Amygdalus communis*）、油橄榄（*Olea europaea*）、水仙花（*Narcissus tazetta*）、阿月浑子（*Pistacia vera*）以及无花果（*Ficus carica*）等（辛树帜，1962；刘旭，2003，2012；黄宏文，2015）。为栽植引自热带地区的植物，《三辅黄图》载：“汉武帝元鼎六年，破南越起扶荔宫（宫以荔枝得名），以植所得奇草异木：菖蒲百本；山姜十本；甘蕉十二本；留求子十本；桂百本；蜜香、指甲花百本；龙眼、荔枝、槟榔、橄榄、千岁子、甘橘皆百余本”；又言武帝在宫中还建有“温室殿”：“《西京杂记》曰：‘温室以椒涂壁，被之文绣，香桂为柱，设火齐屏风，鸿羽帐，地以罽宾氍毹。’”，既用于冬季避寒，也可以陈列花木。这也许是中国乃至世界上关于温室和植物园雏形的最早记载。

长江流域稻作农业的发展和稻作区人口的增长，进一步提高了对水稻产量的要求，于是宋真宗时期（998—1022年），福建一带引入了占城稻（何炳棣，2000），随后在长江流域广泛栽培（游修龄，1983；陈志一，1984；何炳棣，2000），到南宋时期（1127—1279年），长江流域成为中国经济和人口的重心，以稻作文明为核心的长江流域文明也臻于完善。

除了陆地丝绸之路，经海上丝绸之路也引进了不少植物种类，尤其是伴随着欧洲帝国的扩张，其早先引种自美洲等地的作物也经由其东南亚殖民地被引种到中国，如16—17世纪引种的番薯（1563年）、玉米（1520—1550年）、落花生（1516年）、马铃薯（*Solanum tuberosum*，1650年）等，对我国的粮食供给、人口增长和经济社会的发展发挥了重要作用（何炳棣，1979，2000；陈树平，1980；王思明，2004），康乾盛世更被人称为"番薯盛世"。据统计。我国从域外引种驯化的栽培物种（包含粮食、经济、蔬菜、果树、饲料、绿肥、花卉、药用和林木等）共约304种（郑殿升，2011），这并不包括那些小规模引种的种类。

2.1.5 植物引种驯化与西方现代文明

随着区域间交流的增加，尤其是哥伦布发现美洲之后航海业的发展，16世纪以后美洲的许多作物，如玉米、马铃薯和菜豆（*Phaseolus vulgaris*）等被引种到欧洲，并随着之后欧洲殖民地的扩张传播到世界其他地区，深刻地改变了世界农业生产的格局（黄宏文等，2015），促进了工业革命前欧洲人口的稳定增长，为工业革命储备了人力资源（Malanima, 2006；宋李键，2012）。而自16世纪以来现代植物园在欧洲的发展，尤其是殖民地植物园网络的建立，为欧洲工业革命提供了原料和后续发展的新资源，对全球植物的引种驯化也起到了促进作用。例如，加勒比岛国圣文森特和格林纳丁斯的圣文森特植物园（St. Vincent Botanic Garden）的面包树（*Artocar pusaltilis*）、肉豆蔻（*Myristica fragrans*）、竹芋（*Maranta arundinacea*）、海岛棉（*Gossypium barbadense*），毛里求斯庞普勒穆斯植物园（Pamplemousses Botanical Garden）的木薯（*Manihot esculenta*），印度植物园（1786）的西谷椰子（*Metroxylon sagu*）、波斯枣（*Phoenix dactylifera*）、柚木（*Tectona grandis*）、茶（*Camellia sinensis*）、咖啡（*Cof fea arabica*），新加坡国立植物园的橡胶（*Hevea brasiliensis*）和斯里兰卡派拉丹尼亚植物园（Peradeniya Royal Botanic Garden, 1821）的黄金鸡纳（*Cinchona calisaya*）等，尤其是印度植物园（原东印度公司加尔各答植物园）对英国东印度公司的植物资源商业开发曾发挥过重要作用（黄宏文 2015；Heywood, 2011）。其中，包括茶叶在内的许多采自中国西部地区的植物都是通过这些渠道输往欧洲的。

中国是世界第三大植物资源占有国，有高等植物约35 000种，占世界高等植物种类的11.2%，其中有木本植物9 000多种，园林植物大约7 000种，药用植物约1.1万种，常用中药材300~500种；原产中国的主要栽培植物近300种，占世界栽培植物种类的近一半；野生牧草资源有4 215种（武建勇 等，2011）。这些植物种类中一半以上为中国特有种类。

近代植物学萌芽后不久，英国商人就开始从我国沿海一些地方收集生物标本了，但在鸦片战争以前，西方人在华的活动范围是非常有限的。鸦片战争之后，特别是第二次鸦片战争后，中国大门洞开，西方人在我国的考察、收集活动达到第一个高峰。据不完全统计（毕列爵，1983），在中华人民共和国成立前的100多年里，先后有14个国家的232人到过我国的26个省、市和自治区，在那里采集标本以及种子、根茎等繁殖体。其中英国62人，法国33人，俄国45人，美国27人，德国13人，奥地利2人，瑞典5人，意大利、葡萄牙、比利时、荷兰和匈牙利各1人，另有1个犹太人，其余人尚不详[①]。按照职业和采集规模，这些人大体可分为三类：

1）大规模综合调查研究活动。他们多半是国际上著名的汉学家、中国通或探险家，例如瑞典人斯文·赫定（Sven Hedin, 1865—1952）和美国人安德鲁斯（Andrews R. C., 1884—1960），前者曾横穿喜马拉雅山脉，发现了雅鲁藏布江、印度河和萨特累季河的源头，绘制了我国塔里木盆地中罗布泊以及那里曾经的古城池、墓葬和长城的遗址等，写下了《从南极到北极》(*From Pole to Pole*）等著作来记录他的探险之旅；后者则在北京到蒙古的考察途中首次发现了恐龙蛋化石，因而轰动了世界，写有《中亚的新征服》(*The New Conquest of Central Asia*)。他们的调查范围十分广泛，举凡文物考古、人类、民族、语言、宗教、艺术及自然科学中的几乎每一部类都是其寻求对象，植物不过是其中之一。

① 原文统计可能有误，未考证。

2）职业的植物学家或植物采集家，如奥地利人韩马迪（Handel-Mazzetti, 1882—1940），著有《中国西南地区的一个植物先行者》（*A Botanical Pioneer in South West China, 1927*）和英国人威尔逊（Wilson E. H., 1876—1930），著有《中国，园林之母》（*China, Mother of the Gardens*）。

3）业余的植物采集家，如俄国军官普尔热瓦尔斯基（Przewalski N. M., 1839—1888）和受聘大清帝国驻宜昌海关的爱尔兰人亨利（Henry A., 1857—1930，中文名韩尔礼）等。后者仅用业余时间就采集植物标本15.8万份，共发现植物新科5个，新属37个，新种（含种下等级）1 726个。我国的植物遗传资源大部分在这个时期被列强所攫取。

福琼（Fortune Robert, 1812—1880），生于苏格兰贝里克郡（Berwickshire），在当地教堂接受早期教育之后，就在附近的花园做学徒，学习植物学和园艺学。1840年，福琼成为爱丁堡皇家植物园威廉·麦克那伯的学生，并以自己的勤奋和天赋赢得了麦克那伯的欣赏。1842年，在他的推荐下，福琼如愿以偿地获得了伦敦奇斯韦克花园暖房部总管的职位。不久之后，英国皇家园艺学会（Royal Horticultural Society, RHS）和爱丁堡植物园就派他到中国搜集那些抗性强、观赏价值高的植物，尤其是兰花等，RHS开出的清单还有蓝色的牡丹、黄色的山茶、杜鹃、百合、桃和各种茶树等。

《南京条约》签订之后不久，1843年2月16日，福琼第一次来到中国，赴广东沿海、厦门、舟山、宁波、上海、苏州一带以及香港等地采集园艺和经济植物，部分在此期间寄回国内，包括华南十大功劳（*Mahonia fortunei*）、郁香忍冬（*Lonicera fragrantissima*）、苦糖果（*Lonicera stanishii*）、白皮松（*Pinus bungeana*）和荷包牡丹（*Dicentra spectabilis*）等。1845年回国时，随船又带回了250种，以庭院园艺植物为主，有190种之多，包括牡丹（*Paeonia suffruticosa*）、日本荚蒾（*Viburnum dilatatum*）、金钟花（*Forsythia viridissima*）、紫藤（*Wisteria sinensis*）、重瓣黄木香（*Rosa banksiae* var. *luteaplena*）、栀子花（*Gardenia jasminoides*）等，另外还有茶树。而且得益于沃德箱（Wardian case）——纳撒尼尔·沃德（Nathaniel Bagshaw Ward, 1791—1868）发明的一种全封闭、透明的玻璃结构的箱体，所有这些植物到达英国时仅35种死去。但福琼对于大英帝国的更大贡献是将当时限制出口的茶苗和制茶技术偷运到印度。第一次中国之行，福琼就已经认识到红茶和绿茶并非两种植物，而是两种不同的工艺，当时很多英国人不以为然，但鉴于福琼首访中国所带来的巨大收获，英属东印度公司还是决定派遣他来中国偷取茶种和制茶技术，因此此后的两次中国之旅实际上都以茶叶为主要目标。

1848年6月20日，受英属东印度公司派遣，福琼从南安普敦出发，第二次来到中国。由于中英正因鸦片交恶，英国人在中国很不受欢迎，于是福琼乔装打扮成中国人，分别到产绿茶的安徽休宁、黄山及浙江宁波等地，在黄山他了解到了优质茶需要的气候和土壤，在宁波他又采集到许多茶种。1849年2月12日，他再次乔装打扮，取得武夷山和尚和茶农的信任，了解了红茶的制作过程，明确了红茶和绿茶是两种工艺而非两种植物。在回印度前，福琼在上海附近招聘了8名中国工人（6名种茶和制茶工人，2名制作茶叶罐的工人），并于1851年3月16日和他们一起乘坐一只满载茶种和茶树苗的船抵达加尔各答。

1853—1856年，福琼第三次来到中国，目的是进一步了解花茶的制作技术，招聘更多的中国茶工到印度去帮助东印度公司扩大茶叶种植规模。其间正值太平天国起义，行程受阻，但他还是找到了可爱的云锦杜鹃（*Rhododendron fortunei*）。

福琼在中国的收获也引起了美国人的注意，因此他最后一次中国之行是受命于美国政府，目的也是茶叶，福琼成功地将32 000株茶树引种到了美国，但不久之后美国内战的炮火粉碎了美国政府发展茶叶产业的计划。

1862年，福琼回到英国。他将在中国的经历写成了四本书——《漫游华北三年》《在茶叶的故乡——中国的旅游》《曾住在中国人之间》《益都和北京》。

福琼的这些努力，使得茶叶这种神奇的东方树叶在英国人手中变成了一种可以随意组合的魔方，使印度的茶叶生产在他的有生之年就超越了中国，催生了英国及其殖民地的茶产业，改变了世界茶业版图，进而改变了世界的经济和政治格局，使中国的茶叶出口受到严重打击，因此福琼也被后人称为“改变世界的强盗”“茶叶盗贼”，还有人评价说，他的作用超过了成千上万的军队。

欧内斯特·亨利·威尔逊，出生在英格兰格洛斯特郡一个贫苦的铁路工人家庭，13岁辍学成为一名花匠学徒工，因手艺出色，17岁起被推荐到伯明翰植物园（Birmingham Botanic Gardens）当了4年园丁，在此期间，他每周都到伯明翰技校进修植物学。1896年，他在园艺技术考试中赢得“女王奖”，因而在21岁时进入邱园当了一名园艺师。1898年，他取得了皇家科学院植物学讲师的资格，在邱园主任威廉姆爵士的推荐下，23岁的威尔逊首次受聘维奇园艺公司（Veitch Nurseries）来中国采集被称为“中国鸽子树”的珙桐（*Davidia involucrata*），开始了他打开中国西部花园的旅程，并因而影响了世界园艺的发展。第一次中国西部之旅（1899—1902），威尔逊如愿以偿地采集到了被他称为“北温带最美的树种”的珙桐，收集并寄回英国的14 875粒种子使之成为日后欧洲常见、世界著名的景观树种。此外，威尔逊还收集了数百种植物种子、根茎等繁殖体和槭树、荚蒾、杜鹃的植株以及2 600多种植物标本。另外一种重要的经济植物是威尔逊在宜昌西南部发现、后来被西方人称为“威尔逊醋栗”的中华猕猴桃（*Actinidia chinensis*），是今天新西兰水果产业的基础。

1903年，受维奇公司的派遣，威尔逊第二次来到中国四川，寻找全缘叶绿绒蒿（*Meconopsis integrifolia*），并于同年7月17日在康定一片海拔3 350 m的高山草甸上找到了它。他在笔记中写道：“华丽的全缘叶绿绒蒿，开着巨大的、球形的、内向弯曲的黄花，在山坡上盛开，绵延几英里。千万朵无与伦比的绿绒蒿，耸立在其他草本之上，呈现出宏大的景观。我相信再也找不到一个如此夸张奢华的地方了。”后来，他又在四川北部的松潘古城找到了更奇特的红花绿绒蒿（*M. punicea*）。第二次中国之行，威尔逊带回了510种植物的种子和2 400多种植物标本，包括众多高山花卉如杜鹃花以及紫点杓兰（*Cypripedium guttatum*）、西藏杓兰（*C. tibeticum*）等。为此，1905年回国时，维奇公司特别为他制作了一枚全缘叶绿绒蒿形状的徽章，镶嵌着5枚黄金制成的花瓣和41粒钻石。

威尔逊在中国西部的发现引起了美国哈佛大学阿诺德树木园的注意，此后受阿诺德树木园资助，威尔逊又分别于1907—1909、1910—1911两次来到中国西南地区进行以岷江百合（*Lilium regale*）为主要目标的采集活动。1912年6月，当威尔逊采集的岷江百合在美国麻省盛开的时候，全美国轰动一时，但威尔逊却在那次采集中由于山体落石砸中右腿而落下永久残疾，他却幽默地称之为“百合瘸”。

在中国大陆的11年间，威尔逊共采集标本65 000份，约5 000种，以及数目不详的种子、根、茎等繁殖体，先后将中国西部1 500多种植物引种到西方的花园，因而被称为“打开中国西部花园的人”。由此，引发了西方人探寻川西的狂潮，他们竞相入川重走“威尔逊之路”，一批又一批、一次又一次地从沿海到内地，空手而来，满载而归。

1918年，威尔逊最后一次来中国去了台湾，主要目标是台湾特产的台湾杉（*Taiwania cryptomerioides*）和红桧（*Chamaecyparis formosensis*），此外，他还收获了台湾百合（*Lilium formosanum*）、长梗郁李（*Prunus japonica* var. *nakai*）、玉山杜鹃（*Rhododendron pseudochrysanthum*）、台湾小檗（*Berberis kawakamii*）和台湾马醉木（*Pieris taiwanensis*）等珍稀植物，为他的中国之旅画上了完满的句号。

根据武建勇等（2013）统计，英国爱丁堡皇家植物园在过去的100多年里对我国植物的引种遍及中国各地，其中又以台湾和西南地区的云南、西藏、四川最多，共112科、425属，1 700余种。其中10种以上的科达33个，最多的为杜鹃花科，多达360种，其次为蔷薇科200余种，百合科和毛茛科都接近100种，中国特有种近900种（表2-1）。

表 2-1　英国爱丁堡皇家植物园引种的中国特有植物种类

科	种数 / 属
松科 Pinaceae	14/ 冷杉属（*Abies*）、7/ 松属（*Pinus*）、5/ 铁杉属（*Tusga*）、3/ 落叶松属（*Larix*）、银杉属（*Cathaya*）、油杉属（*Keteleeria*）、金钱松属（*Pseudolarix*）和黄杉属（*Pseudotsuga*）
杉科 Taxodiaceae	水杉属（*Metasequoia*）
柏科 Cupressaceae	6/ 柏木属（*Cupressus*）、4/ 刺柏属（*Juniperus*）、2/ 扁柏属（*Chamaecyparis*）、翠柏属（*Calocedrus*）
罗汉松科 Podocarpaceae	2/ 罗汉松属（*Podocarpus*）
三尖杉科 Cephalotaxaceae	3/ 三尖杉属（*Cephalotaxus*）
红豆杉科 Taxaceae	穗花杉属（*Amentotaxus*）
杨柳科 Salicaceae	2/ 杨属（*Populus*）、柳属（*Salix*）
胡桃科 Juglanaceae	3/ 枫杨属（*Pterocarya*）
桦木科 Betulaceae	8/ 桦木属（*Betula*）、3/ 鹅耳枥属（*Carpinus*）、2/ 榛属（*Corylus*），虎榛子属（*Ostryopsis*）
壳斗科 Fagaceae	2/ 青冈属（*Cyclobalanopsis*）
榆科 Ulmaceae	榆属（*Ulmus*）
蓼科 Polygonaceae	2/ 大黄属（*Rheum*）、山蓼属（*Oxyria*）
石竹科 Caryophyllaceae	4/ 蝇子草属（*Silene*）、无心菜属（*Arenaria*）、石竹属（*Dianthus*）
毛茛科 Ranunculaceae	11/ 乌头属（*Aconitum*）、11/ 铁线莲属（*Clematis*）、6/ 翠雀属（*Delphinium*）、4/ 耧斗菜属（*Aquilegia*）、3/ 唐松草属（*Thalictrum*）、3/ 升麻属（*Cimicifuga*）、2/ 芍药属（*Paeonia*）、银莲花属（*Anemone*）、黄连属（*Coptis*）、金莲花属（*Trollius*）
木通科 Lardizabalaceae	木通属（*Akebia*）、串果藤属（*Sinofranchetia*）
木兰科 Magnoliaceae	4/ 五味子属（*Schisandra*）、木兰属（*Magnolia*）
罂粟科 Papaveraceae	8/ 紫堇属（*Corydalis*）、绿绒蒿属（*Meconopsis*）
景天科 Crassulaceae	4/ 红景天属（*Rhodiola*）
虎耳草科 Saxifragaceae	4/ 溲疏属（*Deutzia*）、6/ 山梅花属（*Philadelphus*）、3/ 落新妇属（*Astilbe*）、3/ 茶藨子属（*Ribes*）、3/ 鬼灯檠属（*Rodgersia*）、2/ 虎耳草属（*Saxifraga*）、金腰属（*Chrysosplenium*）、绣球属（*Hydrangea*）、鼠刺属（*Itea*）、钻地风属（*Schizophragma*）
海桐花科 Pittosporaceae	2/ 海桐花属（*Pittosporum*）
金缕梅科 Hamamelidaceae	3/ 蜡瓣花属（*Corylopsis*）、水丝梨属（*Sycopsis*）
蔷薇科 Rosaceae	35/ 栒子属（*Cotoneaster*）、18/ 蔷薇属（*Rosa*）、9/ 绣线菊属（*Spiraea*）、5/ 苹果属（*Malus*）、3/ 樱属（*Cerasus*）、3/ 火棘属（*Pyracantha*），2/ 山楂属（*Crataegus*）、2/ 扁核木属（*Prinsepia*）、2/ 鲜卑花属（*Sibiraea*）、假升麻属（*Aruncus*）、臭樱属（*Maddenia*）、稠李属（*Padus*）、委陵菜属（*Potentilla*）、小米空木属（*Stephanandra*）
豆科 Leguminosae	3/ 锦鸡儿属（*Caragana*）、2/ 木蓝属（*Indigofera*）、黄芪属（*Astragalus*）、紫荆属（*Cercis*）、甘草属（*Glycyrrhiza*）、黄花木属（*Piptanthus*）

续 表

科	种数 / 属
牻牛儿苗科 Geraniaceae	4/ 老鹳草属（*Geranium*）
苦木科 Simaroubaceae	臭椿属（*Ailanthus*）
大戟科 Euphorbiaceae	大戟属（*Euphorbia*）
黄杨科 Buxaceae	野扇花属（*Sarcococea*）
冬青科 Aquifoliaceae	2/ 冬青属（*Ilex*）
卫矛科 Celastraceae	3/ 南蛇藤属（*Celastrus*）、十齿花属（*Dipentodon*）、卫矛属（*Euonymus*）
槭树科 Aceraceae	18/ 槭树属（*Acer*）、金钱槭属（*Dipteronia*）
清风藤科 Sabiaceae	泡花树属（*Meliosma*）
葡萄科 Vitaceae	2/ 葡萄属（*Vitis*）、蛇葡萄属（*Ampelopsis*）
椴树科 Tiliaceae	3/ 椴树属（*Tilia*）、扁担杆属（*Grewia*）
猕猴桃科 Actinidiaceae	猕猴桃属（*Actinidia*）、水冬哥属（*Saurauia*）
山茶科 Theaceae	山茶属（*Camellia*）、木荷属（*Schima*）
藤黄科 Guttiferae	3/ 金丝桃属（*Hypericum*）
堇菜科 Violaceae	堇菜属（*Viola*）
省沽油科 Staphyleaceae	2/ 省沽油属（*Staphylea*）
旌节花科 Stachyuraceae	旌节花属（*Stachyurus*）
秋海棠科 Begoniaceae	3/ 秋海棠属（*Begonia*）
瑞香科 Thymelaeaceae	2/ 瑞香属（*Daphne*）
蓝果树科 Nyssaceae	珙桐属（*Davidia*）
野牡丹科 Melastomataceae	厚距花属（*Pachycentria*）
五加科 Araliaceae	2/ 五加属（*Acanthopanax*）、鹅掌柴属（*Scheffera*）
山茱萸科 Cornaceae	2/ 山茱萸属（*Cornus*）、桃叶珊瑚属（*Aucuba*）
伞形科 Umbelliferae	6/ 棱子芹属（*Pleurospermum*）、3/ 当归属（*Angelica*）、3/ 藁本属（*Ligusticum*）、2/ 独活属（*Heracleum*）、2/ 茴芹属（*Pimpinella*）、丝瓣芹属（*Acronema*）、矮泽芹属（*Chamaesium*）、栓果芹属（*Cortiella*）、阿魏属（*Ferula*）、山茉莉芹属（*Oreomyrrhis*）、前胡属（*Peucedanum*）、亮蛇床属（*Selinum*）
岩梅科 Diapensiaceae	岩梅属（*Diapensia*）
杜鹃花科 Ericaceae	219/ 杜鹃花属（*Rhododendron*）、2/ 白珠树属（*Gaultheria*）、岩须属（*Cassiope*）、吊钟花属（*Enkianthus*）、珍珠花属（*Lyonia*）、越橘属（*Vaccinium*）
报春花科 Primulaceae	22/ 报春花属（*Primula*）、8/ 点地梅属（*Androsace*）、3/ 珍珠菜属（*Lysimachia*）
白花丹科 Plumbaginaceae	蓝雪花属（*Ceratostigma*）

续　表

科	种数/属
安息香科 Styracaceae	安息香属（*Styrax*）
木犀科 Oleaceae	7/ 丁香属（*Syringa*）、3/ 女贞属（*Ligustrum*）、连翘属（*Forsythia*）、素馨属（*Jasminum*）、木犀榄属（*Olea*）
马钱科 Loganiaceae	5/ 醉鱼草属（*Buddleja*）
龙胆科 Gentianaceae	9/ 龙胆属（*Gentiana*）、蔓龙胆属（*Grawfurdia*）
马鞭草科 Verbenaceae	紫珠属（*Callicarpa*）
唇形科 Labiatae	6/ 鼠尾草属（*Salvia*）、3/ 青兰属（*Dracocephalum*）、3/ 糙苏属（*Phlomis*）、香茶菜属（*Isodon*）、荆芥属（*Nepeta*）
玄参科 Scrophulariaceae	泡桐属（*Paulownia*）、马先蒿属（*Pedicularis*）、地黄属（*Rehmannia*）、玄参属（*Scrophularia*）、婆婆纳属（*Veronica*）
紫葳科 Bignoniaceae	2/ 梓属（*Catalpa*）
苦苣苔科 Gesneriaceae	4/ 芒毛苦苣苔属（*Aeschynanthus*）、2/ 直瓣苣苔属（*Ancylostemon*）、2/ 唇柱苣苔属（*Chirita*）、2/ 半蒴苣苔属（*Hemiboea*）、2/ 吊石苣苔属（*Lysionotus*），横蒴苣苔属（*Beccarinda*）、盾叶苣苔属（*Metapetrocosmea*）、马铃苣苔属（*Oreocharis*）、蛛毛苣苔属（*Paraboea*）、石蝴蝶属（*Petrocosmea*）、报春苣苔属（*Primulina*）、异叶苣苔属（*Whytockia*）
茜草科 Rubiaceae	3/ 朱果藤属（*Rubus*）、香果树属（*Emmenopterys*）、腺萼木属（*Mycetia*）、薄柱草属（*Nertera*）
桔梗科 Campanulaceae	3/ 沙参属（*Adenophora*）、3/ 蓝钟花属（*Cyananthus*）、2/ 党参属（*Codonopsis*）、半边莲属（*Lobelia*）
忍冬科 Caprifoliaceae	12/ 荚蒾属（*Viburnum*）、4/ 忍冬属（*Lonicera*）、2/ 接骨木属（*Sambucus*）、六道木属（*Abelia*）、双盾木属（*Dipelta*）、蝟实属（*Kolkwitzia*）
川续断科 Dipsacaceae	川续断属（*Dipsacus*）
小檗科 Berberidaceae	36/ 小檗属（*Bereberis*）、2/ 淫羊藿属（*Epimedium*）、十大功劳属（*Mahonia*）
菊科 Compositae	11/ 橐吾属（*Ligularia*）、3/ 紫苑属（*Aster*）、2/ 飞蓬属（*Erigeron*）、香青属（*Anaphalis*）、天名精属（*Carpesium*）、毛鳞菊属（*Chaetoseris*）、垂头菊属（*Cremanthodium*）、川木香属（*Dolomiaea*）、大丁草属（*Gerbera*）、旋覆花属（*Inula*）、火绒草属（*Leontopodium*）、一枝黄花属（*Solidago*）
禾本科 Graminae	扁芒草属（*Danthonia*）
天南星科 Araceae	9/ 天南星属（*Arisaema*）、犁头尖属（*Typhonium*）
棕榈科 Palmae	棕榈属（*Trachycarpus*）
百合科 Liliaceae	12/ 百合属（*Lillium*）、9/ 葱属（*Allium*）、3/ 黄精属（*Polygonatum*）、3/ 藜芦属（*Veratrum*）、2/ 重楼属（*Paris*）、大百合属（*Cardioerinum*）、竹根七属（*Disporopsis*）、贝母属（*Fritillaria*）、萱草属（*Hemerocallis*）、玉簪属（*Hosta*）、舞鹤草属（*Maianthemum*）、豹子花属（*Nomocharis*）、沿阶草属（*Ophiopogon*）、油点草属（*Tricyrtis*）
鸢尾科 Iridaceae	8/ 鸢尾属（*Iris*）

续 表

科	种数/属
姜科 Zingiberaceae	4/ 象牙参属（*Roscoea*）、山姜属（*Alpinia*）、豆蔻属（*Amomum*）
兰科 Orchidaceae	独蒜兰属（*Pleione*）
十字花科 Cruciferae	葶苈属（*Draba*）、糖芥属（*Erysimum*）

引自武建勇等（2013），有修改。"/" 前为该属种数，未标注的为 1 种

威尔逊发现的全缘叶绿绒蒿（左）和西康玉兰（右）

福礼士（George Forrest）采集的华丽龙胆（左）和滇山茶（右）

福琼发现的云锦杜鹃（左）和库伯发现的、现在生长在伦敦萨维尔花园的光叶木兰（康定木兰）(右）

图 2-2　国外植物猎人在我国采集的部分观赏植物

1949年中华人民共和国成立以后，我国也多次与国外机构合作进行植物资源考察，如中英苍山考察、中美神农架考察等，我国植物资源又进一步得到了与国外的交流。随着《生物多样性公约》（*Convention on Biological Diversity*, CBD）、《濒危野生动植物种国际贸易公约》（*Convention on International Trade in Endangered Species of Wild Fauna and Flora*, CITES）等国际公约的签署和保护生物资源意识的增强，世界植物资源的交流正逐步进入有序状态，但盲目引种、探索性采集仍时有发生。

中国林木树种资源的大量流失发生在19世纪至20世纪中期，总计达168科392属3 364种（刘瀛弢 2008），如美国哈佛大学阿诺德树木园引种中国木本植物54科142属400余种、莫顿树木园引种中国木本植物59科153属400余种（武建勇等，2011）；在农作物方面，1996—2007年，中国就向外输出农作物种质资源4万份左右，仅通过中国农业科学院就向美国、英国、菲律宾、国际水稻研究所、国际玉米小麦改良中心等100多个国家或国际组织提供了120种植物、11 288份植物遗传资源，为世界植物育种、农业生产的发展作出了重要贡献（王述民 等，2011）；在牧草资源方面，如与美国合作开展了禾本科小麦族牧草种质资源和苜蓿野生近缘植物的考察和收集，与新西兰等国合作开展了草原牧草种质资源考察和收集等（刘瀛弢，2008）。在珍稀濒危植物方面，1992年《中国植物红皮书》包括的388种植物的大部分都已经为国外植物园所引种保存。例如邱园就保存了我国的珙桐、金花茶（*Camellia chrysantha*）等。但最著名的还是我国花卉资源对世界观赏园艺产业发展的影响。

早在19世纪福琼、威尔逊来到中国之前，我国的花卉资源就已经传入欧洲。例如，葡萄牙、意大利和德国栽培古茶花（*Camellia japonica*）的历史都已经超过500年（Pilar, 2009），18世纪欧洲的山茶种类还极少，只有贵族的庭院才有，到了19世纪，英国园艺师阿尔弗雷德·钱德勒（Alfred Chandler, 1804—1896）出版的《山茶百科全书》（*Camellia Britannica*, 1825）、《不列颠山茶图册》（*Illustrations and Descriptions of the Plants Which Compose the Natural Order Camelliae and of the Varieties of Camelia japonica, Cultivated in the Gardens of Great Britain*, 1831）开始较多地介绍来自中国的山茶，描述了产自中国的山茶属植物5种，16个品种。山茶属有82种，中国产60种，绝大部分已经引种到欧洲，其中著名的滇山茶（*Camellia reticulata*）即是由英国人乔治·福礼士（George Forrest, 1873—1932）在1913—1915年间采自云南腾冲。现在，欧洲的山茶已经非常普遍了，选育了约3 000个品种。再如月季，早在1789年即从印度传入欧洲，以前欧洲只有3个主要种，夏季开花，自19世纪中国传去许多品种之后，现在已有7 000个品种，月月开花。福琼是比较早地集中开展中国庭院花卉收集的西方植物猎人，除了前面介绍的之外，他还收集了秋牡丹（*Anemone hupehensis* var. *japonica*）、桔梗（*Platycodon grandiflorus*）、枸骨（*Ilex cornuta*）、钝叶杜鹃（*Rhododendron obtusum*）、柏木、阔叶十大功劳（*Mahonia bealei*）、榆叶梅（*Amygdalus triloba*）、榕树（*Ficus microcarpa*）、溲疏（*Deutzia scabra*）、多种牡丹栽培品种以及2种母菊（*Matricaria chamomilla*）变种等，其中的母菊变种后来成为英国杂种满天星菊花的亲本，云锦杜鹃成为英国近代培育杂种杜鹃的重要亲本。威尔逊后来评价说，自福琼之后，在中国庭院再也找不到新种类了（Wilson, 1930）。可见福琼和与他同为西方植物猎人的前辈们的收集工作是何等深入和彻底。

威尔逊在其所著的《中国，园林之母》的第25章专门讨论了中国的花园，几乎每一种花卉都令其大为惊叹，尤其推崇东印度公司在搜求中国花卉方面的“功绩”，也正因为如此，许多来自中国的植物定名时被冠以“印度”“日本”的加词。威尔逊感叹“花卉爱好者从中国获得今天玫瑰的亲本……温室的杜鹃、报春（*Primula* sp.）；果树种植者获得桃（*Amygdalus persica*）、橙（*Citrus sinensis*）和葡萄柚（*Citrus paradisi*）。可以确切地说，在美国和欧洲找不到一处没有中国植物的园林，这其中的乔木、灌木、草本和藤本美丽绝伦”（Wilson, 2015）。除了威尔逊打开的“中国西部花园”、福琼搜索的华南、华东等地外，云南更是我国重要的花卉资源大省，也是西方花卉猎人们的天堂，福礼士往来云南7次之多，先后长达28年，采集植物标本达31 015号，地下茎及种子数百袋，尚不包括活植物。他发现了许多新的种类，包括华丽龙胆（*Gentiana sino-ornata*），这是一种深蓝色的龙胆，当它被引种到英国邱皇家植物园时，震动了世界园艺界，被誉为20世纪引种的最有观赏价值的植物之一。以他名字命名植物多达30种以上，例如*Rhododendron forrestii*（紫背杜鹃）、*Pieris formosa* var. *forrestii*（大花马醉木）、*Primula forrestii*（灰岩皱叶报春）、*Iris forrestii*（云南鸢尾）和*Hypericum forrestii*（川滇金丝桃）等。正是这些花卉资源，尤其是来自中国的花卉资源的收集，奠定了欧洲现代花卉产业的基础。

2.1.6 中西方植物引种驯化的比较

和其他学科一样，植物引种驯化也源自生产、生活和社会发展需要。在18世纪英国工业革命乃至于中国明清时期以前，西方现代科学还处于萌芽之中，中西方国民经济的基础都还是以农为本，其中又以粮食作物等传统种植业和畜牧业为主，园艺花卉等还是王侯将相、达官贵人们的玩物。而在这些方面，中国有着更为悠久的历史，反映在植物引种驯化上，明清时期以前中西方保持着基本类似的步调（何炳棣，1979），在中医药、茶叶和园艺等不少方面中国还处于领先地位。但是以这个时间为分水岭，中国开始停滞不前，西方开始快速超越，主要原因来自三个方面：

1）现代科学技术在西方的兴起，改变了对包括植物在内的自然界的认识程度。最具代表性的是中医药，在1632年，西班牙牧师Bernabé Cobo（1582—1657）将金鸡纳树皮从南美带回欧洲，成为治疗疟疾的秘药时，它还是为数不多的可以在康熙皇帝面前炫耀的西方草药——尽管它并非欧洲原产。但在1820年法国化学家皮埃尔·佩尔蒂埃（Pierre Pelletier）与约瑟夫·卡文图（Joseph Caventou）从中提取出有效成分奎宁（quinine）和金鸡宁（cinchonine）两种活性物质之后，金鸡纳树皮逐渐被奎宁等化学物质所取代，自此，中国传统医学与现代医学渐行渐远，西方医学日渐兴盛。

2）工业革命带来的工业化大生产改变了对植物的利用方式和利用范围，更提高了利用的效率。除了前面提到的金鸡纳树外，其他如橡胶、茶叶、烟草（*Nicotiana tabacum*）、甘蔗（*Saccharum officinarum*）、棉花（*Gossypium* sp.），甚至罂粟（*Papaver somniferum*）等无一不述说着这场变革带来的世界性的影响。以棉花为例，早在1765年英国织工哈格里夫斯设计并制造出“珍妮纺纱机”之前400年，黄道婆的手工棉纺织技艺已经使乾隆年间的中国“北至幽燕，南抵楚粤，东游江淮，西极秦陇，足迹所经，无不衣棉之人，无不宜棉之土。八口之家，种棉一畦，岁获百斤，无忧号寒”（[清]李拔，《种棉说》）。在“男耕女织”的中国传统农业模式下，棉纺织几乎是手工业的代名词，仅次于农业，中国棉布也一直是国际市场上的重要商品，即使在英国发明纺织机器的初期，中国手工土布仍然在性价比上具有一定的竞争优势。然而，“珍妮纺纱机”及工业革命的出现很快改变了这种面貌，1831年，中国棉纺织品贸易由出超转变为入超，10年之后，西方以鸦片战争敲开了中国的大门。在这个阶段，植物引种驯化为工业化提供了丰富的原料供给，而工业文明也大大促进了植物引种驯化事业的发展。

3）社会经济、现代科技的发展和工业革命之后对于人和自然关系的思考，促进了欧洲园艺等相关产业的发展和持续的对外引种。和产业革命给欧洲带来的富裕相比，欧洲本土的植物却是极其匮乏，尤其是英国作为一个岛国，本土植物只有2 297种（Frodin, 1984）。于是，在工业化大生产所带来的持续影响下，在现代科技的熏陶下，西方的植物猎人们凭着对植物的一腔热情踏上了寻找之路，而湿润、凉爽的不列颠海岛成为培育亚洲温带植物的理想之地，因而英国园艺产业在全世界首屈一指。正是这些战略性植物资源的收集和利用使英国国力日盛。

相比之下，尽管我国的农作物种质资源库保存数量已达41万份，涉及作物及其近缘种78科、256属、810种或种下等级；西南种质资源库也已经收集野生植物种子5.4万份、7 271种（王述民　等，2011；黄宏文　等，2012；黄宏文，2014）。然而，在这些数字背后还有一些潜在问题，主要表现在：

1）缺少长期目标和稳定支持　种质资源的收集、利用，尤其是育种为目的的利用，都需要很长的周期。正如前文已经提到的那样，福琼一个人仅在我国就收集了19年，邱园丰富的活植物收集正是建立在这样已经持续了100多年，而且还在不断进行的收集之上的，而后续的遗传改良和产业化进程可能需要更长的时间。如现代月季、郁金香产业在欧洲的发展都经历了类似的过程。以郁金香为例，从16世纪欧洲人开始真正了解郁金香（*Tulipa* sp.），到1736年郁金香热在荷兰达到高潮，前后也经历了100多年。反观我国的植物资源收集、育种机构以及相关的科研管理体制，就缺乏这种长期的战略规划和持续发展的良性机制，从而导致建设容易维护难、有数量无质量甚至有名无实的现象。也正由于这样的原因，植物园在植物资源收集、保存和开发利用方面的优势也没有得到充分发挥，从而导致了资源收集不丰、数据质量不高、育种成果寥寥的局面。

2）与国外以种质资源收集为基础，注重种质和品种创新不同，我国的引种更多是直接利用，创新不足，其中以观赏植物尤甚，大量从国外引进园艺品种，有不少引进品种还是原产中国的原种的后裔，如月季、山茶、杜鹃、铁线莲（*Clematis* sp.）等就是其中非常典型的例子。其他经济作物的引种也大抵如此，如中华猕猴桃。这种“拿来主义”出于资源收集或生产利用的目的是需要的，但从相关产业的专业化、规模化和可持续发展的角度来看存在很大隐患，缺乏自主创新，对外依存度高，效益低下，还存在潜在的知识产权风险。

3）知识产权的评价和保护制度不完善，影响了整个育种业和相关产业的发展　我国现行的与植物有关的知识产权评价制度，例如品种、专利等，无论从申请者还是从管理者的角度来看都是形式大于内容，缺乏真正创新的成果，也缺乏切切实实的保护。到目前为止，我国虽然已加入《植物新品种保护国际公约》（*International Convention for the Protection of the New Varieties of Plants*, UPOV），但还缺乏用于保护育种者权利（plant breeder right, PBR）的完整法律体系，这是影响我国育种业和相关产业发展的一个重要因素。除了现代育种技术，如杂交制种、分子标记等技术手段之外，育种者和产权单位无法确保自身的权益，更不要谈从资源保护到品种推广的全方位的知识产权保护体系了。这可能是上述“拿来主义”盛行，创新动力缺乏的主要原因之一。

4）缺乏园艺创新的文化和土壤　威尔逊《中国，园林之母》所描述的是我国野生观赏植物资源和皇家花园以及达官贵人们的私家花园的景象，而数千年的封建统治使得我国民间缺乏这种园艺创新的文化和土壤。尽管站在民族的角度、国家的立场上，我们可以称之为“盗贼”，但与这些“盗贼”相比，我们又有多少人曾对这些资源如此的珍视和狂热过？这种文化和土壤的缺陷是影响我国园艺产业发展的另外一种重要原因，尽管这种缺陷有其历史的背景。

5）缺乏保护的意识和常识　1912年，威尔逊在川西采集了包括西康玉兰（*Magnolia wilsonii*）在内的数种木兰属植物，并对木兰科有很高的评价：“没有任何其他一类乔灌木能比木兰科植物在园林园艺界更著名、更受赏识，也没有任何其他一类乔灌木能比木兰科植物盛开更大、更丰富多彩的花朵”（Wilson, 1930）。实际上，在此以前约半个世纪的1867年，英国商人库泊（Cooper T. T.）在法国传教士丁硕卧（Theruveru J. M.）的协助下，就在这一区域（打箭炉和海螺沟）发现了另一种木兰科濒危植物——康定木兰（*M. dawsoniana*）。80年之后的1992年秋季，美国采石山植物园（Quarry Hill Botanical Gardens）的McNamara W. A.、英国邱皇家植物园的 Hans Fliegner 和 Martin Staniforth 等一批现代植物猎人追寻威尔逊的足迹再次来到川西的泥巴山，发现一棵 10 米高的西康玉兰，采集到一枚果实，六粒种子，三等分后带回美国，发出三株小苗，如今采石山植物园的那棵西康木兰已经非常壮观了，每年都吸引很多人前来观赏。然而，在其原生地的中国，1994 年秋天他们再次来到这儿的时候，那片长有西康玉兰的原生森林已被清一色的云杉树所替代。这些西方的植物猎人们也只能扼腕叹息①。

这些采集者并非都是专业素质很高的植物学家，福礼士就不是，但他的确是一个非常有影响的探险家和采集者。1873 年，福礼士出生在苏格兰福尔柯克（Falkirk），毕业于基尔马诺克（Kilmarnock）学院。离校后他给一个当地药剂师做学徒，了解了部分植物和药物的特性，并学会了干燥和制作标本。1891 年，他继承了一小笔遗产，决定去澳洲旅游，1902 年回到苏格兰，一年后，福礼士获得了一个爱丁堡皇家植物园标本馆艾萨克·贝尔福（Isaac Balfour）教授助理的职位。对于福礼士来说，这个工作虽然枯燥无味，但为他后来的植物采集奠定了基础。一年之后，贝尔福教授推荐当时 30 岁的福礼士给利物浦园艺学家，同时也是棉花经纪人的 Arthur Kilpin Bulley，因为他当时正在资助去中国西南地区搜寻植物的探险活动，主要目标是杜鹃花。

1904 年，福礼士首次来到云南，8 月到达大理，并在那里扎营，学习当地语言，帮助当地人接种天花疫苗，并准备云南 - 西藏交界处的探险。1905 年夏天，他带领一支 17 个当地人组成的采集队驻扎在法国传教士佩雷·杜贝尔纳（Père Dubernard）在滇西北一个叫作慈姑镇（Tzekou）的教堂里，福礼士在那一带采集了大量的标本、种子。杜鹃林里丰富的动植物资源使他们没有意识到即将面临的危险：1905 年当地喇嘛叛乱，拟置这些外国人于死地，结果只有福礼士一个人勉强逃了出来，而喇嘛们还在追捕他，直到一个姓李的纳西族首领营救下他。但这些危险并没有阻止福礼士在我国西南的探险之旅，之后他又 6 次踏上我国西南的土地，直到 1932 年在腾冲突发心脏病而死。1921 年英国皇家园艺学会授予他维多利亚荣誉勋章，1924 年他被选为林奈学会研究员，1927 年又获得维奇（Veitch）纪念勋章。

2.2 植物遗传改良和种质创新

正如前文已经述及的，在自然进化基础上的野生植物驯化和人工选择是最早的植物遗传改良（genetic improvement）方法。但随着人口、资源和环境之间关系的不断变化，尤其是人口数量增加对产量和人类生活水平提高后对品质、观赏价值等性状要求的提高，单纯的驯化和选择野生植物已经不能满足人类需要，育种家们开始尝试对其性状按照人类需要进行定向改良。随着科技进步，植物遗传改良和种质创新（germplasm inovation）的方法、技术不断完善，效率、效果也在不断地提升，创造出了一个丰富多彩、自然界原不存在的新品种和新种质的世界。

1）**杂交育种**（hybridization breeding） 指不同种群、不同基因型个体间进行杂交，并在其杂种后代中通过选择而育成新品种的方法。杂交可以重组双亲基因，聚合双亲中控制不同性状的优良基因于一体，或将双亲中控制同一性状的不同微效基因积累起来，产生在该性状上超过亲本的类型。正确选择亲本并予以合理配组是杂交育种成败的关键。

早在春秋时期，我国就有了杂交育种和杂种优势利用的记载。当时把公马配母驴生的杂交后代叫“駃騠（驶骒）”或驴骡，把公驴配母马生的杂交后代叫“羸（骡）”或马骡。不过这可能是自然杂交加人工选择的结果，而非有目的的定向杂交育种。这种杂种优势的发现，使人们认识到可以在更大范围内通过杂交创造新的种质、培育新的品种，孟德尔就是在杂交培育新的豌豆品种的过程中发现了分别被称为“孟德尔第一定律”——遗传分离规律和“孟德尔第二定律”——基因自由组合规律的生物遗

① McNamara W. A. *Magnolia wilsonia* [EB/OL]. [2016-06-25]. http:quarry-nillbg.org.

传基本规律，奠定了现代遗传学的基础，从而开创了现代植物遗传育种的时代。

格雷戈尔·孟德尔（Gregor Mendel, 1822—1884）出生在奥地利西里西亚（现属捷克）海因策道夫村一个农民家庭，1840年他考入奥尔米茨大学哲学院，主攻古典哲学，还兼学了数学。1843年大学毕业以后，孟德尔进了布隆城奥古斯汀修道院，并在当地教会办的一所中学教授自然科学，后又到维也纳大学深造，受到相当系统和严格的科学教育和训练，也受到多位杰出科学家，如物理学家多普勒、数学家依汀豪生、细胞学家恩格尔的影响。他认识到，理解那些使遗传性状世代恒定的机制甚为重要。

1856年，从维也纳大学回到布鲁恩不久，孟德尔就开始了长达8年的豌豆试验。此时，达尔文进化论刚刚问世。他仔细研读了达尔文的著作，从中吸收丰富的营养。起初，孟德尔豌豆试验是希望获得优良品种，而非有意为探索遗传规律而进行的。孟德尔首先从许多种子商那里收集了34个品种的豌豆，从中挑选出22个品种用于试验。它们都具有某种可以相互区分的稳定性状，例如高茎或矮茎、圆粒或皱粒、灰色种皮或白色种皮等。孟德尔通过对不同代的豌豆的性状和数目进行细致入微的观察、计数和分析，发现有规律可循，于是逐步把重点转向了探索遗传规律。除了豌豆以外，孟德尔还对其他植物做了大量的类似研究，其中包括玉米、紫罗兰（*Matthiola incana*）和紫茉莉（*Mirabilis jalapa*）等，以期证明他发现的遗传规律对大多数植物都是适用的。这些规律以《植物杂交试验》(*Versuche über Pflanzenhybriden*）之名于1865年在布尔诺（Buno）自然历史学会的两次会议上宣读，此后又发表在《布尔诺自然历史学会进展》（*Verhandlungen des naturforschenden Vereins Brünn*）上。但这一重大发现当时并没有引起人们的足够重视，直到35年之后的1900年，Hugo de Vries, Carl Correns和Willam Bateson等分别独立地验证了孟德尔遗传规律，并引起世界的广泛关注，从此，进入了孟德尔遗传学时代。

种间杂交可以扩大可利用基因的范围，但可能会遇到杂交不亲和的问题，这种不亲和性可能表现在受精以前、受精过程以及受精以后的任何一个阶段。受精前障碍可以采用花蕾或胎座期授粉（bud or placental pollination）、花柱切除（cut styles）、花柱嫁接（grafted styles）和离体胚珠授粉（pollination of isolated ovules）技术加以解决；受精后障碍可以通过胚拯救（胚培养、心皮培养、子房培养等）、染色体加倍等方式解决（Liedl et al, 1993；Sink et al, 1978；Van Tuyl et al, 1990，1991；Wietsma et al, 1994；Williams et al, 1987；Sharma et al, 1996；Custers et al, 1992，1995；Van Creij et al, 1999，2000）。其他如单倍体育种（haploidization）、媒介杂交（bridge cross）的方式也被用于创造纯合体植株或增强亲和性等，提高杂交结实率。

2）**诱变育种**（induced mutation breeding）是利用理化因素诱发变异，再通过选择而培育新品种的育种方法。不同于杂交育种通过存在于不同种质材料的遗传性状的重组来实现超亲表达，具有一定的方向性和可预见性，诱变的方向和性质目前尚无法掌控，而且一般只能用于改良单一性状，同时改良多个性状较困难；另外诱变导致的变异很多是隐性突变，只有在纯合情况下才会有性状的改变，因此在后代选择时应加以注意。诱变的优点在于可以创造新的突变，一般诱变的突变率在0.1%左右，利用多种诱变因素可使突变率提高到3%，比自然突变率高出100倍以上，甚至达1 000倍。诱发的变异范围也较大，可能是自然界尚未出现或很难出现的新基因源。因此，诱变更多地被用于种质创新，并结合其他育种方法进行植物的遗传改良。

典型的物理诱变剂包括不同种类的射线，如紫外线、X射线、γ射线和中子射线等；典型的化学诱变剂包括烷化剂、叠氮化钠（Azide, NaN_3）、碱基类似物等。航天育种主要利用的是太空射线，因此也属于诱变育种的范畴。

中国北宋张邦基所著《墨庄漫录》曾有“洛中花工，宣和（宋徽宗年号）中以药壅培于白牡丹……根下，次年花作浅碧色，号欧家碧”的记载。但用现代方法进行诱变育种则始于20世纪30年代。

1927年，美国人马勒发现X射线能引起果蝇发生可遗传的变异（Muller, 1927）。1928年，美国人斯塔特勒证实X射线对玉米和大麦（*Hordeum vulgare*）有诱变效应（Stadler, 1928）。此后，托伦纳在1934年利用X射线育成了优质的烟草品种‘赫洛里纳’（*Nicotiana tabacum* ‘Chlorinamutant’）（Tollenaar, 1934）。20世纪50年代以后，诱变育种方法得到改进，成效更为显著，如美国用X射线和中子射线诱变，育成了用杂交方法未获成功的抗枯萎病的胡椒薄荷（*Mentha* × *piperita*）品种Todd's Mitcham等。70年代以来，诱变因素从早期的X射线发展到γ射线、中子射线、多种化学诱变剂和生理活性物质，诱变方法从单一处理发展到复合处理。同时，诱变育种与杂交育种、组织培养等密切结合，大大提高了诱变育种的效果和效率。

据联合国粮农组织（Food and Agriculture Organization of the United Nations, FAO）原子能技术部门统计①，从20世纪30年代至2014年，用诱变的方法已经培育了超过3 200个品种，还有大量有价值的种质资源。中国的诱变育种工作同样成绩斐然，据联合国原子能机构2002年的统计，在诱变育成的2 316个农作物品种中，中国科学家培育的有625个，占总数的27%（Liu, 2004）。在过去的几十年中，经诱变育成的品种数一直占到同期育成品种总数的10%左右，如水稻品种‘原丰早’，小麦（*Triticum aestivum*）品种‘山农辐63’，还有玉米品种‘鲁原单4号’、大豆（*Glycine max*）品种‘铁丰18’、棉花品种‘鲁棉I号’等都是通过诱变育成的。在观赏植物方面，近年来在我国非常畅销的红火球紫薇（*Lagerstroemia indica* ‘Whit II’ Dynamite®、红火箭（*L. indica* ‘Whit IV’ Red Rocket®）就是美国花皮树公司（Lacebark Inc.）的Carl Whitcomb博士利用甲基磺酸乙酯（EMS）诱变选育的。

3）**细胞工程育种**（biological engineering or bioengineering） 指利用细胞全能性（totipotency），根据人类的需要来设计改变其某些生物学特性，从而改良或创造新品种的育种方法。主要包括花药、原生质体和幼胚培养、体细胞融合与杂交技术等，其中最常见的是花药培养即单倍体育种。除用于育种以外，细胞工程主要用于种质资源保存、优良品种的快繁、诱导突变并离体筛选、克服远缘杂交或种子发育困难等。此外，也用于生产次生代谢产物，如酶工程、发酵工程等。缺点是技术复杂，难度大；克隆可能导致个体生存能力下降，也存在一定的伦理问题，并有导致生物多样性下降的风险。

1964年，印度科学家Guha和Maheshiwari用毛叶曼陀罗（*Datura innoxia*）花药培养诱导出单倍体植物，引起了世界相关学者的重视。育种学家从中看到了克服杂交育种纯合过程长，远缘杂交不亲和等缺点的希望，为培育新品种提供了一个新的有效途径。

高等植物细胞在生理上的重要特性之一就是细胞全能性，即在适宜的条件下，一个植物细胞可发育成为一个完整植株的能力。植物细胞工程就是在植物细胞全能性的基础上，利用植物组织和细胞培养及其他遗传操作技术对其进行改良，选育有优良性状的新品种的一种方法。主要包括：

i. 单倍体育种：自Guha等报道了从毛叶曼陀罗花药首次成功诱导单倍体以来，观赏植物中矮牵牛（*Petunia hybrid*）

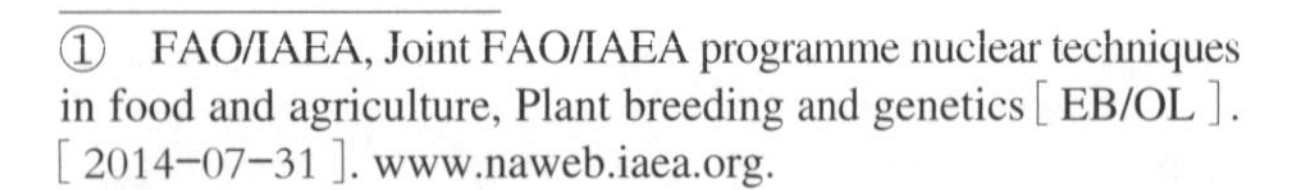
① FAO/IAEA, Joint FAO/IAEA programme nuclear techniques in food and agriculture, Plant breeding and genetics [EB/OL]. [2014-07-31]. www.naweb.iaea.org.

Lagerstroemia indica ‘Whit IV’（红火箭紫薇）

Lagerstroemia indica ‘Whit II’（红火球紫薇）

图2-3　诱变育种培育的紫薇新品种

（Malhotra, 1977）、天竺葵（*Pelargonium* sp.）（Daker, 1967）和玫瑰（*Rosa rugosa*）（Mokadem, 2000）等均已获得了单倍体植株。单倍体育种中应用最多的是花药培养，即诱导未成熟花粉改变正常的配子体发育途径，转向雄核发育，再经胚胎发育而形成单倍体植株的方法。花药培养具有选择效率高，快速利用新的种质资源和缩短育种周期等优越性。另外，单倍体也可通过诱导远缘杂交、异源细胞质、未授粉子房培养等方式来实现。例如 Watanabe（1977）利用 *Chrysanthemum makinoi*（2 倍体）分别与 *C. shiwogiku* var. *kinokuniense*（10 倍体）和 *C. ornatum*（8 倍体）栽培品种远缘杂交后进行胚拯救，分别得到染色体数为 2 *n*=46 和 2 *n*=37 的孤雄生殖杂种。

ii. 体细胞无性系变异的利用：组织培养再生的植株存在广泛的体细胞无性系变异，为新品系的选育提供了优越条件。利用这种方法结合辐射、冷热和盐胁迫等已经获得了菊花（费水章 等，1994；裘文达 等，1983）一系列新的种质和品种。

iii. 幼胚拯救：远缘杂交可以向栽培品种导入近缘种属植物的优良基因，提高栽培作物的抗性和品质，扩大基因库，实现种质创新和培育新的优良品种。但由于种间生殖隔离、同源性差异、双亲生理不协调、胚与胚乳的不亲和及花器官形态、发育的差异等原因，使得远缘杂交很难得到种子，或者杂种种子不萌发，或萌发后夭亡等。而幼胚拯救技术被认为是克服受精后障碍的有效手段，并且已经成功地应用于凤仙花属（*Impatiens*）、菊属、葱属、鸢尾属、郁金香属、六出花属（*Alstroemeria*）、小苍兰属（*Freesia*）、朱顶红属（*Hippeastrum*）、马蹄莲属（*Zantedeschia*）等的育种。

iv. 原生质体培养和体细胞杂交：原生质体培养是细胞杂交和遗传转化的基础。利用原生质体对外界环境，如射线、激光、离子束、冷热处理、盐胁迫等的敏感性，可以在较短时间内获得有价值的突变体。而体细胞杂交是指用双亲的体细胞原生质体或其衍生系统进行诱导融合，再经培养、筛选、鉴定等步骤得到细胞杂种的育种方法。原生质体通过体细胞融合获得体细胞杂种还可以有效克服远缘杂交上的障碍，扩大亲本组合范围，综合不同物种的遗传信息，丰富现有种质资源。至今，50 多种植物通过原生质体融合得到了细胞杂种，以茄科、十字花科和芸香科植物为多，禾本科、豆科和菊科植物也有报道。

4）**基因工程育种**（genetic engineering breeding）也称为基因修饰（genetically modified organism, GMO），是将外源基因在离体条件下用适当的工具酶进行切割后，把它与作为载体的 DNA 分子连接起来，然后与载体一起导入某一更易生长、繁殖的受体细胞中，使目的基因在受体细胞内复制、转录、翻译表达从而培育新的植物品种的育种方法。在此基础上发展起来的同源重组（基因打靶）、定向诱变（人工进化）、定点诱变、PCR（聚合酶链式反应）诱变、转座子诱变、蛋白质和酶基因诱变、基因编辑技术等也属于基因工程育种的范畴。这是一类在分子水平上对基因进行操作的复杂的反向遗传学技术。优点是可以克服远缘杂交障碍，能定向改变生物性状等，缺点是技术异常复杂、插入基因有时不稳定，易丢失，还存在一定的安全性隐患等问题。

“基因工程”一词是 Jack Williamson 在其 1951 年出版的科幻小说《龙岛》（*Dragon's Island*）中首先创造的，比 Alfred Hershey 和 Martha Chase 确认 DNA 功能还早一年，更比 James Watson 和 Francis Crick 发现 DNA 双螺旋结构早两年时间。而基因操作概念的雏形在更早的、Stanley G. Weinbaum 于 1936 年发表的科幻故事《普罗透斯岛》（*Proteus Island*）中已经提出来了。

1974 年，Rudolf Jaenisch 创造了首个转基因老鼠。12 年之后的 1986 年，首个转基因植物——抗除草剂的转基因烟草在法国和美国问世，美国也是第一个批准转基因产品商业化销售的工业化国家，1994 年 5 月 Calgene 公司开始销售其晚熟的番茄品种 *Lycopersicon*‘FlavrSavr’。到 2009 年，转基因作物已经在 25 个国家生产种植，主要有美国、巴西、阿根廷、印度、加拿大、中国、巴拉圭和南非等。

5）**其他植物遗传改良技术** 为了综合不同遗传改良方法的优点，现代植物遗传改良技术正朝着越来越综合的方向发展，其中基因聚合分子育种与常规育种技术相结合已成为今后植物遗传改良的主流方向之一。基因聚合分子育种主要包括遗传转化基因聚合分子育种和分子标记筛选基因聚合分子育种等。

植物遗传改良和种质创新是农业和相关产业发展的主要技术之一，也是植物园植物引种驯化和改良的主要工具之一。荷兰成为以郁金香为主的世界花卉中心的成功案例也说明了植物园、活植物收集和遗传改良技术在园艺产业发展上所发挥的重要作用。

2.3 植物种质资源管理和核心种质库建设

植物资源的收集、驯化和利用是植物园的基本功能，尽管随着环境和生物多样性保护的需求，现在赋予植物园更多生物多样性迁地保护的职责，但其植物种质资源收集、保存和管理的任务从来没有改变过，而且一些重要植物种质资源（例如经济作物的野生近缘种、具有潜在价值的野生植物种质）的快速丧失等，也使得对它们的保护越发急迫和重要了。尽管在很多时候，生物多样性保护和遗传资源保护可以相提并论，植物园也承担着这样的双重任务，但它们的目标和评价指标还是有区别的。Maunder（2001）在分析欧洲植物园的作用的时候就曾指出，生物多样性，尤其是珍稀植物的保护需要全社会的合作，植物园所起的作用是提供技术支撑，其更有效的保护方式是把包括珍稀濒危植物在内的植物作为种质资源开展园艺学研究，这才是植物园的本职工作。这样的作用正越来越受到重视，如英国邱园的千年种子库项目、我国昆明植物研究所的西南种质资源库项目等。

植物园植物种质资源管理的方式主要有三种：活体库，主要指植物园的活植物收集；其次是离体库（种子库、花粉库、基因库等），如上面提到的邱园的千年种子库；第三种是相关研究材料、成果的保存。例如大部分植物园都具有的标本馆，邱园的经济植物博物馆等，它们之所以可以被认作种质资源库的一种形式，是因为它们可以为前两种实体库提供有效的凭证，前提是这些标本馆能够提供的不仅仅是种的模式标本，还能提供种质、品种的凭证标本。离体库最常见的是种子库，它们的优点是所占空间小、所需人力资源少、没有种间杂交污染等田间集中种植情况下可能面临的风险以及在种子寿命期限内的管理方式相对简单等；缺点是一次性投入较大，且种质尤其是野生材料脱离了原始种群的自然进化进程，长时间的种子保存可能导致其不能和原始种群一样适应变化了的环境条件，另外顽拗型种子和短寿命种子很难进行种子贮藏等。这里仅以植物园常见的活体库保存为例来说明植物园应该如何加强这方面的工作。

不同于植物园传统上的活植物收集管理，种质资源管理更重视其农艺性状和其他经济性状、观赏性状等的评价、记载和有效保存。这里说的有效保存，是指这种性状及其相关基因在正确评价、鉴定的基础上，能够被无污染地、持续地保存下去，这对活体保存以及习惯了过去活植物保存和管理习惯的植物园而言是非常困难的。植物园保存了成千上万的物种，其中有不少和被保存种质有亲缘关系，可能发生杂交污染，而大多数植物园缺乏隔离种植的传统，也缺乏足够的、可供隔离的空间。这就要求植物园一方面要根据种质资源管理的要求，建立起区别其活植物管理的种质资源管理的规范，使植物园保存的物种兼具种质的价值，同时从种质的角度去丰富植物园的收集、保存，另一方面要在合适的抽样技术的基础上，建立核心种质库，使之既能代表相应种质的多样性，又便于有效保存和评价。

核心种质（core collection）的概念最早由澳大利亚科学家 Frankel（1984）首次提出，并与 Brown（1989）一起对其做了进一步发展和完善，一般是指用最小的种质资源样品量最大程度地代表种质资源的遗传多样性。从有效管理种质资源的角度而言，核心种质的构建是必要的，大量的种质资源难以进行全面的评价。从统计学和种群遗传学角度考虑，核心种质的构建也是可行的，从统计取样上考虑，如果等位基因具有足够丰度，核心种质就具有令人信服的代表性。从种群遗传学考虑，核心种质可以代表整个遗传资源的大多数遗传多样性。理论上只需保存一个等位基因就可以了，育种者在需要时，可以通过杂交选择、基因工程等手段来恢复所需要的等位基因。

核心种质库的建立有两条路径：可获得的变异类型在核心种质库中按比例分布，或者用每个变异类型的极端代表性状组建核心种质库，后一种选择在可知基因型变异的前提下经常被采用。基因型可以用杂种分离群体等位酶、特殊位点的等位基因频率等来进行评估，这种方法对于无性繁殖的植物是非常困难，甚至是不可能的，因为无法获得分类群体。在这种情况下，可以用表型变异，例如分子指纹图谱、形态数据等方法替代。

李自超（1999）曾概括了核心种质库的特点，即异质性、多样性和代表性、实用性以及动态性。其中异质性和多样性在实质上是一致的，动态性则是相对于保留种质而言，核心种质有调整、补充的过程，因此主要特点应该是异质性、代表性、实用性和动态性。

核心种质库的建立一般包括4个基本步骤（Hodgkin, 1993）：① 数据收集整理，收集整个种质中现有的数据，包括尽可能多的性状评价鉴定数据、特征数据，如同工酶、种子蛋白等生物化学、分子标记数据等；② 收集数据分组，根据现有的数据，把具有相似特点的种质材料分组，比如可以根据形态特点、地理起源、生态分布、遗传标记和农艺性状等数据来进行；③ 样品选择，以合理的取样方法及取样比例选取并建立核心种质库；④ 核心种质的管理，要建立完善的繁种、供种及管理体制，以保证核心种质的有效保存和利用。

核心种质库入库种质可以有很多分组原则，并按照层次进行取样，然后根据不同多样性测度方法进行多样性的测量，继而采用聚类分析等统计方法进行分析并建立核心种质库，最后进行验证和实用价值的评估。分组可以按照生态群、分类群或者品种群等原则进行，也可以按照其中几个分组原则同时或分层次进行，以探讨不同分组原则之间的关系，如遗传多样性和起源地、起源地生态条件之间的关系等（曾亚文 等，2000；Zhou et al, 2014；Van Raamsdonk, 2000）。考虑到核心种质的实用性特征，按照品种群分组是常用的分组方法，尽管这种方法一般是基于基因型变异，实际上也可根据表型的聚类分析结果进行选择。

在确定分组原则之后，取样策略的确定就至关重要了，因为资源的遗传多样性并非是均匀分布的，等位基因频率也是不相同的，核心种质应尽量减少重复等位基因，增加稀有等位基因，并给予它们不同权重，主要的取样策略包括（李自超 1999）：

i. 平均抽样策略（constant strategy, C 策略）：每组随机取同样多的种质构成核心种质的方法。这是最简单的一种策略，只有各组的种质数量相近，遗传多样性也相近时才能得到比较满意的结果。

ii. 按比例抽样策略（proportional strategy, P 策略）：根据每组种质数量确定相应比例的取样方法。各组种质数量悬殊，且多样性与种质数量一致时，这一策略比较有效。

iii. 对数抽样策略（logarithmic strategy, L 策略）：组内取样比例由整个组内种质数的对数值占各组对数值之和的比例来决定的一种取样方法。经对数处理，可以部分修正核心种质中多样性的偏离。

iv. 平方根抽样策略（square root strategy, S 策略）：组内取样比例由组内种质数量的平方根值占各组种质数平方根之和的比例来决定的取样方法。该策略的效果与 L 策略基本相同。

v. 依赖于遗传多样性的抽样策略（genetic diversity-dependent strategy, G 策略）：取样比例由组内种质多样性占全部种质多样性的比例来确定的取样方法（Yonezawa et al, 1995）。当可以获得种质资源中每组的遗传或形态多样性的信息时，这是最为可靠的一种方法。在 G 策略的基础上，结合分子标记，还发展出了 H 策略（H strategy），理论上可以推广到数量性状变异。

vi. 标记基因最大化取样策略（maximisation strategy, M 策略）：以上策略根据一定标准确定在某组内的取样比例，然后在组内聚类或随机选择。M 策略的目的在于用一系列遗传标记鉴定既具有高丰度等位基因又成对差异（低冗余）的种质，并确定在组内如何合理分配这些种质。这种策略建立于这样一种假设的基础上：将核心种质中的标记等位基因最大化就等于将目标等位基因最大化。满足条件的组合通常有几个，可根据在这几个组合中目标等位基因平均保留度（target allele retention averaged）考查其有效性。这种策略需要很大的计算量和方便的计算程序。

为了评估取样效果和种质的代表性，核心种质库建立以后还必须用一种或几种方法进行符合性检验，检验方法可以用主成分分析（Crossa et al, 1995）或信息多样性指数（Hennink et al, 1991）将核心种质的空间分布与整个种质库进行比对。核心种质的实际用途可以通过重要的农艺性状，例如抗病性、花色等分布的代表性来进行验证。这种验证一般是在田间进行的，例如下面即将阐述的荷兰球根植物园（Hortus Bulborum）郁金香活植物收集的核心种质库构建过程中，关于抗茎腐病能力的鉴定部分就是通过田间试验的方式进行的验证（Van Raamsdonk, 2000）。

北荷兰省是最具荷兰风情的地方，海港、郁金香、风车、木鞋，串起一片遐想。在著名港口城市阿姆斯特丹和历史名镇阿尔克马尔（Alkmaar）之间，有一个环境优美的林门（Limmen）小镇。Hortus Bulborum，这个以收集郁金香历史品种为主的球根植物园就坐落在这里。

1924 年，当地一个年轻、充满热情的小学校长兼园艺老师 Pieter Boschman 注意到，随着品种的更新，一些老的、曾经非常著名的郁金香品种面临丢失的危险，于是他就开始收集它们，并种植在自家的花园里，那里紧邻一座别致的教堂，旁边就是生产郁金香的村落。4 年之后，400 多个郁金香和部分黄水仙品种已经塞满了整个花园，部分品种不得不种到了邻近的道路两旁。也就在这个时候，Boschman 偶遇了来自阿姆斯特丹的 Willem Eduard de Mol 博士，一个著名的黄水仙（*Narcissus*）育种家，他热衷于收集 1830 年以后的黄水仙历史品种。两个人都苦于栽植空间不足，Boschman 恰巧有一个从事种球生产、出口的朋友 Nicolaas Blokker，愿意将其苗圃地划出一块种植两个人的收藏，他们接受了这个热心的帮助，并把他们的收藏合起来在这个新地方建立了这个以收集历史品种为目标的球根植物园。

1988 年，球根植物园受邀加入了荷兰植物园活植物收集基金会（Dutch Botanic Garden Collections Foundation, DBGCF），这个组织负责荷兰所有重要活植物的收集，保存它们的多样性，发挥这些活植物收集基因库功能。这样就建成了一个独立的、以球根植物历史品种收集为特色的植物园，一个独特的球根植物基因库。他们计划再建设一个用于贸易的花粉库，并把它建成一个风景名胜区。

如今，荷兰球根植物园收集保存了郁金香、洋水仙（*Narcissus pseudonarcissus*）、风信子（*Hyacinths*）以及少量的番红花（主要是 *Crocous vernus*，荷兰番红花）等 4 000 多个球根历史名品，是世界最大的球根花卉种质资源库，其中仅郁金香就达 1 000 多个品种，早期品种如 1595 的 *Tulipa* ‘Duc van Tol Red and Yellow’，1620 年的 *T.* ‘Zomerschoon’ 和郁金香热（1635—1637）期间的著名品种、来自国外品种如 *T.* ‘Perfecta’（1750）以及其他球茎品种如 1577 年引进的波斯贝母（*Fritillaria persica*）都可以在这里看到（图 2–4）。

图 2–4　荷兰球根植物园的郁金香收集圃

为了这些郁金香种质资源可持续保存和发展的需要，来自世界植物研究联盟（PRI）的 Van Raamsdonk 等（2000）在其表型数据的基础上，综合聚类分析、主成分分析、多样性指数的方法建立了球根植物园郁金香核心种质库。

——基于形态数据的非加权组平均法（Unweighted pair-group method with arithmetic means, UPGMA）分析。样本数超过 20 的分支再按照相同的方法划分为小的单元进行进一步的分析（图 2-5，A ①）

——综合策略 G 和 P 进行基于聚类分支的种质选择，建立核心种质库（图 2-5，A ②）。

——用主成分分析和多样性指数的方法进行核心种质库花色性状分布的验证（图 2-5，A ③）

最后通过 3 个层级上茎腐病抗性测量对核心种质库的实用价值进行验证（技术流程见图 2-5）。

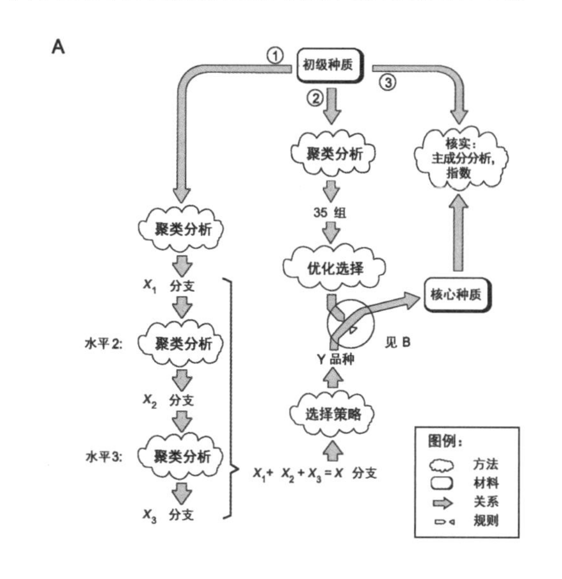

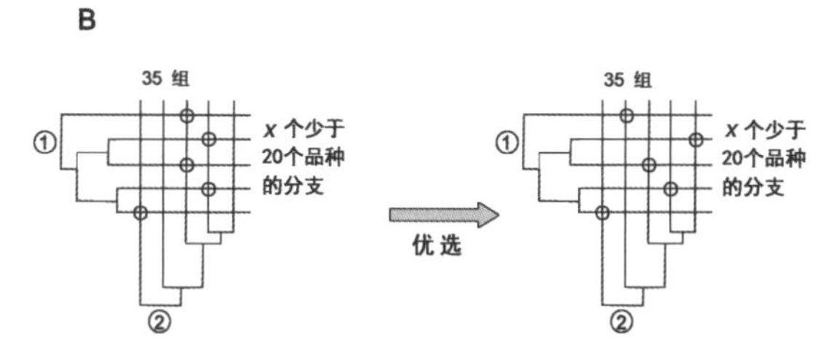

图 2-5　郁金香核心种质库构建方法流程图
（引自 Van Raamsdonk et al, 2000）

A 图：① 用聚类分析方法构建 X_1 分支，大于 20 个样本的所有分支再分别聚类产生 X_2，依此类推产生 X 个聚类，从中选出 Y 份品种；② 固定 35 个品种群进行聚类分析，用于优化首次的选择，产生核心种质库；③ 用主成分分析的方法验证核心种质库，计算所有活植物的 Nei 和 Shannon & Weaver 多样性指数。

B 图示优化过程。交叉部分圆圈表示的步骤 1 的所有分支和步骤 2 的所有品种群的抽样构成核心种质库，从图上看就是 X 和 35 个固定品种群都没有空白分支，也即每个分支都有抽样。

以下是构造荷兰球宿根植物园郁金香核心种质库的具体步骤：

（1）种质材料的准备

分别于 1993、1994、1995 年连续三年将植物园的几乎所有郁金香种品种在位于 Lisse 的球茎研究实验室（Laboratory for Bulb Research, LBO）进行栽种，每年连贯地选择一部分品种群进行观察、记载：

——1993：单瓣早花郁金香（single early tulips），凯旋郁金香（triumph tulips），孟德尔郁金香（Mendel tulips），单瓣晚花郁金香（single late tulips）和育种者郁金香（breeder tulips）。

——1994：达尔文杂种（Darwin hybrids），达尔文郁金香（Darwin tulips）和 *T. fosteriana* 类郁金香。

——1995：重瓣早花郁金香（double early tulips）和重瓣晚花郁金香（double late tulips）。

另外 38 个开展过类似研究的品种（Loos et al, 1989）作为参考品种，每年作独立考察以作为现有研究的对照。它们最初是按照每个品种群 2~4 个品种随机抽样产生。

观察记载的性状包括：首花期、花高、花被片数、有无斑点、花被片长度、花被片宽度、花被片低端到最宽处的距离、叶片长度、叶片宽度、茎秆长度、花粉颜色（黄 / 紫）。成对的性状，如花高 / 花被片长度、茎秆长度 / 叶片宽度是高度相关的，为避免过度冗余，这种成对性状中的第一个从数据集中删除。数量性状在分析以前进行标准化处理。

用主成分分析的方法对 1993 年的数据进行总体多样性的分析，因为这个数据集是 3 个之中最大的，包括了所有品种群的代表性品种。

（2）核心种质库的建立

3年的数据集进行独立分析，然后按比例从这些分支中抽取品种组成核心种质库，也就是说大的分支抽取更多的品种（P策略）。然而，小的分支有可能是过代表的，因为不管分支大小，每个分支要保证抽取至少一个品种（G策略）。最后按照不同比例，组成3个核心种质库。核心库1大约为全部种质的10%（合计104个品种，包括38个参考品种），核心库2为全部种质的15%（152个品种，包括核心库1的品种），而核心库3占全部种质的20%（200个品种，包括核心库2的品种）。

每年对35个固定分支（品种群）进行独立的分析，并用于上述核心种质库的优化，这一步不是验证过程，因为二者是基于同一数据集进行的。

因为没有前例可以遵循，有些选择，例如最大分支的大小和优化品种群的数量是人为认定的。核心库1、2和3可以和之前的研究（Charmet et al, 1993；Diwan et al, 1995）相比较。

（3）核心库的验证

在年度观察记载的基础上，用主成分分析（principal component analysis, PCA）方法对核心库进行验证。所选择品种的分布可以在PCA点状图上进行可视验证。在这里，用Nei变异指数和Shanno-Weaver指数对3个核心库的品种群的分布和花色分级同全部种质的期望分布进行比对：

$$H=1-h=1-\sum_{k=1}^{K}\left(\frac{yk}{N}\right)$$

$$I=-\sum_{k=1}^{K}\frac{yk}{N}\ln\left(\frac{yk}{N}\right)$$

式中，K表示品种群数量，yk表示第k个品种群的品种数，N表示所有品种数。

由于这些指数无法进行偏差检验，可以利用信息统计和x^2分布之间的关系进行多样性指数的偏差分析，方法是：

$$D=2\sum_{k=1}^{K}yk\ln\left(\frac{yk}{N/K}\right)$$

$$=2\left(\sum_{k=1}^{K}yk\ln\left(yk\right)-N\ln\left(N\right)\right)+2N\ln\left(K\right)$$

$$=-2I+2N\ln\left(K\right)$$

所有分组大小一致时，D接近x^2分布。

之所以选择花色，是由于所有品种都进行了花色统计，没有包括在数量分析中，因为花色难以数字化。955个品种的花色用RHS比色表进行记录。郁金香的花色按照色度和根据亮度确定的字母指数分为12个级别，缺乏字母指数的意味着4个亮度在同一个色度级别内。根据前述，核心库构建的策略应该使核心库品种在原始栽培品种群中呈最优分布。因此，I和H指数应该接近每个指数的最优值（K=14，品种群数）。这可以为核心库的颜色分级提供一个合理的解释（K=12，颜色级别）。

结果表明，核心种质库3，即20%的抽样品种基本代表了整个郁金香活植物收集。

（4）核心库的利用

全部种质的一个子集按照范伊克（Van Eijk et al, 1983）等的方法进行田间抗茎腐病能力的测试。结果显示，38参考品种不能代表整个种质库抗病能力的变异，核心库1有了很大的改善，而核心库2代表了足够的抗性变异。

为了促进和协调国际间植物遗传资源保护和管理，加强国际合作，1974年国际植物遗传资源委员会（The International Board for Plant Genetic Resources, IBPGR）成立，指导和协调推动全球植物遗传资源收集、保存、整理、评价和利用活动，重点收集、保存已淘汰或将要绝种的老的栽培品种以及与它们有亲缘关系的野生植物，促进建立国际植物遗传资源中心网，以建立一个世界性的基因库。来自植物园的活植物收集是全球植物遗传资源中心网络和基因库的重要组成部分，应该发挥更加积极的作用。

2.4 植物天然产物化学和人类健康

大自然在造就了丰富的生物多样性的同时，也造就了有机体内天然产物结构和功能的多样性，这些天然化合物具有独特而新颖的结构，远远超出了科学家的想象力，无论是神奇的简单小分子阿司匹林（aspirin, acetylsalicylic acid），还是结构奇妙复杂的海洋天然产物分子刺尾鱼毒素（maitotoxin, MTX），都吸引了无数科学家惊叹的目光。据估计，世界上40%的药物直接来自天然产物或来自半合成的天然产物衍生物（Neman, 2008），临床上所使用经典药物的先导化合物几乎都是从天然产物中发现的。

植物天然产物化学是在药用植物资源研究的基础上随着化学理论和技术的进步而逐步发展起来的学科和技术手段。虽然也涉及药物化学之外的内容，例如保健品、工业原料等，但更多的植物天然产物化学研究是和人类健康相关的药用植物资源的研究结合在一起的，是探讨药用植物有效成分、药效物质基础、化学组成和作用以及后续合成等的基础和应用基础研究。对植物园而言，是早期药草研究的进一步发展，是植物园植物学研究和资源开发利用的重要手段和内容。

人类研究和利用天然产物，特别是将其作为药物的历史已有数千年之久，如我国明代李梴的《医学入门》就记载了用发酵法从五倍子［漆树科（Anacardiaceae）植物盐肤木（*Rhus chinensis*）、青麸杨（*Rhus potaninii*）或红麸杨（*Rhus punjabensis* var. *sinica*）叶上的虫瘿，主要由五倍子蚜（*Melaphis chinensis*）寄生而形成］中得到没食子酸的过程，这是世界上最早从天然产物中得到的有机酸；李时珍则在《本草纲目》中详细记载了用升华法制备、纯化樟脑的过程。1806年，23岁的德国药剂师Sertimer从罂粟中首次分离出单体化合物吗啡（morphine），开创了从天然产物中寻找活性成分的先河，这一伟大功绩不仅是人类开始将纯单体天然化合物用作药物的一个标志，也意味着现代意义上的天然产物化学的开端，同时也为药物作用机制的研究奠定了基础。随后奎宁、青蒿素（artemisin, Art）、紫杉醇（taxol）等大量具有新颖结构、强大生物活性的天然产物被陆续分离并得到广泛应用。

从1806年成功分离出吗啡单体算起，天然产物化学研究的历史也就200多年，但对人类社会的贡献，尤其是对医药和人类健康的贡献却是非常巨大的。

第一个单体天然产物吗啡（图2-6-1）结构的研究过程跌宕起伏，历时150年，最终由英国化学家Robinson在1925年用化学降解的方法完成。从化学结构分类看，吗啡既属于苄基异喹啉（benzylisoquinoline）衍生物，又被认为是菲（phenanthrene）部分结构被饱和的衍生物。著名毒品海洛因（heroin）就是吗啡用乙酸酐处理后生成的二乙酸吗啡酯。人工合成的小分子药物阿司匹林（图2-6-4）最初就是来自天然产物水杨苷（salicin, 图2-6-2）的启发。尽管阿司匹林结构简单，但自1899年这个神奇的小分子被人工合成并用于疾病治疗以来，应用范围不断加大，给人类带来了巨大的惊喜。

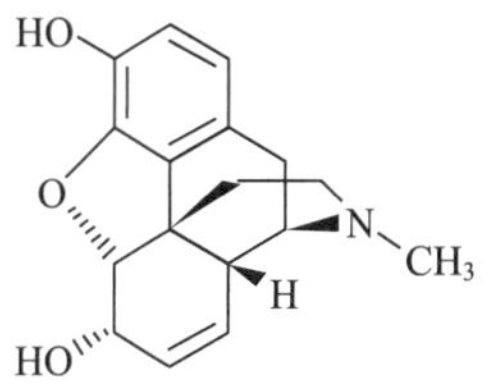

1. 吗啡

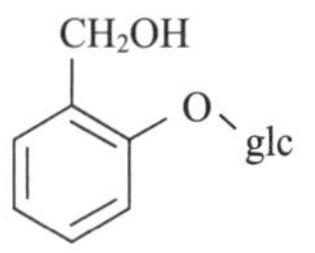

2. 水杨苷 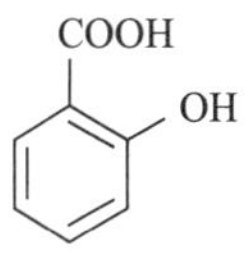　3. 水杨酸 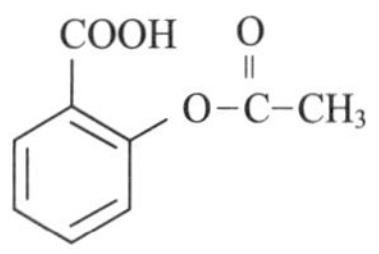　4. 阿司匹林

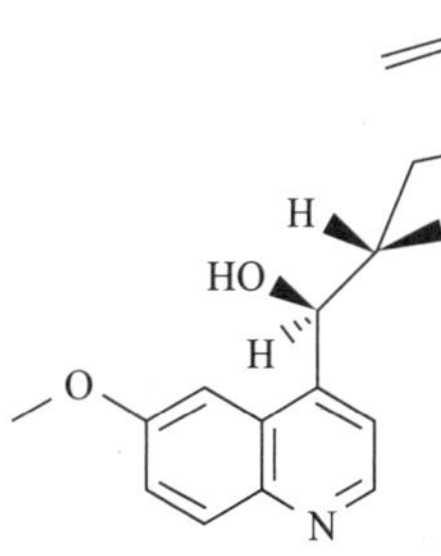

5. 奎宁 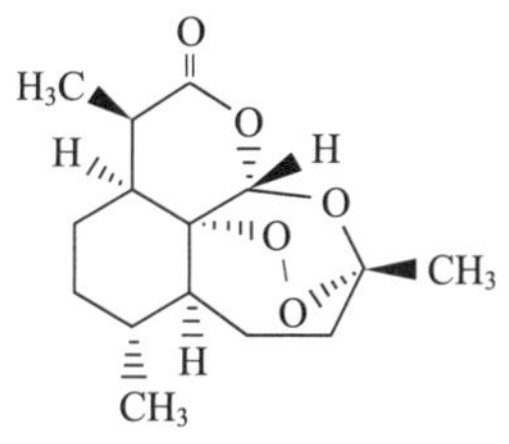　6. 青蒿素

图2-6　吗啡、水杨酸（苷）、阿司匹林、奎宁和青蒿素的化学结构

最早从茜草科植物金鸡纳树（*Cinchona ledgeriana*）及其同属植物的树皮中提取得到的奎宁（图2-6-5），曾作为抗疟疾特效药物挽救了无数人的生命。

喹啉类生物碱也是数量最多、结构最为复杂的一类生物碱，如同样存在于金鸡纳属植物中的金鸡宁（cnichonine）、金鸡宁丁（cnichondine）、奎尼丁（quinidine）等，著名的天然抗癌药物喜树碱（camptothecin）也属于喹啉类生物碱（郭瑞霞 等，2014）。青蒿素（图 2-6-6）是我国科学家发现的一个含有过氧桥（peroxide bridge）结构的倍半萜内酯类化合物，青蒿素的发现改变了以前认定抗疟药物必须含氯原子的认识，开创了以过氧桥作为活性基团设计抗疟疾药物的历史。从这些事例可以看出，植物天然产物化学之于人类的主要作用表现在以下几个方面：

（1）为新药开发提供重要技术手段

人类最早用草药医治疾病所利用的就是天然产物，只不过没有今天这样的分离、纯化手段而已。作为生物本身防御机制而存在的天然产物是经过漫长的进化选择出来的，其服务于人类健康的结构与功能研究对新药的发现、生命科学的认识、药效作用机制的探索等都具有重要意义。临床应用药物中有些直接源于天然产物，约有 70% 源于对天然产物的研究，除了前面提及的吗啡、奎宁、青蒿素、紫杉醇外，其他还有青霉素（penicillin）、加兰他敏（galanthamine）、石杉碱甲（huperzine-A）、地高辛（digoxin）、雷帕霉素（rapamycin）等。尽管人工合成药物在现代药物中已经占有相当大的比例，但是天然产物依然是治疗重大疾病的药物或重要先导化合物的主要来源之一。

随着生物技术、药物化学及有机合成方法的发展，高通量筛选（high throughput screening）和组合化学（combinatorial chemistry）方法相辅相成，为发现先导化合物提供了经济、快速的新模式。

（2）从活性天然产物结构信息中获得启发，设计合成类天然产物库

大自然合成了成千上万结构复杂的天然化合物，在起始于同一中间体的错综复杂的生物合成途径中，通过氧化态升降、骨架重排、阳离子环化、缩合以及周环反应等不同过程，可产生具有高度结构多样性的天然产物，而且具有高度的立体选择性。但这些化合物在自然资源中的含量很低，远远不能满足人们研究和利用的需要，而且过度的利用会导致生物多样性的降低和资源的枯竭，因此需要用化学的手段进行合成，即所谓的天然产物全合成。

1944 年，美国化学家 Woodward 和 Doering 宣布完成了奎宁的全合成，被认为是有机合成史上的里程碑。Woodward 和 Doering 首次提出的立体选择性反应（stereo selective reaction）极大地促进了有机合成化学的发展。不对称合成（asymmetric synthesis）在天然产物全合成中的应用也是近年来的伟大突破，利用这一技术，2003 年终于实现了河豚毒素的全合成。由于紫杉醇对乳腺癌和卵巢癌等神奇的疗效，其独特的抗癌机制、新颖的结构以及有限的自然资源量引起了全世界研究和生产者的强烈关注，曾有 40 多个一流的研究团队从事紫杉醇的全合成研究工作，美国、日本等国家的 7 个研究团队公开报道完成了具有各自特点的紫杉醇全合成工作（李力更 等，2008）。在研究紫杉醇全合成过程中发现了许多新的、独特的反应以及大量过渡金属有机催化剂的应用等。

今天，以天然产物为先导的小分子化合物及其类似物合成研究是有机反应研究的一个重要原动力。小分子化合物库的合成方法研究已经是天然产物合成化学家的一个重要探索领域。因为这是一个相对聚焦（目标更明确，更清晰）的组合化学研究，从中发现先导化合物的概率要远胜于随机小分子化合物库的合成（Schreiber, 2000；Nicolaou et al, 2000），减少了随机合成的盲目性，成为天然产物研究的重要补充及延伸（Nicolaou et al, 1997）。当然，天然产物为先导的小分子化合物库合成本身就极具挑战性，其合成方法学本身亦具有极高的学术价值。这种合成的成败不是以某一个分子的合成为目标，其合成设计必须体现高效率、高选择性及普适性，因为设计路线所能合成的天然产物类似物的多少是评价这种合成路线的指标。这一趋势对有机合成方法学提出了极大的挑战，合成路线的简捷、便利性，所使

用合成反应的高选择性（区域选择性、立体选择性），所使用反应的效率，所设计合成方法的普适性（即有利于合成最多结构特征的类似物）以及碳—碳键形成的固相反应都将成为有机化学研究的重点（张洪彬 等，2003）。

（3）改造丰产天然产物成分

药用活性成分往往不是植物本身的丰产成分，因此丰产成分的综合利用成为自然资源开发过程中不可忽视的一个问题。途径之一就是对丰产成分进行结构改造，方法无外乎化学合成转化和生物技术（酶，微生物发酵）转化。作为药学研究而言，关注化合物多样性则可考虑丰产成分类似物库的建立，再辅以药物筛选的手段，相信这一方面的研究会有较大的收获。例如，欧洲人从短叶紫杉（*Taxus brevifolia*）枝叶中提取紫杉醇母环化合物继而合成紫杉醇及艾素的开发模式（Nicolaou et al, 1994；张洪彬 等，2003）。

（4）以筛选模型为指导，从天然产物中寻找先导化合物

随着人类基因组计划的完成，人类对自身疾病机制的认识将会更加全面和深入，因而可供用于筛选的模型将更有选择性、针对性。利用新的疾病机制筛选模型，那些经过广泛研究过的植物及其天然产物可能还存有待挖掘的潜在价值，这也是自然资源保护重要性的依据，只要物种尚在，我们就有可能还有新的发现，如老化合物的新用途，或是新的分离、分析筛选手段导致新的发现。

（5）促进了其他学科，尤其是有机化学的发展

对天然产物的研究不但促成了有机化学学科的建立，而且促进了有机化学理论及应用的发展，同时，有机化学理论的应用与发展也进一步加速了对天然产物的研究（郭瑞霞 等，2015）。

1887年，德国化学家Wal-lach首先提出了异戊二烯规则（isoprene rule）“萜类化合物都是异戊二烯的聚合体”，或者说“自然界存在的萜类化合物都是由异戊二烯头尾相连聚合并衍变的”，这就是所谓的一般异戊二烯规则（general isoprene rule）或经验的异戊二烯规则（empirical isoprene rule），也称为化学的异戊二烯规则（chemical isoprene rule）。当然，随着有机化学研究的逐渐深入，将萜类化合物碳骨架划分为若干个异戊二烯结构的方法只能作为对萜类的结构和化学分类的一种认识方法，并不能代表萜类的生源途径。

英国化学家巴顿（Barton, 1950）和挪威化学家Hassel（1970）通过对天然甾体等化合物立体构型的研究，发展了立体化学（stereochemistry）理论，从而荣获1969年的诺贝尔化学奖。1973年，美国化学家Woodward宣布完成了维生素B_{12}（vitamin B_{12}）的全合成，并发现在[4+2]环合反应中光或热条件下，可以引发不同的立体化学反应，得到不同立体构型的产物。Woodwrad与Hoffmann通过对这些反应规律的更深入研究和总结，发现了著名的“轨道对称守恒定律（conservation of orbital symmetry）”（Woodwrad et al, 1965, 1969; Woodward, 1973）。轨道对称守恒原理是在日本化学家福井谦一创立的“前线轨道理论（frontier molecular orbital theory）”基础之上发展开创的新的量子化学理论，二者堪称20世纪60年代以来最重要的化学理论。

美国化学家Corey发展了有机合成理论和方法学，创造性地提出“逆合成分析法（retrosynthetic analysis）”（Corey et al, 1980）。正是对天然产物生物合成途径的深入研究，促成了有机合成化学的分支仿生合成（biomimetic synthesis）学科的诞生。仿生合成是英国科学家Robinson首先提出的，他通过对生物碱的结构推断和生物合成途径的深入研究，于1917年首次仿生合成了托品酮（tropinone）。后来又有人利用仿生合成的方法合成了黄体酮（progesterone）、厚虎皮楠生物碱（proto-daphniphylline）等天然产物（Beyler, 1960；Pietre et al, 1990；Mohr et al, 2008）。

人类在不断的探索中，对植物资源的研究已从陆生植物、低等真菌扩展到海洋生物。这当中原因除了人类永恒的求知欲望外，更为重要的是解决人类自身需求的实用主义的驱动。天然产物化学也是如此，而资源植物是天然产物的源头，植物园通过

收集、保存资源植物，提供这些源头，服务于天然产物化学等学科的研究和产业的发展。

由于本人专业所限，“植物天然产物化学和人类健康”一节主要参考了云南大学药学院张洪彬先生等发表于《云南民族大学学报》的《天然产物研究与自然资源的可持续性开发利用》和石家庄学院郭瑞霞女士等发表于《中草药》的《植物药物学史话——天然产物化学的魅力》，在此致以特别的谢意！

参考文献

毕列爵，1983. 从 19 世纪到建国之前西方国家对我国进行的植物资源调查［J］. 武汉植物学研究，1（1）：119–127.

陈树平，1980. 玉米和番薯在中国传播情况研究［J］. 中国社会科学，（3）：187–204.

陈志一，1984. 关于“占城稻”［J］. 中国农史，（3）：24–31.

费水章，周维燕，1994. 切花菊再生株的形态和细胞学变异的研究［J］. 园艺学报，21（2）：193–198.

郭瑞霞，李力更，付炎，等，2014. 天然药物化学史话：奎宁的发现、化学结构以及全合成［J］. 中草药，45（19）：2737–2741.

郭瑞霞，李力更，王于方，等，2015. 天然药物化学史话：天然产物化学研究的魅力［J］. 中草药，40（14）：2019–2033.

何炳棣，1979. 美洲作物的引进、传播及其对中国粮食生产的影响（三）［J］. 世界农业，（6）：25–31.

何炳棣，2000. 明初以降人口及其相关问题［M］. 北京：三联书店.

贺善安，顾姻，柳鎏，1991. 论栽培植物引种的生境因子分析法［C］// 南京中山植物园研究论文集. 南京：江苏科学技术出版社：97–101.

黄宏文，段子渊，廖景平，等，2015. 植物引种驯化对近 500 年人类文明史的影响及其科学意义［J］. 植物学报，50（3）：280–294.

黄宏文，张征，2012. 中国植物引种栽培及迁地保护的现状与展望［J］. 生物多样性，20（5）：559–571.

黄宏文，2014. 中国迁地栽培植物志名录［M］. 北京：科学出版社.

李力更，吴明，史清文，2008. 天然抗癌药物紫杉醇的全合成［J］. 天然产物研究与开发，20（6）：104–107.

李自超，张洪亮，孙传清，等，1999. 植物遗传资源核心种质研究现状与展望［J］. 中国农业大学学报，4（5）：51–62.

刘旭，2003. 中国生物种质资源科学报告［M］. 北京：科学出版社.

刘旭，2012. 中国作物栽培历史的阶段划分和传统农业的形成与发展［J］. 中国农史（2）：3–16.

刘瀛弢，2008. 生物种质资源资产化管理研究［D］. 北京：中国农业科学院.

裘文达，李曙轩，1983. 利用菊花花瓣组织培养获得新类型（初报）［J］. 浙江大学学报，9（3）243–246.

宋李键，2012. 工业革命为什么发生在 18 世纪的英国——一个全球视角的内生分析模型［J］. 金融监管研究，（3）：93–106.

王富有，2012. 中国作物种质资源引进与流出研究——以国际农业研究磋商组织和美国为主［J］. 植物遗传资源学报，13（3）：335–342.

王思明，2004. 美洲原产作物的引种栽培及其对中国农业生产结构的影响［J］. 中国农史（2）：16–27.

王述民，李立会，黎裕，等，2011. 中国粮食和农业植物遗传资源状况报告（Ⅱ）［J］. 植物遗传资源学报，12（2）：167–177.

武建勇，薛达元，周可新，2011. 中国植物遗传资源引进、引出或流失历史与现状［J］. 中央民族大学学报（自然科学版），5（2）：49–53.

武建勇，薛达元，赵富伟，2013. 欧美植物园引种中国植物遗传资源案例研究［J］. 资源科学，3（7）：1499–1509.

谢孝福，1994. 植物引种学［M］. 北京：科学出版社.

辛树帜，1962. 我国果树的历史研究［M］. 北京：农业出版社.

游修龄，1983. 占城稻质疑［J］. 农业考古（1）：25–323.

曾亚文，王象坤，杨忠义，等，2000. 云南稻种资源核心种质库构建及其利用前景［J］. 植物遗传资源科学，1（3）：12–16.

郑殿升，2011. 中国引进的栽培植物［J］. 植物遗传资源学报（12）：910–915.

张洪彬，马丹丹，朱继华，2003. 天然产物研究与自然资源的可持续开发利用［J］. 云南民族大学学报（自然科学版），12（4）：201–204.

Barton D H R, 1950. Stereochemical aspects of mono- and sesquiterpenoids [J]. Perfumery and Essential Oil Record, 41: 81–85.

Beyler R E, 1960. Some recentadvances in the field of steroids [J]. Journal of Chemical Education, 37 (9) : 491–494.

Brown A H D, 1989. Core collections: a practical approach to genetic resources management [J]. Genome, 31 (2) : 818–824.

Charmet G, Balfourier F, Ravel C, 1993. Isozyme polymorphism and geographical differenciation in a collection of French perennial ryegrass populations [J]. Genetic Resources and Crop Evolution, 40 (2) : 77–89.

Corey E J, Peter Johnson A, Long A K, 1980. Computer-assisted synthetic analysis techniques for efficient long-range retrosynthetic searches applied to the Robinson annulation process [J]. Journal of Organic Chemistry, 45 (11) : 2051–2057.

Correns C, Mendels G, 1900. Mendel's Regel über das Verhalten der Nachkommenschaft der Rassenbastarde [J]. Berichte der Deutschen Botanischen Gesellschaft, 18: 158–168.

Crossa J, DeLacy I H,, Taba S, 1995. The use of multivariate methods in developing a core collection [C]// Hodgkin T, Brown AHD, van Hintum TJL. Core collections of plant genetic resources. Chichester: John Wiley and Sons: 77–92.

Custers J B M, Eikelboom W, Bergervoet J H W, et al, 1995. Embryo-rescue in the genus *Tulipa* L: Successful direct transfer of *T kaufmanniana* Regel germplasm into *T gesneriana* L [J]. Euphytica, 82 (3) : 253–261.

Custers J B M, Eikelboom W, Bergervoet J H W, et al, 1992. In ovulo embryo culture of tulip (*Tulipa* L) : Effects of culture conditions on seedling and bulblet formation [J]. Scientia Hortic ulturae., 51 (1–2) : 111–122.

Daker M G, 1967. Cytological studies on a haploid cultivar of pelargonium and its colchicine-induced diploids [J]. Chromosoma, 21 (3) : 250–271.

De Vries H, 1900. Sur la loi de disjonction des hybrides [J]. Comptes Rendus de l'Academie des Sciences (Paris) , 130: 845–847.

Diwan N, McIntosh M S, Bauchan G R, 1995. Methods of developing a core collection of annual *Medicago* species [J]. Theoretical and Applied Genetics, 90 (6) : 755–761.

Frankel O H, 1984. Genetic perspectives of germplasm conservation [C]//Arber W, Llimensee K, Peacock W J, et al. Genetic manipulation: Impact on man and society. Cambridge: Cambridge University Press: 161–170.

Frodin D G, 1984. Guide to standard floras of the world [M]. Cambridge: Cambridge Press.

Guha S, Maheshwari S C, 1964. *In vitro* production of embryos from anthers of *Datura* [J]. Nature, 204 (4957) : 497.

Hasel O, 1970. Sturctural aspects of interatomic charge-transferbonding [J]. Science, 170 (3957) : 497–502.

Hennink H, Zeven A C, 1991. The interpretation of Nei and Shannon-Weaver within population variation indices [J]. Euphytica (51) : 235–240.

Heywood V H, 2011. The role of botanica gardens as resource and introduction centres in the face of gobal changes [J]. Biodiversity and Conservation, 20 (2) : 221–239.

Hodgkin T, Rao V R, Riley K, 1993. Current issues in conserving crop landraces *in situ* [R]. Bogor: On-Farm Conservation Workshop.

Jacob E J, 2009. Natural products-based drug discovery: some bottlenecks and considerations [J]. Current Science, 96 (6) : 753–754.

Juma C, 1989. The Gene hunters: biotechnology and the scramble for seeds [M]. Princetonn: Princeton University Press.

Kimura M, 1991. 分子中性进化理论 [M]. 石绍业，译. 哈尔滨：东北林业大学出版社.

Liedl B E, Anderson N O, 1993. Reproductive barriers: identification, uses and circumvention [C]//Janick J. Plant breeding reviews. Hoboken: John Wiley & Sons, Inc: 11–154.

Liu L, van Zanten L, Shu Q Y, 2004. Officially relased mutant varities in China [J]. Mutation Breeding Review, 14, 1–62.

Loos, B P. & P J W Van Duin, 1991. Establishing a core collection representing genetic variation in tulip. FAO/IBPGR Plant Genet. Resour. Newslett. 78/79: 11–12

Malanima P, 2006. Energy crisis and growth 1650–1850: the European deviation in a comparative perspective [J]. Journal of global history (1) : 101–121.

Malhotra K, Maheshwari S C, 1977. Enhancement by cold treatment of pollen embryoid development in *Petunia hybrida* [J]. Zeitschrift für Pflanzenzuchtung, 85 (2) : 177–180.

Maunder M, Higgens S, Culham A, 2001. The effectiveness of botanic garden collections in supporting plant conservation: a European case study [J]. Biodiversity and Conservation, 10 (3) : 383–401.

Mendel J G, 1866. Versuche über Pflanzenhybriden [J]. Verhandlungen des naturforschenden Vereines in Brünn, 4: 3–47.

Mohr J T, Krout M R, Stoltz B M, 2008. Natural products as inspiration for the development of asymmetric catalysis [J]. Nature, 445 (7211) : 323–332.

Mokadem H, Meynet J, Martineau C, 2000. Genotypic ability of *Rosa hybrida* L to produce parthenogenetic plants after pollination with irradiated pollen [J].Acta Horticulturae, 508: 243–246.

Muller H J, 1927. Artificial Transmutation of the Gene [J]. Science, 66(1699) : 84–87.

Neman D J, 2008. Natural products as leads to potential to drugs: an old process or new hope for drug discovery. Journal of Medicinal Chemistry, 51 (9) :2589–99.

Nicolaou K C, Vourloumis D, Li T, et al, 1997. Designed epothilones: Combinatorial synthesis, tubulin assemble properties, and cytotoxic action against taxol-resistant tumor cell [J].Angewandte Chemie International Edition, 36 (19) : 2097–2103.

Nicolaou K C, Pefferkom J A, Baluenga S, et al, 2000. Natural product–like combinatorial libraries based on privileged structure [J], Am. Chem. Soc., 122 (41) : 9939–9967.

Nicolaou K C, Dai W M, Guy R K, 1994. Chemistry and biology of taxol [J]. Angew. Chem. Int. Ed. Eng., 33 (1) : 15–44.

Pietre S, Heathcock C H, 1990. Biomimetic total synthesis of proto-daphniphyline [J]. Science, 248 (4962) : 1532–1534.

Pilar V, Couselo J L, Salinero C, et al, 2009. Morpho-botanic and molecular characterization of the oldest *Camellia* trees in Europe [J]. International Camellia Journal, 41: 51–57.

Van Eijk, J P, F Garretsen, W Eikelboom, 1983.

Breeding for resistance to Fusarium oxysporum f. sp. tulipae in tulip（*Tulipa* L.）. 2. Phenotypic and genotypic evaluation of cultivars [J]. Euphytica, 28（1）: 67–71.

Robinson R, 1917. A Synthesis of Tropinone [J]. Journal of Chemical Society. Transaction., 111: 762–768.

Schreiber S L, 2000. Target-oriented and diversity-oriented organic synthesis in drug discovery [J]. Science, 287（5460）: 1964–9.

Sharma K D, Kaur R, Kamur K, 1996. Embryo rescue in plants—a review [J]. Euphytica, 89（3）: 325–337.

Sink K C, Power J B, Natarella N J, 1978. The interspecific hybrid *Petunia parodii* × *P. inflata* and its relevance to somatic hybridization in the genus *Petunia* [J]. Theoretical and Applied Genetics., 53（5）: 205–208.

Stadler L J, 1928. Mutation in barley induced by X-rays and radium [J]. Science, 68（1756）: 186–187.

Tollenaar D, 1934. Untersuchungen ueber Mutation bei Tabak: I. Entstehungsweise und Wesen kuenstlich erzeugter Gen-Mutanten [J]. Genetica, 16: 111–152.

Van Creij M G M, Kerckhoffs D M F J, de Bruijn S.M, et al, 2000. The effect of medium composition on ovary-slice culture and ovule culture in intraspecific Tulipa gesneriana crosses [J]. Plant Cell, Tissue. and Orgar. Culture., 60（1）: 61–67.

Van Creij M G M, Kerckhoffs D M F J, van Tuyl J M, 2000. Application of four pollination techniques and of hormone treatment for bypassing crossing barriers in *Lilium* L. [J]. Acta Horticulture., 508: 267–274.

Van Creij M G M, Kerckhoffs D M F J, van Tuyl J M, 1999. The effect of ovule ageon ovary-slice culture and ovule culture in intraspecific and interspecific crosses with *Tulipa gesneriana* L [J]. Euphytica, 108（1）: 21–28.

Van Raamsdonk L W D, Wijnker J, 2000. The development of a new approach for establishing a core collection using multivariate analyses with tulip as case [J]. Genetic Resources and Crop Evolution, 47（4）: 403–416.

Van Tuyl J M, Bino R J, Custers J B M, 1990. Application of *in vitro* pollination, ovary culture, ovule cultrue and embryo rescue in breeding of *Lilium*, *Tulipa* and *Nerine* [C]//de Jong J. Integration of *in vitro* techniques in ornamental plant breeding, proceedings of the Eucarpia symposium. Wageningen: CPO: 86–97.

Van Tuyl J M, van Diën M P, van Creij M G V, et al, 1991. Application of in vitro pollination, ovary culture, ovule culture and embryo rescue for overcoming incongruity barriers in interspecific *Lilium* crosses [J]. Plant Science., 74（1）: 115–126.

Vavilov N I, 1992. Origin and geography of cultivated plants [M]. Lōve D, trans. Cambridge: Cambridge University Press: 21.

Wal-lach O, 1887. Terpenes and ethereal oils [J]. Journal of the Chemical Society, Abstracts, 52: 595–596.

Wang D, Cole P A, 2001. Protein tyrosine CsK-catalyzed p-hosphorylation of Src containing unnatural tyrosine analogues [J]. Journal of the American Chemical Society, 123（37）: 8883–8886.

Watanabe K, 1977. Successful ovary culture and production of F1 hybrids and and rogenic haploids in Japanese *Chrysanthemum* species [J]. The Journal of Heredity, 68（5）: 317–320.

Wietsma, W A, de Jong K Y, van Tuyl J M, 1994. Overcoming pre-fertilization barriers in interspecific crosses of *Fritillaria imperialis* and *F. raddeana* [J]. Plant Cell Incompatibility Newsletter, 26: 89–93.

William B, 1900. Problems of heredity as a subject for horticultural investigation [J]. Journal of the Royal Horticultural Society, 25: 54–61.

Williams E G, Maheswaran G, Hutchinson J F, 1987. Embryo and ovule culture in crop improvement [C]// Janick Journal. Plant Breeding Reviews: 181–236.

Wilson E H, 1930. Aristocrats of the trees [M]. Bosfon: The Stratford Company.

Wilson E H, 2015. 中国——园林之母[M]. 胡启明，译. 广州：广东科技出版社.

Woodward R B, Hofman R, 1965. Stereochemistry of electrocyclic reactions [J]. Journal of American Chemical Society, 87 (2) : 395–397.

Woodward R B, 1973. The total synthesis of vitamin B_{12} [J]. Pure and applied Chemistry, 33 (1) : 145–177.

Woodward R B, Hofmann R, 1969. Conservation of orbital symmetry [J]. Angewandte Chemie International Edition, 8 (11) : 781–853.

Woodward R B, Doering W E, 1945. The total synthesis of quinine [J]. Journal of American Chemical Society, 67 (5) : 860–874.

Yonezawa K, Nomura T, Morishima M, 1995. Sampling strategies for use in stratified germplasm collections [C]//Hodgkin T, Browm A H D, van Hintum T J L, et al. Core collections of plant genetic resources. Chichester: John Wiley and Sons: 35–53.

Zhou J, Yang C, Wu C, et al, 2014. Genetic diversity and development (*Nicotiana tabacum* L.) resources of core colection in tobacco [J]. Journal of Zhejiang University (Agric & Life Sci.) , 40 (4) : 440–450.

扩展阅读一

郁金香活植物收集、品种改良与荷兰花卉产业

郁金香，又名洋荷花、草麝香、金香等，起源于中亚，11 世纪引种到西班牙，17 世纪风靡欧洲大陆，如今成为世界著名的多年生球根花卉、荷兰的主要出口花卉之一。全世界年产种球约 50 亿个，其中约 22 亿产自荷兰。郁金香引种、驯化和开发利用的历史是植物引种驯化的典型案例之一，在这个过程中，荷兰莱顿大学植物园（Hortus Botanicus Leiden）在郁金香分类、引种驯化和遗传改良等方面发挥的作用也正反映了植物园活植物收集、科学研究的地位和作用。

郁金香属（*Tulipa*），约 75 种，自然分布于南伊比利亚半岛、摩洛哥、突尼斯北部、利比亚、西西里岛、希腊、巴尔干半岛南部、乌克兰南部到西伯利亚中部、环黑海地区南部到安纳托利亚，穿过地中海沿岸的黎凡特地区到埃及、沙特阿拉伯、高加索、伊拉克、伊朗和中亚东部和中国西部、蒙古和喜马拉雅一带（图 2-7）。在郁金香族（Tribe *Tulipae*）中与之近缘的属还有猪牙花属（*Erythronium*）、老鸦瓣属（*Amana*）等。最近的系统学研究（Christenhusz, 2013）将郁金香属划分为 4 亚属 76 种。郁金香的多样性起源中心在中亚的帕米尔高原、兴都库什山和中国西部的天山山区（Botschantzeva et al, 1982; King, 2005），高加索为次中心，多为干旱草原和冬季多雨的地中海植被区。《中国植物志》记载，我国野生有 11 种，均产于新疆，常生于平原和低山地带，仅少数种分布到亚高山和高山带。它们大多数都是 4 月左右开花，5 月前后结果的早春多年生类短命植物。2 个原产于内地的种现归于老鸦瓣属。

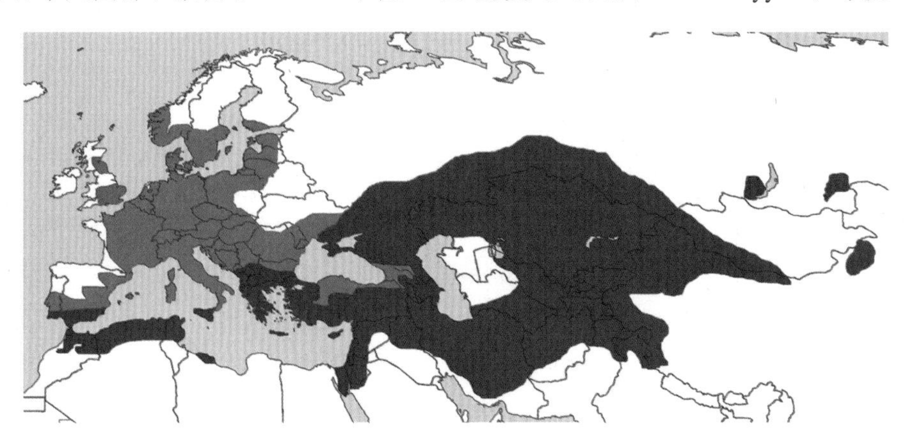

图 2-7　郁金香属（*Tulipa* L.）的自然分布黑色为自然分布区，深灰色为自然归化区（引自 Christenhusz et al, 2013）

我国历史上很早就有“郁金”和“郁金香”的记载，但它们并非今天所指的百合科植物郁金香。根据美国东方学者贝特霍尔德·劳费尔（Berthold Laufer, 1874—1934）的“产地标准说”，“郁金”所指为中国植物或产品时为姜黄属（*Curcuma*）植物，而如果指的是印度、中南半岛或伊朗等地的植物或产品时则多半是番红花属植物。番红花、姜黄当时都是重要的香料（劳费尔，1964）。而郁金香属植物在中国的栽培历史直到 19 世纪才开始。

早在 12 世纪，奥玛·开阳（Omar Khayyam）等波

Erythronium dens-canis

Amana edulis

Tulipa uniflora（Subgenus *Orithyia*）

Tulipa clusiana（Subgenus *Clusianae*）

Tulipa turkestanica（Subgenus *Eriostemones*）

Tulipa agenensis（Subgenus *Tulipa*）

图 2-8　郁金香族的代表种类

斯诗人的诗歌里就有关于郁金香之美的记载（Segal, 1993）。当地人对郁金香的了解应该更早，因为这一带高原草地上满山遍野的郁金香应该早就吸引了旅行者的注意。郁金香是波斯和巴克特里亚（古希腊对其殖民地今兴都库什山以北的阿富汗东北部地区的称谓）伊斯兰花园中固有的野生花卉。11 世纪，阿拉伯帝国瓦解后，原来居住在中亚咸海及里海以北草原上的塞尔柱人（Seljuk tribes）入侵安纳托利亚（小亚细亚的古称，今土耳其的亚洲部分）时，将郁金香带到了土耳其（Van der Goes, 2004），因此今天生长在土耳其的郁金香并非都是原产，大概只有 7 种是当地土生土长的种类（Baytop, 1993）。土耳其语郁金香称为“lale”，用波斯字母拼写为“Allah”，因此常被用作宗教的象征。奥斯曼帝国时期，尤其是在 15—16 世纪，郁金香种植在土耳其已经空前繁荣。15 世纪，在征服了君士坦丁堡之后，穆罕默德二世建造了很多花园，托普卡帕宫（Topkapi Palace）周围就种植了很多的郁金香

（Segal, 1993）。随着帝国的扩大，统治者不断地从周围收集野生郁金香资源种植到自己的花园里，到苏莱曼大帝时期（1494—1566），郁金香已经传播到帝国的每个角落，奠定了其在奥斯曼帝国园艺业不可或缺的地位，甚至成为国家的象征。因此，这个时期也被史学家们称为“郁金香时代”（Roding et al, 1993; Van der Goes, 2004）。在今天的土耳其，还有些地名称为“Laleli”，就是原来种植郁金香的地方，在许多保留下来的瓦片、陶瓷、丝绸、地毯、雕塑、壁画、基石和文献里都有郁金香的印迹（Roding et al, 1993; Van der Goes, 2004）。

郁金香的英文名tulip来自波斯语“Dulband”，或相当于土耳其语“türbent”，意为伊斯兰男人的头巾，也有解释为当时伊斯坦布尔的贵族以头巾上佩戴郁金香为时尚（Christenhusz et al, 2013）。这个名字继续从西班牙语“tulipán”或者意大利语“tulipano”传播到德语“tulpe”或者荷兰语“tulp”，因此林奈定其属名为“*Tulipa*”。与后来在欧洲流行的圆形花被片品种不同，奥斯曼帝国时期的郁金香具有尖的花被片，类似于 *T. cornuta*，因未见有野生，Christenhusz（2013）认为其可能源自复杂的杂交、选择过程，如 *T. gesneriana* 和 *T. suaveolens* 之间的杂交（Hall, 1940），尽管前者本身可能就是来源于后者的园艺杂种。其他一些种类，如 *T. armena, T. agenensis* 和 *T. lanata* 以及来自中亚的种类可能是构成这个时期郁金香品种多样性的主要亲本，它们都来自郁金香亚属（Subgenus *Tulipa*）。

一般认为，郁金香于11世纪前后传入欧洲（Bermejo et al, 2009），尤其是西班牙南部、希腊和巴尔干半岛地区。因为8—15世纪，西班牙南部伊比利亚半岛曾为穆斯林统治，许多亚洲的栽培植物得以传播到此，并从这里传入西欧。1530年，葡萄牙就有了关于郁金香栽种的明确记载（Pavord, 1999），只是还没有引起欧洲人的重视。

郁金香在欧洲尤其是在荷兰的发展，有两个人作出了突出的贡献，一个是瑞士著名博物学家康拉德·格斯纳（Conrad Gesner, 1516—1565）。1559年4月，格斯纳在议员赫瓦特（Herwart）位于巴伐利亚奥格斯堡的花园里看到正在盛开的郁金香，并描述其具有香味，Christenhusz（2013）推测格斯纳看到的可能类似于 *T. suaveolens* 或其早期选系，这是欧洲郁金香史上一个重要事件，从此欧洲人开始了解

T. gesneriana 郁金香

T. suaveolens 香郁金香

T. armena

T. agenensis

T. lanata

图2-9 奥斯曼帝国郁金香时代的主要亲本

郁金香。另外一位重要人物是卡罗勒斯·克鲁修斯（Carolus Clusius, 1526—1609），法国著名园艺学家。16 世纪 60 年代，受富格尔家族雇佣，克鲁修斯曾经去西班牙收集植物，在那里他熟悉了来自新世界的植物种类。1573 年，在 Ogier Ghiselin de Busbecq 的帮助下，克鲁修斯成为维也纳帝国药草园主任，1593 年，通过时任奥斯曼帝国大使的 de Busbecq 从奥斯曼帝国引进了很多球根类植物，其中就包括了郁金香，因此 de Busbecq 也被认为是欧洲引种郁金香的第一人。同年，克鲁修斯接受了当时刚刚创办的荷兰莱顿大学植物园主任的职位，并利用自己的关系为植物园引进了大量的植物种类，其中包括了很多郁金香种类。除了一些珍贵品种外，克鲁修斯把这些郁金香分发到欧洲的很多地方，还发表了一系列关于郁金香的论著，这些都极大地促进了郁金香在欧洲的传播，也奠定了荷兰郁金香产业的基础。随着郁金香的走俏，克鲁修斯珍藏的品种也被盗并很快在荷兰被繁殖、出售，克鲁修斯不得不建了一个带有木栅栏的园区以防止外人轻易进入，在今天的莱顿大学植物园里依然保留着这个克鲁修斯园（Clusius Garden）。

在格斯纳首次描述了赫瓦特花园里那个开花的郁金香之后，涌现了很多关于郁金香的出版物，但常与其他球根花卉相混淆，这些本来没有多少关系的球根花卉被归类为“Lilio-Narcissus”。克鲁修斯（1601）试图理清这其中的关系，并按照花期将它们分类。克鲁修斯还首次观察到郁金香杂色病毒引起的花被片杂色或者羽毛化现象，这种特殊效果受到郁金香迷们的追捧，成为后来郁金香热（tulip mania）的主要类型。当时以香料贸易为主的东印度公司已经使很多欧洲人富裕起来，而拥有珍奇的郁金香品种成为他们炫富的方式之一，郁金香被赋予了一种神秘的光环，甚至出现了用整栋房产换取一个郁金香种球的现象。这种对郁金香的狂热首先出现在法国，并在那里开始了郁金香的出口贸易，吸引了欧洲其他地方的很多买家，由于莱顿大学植物园在郁金香引种驯化中的贡献和影响，这种贸易活动后来逐步转移到了荷兰，并引燃了荷兰自 1634 年开始的郁金香热，1636 年达到高潮（Cos, 1637; Blunt, 1950; Goldgar, 2007）。郁金香热引起的经济泡沫在 3 年之后崩溃，导致很多人破产，荷兰政府不得不限制郁金香贸易（Thompson, 2007），但这并没有降低欧洲人对郁金香等园艺植物的兴趣，后来风信子、百合等也出现过类似的热潮（Garber, 1989）。

郁金香热期间兴起的杂色品种在欧洲持续流行了近两个世纪，其间只有两类非病毒感染园艺品种被保留下来，一类是那些花被片边缘白色或黄色的品种，因为它们与病毒感染的杂色品种类似；另一类是被称为“育种者”的老郁金香品种，因为它们会产生杂色品种。直到 19 世纪初，一些短花茎品种和新的“育种者”品种开始出现，并在 70 年代成为新的主流品种。19 世纪末，随着自然色调、花形品种成为时尚，新 Darwin 杂种才开始流行起来，同时受到关注的还有催花能力，因为早花是当时的顶级品种必须具备的条件，而早花品种是非常稀少的，于是育种家们开始选育不同花形、花色和花期的品种，欧洲人对花卉，尤其是球根花卉的热情一直延续下来。

国际植物研究联盟（Plant Research International, PRI）是一个与瓦赫宁根大学研究中心（Wageningen

T. 'Lefeber's Memory'

T. 'Pink Impression'

T. 'Come Back'

图 2-10 PRI 选育的部分郁金香品种

University Research Center, WUR）紧密合作的非营利研究机构，它们合作开展了郁金香的系统研究。PRI也是当今最大的郁金香收集、研究机构，从事郁金香研究已经40余年，培育了数百个郁金香品种。这也是一个开放的研究组织，从1974年开始，每年都把其育种项目获得的实生苗分发到荷兰各地的育种家手中。PRI发现，苗期发芽早、枯萎早的品种将来往往表现为早花或有利于催花，有利于杂交品种的早期选择。通过种间杂交，PRI培育了*T.* 'Beau Monde'、*T.* 'Come Back'、*T.* 'Explosion'、*T.* 'Lefeber's Memory'、*T.* 'Pink Impression'、*T.* 'Purple World' 和*T.* 'Spring' 等著名品种（图2-10）。

一般认为，荷兰现代郁金香主要来自*T. suaveolens*、*T. gesneriana*、*T. clusiana*、*T. greigii*、*T. fosteriana*、*T. kaufmanniana*以及它们之间的杂交，因此这些种类也是郁金香品种分类的主要依据（图2-11）。其中*T. suaveolens*可能是格斯纳曾首次描述的那个具有甜香味的园艺品种，也被称为香花郁金香，是单瓣及重瓣早花类型的主要亲本；*T. gesneriana*是最早来自土耳其、波斯或者中亚的园艺杂种，很可能是*T. suaveolens*、*T. armena*、*T. hungarica*、*T. agenensis*、*T. kaufmanniana*以及其他种类的杂交后代。Hall（1940）认为*T. gesneriana*更可能来自*T. armena*，而Rechinger（1990）认为它类似于*T. suaveolens*（Mordak, 1990）。早期的园艺种在欧洲野生归化非常普遍，其中*T. didieri*可能代表了*T.* × *gesneriana*较早的野生类型，但其直接的野生亲本也同样不清楚。很多之前的老园艺品种很难与现代的园艺杂种联系起来，因此林奈将它们统归于*T.* × *gesneriana*之下也为无奈之举；克氏郁金香（*T. clusiana*）是克鲁修斯收集的珍贵种类之一，在欧洲又叫玉女杯（the lady tulip），是欧洲现代杂交种的主要亲本之一，原产阿富汗、伊朗、伊拉克、巴基斯坦和喜马拉雅西部，自然归化于法国、西班牙、葡萄牙、意大利、突尼斯、希腊和土耳其；格里克郁金香（*T. greigii*）原产伊朗北部、哈萨克斯坦、吉尔吉斯斯坦、乌兹别克斯坦，特点是叶片具有深色条纹，是培育格里克型郁金香的主要亲本；福斯特郁金香（*T. fosteriana*）原产帕米尔山区、塔吉克斯坦、吉尔吉斯斯坦、乌兹别克斯坦到阿富汗一带，是培育福斯特型郁金香品种的主要亲本；考夫曼郁金香（*T. kaufmanniana*）原产哈萨克斯坦、吉尔吉斯斯

T. clusiana

T. didieri

T. greigii

T. kaufmanniana

T. sylvestris subsp. *australis*

T. patens

图2-11 荷兰现代郁金香的主要亲本

坦、塔吉克斯坦、乌兹别克斯坦，花型类似于睡莲，它是培育考夫曼型郁金香的主要亲本。后3种即*T. greigii*、*T. fosteriana*、*T. kaufmanniana*互交培育了大量杂交园艺品种，致使三个品种群之间界限不清。Darwin品种群（单瓣晚花品种群）和*T. fosteriana*杂交后代被称为Darwin杂种。

张金政、龙雅宜（2003）所著的《世界名花郁金香及其栽培技术》一书中还曾有垂花郁金香（*T. retroflexa*）和绿花郁金香（*T. viridiflora*）的记载，前者可能是尖花郁金香与郁金香的杂交后代，后者则是指那些带有绿色或者黄绿色花瓣的品种，因此它们应该都是园艺种而非野生种。

很多郁金香的种名来自已经归化的园艺品种，而人们对这种归化过程知之甚少，很难追溯其原始亲本。因此人们把这些非自然的郁金香种类称为"新郁金香"（neo-tulipae），以区别于植物学上的野生郁金香种类。

抗病育种：郁金香容易受到茎腐病（bulb rot）、火疫病（fire blight）和杂色病毒（breaking virus）的影响，这是郁金香的三种主要病害，其病原体分别为真菌*Fusarium oxysporum*、*Botrytis tulipae*和郁金香杂色病毒tulip breaking virus（TBV）。还有其他一些真菌（如*Pythium* sp.，*Rhizoctonia tuliparum/solani*）、病毒［如烟草坏死病毒tobacco necrosis virus（TNV）、烟草脆裂病毒tobacco rattle virus（TRV）］或螨虫、线虫（如Trichodoridae、*Pratylenchus penetrans*和*Ditylenchus dipsaci*等），都会导致郁金香病害（图2-12）。

抗茎腐病育种是WUR的范伊克和其合作者首先开始的（Van Eijk et al, 1983; Romanow et al, 1991）。他们设计了可靠的、适用于克隆苗和实生苗的早期选择试验：将球茎种植在感染了*Fusarium*菌的土壤中，统一标准化管理，收获后测试球茎的感染情况。结果发现，*T. gesneriana*系列均存在很好的抗性，除了*T.* 'Rose Copland'之外，苗期和成年期抗性一致，而且这种抗性是可遗传的，但呈非加性遗传效应。实生苗早期选择后需要再行克隆筛选，目的是去掉那些可能逃逸的植株。通过这种方法，证实*T.* 'Lucky Strike'，*T.* 'Black Parrot'和*T.* 'Aristo-crat'是高抗茎腐病品种。Tang等（2015）通过*T. gesneriana* 'Kees Nelis'和*T. fosteriana* 'Cantata'杂交得到125个植株构成的抗茎腐病分离群体，鉴定了6个抗茎腐病*QTLs*基因，将来有望借助这种高分辨率的连锁图谱和分子标记辅助选择（marker-assisted selection, MAS）技术，提高抗病育种的效率和效果。

采用类似的逆境筛选方法，Romanow等（Romanow et al, 1991; Straathof et al, 1997; Eikelboom et al, 1992）建立了抗杂色病毒早期选择试验，并从*T. gesneriana*中筛选出了抗杂色病毒的郁金香品种，如*T.* 'Cantata'、*T.* 'Princeps'等；并在*T. gesneriana*和*T. fosteriana*杂交选系中筛选出了高抗杂色病毒的基因型，不过它们都是三倍体，F1代不育。Straathof等（2002）则建立了郁金香火疫病的筛选体系，并发现*T. tarda*对*Botrytis tulipae*有极高的抗性，遗憾的是*T. tarta*和当时的主要亲本*T. gesneriana*杂交不亲和，只有部分*T. gesneriana*、*T. kaufmanniana*品种群的品种有一定程度的抗性。

种间杂交：*T. gesneriana*是郁金香杂交最早和最常见的亲本之一，用它做亲本和郁金香属的其他代表性种类都进行过杂交（Van Eijk et al, 1991; Van Raamsdonk et al, 1995）。结果发现，*T. gesneriana*

图2-12 郁金香感染茎腐病（左）、火疫病（中）和杂色病毒（右）的症状

和同亚组（Subsect. *Gesnerianae*）的种类基本都亲和，和Subsect. *Eichleres*组部分种类亲和，而和除*T. systole*（=*T. stapfii*, Van Raamsdonk et al, 1995）以外其他组或亚组的种大都不亲和。例如，*T. gesneriana*和*Tulipanum*组杂交从来没有产生真杂种；*T. gesneriana*、*T. kaufmanniana*、*T. fosteriana*和*T. agenensis*之间存在部分受精后障碍，只收获了少部分杂交种子（Van Raamsdonk et al, 1995; Van Creij et al, 1997）。

T. gesneriana×*T. fosteriana*是郁金香最常见、最多产的杂交组合之一，著名的Darwin杂种即来自*T. gesneriana*下的单瓣晚花品种群（旧Darwein品种群）和*F. fosteriana*的杂交后代。基因组原位杂交技术（genome *in situ* hybridization, GISH）（Marasek-Ciolakowska et al, 2012）证实，这是由于Darwin杂交群体尽管来自不同的基因组，但存在显著的双亲染色体重组，而且重组部分一般源于单一的交叉（crossover）事件，鲜有双交叉，类似于正常的二倍体植物的染色体重组行为。

突变体育种：郁金香生产上主要通过营养体繁殖，在栽培过程中发现并选择了大量的芽变品种，如花被片边缘颜色、花型（鹦鹉型、皱褶型和重瓣等）。芽变对其中重瓣早花品种的培育起到了非常重要的作用。例如，1860年Leembruggen选育的芽变品种*T.* 'Murillo' 种植面积达到了当时郁金香总种植面积的1/3左右（Doorenbo, 1954），当时统计的突变品种就多达60余个，其中最著名的应该是*T.* 'Peach Blossom'。不同品种突变几率不同，常见的突变多发生在*T.* 'Bartigon'，*T.* 'William Copland'，*T.* 'Murillo' 和*T.* 'Apeldoorn' 等品种上。

除了自然突变之外，育种家们也尝试了X射线等人工诱变（Van Harten et al, 1989）。20世纪70年代，PRI就选育了*T.* 'Preludium'、*T.* 'Lustige Witwe' 等诱变获得的郁金香品种（Straathof et al, 1997）。

倍性育种：大部分郁金香种类为二倍体，$2n = 2x = 24$），部分为三倍体，主要来自Darwin杂种，少数为四倍体，这些四倍体是通过N_2O诱导加倍的（Zeilinga et al, 1968），并可以通过互交来提高育性。此外，试管培养也可以诱导四倍体的产生（Eikelboom et al, 2001）。

相比较百合而言，花粉培养在郁金香上也许是一种很有潜力的技术（van den Bulk et al, 1997），已经得到了类胚结构。由于进一步的繁殖遇到困难，到目前还没有获得纯合的二倍体。

基因工程和标记辅助育种：Wilmink等（1992, 1995）尝试用基因枪（particle delivery system）技术转化beta-glucuronidase报告基因，发现郁金香花茎中CAMV35S、TR2' 启动子非常活跃，但试管再生和球茎形成非常困难，7年后只获得了一株开花的*Gus*基因阳性的抗磷化麦黄酮（phosphinothricin, PPT）植株。

由于郁金香幼年期较长，非常需要借助分子标记进行早期选择。研究发现，郁金香基因组12个连锁群上都存在AFLP标记，有几个标记还与TVB抗性有关（Van Heusden et al, 2002）。

目前，已经登记注册的郁金香品种已经有近6 000个，一些很古老的品种如Duc van Tol品种群一直保留下来，但更多的是新近培育的品种。郁金香已经成为荷兰文化的重要标志，荷兰也成为全球切花、观赏植物和球根花卉贸易的主要口岸，仅郁金香每年的贸易额就达到十亿欧元。荷兰以郁金香为主题的花事活动（如库肯霍夫公园的郁金香展）每年都会吸引大批游客到荷兰游览观光。

参考文献

劳费尔，1964. 中国伊朗编［M］. 林筠因，译. 北京：商务印书馆：147.

张金政，龙雅宜，2003. 世界名花郁金香及其栽培技术［M］. 北京：金盾出版社：15.

Baytop T, 1993. The tulip in Istanbul during the Ottoman period［C］// Roding M, Theunissen H. The tulip: A symbol of two nations. Utrecht: M. Th. Houtsma Stichting: 50-56.

Bermejo E H, Sanchez E G, 2009. Tulips: An ornamental crop in the Andalusian Middle Ages [J]. Economic Botany, 63 (1) : 60–66.

Blunt W, 1950. Tulipomania [M]. Harmondsworth: Penguin Books.

Botschantzeva Z P, Varekamp H Q, 1982. Tulips: Taxonomy, morphology, cytology, phytogeography, and physiology [M]. Rotterdam: Balkema.

Christenhusz M J M, Goavers R, Darid J C, et al, 2013. Tiptoe through the tulips–cultural history, molecular phylogenetics and classification of *Tulipa* (Liliaceae) [J]. Botanical Journal of the Linnean Society, 172(3) : 280–328.

Clusius C, 1601. Rariorum plantarum historia, quae accesserint, proxima pagina docebit [M]. Antwerp: C. Plantin.

Cos P, 1637. Verzameling van een meenigte tulipaanen, naar het leven geteekend met hunne naamen, en swaarte der bollen, zoo als die publicq verkogt zijn [M]. Haarlem.

Doorenbo J, 1954. Notes on the history of bulb breeding in the Netherlands [J]. Netherlands Jouranl of Plant Breeding, 3 (1) : 1–80.

Eikelboom W, Straathof T P, van Tuyl J M, 2001. Tetraploide "Christmas marvel" methoden om tetraploide tulpen te verkrijgen [J]. Bloembollencultuur, 112(12) : 22–23.

Eikelboom W, van Eijk J P, et al, 1992. Resistance to tulip breaking virus (TBV) in tulip [J]. Acta Horticulturae., 325: 631–636.

Garber P M, 1989. Tulipmania [J]. Journal of Political Economy, 97: 535–560.

Gesner C, 1561. De hortus germaniae liber recens, unacum descriptione Tulipae Turcanum, Chamaecerasi montani, Chamaemespili, Chamaenerii & Conizoidis [M]. Zurich: Valete.

Goldgar A, 2007. Tulipmania: Money, honor, and knowledge in the Dutch Golden Age [M]. Chicago: University of Chicago Press.

Hall A D, 1940. The genus *Tulipa* [M]. London: Royal Horticultural Society.

King M, 2005. Gardening with Tulips [M]. Portland: Timber Press.

Marasek-Ciolakowska A, He H, Bijman P, et al, 2012. Assessment of intergenomic recombination through GISH analysis of F1, BC1 and BC2 progenies of *Tulipa gesneriana* and *T. fosteriana* [J]. Plant System., 298: 887–899.

Mordak E W, 1990. What are *Tulipa schrenkii* Regel et *T. heteropetala* Ledeb. (Liliaceae)? [J].Novosti Sistematiki Vysshikh Rastenij (Novitates Systematicae Plantarum Vascularum), 27: 27–32.

Pavord A, 1999. The tulip [M]. London: Bloomsbury.

Rechinger K H, 1990. Liliaceae Ⅱ. Flora Iranica: Flora des Iranischen Hochlandes und der umrahmenden Gebirge: Persien, Afghanistan, Teile von West–Pakistan, Nord–Iraq, Azerbaidjan, Turkmenistan 165 [M]. Graz: Akademische Druk und Verlagsanstalt.

Roding M, Theunissen H, 1993. The tulip: A symbol of two nations [M]. Utrecht: M. Th. Houtsma Stichting.

Romanow L R, van Eijk J P, Eikelboom W, 1991. Determining levels of resistance to tulip breaking virus (TBV) in tulip (*Tulipa* L.) cultivars [J]. Euphytica, 51 (3) : 273–280.

Segal S, 1993. Tulips portrayed: the tulip trade in Holland in the 17th century [C] // Roding M, Theunissen H. The tulip: A symbol of two nations. Utrecht: M. Th, Houtsma Stichting: 9–24.

Straathof T P, Eikelboom W, van Tuyl J M, et al, 1997. Screening for TBV–resistance in seedling populations of *Tulipa* L [J]. Acta Horticulturae, 432: 391–395.

Straathof T P, Mes J J, Eikelboom W, et al, 2002. A greenhouse screening assay for *Botrytis tulipae* resistance in tulips [J]. Acta Horticulturae, 570, 415–421.

Tang N, van der Lee T, Shahin A, et al, 2015. Genetic

mapping of resistance to *Fusarium oxysporum* f. sp. *tulipae* in tulip [J]. Molecular. Breeding, 35: 122–139.

Thompson E, 2007. The tulipmania: Fact or artifact? [J]. Public Choice. 130: 99–114.

Van Creij M G M, Kerckhoffs D M F J, Van Tuyl J M, 1997. Interspecific crosses in the genus *Tulipa* L: identification of Pre-fertilization barriers [J]. Sexual Plant Reproduction, 10 (2): 116–123.

Van der Goes A, 2004. Tulpomanie: die Tulpe in der Kunst des 16. und 17. Jahrhunderts [M]. Zwolle: Uitgeverij Waanders.

Van Den Bulk R W, van Tuyl J M, 1997. In vitro induction of haploid plants from the gametophyes of lily and tulip [M] // Jain S M, Sopory S K, Veilleux R E. In vitor haploid production in higher plants. Current plant science and biotech nology in agriculture, Vol. 29. Dordrecht: Springer.

Van Eijk J P, Garretsen F, Eikelboom W, 1983. Breeding for resistance to *Fusarium oxysporum* f. sp. *tulipae* in tulip (*Tulipa* L.). 2. Phenotypic and genotypic evaluation of cultivars [J]. Euphytica, 28 (1): 67–71.

Van Eijk J P, Van Raamsdonk L W D, Eikelboom W, et al, 1991. Interspecific crosses between *Tulipa gesneriana* cultivars and wild *Tulipa* species: a survey [J]. Sexual plant Reproduction., 4 (1): 1–5.

Van Heusden A W, Jongerius M C, van Tuyl J M, et al, 2002. Molecular assisted breeding for disease resistance in lily [J]. Acta Horticulturae, 572: 131–138.

Van Raamsdonk L W D, de Vries T, 1995. Species relationships and taxonomy in *Tulipa* subg. *Tulipa* (Liliaceae)[J]. Plant Systematics and Evolution, 195 (1–2): 13–44.

Van Tuyl J M, Bino R J, Custers J B M, 1990. Application in vitro pollination, ovary culture and embryo rescue in breeding of Lilium, Tulipa and Nerine[C]// Proceedings of the Eucarpia symposium. Wageningen: Eucarpia: 86–97.

Van Tuyl J M, van Diën M P, van Creij M G M, et al, 1991. Application of *in vitro* pollination, ovary culture, ovule culture and embryo rescue for overcoming incongruity barriers in interspecific *Lilium* crosses [J]. Plant Science, 74 (1): 115–126.

Wilmink A, van der Ven B C E, Custers J B M et al, 1995. Genetic transformation in *Tulipa* species (tulips)[C] // Bajaj Y P S. Biotechnology in agric ulture and forestry Vol. 34, Plant protoplasts and genetic engineering VI. Berlin: Springer: 289–298.

Wilmink A, van de Ven B C E, Dons J J M, 1992. Expression of the GUS–gene in the monocot tulip after introduction by particle bombardment and *Agrobacterium* [J]. Plant Cell Reports, 11 (2): 76–80.

Zeilinga A E, Schouten H P, 1968. Polyploidy in garden tulips. I: a survey of tulip varieties for polyploids [J]. Euphytica, 17 (2): 252–264.

美国国家植物园雨水花园（摄影　郗厚诚）

第3章　植物园的植物学研究和科普教育

活植物收集、植物学研究和科普教育是植物园的基本任务，而且它们应该是相辅相成的，后者以前者为基础，它们又都以活植物收集和相关收藏为基础。针对一个特定的植物园而言，这些基本任务又并非总是同等重要和同时存在的，相较于活植物收集、科普教育和展示一直比较稳定，近年来还愈发受到重视的地位，植物园的科学研究则不尽然。一方面它被认为是综合性植物园所必需的，是活植物收集的目的和植物园科普教育、景观建设的基础，不仅为植物园本身，也为其他植物学研究机构提供了研究材料和必要的基础数据，因此被认为是植物园最重要的功能。而另一方面，在整个植物学领域，与时代的需求相比，植物园的相关研究又被认为是非主流的，因而常被忽视。无论从全社会还是从植物园自身来看，植物园活植物收集的研究价值也远未被充分挖掘，这种尴尬的地位对植物园未来的发展，尤其是在科学研究上的作用和地位必将产生深远的影响。

3.1 植物园与植物学研究

植物园是为了认识和利用植物而产生，正是由于植物学研究在现代植物园发展过程中的传统地位，许多植物园都把科学研究作为最重要的功能之一。1842年组建的英国邱皇家植物园也建立了综合性植物园集科学研究、物种收集、园艺展示和科普教育于一体的经典模式（Raven, 2006）。Steere（1969）甚至指出："除非开展某类或者一定程度的科研活动，否则没有哪个机构有权称自己为植物园。"但实际情况并非如此，据统计（Crane et al, 2009），全球2 500家主要植物园中，一半以上建立于1950年以后，其中只有40%将研究列为其工作内容（Watson et al, 1993），而且大部分为大学植物园（74%），非大学植物园中只有27%开展相关研究活动（Sacchi, 1991）。

贺善安先生（2005）概括了当代植物园科学研究工作的3个特点：① 植物园是深化认识植物的场所；② 植物园科研工作有较强的综合性、边缘性和长期性；③ 植物园最主要贡献是保护植物物种和发掘植物资源。曾先后担任英国邱皇家植物园主任的Crane、Hopper教授和曾长期担任密苏里植物园主任的Raven教授以及纽约植物园（New York Botanical Garden）的丹尼斯·史蒂文森（Dennis W. Stevenson）教授等在他们共同发表的一篇关于植物园植物学研究的报告（Crane et al, 2009）中指出："从今天植物科学的主流来看，植物园的研究工作常常是被忽略的，用传统的标准来衡量，很少有来自植物园的科学家能够跻身植物科学领军人物的行列，他们的工作与当今社会矛盾和学科前沿相比，常常是边缘化的。”一定程度上，这是由植物园植物学研究的对象——新经济植物或植物新功用等的新颖性和在当时的非大宗性所决定的，即植物园对新经济植物及其新功用的发掘、研究基本上是从头开始，而后的推广并为大众所接受往往需要很长的时间，即使进行了成功的推广，这些特色和特殊用途的经济植物或其新功用也很难成为大宗或主流，因此这些研究工作也多具有边缘性。而一旦有部分植物园发起的研究或挖掘的新植物或新功能成为主流或热点，也就同时成为社会公共资源，成为植物学界以及农林、园艺、医药、轻工等植物相关产业的共同研究领域；另一方面，植物园开展的植物学研究的特色和行业属性不明显，也使得其科学研究在获得资助方面相较于高校、农业科研机构等居于劣势，因而也往往被边缘化。但也要看到，整体而言，植物园虽然不再是植物学研究的主要阵地，但植物园的某些研究工作又是不可或缺和不可替代的。这种不可替代性更多地建立在其丰富的资源收集和信息积累基础之上，是介于基础和应用之间的研究，植物园开展的植物新资源、新功能的发掘往往具有开创性和引导性。从世界著名植物园的使命和优先研究领域上看，这些特点也反映了植物园准公共产品的属性，然而活植物收集在这方面的作用远未得到发挥（Raven, 1981; Dosmann, 2006）。实际上，植物园的科研工作既有共性特征，也具有强烈的个性特征和鲜明的时代特点。

3.1.1 植物园植物学研究的时代特点

植物园植物学研究的时代特点是和经济、学科的发展水平、社会发展需求以及生态环境的变化等紧密联系在一起的，大体上可以划分为以下 3 个阶段，这 3 个阶段和植物园的发展历程也紧密关联。

（1）16 世纪中期—18 世纪

认识和了解自然，尤其是其中的植物是这一时期植物园的主要研究内容，因此本草学、植物分类学、植物引种驯化是这个时期植物园的主要研究方向。活植物收集和研究的类群则以药用植物为主（Minelli, 1995），研究内容大都从药用植物分类和本草学开始的，因此早期的植物学与本草学几乎是同义语。如格斯纳最早就是在他伯父的药草园里有了对药草的认识，萌生了对于植物学的兴趣，之后学医、从医，在此基础上开始了对动植物的研究。为了纪念他对于生物学的贡献，有很多物种都是用他的名字命名的，最著名的是苦苣苔科（Gesneriaceae）、苦苣苔属（*Gesneria*）和郁金香（*Tulipa gesneriana*）等。欧洲最著名的本草学家和本草学著作是哲拉德（John Gerard, 1545—1612）于 1597 年发表的《本草》(*Herball*)，按形态、经济用途和生长方式分类。哲拉德在伦敦有一个很大的药草园，大部分《本草》中描述的种类译自蓝伯特・多东斯（Rembert Dodoens, 1517—1585）的同名著作（1554），增加了其药草园收集保存的种类。我国明代李时珍（1518—1593）的《本草纲目》也成书于这个时期。1656 年波兰人卜弥格（Michael Boym, 1612—1659）在维也纳出版了《中国植物志》(*Flora Sinensis*)，被认为译自《本草纲目》。

植物园活植物和标本的收集为分类和系统学研究提供了非常丰富的研究材料，植物分类和系统学也是这个时期主要的研究方向之一。林奈（Carl Linnaeus, 1707—1778）分类学上划时代的著作《植物种志》(*Species Plantarum*, 1753）就是在这个时期发表的，代表了近代植物分类学的开端。自 1741 年起至 1778 年去世，林奈一直就职于瑞典乌普萨拉大学植物园（Uppsala Botanical Garden），任教授、主任，并根据其分类系统对植物园的布局进行了重新调整。只是受时代的限制，包括《植物种志》在内，这个时期的植物分类还是人为分类为主，存在着较大的主观性。

（2）18 世纪—20 世纪中期

这 200 余年是欧洲工业革命快速发展、帝国殖民地植物园迅速扩张的时期。工业化对植物资源的需求促进了西方国家对世界生物资源广泛的调查、研究、认识和利用，植物园成为欧美工业化国家向世界攫取植物资源的有效工具和主要的植物资源保存场所，如曾为英国殖民地的加勒比岛国圣文森特和格林纳丁斯的圣文森特植物园的面包树、曾为法国殖民地的毛里求斯庞普勒穆斯植物园的木薯和印度植物园的茶叶等在解决殖民地粮食供给和平衡国际贸易上所发挥的重要作用等。当时的邱园主任Hooker J. D.（1817—1911）在评价印度植物园的作用时曾说："从中国成功引进茶叶是其最大的胜利……在喜马拉雅和阿萨姆建立茶叶贸易几乎是加尔各答和萨哈普兰（Saharanpur）植物园（印度植物园的前身）负责人的全部工作（Hooker, 1854）。金鸡纳属（*Cinchona*）和三叶橡胶树（*Hevea brasilensis*）的引种和开发利用是最为经典的两个案例。

金鸡纳树原产南美洲安第斯山脉的热带雨林，是秘鲁的国树（图3-1）。传说当年秘鲁总督的妻子Chinchón女伯爵患疟疾，当地人就劝她到周围长满金鸡纳树的林间池塘去沐浴，几天下来，就痊愈了。1742年林奈就用女伯爵的名字命名金鸡纳属。据说热带猿猴患上疟疾会嚼食金鸡纳树皮，而生活在秘鲁、玻利维亚和厄瓜多尔一带的土著盖丘亚族也很早就发现了其功效，常栽培，作为肌肉松弛剂以缓解体温中枢过度兴奋和疟疾引起的颤抖（俗称"打摆子"）。1632年，西班牙牧师Bernabé Cobo（1582—1657）将金鸡纳树皮带回欧洲，成为治疗疟疾的秘药，为纪念他的贡献，西班牙植物学家Cavanilles将电灯花属（*Cobaea*）用他的名字命名。到19世纪时，金鸡纳树皮在英国、西班牙已被确认为治疗疟疾的特效药。但问题接踵而至，先是由于贩卖金鸡纳树皮获利丰厚，导致假货泛滥，其次是剥皮导致野生金鸡纳树大量死亡，且19世纪后期，殖民地国家纷纷独立，秘鲁等原产国将该树种列入禁止出口之列，树皮供应难以为继。1860年，英国皇家地理学会的Clements Markham在邱园的帮助下，将走私的黄金鸡纳（*C. calisaya*）种子、植株引种到当时是英国殖民地的印度、斯里兰卡的植物园。同一时期在南美从事羊驼饲养和经营的英国人Charles Ledger由于走私羊驼到澳大利亚被罚，在澳洲驯化羊驼的尝试也告失败，于是转而走私金鸡纳产品，他发现了一种更有效的金鸡纳树，并在印度、斯里兰卡等地大面积推广。到1883年，斯里兰卡金鸡纳树种植面积已达64 000英亩（约合25 900 hm^2），最高峰的1886年，年出口量达到1 500万磅（约合6 800吨）。为纪念Charles Ledger的贡献，这种金鸡纳树后来就以他的名字命名为*C. ledgeriana*。

1820年，法国化学家皮埃尔·佩尔蒂埃（Pierre Pelletier）与约瑟夫·卡文图（Joseph Caventou）从金鸡纳树中分离出有效成分奎宁和金鸡宁（cinchonine）两种活性生物碱，此后的30年里奎宁一直是治疗疟疾的有效、廉价而重要的药物。邱园收藏了1 000余件这个时期金鸡纳树皮、根、种子等，很好地反映了这段历史。这些工作使得将奎宁碱浓度、植物种类以及商品名之间联系起来成为可能，从而有利于实现药物生产上的质量控制，并催生了"奎宁学家"（quinologist）——他们能同时处理奎宁树植物学和化学两方面的数据，其中最著名的是Howards and Sons公司的John Eliot Howard（1807—1883），在邱园有关金鸡纳的标本中，他贡献的占到一半以上。

图3-1 金鸡纳树（左）和树皮（右）

20世纪早期，天然奎宁被证明对某些病人无效，有些还有副作用，尤其是在第二次世界大战期间，日本占领爪哇（当时是荷兰殖民地，金鸡纳树的主要种植区之一）后，奎宁原料输往欧洲和北美的通道被切断，刺激了合成奎宁（如atrabine、chloroquinine）的研究。1944年，哈佛大学科学家罗伯特·伍德沃德（Robert Woodward）与威廉·德林（William Doering）

首次成功合成奎宁。这些化学、药物学和病理学的发现，使天然的金鸡纳发展成为治疗疟疾的现代医药。

橡胶树在亚洲的推广有着类似的过程，这是一种起初只分布于亚马孙热带雨林，土著奥尔梅克人（Olmec）、玛雅人（Maya）和阿芝特克人（Aztec）已经利用了近4 000年的经济植物，主要用于制作中美洲蹴球（Mesoamerican ball）、防水布料和鞋。1839年，美国化学家Charles Goodyear发明的硫化技术使之成为一种重要的工业原料植物。1873年，邱园经过努力繁殖了12棵幼苗，但送到印度栽培时无一存活。1875年，英国探险家Henry Wickham又走私了7万粒种子，邱园利用这批种子又繁殖了2 800棵左右的幼苗，其中2 000棵种在了斯里兰卡，22棵种在了新加坡国立植物园。新加坡国立植物园主任里德利（Hendry Nicholas Ridley, 1846—1928）1897年发明了连续割胶法，1898年，马来亚建立了第一个橡胶种植园，后来南亚和东南亚地区逐渐发展成为橡胶的主产地（图3-2）。今天，全球年产生胶500万吨，提供了数以万计的就业岗位。

图3-2 橡胶树割胶

殖民者对植物资源的掠夺和殖民地植物园的发展客观上也带动了生物地理、植物系统分类、植物化学、植物遗传育种学等相关学科的发展。18世纪，随着命名法和分类系统的创立，以普及系统学知识为主要目的的"系统圃"开始出现，如19世纪中叶开始建设的英国剑桥大学植物园和皇家植物园邱园的系统圃等。再如，达尔文（Darwin C. R., 1809—1882）就是在参加英国海军"小猎犬号"舰的环球科学考察过程中形成了生物进化的概念，并于1859年出版了《物种起源》。另一个典型的例子是德国植物学家阿道夫·恩格勒（Adolf Engler, 1844—1930）。恩格勒曾任德国慕尼黑植物园（Munich Botanischer Garten）植物收集部主任（1871—1878年）、德国布雷斯劳大学植物园［Universität Breslau Botanic Garten，现波兰弗罗茨瓦夫大学植物园（Wroclaw University Botanical Garden）］主任（1884—1889年）和柏林大莱植物园（Berlin-Dahlem Botanischer Garten）主任（1889—1921年）。正是在这些植物园里对活植物收集进行了长期的同园比较研究，恩格勒建立了第一个较完整的自然分类系统。至今柏林大莱植物园仍保存着恩格勒的分类学研究专类植物园，也是国际著名植物专类园之一。显然，恩格勒系统的诞生是以植物园的活植物收集为基础的，或者说是植物园"栽培出的分类系统"（黄宏文 等，2015）。

进入20世纪以后，西方植物园使命中的研究功能逐渐减弱，农作物、经济植物和林木等的科学研究逐渐转移至专业研究机构，展示和公众教育功能则渐趋增强，只有植物学、园艺学、民族植物学等传统学科和近年来兴起的保护生物学等少数方向还具有一定优势（许再富，1998；Colburn, 2012；黄宏文 等，2015）。但是，值得注意的是，在全球政治、文化和经济多元化的趋势下，植物园发展方向和内容也趋于多元化。由于国情不同、经济发展阶段不同、生物多样性丰富程度不同，发达国家和发展中国家植物园在发展方向和内容上出现了明显的分化。植物园发展的方向和道路不再仅仅是西方大型植物园的主场，在当前和未来相当长的时间内，发展中国家植物园需要承担起在所在地区和国家发展经济、改善民生和建设生态文明过程中提供和保护好战略性植物资源的责任。因此，经济植物引种驯化等传统研究仍不可松懈，与此相关的植物分类与系统演化作为独立学科虽然处于不断衰弱中，但作为植物学研究的有效工具却是不可或缺的，其仍然是植物园最具有生命力的研究方向之一，这从馆藏标本的利用率要远高于活植物（Raven 2006）上就可以得出来。

（3）20世纪中期—现在

伴随工业化带来的环境问题，野生植被的破坏导致了当今1/5的碳排放，远超过汽车尾气的贡献（Crane et al, 2009）。全球变化和生物多样性的快速丧失已经迫使人们认识到生物多样性之于人类的巨大价值和可持续利用的重要性，认识到过去的经济发展模式已经难以为继，只有减缓生物多样性丧失的速度，恢复生物多样性，修复生态系统等才有可能提供一个更具活力、更可持续的解决方案。在这种情况下，联合国环境规划署（United Nations Environment Programme, UNEP）首先提出了环境和生物多样性保护的议题，并在1992年通过了《生物多样性公约》(CBD)。CBD的签署在生物多样性保护及其可持续利用、遗传资源的惠益分享等方面具有里程碑般的意义。

1999年，国际植物学大会决议倡议制定植物多样性的全球保护战略，相应的专家组在2000年4月公布的《大加那利岛宣言》中一致决定在CBD框架内紧急制定《全球植物保护战略》(*Global Strategy for Plant Conservation*, GSPC)，并最终于2002年在CBD第六次缔约方会议上，被187个缔约方一致通过，标志着生物多样性保护目标首次被国际社会所采纳。来自植物园的科学家、BGCI等国际组织积极参与了这一过程，并在战略的执行、跟踪和修订等方面发挥了重要作用（Secretariat of the CBD, 2009）。

在这样的历史背景下，植物园植物学研究除了传统的植物分类编目、野生植物的引种驯化以外，CBD，尤其是GSPC中制定的一些目标已成为植物园植物学研究的导向和主要内容。例如，纽约植物园发起的旨在明确乔木条形码的“Tree-BOL”项目、邱园的“千年种子库”项目等，都是应对全球变化可持续发展战略的一部分。这些保护项目也促进了相关基础学科的发展，如发现烟雾中的某些物质有利于促进种子萌发，就是利用种子库的一个很好的例子（Jefferson et al, 2008; Donaldson, 2009）。在国家林业局、中国科学院和环境保护部的组织下，中国的主要植物园和大学等机构共同起草了《中国植物保护战略》(CSPC)，作为GSPC的中国国家战略，旨在通过植物园和有关单位之间的合作推动中国生物多样性和植物资源保护工作的开展，并将利用全球植物园网络中的专业和技术以支持中国对植物多样性的保护。

GSPC提出了要在2020年达到的5个目的和16个具体目标（表3-1）。其中5个目的如下：

- 理解、记录和认识植物多样性；
- 立即和有效地保护植物多样性；
- 以可持续、平等的方式利用植物多样性；
- 开展关于植物多样性的公众教育，促进其加深对在可持续民生和地球生命重要性等的认识；
- 发展必要的执行战略的能力和公众参与。

根据执行过程遇到的一些问题，2010年10月，GSPC的具体目标被重新修订，修订内容也为CBD缔约方所采纳，这些战略目标也因此成为植物园植物多样性保护与研究的重要组成部分。

表3-1　GSPC2002—2010和GSPC2011—2020目标及比较

序号	2002—2010	2011—2020	评述
1	为编制完整的世界植物编目，首先编制一个已知植物的名录	编制一个世界已知植物的在线编目	原目标已基本实现。修订内容反映了朝着既定的世界植物编目目标更进一步
2	在国家、区域和国际水平上对已知植物的保护状况进行初步的评估	对所有已知植物的保护状况进行尽可能的评估，以指导保护行动	深入复审和《植物保护报告》认识到在国家、区域水平上取得积极成果的同时，全球水平上进展有限。认识到任何相关评估都能够支持行动计划的开展，新目标不再要求所有水平上的评估。增加“指导保护行动”强调与行动计划的连接，并建议像《GSPC技术原理》那样确定优先目标是合适的
3	在研究和实践经验的基础上，开发一种模式用于植物保护和可持续利用框架	发展和分享执行战略必要的信息、研究以及相关的结果、方法	这被认为是一种技术理论上的交叉目标，但原目标被认为不明了。修订在保持原意的基础上使目标更加清晰，并强调了信息分享的必要性

续 表

序号	2002—2010	2011—2020	评述
4	至少 10% 的生态区域得到有效保护	至少 15% 的生态区域或植被类型通过有效管理或修复变得安全	咨询确定这个目标需要改变，尽管鉴定哪些改变最好是困难的，现有的修订是对原目标的补充，强化了修复的需求
5	50% 植物多样性明确的重要区域得到保护	至少 75% 的植物及其遗传多样性保护生态区域得到保护及有效管理	通过提升保护比例，更进一步接近既定目标。"有效管理"与《保护区工作纲领》的要求相一致
6	至少 30% 生产用地按照植物多样性保护的要求进行管理	至少 75% 的生产用地持续地按照植物多样性保护要求进行管理	提升保护比例的目的在于保障生产的完全可持续性。技术理论阐明这样可以改善农业生产实践负面的外部性
7	世界上 60 % 受威胁植物种类得到就地保护	至少 75% 已知受威胁植物种类得到就地保护	增加比例的目的在于尽可能快地使全部种类得到就地保护
8	60% 受威胁植物种类得到迁地保护，尤其在产地国，其中 10% 用于恢复和修复项目	至少 75% 受威胁植物种类得到迁地保护，尤其在产地国，其中 20% 可以用于修复和恢复项目	增加比例是由于气候变化使迁地保护变得更为急迫。后面的修订表明战略的目的不在于制定强制性的回归引种比例，而在于表明迁地保护可以支持就地恢复和修复
9	70% 作物和其他重要的、有社会经济价值植物的遗传多样性得到保护，相关乡土和本地知识得到保持	70% 作物和其他有社会经济价值植物的遗传多样性得到保护，尊重、保护和保持相关的乡土和本地知识	去掉"重要"显示了 2020 战略更大的追求，这对于确保将当地的重点种类包括进来是必要的，尤其对特殊社区和保持传统知识而言
10	一个至少 100 个威胁到植物、植物种群和相关生境、生态系统的外来种的管理计划	一个防止新的生物入侵和对已经被入侵的生物多样性重要区域的有效管理的计划	在所有的咨询和复审中都认为需要改变的目标。修订后的目标意在促进国家层级的履行。着重于关键区域预防和管理措施的整合
11	没有野生种受到国际贸易的威胁	没有野生种受到国际贸易的威胁	没有改变
12	30% 基于植物的制品源于可持续管理的资源	所有野外收获的植物产品的资源得到可持续的管理	原目标没有好的进展，鉴于可持续农业已包括在目标 6 中，复审建议集中在野生来源的植物制品上，以尽快取得进展
13	防止支持着可持续民生、当地食品安全和健康的植物资源以及相关乡土和本地知识、创新和实践的减少	与植物资源有关的乡土和当地文化、创新和实践活动得到保持或增长以支持传统利用、可持续的民生、当地食品安全以及健康关怀等	原目标需要更清晰的表述。认识到战略中的其他目标涵盖了防止植物资源减少，侧重通过防止传统知识的减少来支持民生
14	植物多样性及其保护的重要性要贯彻于通讯、教育和公共意识项目之中	植物多样性及其保护的重要性要贯彻于通信、教育和公共意识项目之中	无变化
15	按照完成国家战略目标需要，增加在植物保护过程中配备适当设备、设施的受训工作人员的数量	按照完成国家战略目标需要，具备足够数量的配备适当设施、设备的受训人员	修订目标为数量足够而非仅仅增加数量
16	建立或加强国家、区域和国际水平的植物保护活动网络	建立或加强国家、区域和国际水平上完成战略目标的植物保护机构、网络和伙伴关系	新目标明确伙伴关系和网络的建立意在获得战略目标

引自 Comparison of GSPC 2002—2010 with updated GSPC 2011—2020 [EB/OL]. [2017-7-22]. http://BGCI.org.

尽管植物园在不同阶段的研究有所侧重，但与其使命相对应的一些研究一直是相对稳定的，这从上述植物园植物学研究的时代特点就可以看出来。植物园曾经在植物分类、系统学和园艺学等方面居于领导地位（Donaldson, 2009），在新资源植物，如药用植物、果树、花卉引种驯化等方面发挥了重要作用。归纳起来，植物园的植物学研究一般都包括以下方向：

- 植物分类和系统演化

认识、保护和利用植物，传播植物学知识是植物园的主要使命，因此植物分类就成为植物园最基本的研究内容和工作手段，而且还将继续下去。这是因为，尽管人类对植物界的认识已经取得长足的进步，但仍有很多空白，还需要继续开展这方面的研究。其次，如果说早期植物分类和系统演化研究侧重于学科本身的话，现阶段及今后植物园的分类和系统学研究则更多地被作为手段用于相关学科的研究，尤其是保护生物学、遗传多样性研究等；最后，在植物分类的方法、技术上也趋于综合，除经典分类以外，还包括化学、基因、基因组学以及表观遗传学和表观基因组学等方法的运用。

- 植物区系地理

植物区系地理学是研究世界或某一地区所有植物种类的组成、现代和过去的分布以及它们的起源和演化历史的科学（王荷生，1992）。植物区系地理理论对地区性成分的关注和植物迁地保护的目标是一致的，因此它的一些理论和研究成果也是植物迁地保护必须借鉴的（许再富，1998）。对目标地区植物区系成分、分布和起源、演化历史的研究和分析有利于引种目标、迁地保护生境和回归引种地点的选择，生物多样性保护及其在农业等相关行业的开发利用（武素功，2008）对于植物园迁地保护网络的组建等也有重要的指导意义。

- 植物引种和驯化

这是植物园最基本，也最重要的研究任务之一，而且必将长期坚持下去。这首先是因为，正如前面已经提到的，我们对植物界的认识还不充分，还有很多有价值的资源需要去挖掘、引种、驯化，进而为人类服务；其次，人类对植物的需求也在发生变化，需要去了解已有植物新的功用；第三，也是目前最重要的，引种是植物迁地保护必需的一项技术，是植物园植物多样性保护的基本手段之一。

植物园建立初期的引种是为了驯化和利用，但随着生物多样性保护日益为人们所重视，引种的目的也逐渐分化，可以划分为一般性引种、资源性引种和保护性引种等。虽然有时后者可以服务于前者，这三类引种的目的、取样技术和评价指标不完全一样甚至存在很大差别，其中资源性引种主要服务于驯化和遗传改良，因此更强调性状的特异性和经济可用性；保护性引种是在生物多样性保护被提上日程之后才引起重视的，强调种群的遗传代表性；而一般性引种主要用来展示，并起到一般性的资源和保护性引种的作用。从世界范围看，植物园资源性、保护性收集的不足引起了人们对植物园保护意义的怀疑。此外，不同的引种目的也导致不同的引种结果，例如种质资源库和基因库，虽然它们有相通之处，有时被混为一谈，但实际上是不同的，前者重在应用，后者则更强调保护。

- 植物生物学

以植物为对象的生物学研究曾经是植物园的主要研究内容，是植物园科学性的体现，尤其是在植物园诞生初期。现在这些基础性很强的研究主要由高校等来进行，植物园目前还在开展的植物生物学研究主要服务于其他研究，如与环境变化（Graham, 2017）、植物地理分布（He, 2017）以及繁育系统和植物遗传改良（Menz et al, 2011; James et al, 2011; Khew et al, 2011; Oyama et al, 2011）等有关的生物性状研究等。

- 园艺学和园艺技术

植物园的园艺学不同于我国农业院校的园艺学，也有别于林业院校的风景园林，而更类似于园艺学和园林学的综合体，既包括了植物遗传改良和栽培、繁育技术研究，也包括它们在园区植物景观营造中的应用。而且由于植物园植物学研究涉及的对象众多，这里的园艺学涵盖范围也更加广泛，但主要是指观赏植物、药用植物和经济林果的种质创新、遗传改良、栽培管理以及景观应用等，因此被称为植物园艺学或园艺植物学也许更合适，当然这两者之间也是各有侧重的。除了专门的研究之外，相对于园艺学，园艺技术在植物园显得更加重要和必需，而且是与时俱进的，除了选择、杂交、嫁接、扦插、修剪等一般传统园艺技术，还包括了现代的组织培养、细胞工程、基因工程、分子标记辅助选择技术等，基因组、蛋白质组以及转录组学的知识和技术也不断地融合进来，丰富了植物园艺学的技术手段。此外，园艺器械、资材等也在不断地发展和丰富，提高了现代园艺学的针对性和效率。

● 植物化学和天然产物化学

植物化学和天然产物化学是传统的药用植物以及工业原料等经济植物研究方法、技术不断进步、发展的结果，只是它们不仅限于药用植物的研究，也为植物分类和系统演化、植物保护、植物逆境生理等相关研究提供技术和方法。在植物园的植物学研究中之所以重天然产物化学而轻合成化学，是基于植物园丰富的植物资源收集和保存以及对区域性植物资源熟悉的优势，是植物园服务于相关产业发展的一个重要方面。如中国科学院昆明植物研究所（昆明植物园）对唇形科香茶菜属（*Rabdosia*）对映－贝壳杉烷二萜类化合物（如毛萼乙素，冬凌草甲素等）的研究、江苏省中国科学院植物研究所（南京中山植物园）对石蒜属（*Lycoris*）加兰他敏的研究等。尽管合成化学的发展对这一研究领域有一定的冲击，但天然产物化学在新物质、新结构、新功能等方面的先导性作用仍然是不可替代的。在植物生物化学、生理学等基础上发展起来的代谢组学等则不断地完善着天然产物化学的研究手段。

● 民族植物学

世界上各民族在利用植物的漫长历史长河中，形成了各自独特的文化和丰富的传统知识。这些传统知识大多是经过实践检验的经验总结，是寻找新药物、新食品和新工业原料等的巨大宝库，可以利用现代技术进一步挖掘、利用和发扬光大；其次，这些传统知识大都蕴含着人类与自然和谐共生的理念，有利于促进植物资源的可持续利用；最后，这些传统知识也是各民族宝贵的文化遗产。但是，由于很多传统知识是口口相传，缺乏明确的文字记载，良莠不齐，且极易丢失，因此亟需加以研究、整理。植物园在植物资源保护、开发和利用上的独特地位以及植物园博物馆化的发展方向，决定了民族植物学必然成为植物园的主要研究方向之一。

正如前面已经提到的那样，人类利用植物的早期历史大都和药用植物有关，因此传统的药物知识也成为今天民族植物学研究的主要内容。但实际上应该不限于此，民族植物学一方面要大力开展以药用植物为主、涵盖其他重要经济植物的传统知识的研究、整理和保护，利用现代技术手段进行挖掘、验证和开发利用；另一方面要加强传统知识在协调人与自然关系方面的研究，避免或消除技术进步带来的负面影响，促进人与自然的和谐发展。

● 植物生态与环境植物学

植物与环境的关系是植物学研究的重要方面，而植物园的植物生态学和环境植物学研究侧重在植物迁地保护生境以及珍稀濒危植物的野外生境及其与植物的关系方面，主要服务于植物的迁地和就地保护，而且非常注重逆境生物学的研究，但这与植物园的园艺学等研究中所涉及的逆境生理、逆境栽培是不同的，尽管它们之间有联系，前者更注重环境本身对迁地保护种群和回归引种种群适合度的影响。由于环境问题日益突出，环境植物学和保护生物学一起逐渐受到重视，并且衍生出了恢复生态学以及相关的生态修复技术等等。

● 保护生物学、生物多样性编目及区域性植物信息数据库建设

从西方植物园植物学研究发展的历程来看，研究重点从过去的引种驯化发展到保护生物学是植物园植物学研究的重大变化，而且保护生物学已经成为西方植物园研究最重要的一个方面，这从下面即将谈到的当代植物园的植物学研究可以充分反映。

除了种群生态学、种群遗传学、进化生物学等相关基础理论研究以外，生物多样性编目及区域性植物信息数据库建设是其中的重要内容之一，不仅服务于植物园的植物学研究、生物多样性保护，而且服务于整个植物学以及相关学科的研究，是植物园植物学研究价值的体现。最著名的例子应该是GSPC的制定以及各植物园围绕这一战略而开展的工作，如英国邱皇家植物园的“千年种子库”、美国密苏里植物园的TROPICOS数据库建设以及我国昆明植物园的西南种质资源库、极小种群（plant species with extremely small populations, PSESP）研究等。

Maunder（2001）在分析欧洲植物园在珍稀濒危植物保护方面所起到的作用时曾经指出，生物多样性保护需要全社会的参与与合作，植物园可以起到技术支撑的作用。但植物园在这方面正在发挥的作用是有欠缺的，无论是保护植物种类的多样性、覆盖度，还是数据的完整性方面都需要加强，而且植物园更有效地参与生物多样性保护的方式是把它们作为种质资源，开展相关的园艺学研究等。这种以利用、展示为主要目的的保护才更有效、更可持续，也才是植物园植物学研究的主要方面。欧洲的植物园如此，包括我国在内的发展中国家和地区的植物园更应当如此。

根据黄宏文、廖景平等（2016）[①]对中国植物园的统计，上述方向中从事植物考察与引种（植物引种驯化）的植物园多达102个，占调查总数的半数以上，其他依次是植物生态学（79个，41.4%）、园艺学（74个，38.7%）、植物系统学与分类学（68个，35.6%）、生态系统保护（55个，28.8%）、恢复生态学（49个，25.7%）、植物区系地理学（48个，25.1%）、城市环境（46个，24.1%）等。当然，上述研究方向只是植物园研究的基础内容，由于调查问卷在方向设置上的代表性问题可能还不够全面，在此基础上开展的其他研究，如植物遗传育种、生物信息学等也都是植物园植物学研究的重要组成部分，有时甚至会产生更大的影响。但由于它们是植物园植物学研究与其他行业或学科研究的交叉部分，也是比较容易被边缘化和替代的部分，这些内容将不包括在后面关于植物园植物学研究方向的进一步阐述中。

① 廖景平在2016年中国植物园年会上的报告《植物园国家标准体系建设》

3.1.2 当代植物园的植物学研究

这里讲的当代植物园的植物学研究是指除了前面已经提及的传统研究方向之外，植物园在当代背景下开展的一些共性研究以及部分植物园开展的比较突出的个性化研究或者说特色研究，虽然它们并没有超出共性研究的范围，但往往在某个领域非常有特色，积累非常深厚，研究非常深入，一般是和所在植物园的使命紧密联系的。

国际植物学大会（Internaltional Botanical Congress, IBC）由国际植物学和真菌学联合会（International Association of Botanical and Mycological Societies, IABMS）主办，植物园是其中重要力量之一。根据对第18、19届IBC大会报告的分析，研究力量主要来自高校、独立科研机构以及其他相关政府机构和企业等，其中最能代表学科影响力的全会报告、主旨报告等多来自高校和一些著名研究机构，如美国冷泉港实验室（Cold Spring Harbor Lab, CSHL）、日本理化学研究所（RIKEN）植物科学中心等，来自植物园的比较少。主要研究方向则集中在传统的植物生物学、繁殖生物学、植物分类与系统演化以及新兴的生物多样性与保护生物学、分子生物学以及全球（环境、气候）变化与生态保护等方面。值得注意的是，近年来，表观遗传学，基因组、蛋白质组及表征基因组学以及无人机、新型生物和信息技术等的应用发展也比较快。

世界植物园大会（Global Botanic Garden Congress, GBGC）由BGCI主办，荟萃了以植物园力量为主的植物学研究、植物园建设和知识传播的主要成果，因此代表了当代植物园植物学研究的方向。从近期举办的IBC和GBGC会议报告来看，植物园研究活动主要集中在植物分类和系统演化、植物生物多样性保护及其与气候、环境变化等的关系方面，带有很强的地域性，部分研究与其自身的收集相关。如2011年密苏里植物园皮特·雷文教授的《超越植物名录：21世纪的植物系统学》、2017年中国科学院植物研究所马克平研究员的《亚洲植物分布图》（*Mapping Asia Plants*）、密苏里植物园Wyse Jackson P.教授的《植物保护的发展和植物学机构的责任》（*International Developments and Responsibilities for the Botanical Community in Plant Conservation*）以及印度尼西亚茂物植物园Didik Widyatmoko教授的《印尼新植物园的建设：一种基于生态区域的方法》（*Establishing New Botanic Gardensin Indonesia：An Eco-region Approach*）等。总体上，根据近期IBC、GBGC会议报告和对世界主要植物园开展的研究工作的分析，当代植物园科学研究的主流和热点主要包括：

- 植物多样性及其保护

在当前植物园尤其是西方植物园的研究方向中，生物多样性保护已经成为核心研究内容之一，很多相关研究也都是围绕这个核心展开的，如邱园的“千年种子库”（Muller, 2017）、生物多样性文献图书馆（Biodiversity Heritage Library, BHL）（Freeland, 2011）、宏条形码（Meta-Biocoding）在生物多样性调查上的应用（Neaves et al, 2017）和GSPC（Wyse Jackson, 2011）等。

- 植物多样性编目、信息数据库建设

有效的生物多样性保护需要加强区域和全球合作，因此无论是CBD还是GSPC，都非常强调伙伴关系的建立和多样性编目以及在此基础上的信息数据库建设，尤其是充分利用网络优势，实现区域和全球生物多样性编目数据的共享。这些数据可以是专类的，如Grassbase（Vorontsova, 2011）；可以是区域的或全球的（Chatelain et al, 2011; Watson et al, 2017），如Plant List、Plant Search、BHL、ABCDNet等。

- 植物园与全球气候变化

受气候变化、生境改变、过度利用和外来种入侵的影响，超过半数的维管束植物在21世纪面临绝灭的危险（Pitman et al, 2002，Hahns et al, 2009），其中气候变化似乎已经成为最主要的威胁。受其影响，2080年以前，欧洲50%的维管束植物面临绝灭的危险（Thuiller et al, 2005）。因此，CBD、GSPC都把应对全球气候变化作为其主要任务之一。为此，美国康奈尔大学植物园（Cornell Botanical Gardens）在其蔬菜园里建设了一个气候变化植物园（climate change garden），用于展示气候变化给作物等带来的影响。

气候变化不仅导致了物种的绝灭，还对植物的生物学性状、适应性、地理分布和植物多样性等产生了广泛的影响（Rymer et al, 2011; Löhne et al, 2011; Lu, 2017），因而，植物地理学、植物生态学等老的学科也面临着新的命题。由于有科学数据的积累，植物园的标本和活植物收集被认为是研究全球气候变化的极好材料（具体内容请参见5.6“植物迁地保护与全球气候变化”部分）。当然，针对植物园而言，气候变化也影响到其活植物收集管理策略的制定和修订。

- 生态恢复和恢复生态学

正如前面已经提到的，环境改变是导致生物多样性丧失的重要因素之一，而植物环境的改变既是生物多样性丧失的结果，针对其他物种而言，也是生物多样性丧失的原因，因此如何利用丰富的活植物收集和相关技术来修复、恢复退化生态系统成为植物园的一大优势和应当承担的责任。实际上，正是奥尔多·利奥波德（Aldo Leopold）教授1934年在美国威斯康星大学树木园所开展的研究开创并奠定了恢复生态学的基础，其他植物园也进行了有益的尝试（Galbraith, 2017; Goderfroid, 2017）。而其中将生态恢复和植物园的活植物收集连接起来的最好桥梁是回归引种（Ren, 2011）和种群重建。

当德国大气化学家、诺贝尔奖得主保罗·克鲁岑（Paul Crutzen）提出“人类世”（Anthropocene）概念的时候，立即引起了科学界精英们的关注，也引起了地质学家和环保主义者的争论，因为按照地层学概念，地球还处在上次大冰期以来的“全新世”

（Holocene）。但无论如何，来自植物园的科学家们看到了他们的责任（Heywood, 2017; Cannon, 2017）：去拯救那些濒临绝灭的植物，并用植物园丰富的活植物收集和植物多样性的知识，来创建“田园地球”的绿色基础设施。

● 植物辅助迁移

尽管对植物辅助迁移有很多质疑，如可能导致入侵或者病虫害的传播、忽略了回归引种的困难以及失败的教训等（Vitt, 2010; Hewitt et al, 2011; Smith et al, 2013），但很多研究表明，通过人为辅助提高植物迁移的速度可以有效应对全球气候变化可能导致的物种绝灭（Pedlar et al, 2012; Vitt, 2016）。植物园的引种就在一定程度上起到了辅助植物迁移的作用，为了应对气候变化的威胁，植物园还应发挥自身优势，主动作为。例如，可以将目标植物迁地保护在植物园半自然的生境中，通过人工措施减轻气候变化或生境改变可能带来的影响，以利于回归引种的成功；还可以发挥植物园网络的作用，选择适合的植物园作为“垫脚石”，通过植物园间的逐步引种提高成功的可能性等（Smith et al, 2013）。

● 外来植物入侵

植物入侵途径、机制是多种多样的（Sakai et al, 2001; Walls, 2010），其中缺少检验检疫措施的引种有引起外来植物入侵的风险，植物园的引种也不例外（Hulme, 2011）。由于植物园活植物记录的规范性，逃逸植物种类都有比较完善的数据记录，这也为入侵植物的研究提供了第一手资料，同时这些数据记录和相关技术也有助于其他途径入侵植物的研究和防治。

● 活植物收集研究潜力的挖掘

活植物收集是植物园的核心，以此为基础的植物学研究被认为是植物园研究活动生命力的源泉（Raven, 1981；贺善安，2005；Cook, 2006；黄宏文等，2015）。然而，当前对于基于植物园活植物收集研究的支持和主张的不断减少正给活植物收集带来严重的危机（Dosmann, 2006）。因此，查明此类研究减少的原因，挖掘活植物收集研究的潜力也是植物园面临的任务之一。

活植物收集的质量决定了其研究利用的价值，这里所说的质量一是指活植物收集本身的质量，如取样的代表性、收集的丰富性等，二是指相关数据的质量，如记录的完整性、科学性等。实际上，植物园活植物收集这两方面的质量都是有疑问的：前者被称为“活着的死植物”（dead living），后者在很多植物园尤其是发展中国家的植物园中还存在很多不足，这可能是导致其研究利用率低的主要原因，也是一直困扰植物园活植物收集的瓶颈问题。因此，制定合适的活植物收集与数据管理策略，加强植物园之间的合作是非常重要的。

至于挖掘现有活植物收集的研究潜力，最便捷、有效的方式就是将它用于比较研究，这也是植物学研究中常用的方法。这种比较可以是范围上的，如植物园内、植物园间以及保护性收集与野生种群的比较；可以是时间上的，如历史数据和现实数据的比较；也可以是方法上的，如传统的分类比较、目前的比较组学（comparative omics）、比较进化遗传学（comparative evolutionary genetics）等。总之，植物园的活植物收集为比较研究提供了丰富的材料和“同园栽培实验”数据（黄宏文 等，2015）。如中国科学院西双版纳热带植物园通过姜科活植物的比较，发现了大苞姜属（*Caulokaempferia*）花粉流溢滑动的自交机制（Wang et al, 2004）。再如，2015年，美国史密森自然历史博物馆启动的GGI-Gardens计划，就是利用全球植物园丰富的活植物收集，提取基因组信息，以图建立一个全球生物库网络，开展进一步的研究。

● 植物系统演化和分子系统学

尽管植物分类、演化和系统学在国内处于日益没落的境地，但在国外，尤其是在分类学沿袭了近500年的西方植物园里，仍然是个非常活跃的学科。在中国亦应如此，道理很简单：这里还有很多未被认识和编目的物种，即使已经知道的物种，也还有诸如分类地位等很多有待解决的问题，更重要的是分类学还是其他研究的基础和工具。

3.2 植物园与科普教育

从发展历史看，植物园作为植物学的园地，其本身就是一个积累和传播植物学知识的机构和场所，而且丰富的活植物收集、完善的研究设施和研究手段也为植物园开展植物与人类、植物与环境等方面的科学普及活动提供了非常便捷的条件，使植物园成为一个非常重要的科普教育场所。

3.2.1 植物与人类

人类认识、利用植物始于自身发展需要，植物为人类的吃穿住行提供了条件，营造了环境。随着这种认识的不断加深，人类利用植物的范围越来越广泛，方法也越来越多，如我国2 000多年前的《诗经》中就已经记载了包括纤维、染料、药材等200多种不同用途的野生植物，并涉及大量植物名称、分布、分类以及文化和植物生态等方面的知识；我国最早的本草学著作《神农本草经》(汉代)载药365种，分为上、中、下三品；公元6世纪北魏贾思勰编著的《齐民要术》则分类概括了当时农作物、蔬菜和果树的栽培方法，各种经济林木的生产和野生植物的利用情况，提出了选育良种的重要性以及生物和环境的相互关系问题，其中仅谷物就记载了80多个品种；明代李时珍的《本草纲目》中记载描述的植物更是多达1 173种；清代吴其濬编著的《植物名实图考》和《植物名实图考长编》，记载了野生和栽培植物共1 714种。其他如晋代戴凯之的《竹谱》，唐代陆羽的《茶经》，宋代刘蒙的《菊谱》、蔡襄的《荔枝谱》、陈景沂的《全芳备祖》以及明代王象晋的《群芳谱》和清代陈淏子的《花镜》等都反映了人类开发利用植物的历史。

在这个过程中，人类不仅在利用已有植物，也在根据自身需要驯化和改变着植物及其周围的环境。早期如《齐民要术》中提到的良种选育，以及随着技术进步逐渐开展的杂交、遗传工程育种等则创造了不同于野生植物的改良品种或种质。后来发现植物及其环境也制约和影响着人类发展的进程，这部分内容将在3.2.2“植物与环境”中进行介绍。这一节主要介绍与人类吃穿住行有关的主要植物及其驯化、利用过程。

3.2.1.1 食用植物

顾名思义，食用植物是指直接或间接地供人类食、饮用的植物，主要包括食、饮用的淀粉、蛋白质、蔬菜、油脂、香料、色素、饮料、甜味剂植物等。其中香料、色素和甜味剂等由于特殊性和加工方式的工业化，可单列或列入工业原料植物，剩余的部分在栽培驯化之后就是农业上所称的农作物。

“民以食为天”这句源自《史记》的名句强调了食之于民的重要性。在农业文明开始以前，人类主要依靠采集野生植物为食，和动物并无二致，区别在于人类这种智慧动物在采食过程中发现了这些可食用植物的特点和生长规律，开始了人为的引种、栽培，这是人类历史上的第一次“绿色革命”，同时学会了磨制加工石器，开创了新石器时代，二者的结合就是农耕文明的开端。尽管农业文明的起源有众多不同的假说，但都是基于野生食用植物知识的积累和生产工具的改进。

据统计，世界有栽培食用植物900种左右。根据Н.И.瓦维洛夫的作物起源中心学说，这些作物有8个起源中心，后来虽有新的补充和修订，但都是以此为基础进行的，主要包括：

(1)中国起源中心。主要在中国的中部和西部山区及其毗邻的低地，是世界农业和栽培植物最早和最大的起源地，起源于这一中心的栽培植物有136种，居各中心之首，其中主要农作物有黍(也称为糜子，脱壳则为黄米)、稷(谷子，去皮即为小米)、稗(*Echinochloa crusgalli*)、大麦、荞麦(*Fagopyrum esculentum*)、大豆、红小豆(*Vigna umbellata*)、山药(*Dioscorea opposita*)、苎麻(*Boehmeria nivea*)、大麻、苘麻(*Abutilon theophrasti*)、紫云英(*Astragalus sinicus*)等。

(2)印度起源中心。主要在印度东部的阿萨姆地区和缅甸，主要农作物有稻、龙爪稷(*Eleusine coracana*)、绿豆(*Vigna radiata*)、甘蔗、黄麻

(*Corchorus capsularis*)、芋(*Colocasia esculenta*)等。印度支那和马来群岛的印度—马来亚副中心起源的栽培植物有甘蔗、薏苡(*Coix lacryma-jobi*)等。

(3)中亚细亚起源中心。主要在印度西北部、巴基斯坦北部、克什米尔、阿富汗、塔吉克斯坦、乌兹别克斯坦及我国天山西部，主要农作物有小麦、蚕豆、亚麻(*Linum usitatissimum*)等。

(4)近东起源中心。主要在小亚细亚中心部分、外高加索、伊朗和土库曼高原。起源于这一地区的农作物有硬粒小麦(*Triticum turgidum* var. *durum*)、普通小麦(*T. aestivum*)、圆锥小麦(*T. turgidum*)、波斯小麦(*T. persicum*)、二棱大麦(*Hordeum distichon*)、黑麦(*Secale cereale*)、燕麦(*Avena saliva*)、紫苜蓿等。

(5)地中海起源中心。原产这一地区的农作物有二粒小麦(*Triticum turgidum* var. *dicoccoides*)、波兰小麦(*T. polonicum*)、斯卑尔脱小麦(*T. spelta*)、甜菜(*Beta vulgaris*)、三叶草(*Trifolium repens*)等。

(6)埃塞俄比亚起源中心。主要农作物有高粱(*Sorghum bicolor*)、豌豆、亚麻、芝麻、蓖麻。

(7)墨西哥南部和中美洲起源中心。起源于这一中心的农作物有甘薯、陆地棉(*Gossypium hirsutum*)等。

(8)南美起源中心。包括秘鲁、厄瓜多尔、玻利维亚。起源植物有烟草、番茄、辣椒(*Capsicum annuum*)、南瓜(*Cucurbita moschata*)和番石榴(*Psidium guajava*)等。其中智利起源副中心是马铃薯的起源地；巴西—巴拉圭副中心是花生、木薯、海岛棉(*Gossypium barbadense*)等作物起源地。

在Н.И.瓦维洛夫之前，康多尔(1883)提出了3个植物驯化中心，并认为人类文明的起源也是这3个中心，即西南亚和埃及、热带美洲以及中国(de Candolle, 1885)。虽然瓦维洛夫用更为翔实的数据提出了八大起源中心学说，但康多尔提出的栽培植物起源中心也是人类文明发源地的理论在瓦维洛夫的起源中心上依然有所反映。因此，一定程度上可以认为早期的人类文明是从驯化食用植物开始的。

以中华文明为例，黄河流域和长江流域两大文明发源地也正是以食用植物“五谷”为代表的我国栽培植物起源中心的两个次中心。关于“五谷”，汉和汉以后的解释主要有两种，一种说法是稻、黍、稷、麦和菽(大豆)；另一种说法是麻(大麻，*Cannabis sativa*)、黍、稷、麦、菽。前者有稻而无麻，后者有麻而无稻，但都认稷为五谷之首，水稻在瓦维洛夫学说中被认为是印度起源的，而现在更多的证据支持其为我国长江流域起源，是长江流域文明的标志之一。“五谷”之说出现于春秋战国时期，《论语·微子》有云“四体不勤，五谷不分”，当时的经济文化中心在北方，因此传统意义的“五谷”以后者更经得起考证，二者合起来可谓“六谷”。“六谷”之中至少有三个，即稷、黍和大麻的起源中心位于黄河流域，这也是我国农业文明的主要发源地。大豆具体起源地多有争议，而以黄河流域和长江流域为主。只有小麦，一般认为起源于中东地区，尤其是“新月沃土”，后张骞出使西域时引种到中国的黄河流域，再传入日本、朝鲜等地。也有人认为小麦也起源于中国的黄河流域。现在所谓的“五谷”更多地成为粮食作物，尤其是禾谷类作物的统称。古代中国以农立国，称教民稼穑者为“后稷”，更称国家为“社稷”。说明中华古文明与“五谷”为代表的食用植物驯化是互为依托的。

“六谷”中的稷、黍在我国古代农业上有着特别重要和特殊的地位，合起来称为“粟类作物”，而“粟类植物”指“粟类作物”在黍亚科(Subfamily Panieoideae)或黍族(Tirbe *Paniceae*)中的野生近缘种，如稷(*Setaria italica*)、粟(*S. italica* var. *germanica*，也有人认为野生来源是青狗尾草 *Setaria viridis*)。李国强(2015)综合各方考古结果(杨晓燕，2005；Liu et al, 2010；赵志军，2014)，尤其是北京市门头沟区东胡林遗址、河北南庄头遗址中炭化籽粒、质硅体和淀粉粒的研究数据，认为太行山北部和燕山南麓地区在自12 000至9 000年前的约3 000年间，已经在进行粟类植物的早期驯化，是粟类作物的主要起源中心。“六谷”中的水稻、小麦、大豆、大麻的野生来源也都相对明确，尤以小麦的演化路线研究最为彻底，只有黍至今来源不清。

3.2.1.2 药用植物

人类对药用植物的认识应该是在觅食过程中发现的，即远古时期，通过觅食实践，发现有些植物有毒，会致人死亡，而另有些植物又具有解毒治病之效，这些经验不断积累、传递下来，便有了药用植物的知识。我国中医药就有“药食同源”之说，即是说药用植物是和食物同时起源和同一本源的，它们都具有“五味四性”。只是药用植物的应用历史不能像粮食作物那样通过古文明遗址炭化谷粒、化石等方式进行测算，只能通过文字记载的历史文献和社会生物学加以推断。例如，人们发现，非洲熊会食菖蒲治胃病[①]，雉被鹰伤贴地黄（*Rehmannia glutinosa*）叶则愈（陕西中医学院，1988）。据传，云南白药来自云南民间医生曲焕章受其所伤之虎食一种野草而愈现象（另一传说是曲焕章师满回乡途中遇蟒蛇拦道，挥刀将其斩为两截，上半截滚入路边沟里吞食野草，又返身上路两截相接，后全身而去）的启发而发明的“曲焕章白药”[云南三七（*Panax notoginseng*）为主要原料]。动物尚能如此，有智慧的人类也应该在觅食的过程中积累了更为丰富的药物知识，这是来自社会生物学的推断。其他如车前草（*Plantago depressa*）、淫羊藿（*Epimedium brevicornu*）等植物名也多有类似典故。而药食同一本源之说则要确切得多。例如，《黄帝内经太素》中记载“空腹食之为食物，患者食之为药物”，《淮南子·修务训》称“神农……尝百草之滋味，水泉之甘苦，令民知所避就。当此之时，一日而遇七十毒”，即是说古人药与食不分，药食来自同一本源。药食分化是在随着人类经验不断积累，火的使用而开始熟食之后，同时，食疗与药疗也逐渐分化开来。这也说明，药用植物或者更具体地说是本草的利用和食用植物一样，是早期人类文明的标志之一。

① 据传，最后一只阿特拉斯熊（非洲熊）1870年［Brown G. The great bear almanac［M］. New York: Lyons & Burford 1993: 281.）载最晚在1875年以前］被射杀，而且非洲不产中药菖蒲，而只有唐菖蒲，因此，此典故及所涉植物待进一步考证。

药用植物种类繁多，按照已鉴定植物物种的三分之一计算，世界上的药用植物也在10万种以上。由于医药之于人类健康的重要性，不同文化、不同国家和地区均有大量有关医药的文献存世，进一步的信息可参考相关书籍，在此不再赘述。

3.2.1.3 纤维植物

顾名思义，纤维植物是以植物纤维为主要用途的植物。纤维是一类由高聚糖化合物构成的特殊形态的细胞：细胞壁显著加厚，细胞腔狭长，两端封闭呈纺锤形，长度从数十微米到数十厘米，在植物体中主要起支撑和保护作用。

人类直接利用野生植物纤维的历史可能和食物、药物一样早，但有意识地驯化野生纤维植物则相对较晚，后来主要作为纤维植物的大麻首先被列入“五谷”而非麻类从一个侧面证明了这一点。人类最早利用纤维植物主要用于编织绳索、篮子和各种生活用具。后来纤维植物的用途越来越广泛，下面以中国所产著名纤维产品及其所用的纤维植物来介绍植物纤维之于人类的贡献。

i. 宣纸和青檀：造纸术为中国古代四大发明之一，所用原料就是植物纤维，其中著名的宣纸是传统手工纸最典型的代表，也是珍贵的“文房四宝”之一，历代被誉“纸寿千年”，一直是中国书法、绘画及典籍印刷、保藏的最佳载体。宣纸原产于安徽省泾县，唐时隶宣城郡，故名。用青檀（*Pteroceltis tatarinowii*）树皮和稻草制成，已有近千年历史，记载于唐代张彦远所著《历代名画记》、北宋欧阳修、宋祁、范镇、吕夏卿等合撰的《新唐书》等。

青檀又名翼朴，是我国特有的单种属植物，零星或成片分布于华北、华东、华南到西南的19个省区。由于自然植被的破坏，常被大量砍伐，致使分布区逐渐缩小，林相残破，有些地区残留极少，现为国家二级保护植物。

可以造纸的植物纤维还有很多。例如，西安灞桥考古发现的“灞桥纸”，主要成分是大麻纤维和少量苎麻纤维，距今已有2 100多年。

ii. 夏布和苎麻：夏布，俗称麻布，是一种源于先秦而繁荣于唐代以后的苎麻织就的布料，因常用于制作夏天的服饰，称为夏布。《诗经·周南·葛覃》："葛之覃兮，施于中谷，维叶莫莫。是刈是濩，为絺为綌，服之无斁"，葛，多年生草本植物，纤维可织葛布，即夏布。汉代称作"蜀布"，《蜀本草》说："苗高丈已来，南人剥其皮为布，二月、八月采。江左山南皆有之。"也称为"筒布"（因为它往往卷成筒形装入竹筒运输，故名）、"斑布"（形色斑驳）。"古者先布以苎始，棉花至元始入中国，古者无是也。所为布，皆是苎，上自端冕，下讫草服"，则道出了夏布曾经的普及程度。

苎麻原产我国西南地区，是古代重要的纤维作物之一，被称为"中国草"。新石器时代长江中下游一些地方就已有种植。考古年代最早的是浙江钱山漾新石器时代遗址出土的苎麻布和细麻绳，距今已有4 700余年，同时出土的还有竹编、家蚕丝织的残绢片、丝带、纺线等，"钱山漾文化"说明新石器时代晚期环太湖地区纺织技术已经非常发达，为此后这一地区成为"丝绸之路"的源头奠定了基础。

iii. 麻衣和大麻：其他主要的纤维植物还有大麻、黄麻以及后来引种的棉花等。其中大麻雌雄异株，雄株古称"枲麻"，茎皮纤维长而坚韧，是织麻布或纺线、制绳索、编织渔网和造纸的好原料。《诗经》中提到"东门之池，可以沤麻""东门之池，可以沤纻"，其中的"麻"指大麻，"纻"指苎麻。汉朝时候，它们都是麻纺业的主要原料。大麻织物在我国夏朝至战国时期甚多，《诗经·曹风》有"蜉蝣掘阅，麻衣如雪"的记载，孝服则多以雌麻纤维制作，以表达哀痛之深，这一传统流传至今。许多与"麻"相关的汉字和词语，如"蓬生麻中，不扶自直""鸡犬桑麻""心绪如麻"等都说明中国人对大麻纤维的利用已经渗透到民族文化之中。

iv. 大麻的其他用途：大麻雌株古称"苴麻"，其籽可食，作为我国古代"五谷"之一，重要性不言而喻。当时作为谷物，主要用于炒食，如今在云南大理、丽江等很多地方还保留有嗑麻籽的习惯。

在我国的汉字、词语里有很多与大麻有关，如魔、麻醉、麻烦、麻痹等，这里提到或涉及的"麻"，就是指大麻。文献记载，大麻果壳和苞片称"麻蕡"，有毒，治劳伤，破积、散脓，多服令人发狂；叶含麻醉性树脂，可以配制麻醉剂。现代化学分析证明，大麻含有四氢大麻酚（tetra hydro cannabinol, THC），在吸食或口服后有精神和生理的活性作用，因此，如今在很多地方被列入和海洛因、可卡因齐名的三大毒品之一。实际上，中国传统栽培的大麻THC含量很低，也缺乏被用作毒品吸食的明确记载。一般说的毒品大麻主要来自印度大麻（*Cannabis sativa* var. *indica*），这是一个较矮小，多分枝的大麻变种，其雌花枝顶端、叶、种子及茎中均含大麻脂，THC含量可达10%~60%，在印度作为药用，栽培历史悠久。作为毒品主要种植在墨西哥和哥伦比亚、牙买加，美国也不少。我国只局限于新疆天山以南气候干燥炎热之所。而且一般认为，大麻只是一种软性毒品，之所以危害大，主要是由于廉价、易获得。

3.2.1.4 饲用植物

动物家化是狩猎活动发展的结果，尤其是弓箭的使用，人们能够捕捉到活的动物，而捕获量增加导致食用盈余，"拘兽以为畜"的驯养方法就逐渐产生了。前仰韶文化，包括渭水流域的白家文化、豫中地区的裴李岗文化、冀北地区的磁山文化的出土文物表明，新石器时代以前当地人以采集和狩猎为生，除前面提到的已经开始稷、黍等作物的驯化以外，也开始了家畜饲养（吴加安，1989）。浙江余姚河姆渡文化的年代与黄河流域的仰韶文化早期（半坡）同时，或许开始稍早。当时这一带气候比较温暖潮湿，居住点周围是分布有大小湖沼的草原灌木地带。河姆渡文化的房子是木结构，主要农作物是水稻，家畜有狗、猪，可能还有水牛（俞为洁 等，2000）。说明黄河流域和长江流域都已经开始了畜牧业的发展，使经济发展模式从旧石器时代以采集、狩猎为基础的攫取性经济转变为以农业、畜牧业为基础的生产性经济，人类从食物的采集者转变为食物的生产者，改变了人与自然的关系。

到距今约四五千年前，我国原始农业和畜牧业已因各地自然条件和资源不同而开始分化。黄河、长江以至珠江流域等地区的氏族部落变成了以农业为主，兼营畜牧和采集渔猎；草原地区的氏族部落则以畜牧业为主，兼营农业和渔猎采集；有的靠近湖海或河流的民族部落虽已有原始农业和畜牧业，但仍以采集、渔猎为主的生活方式。早期的畜牧，尤其是游牧民的畜牧，是以天然草地为主，古代牧民们逐水草而居，从无种植牧草的先例，只有相应的管理，如《周礼·夏官·牧师》提到的"孟春焚牧"。

除畜牧民族以外，饲用植物的驯化和利用是在集约农业出现以后。随着人口增加，村落密集，耕地扩展，农业所需的劳动量的增加，使得兼顾较多的牲畜已不可能，于是传统农业开始分工：一部分家庭专门从事农业，一部分家庭在不适于耕种的地方专门从事畜牧业，因此畜牧业作为一种独立的经济形式出现并不是很早的事，在这种集约畜牧的情况下，由于牧场不足，便开始了饲用植物的驯化和栽培。牧区也随着放牧量的增加，开始注重牧草的抚育。

按饲用特性可将饲用植物分为4个类型：

i. 禾本科草类：中国约有160多属，660余种，广泛分布于各类草地之中，在草甸草原中占10%~15%，在干草原中占60%~90%，在荒漠草原中占20%~35%。主要禾本科草类有羊草（*Aneurotepidimu chinense*）、针茅（*Stipa capillata*）、披碱草（*Elymus dahuricus*）、芨芨草（*Achnatherum splendens*）、糙隐子草（*Cleistogenes squarrosa*）、无芒雀麦（*Bromus inermis*）、拂子茅（*Calamagrostis epigeios*）、冰草（*Agropyron cristatum*）等。

ii. 豆科草类：中国约有130个属，1 200多种。在草原植被组成中，豆科植物一般为伴生，有些种也可成为优势种或次优势种。豆科草类在草原群落生物量组成中一般仅占3%~10%，但其资源价值远比其数量重要。主要的豆科草类有黄花苜蓿（*Medicago falcata*）、三叶草、草木犀（*Melilotus officinalis*）、直立黄芪（*Astragalus adsurgens*）、歪头菜（*Vicia unijuga*）、花苜蓿（*Medicago ruthenica*）、胡枝子（*Lespedeza bicolor*）、锦鸡儿（*Caragana sinica*）等。

iii. 莎草科草类：中国约有28属，500多种，除作为伴生植物广布于各类草原群落，在高寒草原、高寒草甸与低湿地植被中，还以建群种和优势种出现。饲用价值较好的莎草科草类有：寸草（*Carex duriuscula*）、大披针薹草（*C. lanceolata*）、沙生薹草（*C. praeclara*）和嵩草（*Kobresia* sp.）等。

iv. 杂类草：包括除上述3类以外的其他草类。以阔叶草本植物为主，种类庞杂。其比重很大，一般为10%~60%或更多。杂类草的饲用价值因种类不同悬殊极大，有些种含有丰富的营养物质，具有某些特殊价值。如百合科葱属植物，菊科蒿属（*Artemisia* sp.）植物，其蛋白质、粗脂肪的含量都很高，适口性也好。

除了牧草以外，粮食作物如玉米、大豆、高粱等及其加工副产品常作为精饲料添加，粮食秸秆也常作为辅助饲料，甚至主饲料（农区）使用。

3.2.1.5 材用树种

木材的用途非常广泛，用于制造家具、建筑、船、木制器械以至饰品等，不一而足。不同国家、地区由于木材资源禀赋不同，所用的木材也千差万别。林业在历史上虽然也有些发展、演化的轨迹，但远不如农作物、畜牧业那样清晰。在此，仅简单介绍我国历史上林业的发展，并以我国家具、建筑以及部分特殊用材为主，介绍部分主要的材用树种。

河姆渡遗址的考古挖掘证明，在旧石器时代晚期，新石器时代早期，我国南方已经开始使用榫卯技术构筑干栏式建筑，所用木材为竹木，这是南方少数民族的建筑风格。同期的西安半坡遗址中则出现了木构建筑，并有伐木石斧、木质葬具及榛、栗等种子。公元前3 300—2 600年的钱山漾遗址发现了竹器200余件，木器多种，反映了当时竹、木器的制造水平。之后在成都十二桥遗址发掘出的大型干栏式宫殿，表明在此期间，木结构建筑技术已日臻成熟，但所用木材、竹材仍以采伐天然林为主。

古代林业体系形成于春秋战国时期。这时正值中国奴隶社会向封建社会过渡的阶段，政治、思想和科学技术的进步有力地促进了林业的发展。据《周礼》记载，当时山林政令、林木贡赋、边境造林、春季山林防火、森林采伐运输等均已有专人负责。天子封禅的山即为“封山”“禁山”，山上的土石草木都属神圣不可侵犯。这种基于王权观念的封山法令一直延续于整个封建社会，只是因朝代不同，其封禁范围不同而已。

从与林业有关的经济思想看，战国初年魏国李悝、秦国商鞅等主张以农桑为国本，以商业、手工业为末业的思想，对恢复由于种种原因而被破坏的森林虽起过一定作用，但同时也由于它对手工业和商业的抑制，妨碍了林业商品经济的发展。在这种情况下，管子把林业看成治国的根本大计之一，提出“十年之计，莫如树木”。他认为衡量一个国家实力要“行其山泽，观其桑麻”，主张国有森林应按时开放，根据林木和林木需要的不同，收取不同的租金，并主张发展林产品加工等，对后世林业的发展有较大影响。

在林业科学思想方面，《尔雅·释木》列举木本植物70余种，提出了灌木、丛木、乔木的概念。对于林木的栽培、采伐，当时强调要兼顾天时、地宜、人力三方面因素的综合作用。如《荀子·王制》载：“斩伐养长，不失其时，故山林不童，而百姓有余材也。”

有关中国古代林政思想和林业生产技术的著述，除见于《齐民要术》《农政全书》等农书外，流传至今的林业专著有明代俞宗本的《种树书》。有关树种分布的记述多见于地方志和地方植物志，如西晋的《南方草木状》等。林木植物专谱始于晋戴凯之著《竹谱》，后有宋代陈翥著述的《桐谱》等。还有一种综合谱书，如唐代的《初学记》，其中的“木部”可视为中国古代的植物教科书。

鸦片战争以后，由于帝国主义入侵和历届政府的腐败，森林资源备遭摧残。与此同时，西方林业科学传入中国，与中国传统林业科学交融，促进了林政改革和近代林业的兴起，林学和林业也从农学和农业中分立出来，形成独立的体系。

我国常见的珍贵用材树种包括：

i. **楠木**：*Phoebe zhennan*，别名桢楠，常绿大乔木，主产于中国四川、湖北西部、云南、贵州及长江以南省区。心材即为金丝楠木，木材坚硬，有香气，纹理直而结构细密，多用于造船或宫殿栋梁。

广义的金丝楠是一些材质中有金丝和类似绸缎光泽现象的楠属、润楠属树木［包括楠木、紫楠（*P. sheareri*）、闽楠（*P. burnei*）、润楠（*Machilus namu*）等］，狭义的金丝楠木仅指楠木。

2007年，在江西靖安县的一处春秋战国时期的大型墓葬中挖掘出金丝楠棺木，距今2 500多年仍保存完好，上面的黑漆颜色还清晰可见。现存最大的楠木殿是明十三陵中长陵棱恩殿，殿内共有巨柱60根，均由整根金丝楠木制成。

ii. **降香黄檀**：*Dalbergia odorifera*，别名黄花梨、海南黄檀、海南黄花梨、香枝木、降压木等，与紫檀（*Pterocarpus indicus*）木、鸡翅木（*Millettia laurentii*）、铁力木（*Mesua ferrea*）并称中国古代四大名木。豆科常绿乔木，产中国海南岛吊罗山尖峰岭低海拔的平原和丘陵地区，成材缓慢、木质坚实、心材颜色金黄而温润、纹理清晰，如行云流水，非常美丽，木性极为稳定，适合制作各种异形家具。常见有很多木疖，平整不开裂，就是常说的“鬼脸儿”，适于雕刻。

iii. **胡桃楸**：*Juglans mandshurica*，又名核桃楸，落叶大乔木，产于黑龙江、吉林、辽宁、河北、山西。分布于朝鲜北部。木材反张力小，不挠不裂，可作枪托、车轮、建筑等重要材料。

iv. **楸树**：*Catalpa bungei*，落叶大乔木，分布于江苏、山东、河南、甘肃和华中的部分省区，辽宁、内蒙古、新疆等省及自治区引种试栽，是我国北方地区珍贵的材用树种之一。其树干直、节少、材性好，木材抗拉强度中等，抗弯强度极大，抗冲击韧性较高，纹理通直、花纹美观、质地坚韧致密、坚固耐用、绝缘性能好、耐水湿、耐腐、不易虫蛀，加工容易、切面光滑、钉着力中等、油漆和胶黏力佳。楸材用途广泛，被国家列为重要材种，专门用来加工高档商品和特种产品。主要用于制造枪托、模型、船舶，还是很好的贴面板和装饰材；此外还用于制造车厢、乐器、工艺、文化体育用品等。

v. 乌木：*Diospyros ebenum*，中华人民共和国国家标准《红木》（GB/T 18107-2000）中规定的5属8类33种红木木材品种的一种，为柿树科常绿乔木，产于中国的广东、广西、台湾，以及越南、老挝、马来西亚、印度尼西亚等地区。乌木心材乌黑，稀见浅色条纹，有光泽，无特殊气味，结构细而匀；纹理通直，略交错，材质硬重，耐腐不变形，是传统高档家具用材之一。

炭化木（阴沉木）也称为乌木，是金丝楠木、红椿（*Toona ciliata*）等在缺氧、高压以及细菌等微生物的作用下，经过数千年甚至上万年的炭化过程而形成的黑色、炭化木材，常被用作辟邪之物，用于制作工艺品、佛像、护身符挂件等。

3.2.1.6 观赏植物

广义的观赏植物是指具有一定的观赏价值，适用于室内外装饰，美化、改善环境并丰富人们生活的植物。包括所有观花、观叶、观果、观株姿，甚至观赏枯枝形态、芽和种子等的植物，也包括城市园林绿地、风景名胜区、森林公园、旅游区栽培应用和室内装饰用的植物。狭义的观赏植物仅指木本和草本花卉。一般都有美丽的花或形态比较奇异，可以是野生的，也可以是人工选育或者造型的植物。观赏植物有多种分类方式，如按照生活习性分类，有藤本或垂直绿化植物、草本花卉、木本花卉等；按照观赏部位分类，有观花、叶、果实和姿态的植物；可以按照装饰场所分类，如室内植物、庭院植物、公园绿地植物；按照观赏时间分类，如春季（年宵）花卉、夏花植物、秋季红叶植物等；按照布置方式分类，如花坛植物、草坪植物、地被植物等。盆景是独具中国特色的观赏植物。

中国的观赏植物资源非常丰富，被誉为“世界园林之母”，闻名于世的种类很多，如珙桐、银杏（*Ginkgo biloba*）、杜鹃、报春（*Primulina* sp.）、丁香（*Syringa* sp.）、蜡梅（*Chimonanthus praecox*）、玉兰（*Magnolia* sp.）、含笑（*Michelia* sp.）、牡丹、芍药、菊花（*Chrysanthemum morifolium*）、百合、兰花、月季、玫瑰、水仙、桂花（*Osmanthus fragrans*）、山茶、梅花（*Armeniaca mume*）、金钱松（*Pseudolarix amabilis*）等。

除上述已经享誉中外的著名中国产花卉外，原产中国、具有较高观赏价值的类群还包括以下几类。

蕨类植物：石松属（*Lycopodium*）、观音座莲属（*Angiopteris*）、海金沙属（*Lygodium*）、团扇蕨属（*Crepidomanes*）、肾蕨属（*Nephrolepis*）、凤尾蕨属（*Pteris*）、铁线蕨属（*Adiantum*）、铁角蕨属（*Asplenium*）等。

被子植物：毛茛科的侧金盏花属（*Adonis*）、银莲花属（*Anemone*）、飞燕草属（*Delphinium*）、铁线莲属（*Clematis*）等；小檗科的八角莲属（*Dysosma*）、小檗属（*Berberis*）、十大功劳属（*Mahonia*）等；罂粟科的荷包牡丹属（*Dicentra*）、绿绒蒿属（*Meconopsis*）；广义虎耳草科的溲疏属（*Deutzia*）、八仙花属（*Hydrangea*）、山梅花属（*Philadelphus*）等；金缕梅科的蜡瓣花属（*Corylopsis*）、金缕梅属（*Hamamelis*）、银缕梅属（*Parrotia*）等；蔷薇科的木瓜属（*Chaenomeles*）、栒子属（*Cotoneaster*）、棣棠属（*Kerria*）、花楸属（*Sorbus*）、海棠属（*Malus*）等；豆科的紫荆属（*Ceris*）、鸡血藤属（*Milettia*）、油麻藤属（*Mucuna*）；五加科的八角金盘属（*Fatsia*）、常春藤属（*Hedera*）、刺楸属（*Kalopanax*）；百合科的百合属（*Lilium*）、沿阶草属（*Ophiopogon*）、万年青属（*Rohdea*）等。

此外，中国观赏竹类资源也相当丰富，著名的如紫竹（*Phyllostachys nigra*）、凤尾竹（*Bambusa multiple* 'Fern leaf'）、人面竹（*B. aurea*）、佛肚竹（*B. ventricosa*）、方竹（*Chimonobambusa quadrangularis*）、黄竹（*Dendrocalamus membranaceus*）和菲黄竹（*Sasa auricoma*）等。

3.2.1.7 芳香植物

是具有香气和可供提取芳香油的栽培植物和野

生植物的总称。芳香植物除改善环境、增加口感等作用外还多具有药用价值，含有抗氧化、抗菌物质以及天然色素等成分，被制作成精油、香料等用于医药、食品加工、化妆品等各行业中，正越来越多地应用于人们的生活。

在古代，中国、埃及、美索不达米亚和希腊、罗马人早已知道利用芳香植物，但直到16世纪欧洲人从芳香植物中成功提取精油，如松节油、迷迭香油、薰衣草油等，芳香植物才真正发展起来。迄今为止的不完全统计，全世界已发现芳香植物3 600多种，主要分属于唇形科（Lamiaceae）、菊科（Asteraceae）、伞形科（Apiaceae）、十字花科（Brassicaceae）、芸香科（Rutaceae）、姜科（Zingiberaceae）、豆科（Leguminosae）、鸢尾科（Iridaceae）、蔷薇科（Rosaceae）。这些种类和品种的原产地主要分布在地中海沿岸的欧洲诸国，其次在中亚、中国、印度、南美等地区也多有分布。被有效开发利用的有400多种，大多分布在热带和亚热带地区。

中国对芳香植物的利用，早在《诗经》《楚辞》《尔雅》和先秦诸子著作中就已有所反映。战国时代已用芳香植物蒸肉、掺饭食和浸酒，以增进菜肴、主食、酒浆的香味。明代李时珍《本草纲目》列有芳草类56种，此外还有很多芳香植物分别收录于该书的“蔬部”“果部”和“木部”中。至20世纪80年代初，中国已发现芳香植物350多种，正式用于生产香料的约100种。分布地区几乎遍布全国，其中有些省区已成为重要芳香植物的栽培基地。如江苏、安徽的薄荷（*Mentha haplocalyx*）、留兰香（*M. spicata*）；广东的茉莉（*Jasminum sambac*）、岩兰草（*Andropogon muricatus*）、香茅（*Cymbopogon citratus*）；广西的桂花、八角（*Illicium verum*）、肉桂（*Cinnamomum cassia*）；福建的白兰花（*Michelia alba*）、金合欢（*Acacia farnesiana*）；新疆的薰衣草（*Lavandula pedunculata*）；陕西的香紫苏（*Salvia sclarea*）；云南的依兰（*Cananga odorata*）；四川的柠檬（*Citrus limon*）；浙江的代代花（*Citrus aurantium*）、墨红月季（Rosa‘Crimson Clory’）；山东的玫瑰；贵州的香柏（*Sabina pingii* var. *wilsonii*）、桂花和湖南的山鸡椒（*Litsea cubeba*）等。

其他常见的芳香植物还有：风信子、迷迭香（*Rosmarinus officinalis*）、百里香（*Thymus mongolicus*）、罗勒（*Ocimum basilicum*）、贯叶连翘（*Hypericum perforatum*）、洋甘菊（*Chrysanthemum lavandulifolium*）等。

3.2.1.8 工业原料植物

这也是一个非常宽泛的概念，一切可用于工业品开发的植物均为工业原料植物，包括了前面提到的食用植物（工业淀粉）、芳香植物（食品工业）、材用树种（木材加工业）和纤维植物（纺织和造纸工业）以及后面将要提到的能源植物等，这是广义上的工业原料植物，狭义的工业原料植物指大宗化工原料植物，主要包括植物胶和果胶植物、鞣质植物、树脂类植物和橡胶植物资源，这是一般意义上的工业原料植物，是近代工业革命以后才被认识和开发利用的一类资源。

i. 植物胶（gelatin）和果胶（pectin）植物：植物胶是一类透明或半透明流质，常从植物茎秆、树皮或根部流出，也存在于果实和种子中，属于天然多糖类高分子化合物，主要成分有阿拉伯糖、半乳糖、葡萄糖、鼠李糖、木糖和相应的糖醛酸，与水结合成黏性物。

植物胶能溶于水的部分称为阿拉伯胶素，不溶于水的部分称为黄芪胶素。前者常用于食品工业中糖果的结晶防止剂和乳化剂、乳制品的稳定剂、香精上的驻香剂以及制药上的赋形剂，在印染、涂料和皮革制造中也有应用。后者有很强的持水力，在食品上常用于沙拉、凉拌菜、蛋黄酱、软糖和冰激凌的制作，也用于印染、涂料和皮革制造等方面。

瓜尔豆（*Cyamopsis tetragonoloba*）、角豆树（*Ceratonia siliqua*）和田菁（*Sesbania cannabina*）提取的植物胶为半乳甘露聚糖胶。这类胶被广泛用于纺织、造纸、印染、涂料和食品加工等方面。在石油钻探、开采和选矿中作用很大；也可用于制造浆状炸药。

果胶（果胶质），广泛存在于植物果实、茎叶和皮中的胶体物质，为细胞壁的组成部分，是D-半乳糖醛酸环构成的直链多糖。广泛用于食品工业作添加剂，具有调和、增稠、乳化和胶凝作用，是制作果酱、果冻、蔬菜汁、饮料及糖果的安全、无毒添加剂。

ii. 鞣质（tannins）植物：鞣质即单宁，多元酚苯基丙烷化合物，主要存在于植物根部、皮、木材和果实的细胞液中。鞣质是一种具有收敛性的非结晶体，分为水解性鞣质（没食子酸类）和缩合性（儿茶酚类）鞣质两大类，前者如五倍子鞣质、花香果鞣质、橡碗鞣质、薯莨鞣质、咖啡鞣质和诃子鞣质等；后者如儿茶鞣质、荆树皮鞣质、红树皮鞣质、木麻黄鞣质、红根鞣质、云杉鞣质和落叶松鞣质等。

鞣质在纺织、印染、制革工业上广泛应用；在墨水制造、硬水软化、锅炉除垢、石油化工、气体脱硫以及陶瓷、建筑、农药和医药方面也有应用。添加在茶叶、咖啡、可可和葡萄酒中，能产生特别风味。

在我国，鞣质主要存在于壳斗科（Fagaceae）的栎属（*Quercus*）、椎栗属（*Castanopsis*）、栗属（*Castanea*）、青冈属（*Cyclobalanopsis*）和水青冈属（*Fagus*）植物的果苞、果实和树皮，蔷薇科蔷薇属如山刺玫（*Rosa davurica*）、悬钩子属（*Rubus*）、委陵菜属（*Potentilla*）和地榆属（*Sanguisorba*）植物的根以及化香树（*Platycarya strobilacea*）的果实中。

iii. 树脂（resin）类植物：是一类高分子化合物组成的复杂混合体。常存在于植物的树脂细胞、树脂道、乳管或其他贮藏器官中。树脂可以根据化合物组成和性质分为树脂酸类、树脂醇类。但习惯上一般按照是否含芳香油和树胶分为香树脂类、硬树脂类和树胶树脂类，香树脂如松树脂、枫香（*Liquidambar formosana*）树脂、安息香（*Styrax tonkinensis*）树脂等，香树脂入地多年则成琥珀，硬树脂如产于东非桑给巴尔岛、塞舌尔岛的孪叶豆（*Hymenaea courbaril*）上的琥珀树脂等。

松香是树脂中最重要的一类，用途甚广，如造纸工业用的胶料和耐水剂，制皂工业的增泡剂，电器上的绝缘材料和填充物，橡胶工业上做软化剂和增弹剂等。

被子植物中最著名的树脂是漆树脂，即生漆。

中国有树脂植物资源12科20属近40种。重要的类群有松科、漆树科（Rhusaceae）、桦木科（Betulaceae）、龙脑香科（Dipterocarpaceae）、金缕梅科（Hamamelidaceae）、安息香科（Styracaceae）和藤黄科（Guttiferae）等。

iv. 橡胶（rubber）和硬橡胶（hard rubber）植物：这是一类种类不多但极为重要的工业植物资源，广泛用于交通运输，机械制造，国防设备、工业设备、建筑器材、电器、医疗设备以及日常生活品制造上。已知的橡胶制品达数十万种。除了前面提到的橡胶树（三叶橡胶）外，主要分布在山榄科（Sapotaceae）、桑科（Moraceae）、大戟科（Euphorbiaceae）、夹竹桃科（Apocynaceae）、菊科、卫矛科（Celastraceae）和杜仲科（Eucommiaceae），如银胶菊（*Parthenium hysterophorus*）、橡胶草（*Taraxacum kok-saghyz*）和印度橡胶（*Ficus elastica*）等。

3.2.1.9 能源植物

能源植物是指直接用于提供能源的植物。通常包括速生薪炭林、含糖或淀粉植物、能榨油或产油的植物、可供厌氧发酵用的藻类和其他植物等。能源植物中的化学能来源于太阳能，碳氢化合物含量较高，含硫量低，作为能源消费时不会产生大量的SO_2等污染气体，可明显减少酸雨发生的可能，并且释放的CO_2又可以被生长的能源植物重新吸收，实现CO_2的零排放。能源植物种类繁多，一般按植物中所含主要生物质的化学类别来分类，主要包括以下几类。

i. 糖类能源植物：主要生产糖类原料，可直接用于发酵法生产燃料乙醇，如甘蔗、甜高粱（*Sorghum dochna*）、甜菜等。

ii. 淀粉类能源植物：主要生产淀粉类原料，经水解后可用于发酵法生产燃料乙醇，如木薯、玉米、甘薯等。

iii. 纤维素类能源植物：经水解后可用于发酵法生产燃料乙醇，也可利于其他技术获得气体、液体或固体燃料，如速生林木和芒草（*Miscanthus* sp.）等。

iv. 油料能源植物：提取油脂后生产生物柴油，如油菜（*Brassica campestris*）、向日葵（*Helianthus annuus*）、棕榈（*Trachycarpus fortunei*）、花生等。

v. 烃类能源植物：提取含烃汁液，可产生接近石油成分的燃料，如续随子（*Euphorbia lathylris*）、绿玉树（*Euphorbia tirucalli*）、银胶菊、西谷椰子和西蒙得木（*Simmondsia chinensis*）等。

植物之于人类不仅有上述实用功能，还有丰富的文化内涵，所谓"梅令人高，兰令人幽，菊令人野，莲令人淡，春海棠令人艳，牡丹令人豪，蕉与竹令人韵，秋海棠令人媚，松令人逸，桐令人清，柳令人感。"（清·张潮《幽梦影》），这方面的著述颇多，此不赘述。

3.2.2 植物与环境

植物种群的发展、繁衍和演化依赖于环境并受到环境的高度影响，同时，植物也是环境的重要组成部分，并潜移默化地改变着其周围的环境，因此植物与环境之间既相互依存，又相互影响，这种生态学上植物与环境关系的研究多注重植物个体、群体与所在微环境、生境和大环境以及相关生态因素的研究。而环境问题和环境科学之所以引起人们的重视是由于随着经济社会的发展，人类、资源和环境之间矛盾越来越突出，如何协调这些关系实现可持续发展事关人类未来。这个意义上的环境问题已经不仅仅是生态学问题，还包括了复杂的经济、社会因素。环境教育就是在此背景下开展的，以人类与环境的关系为核心，通过提高公众的环境和生物多样性保护意识，增加其对环境问题的认知，促进人和自然关系的和谐发展的教育过程。1972年，斯德哥尔摩人类环境会议是全球环境教育运动的发端，之后各国政府、有关机构纷纷组织、开展了形式多样、内容丰富的环境教育活动，并逐渐形成全球性的环境教育行动。例如1994年发布的《中国21世纪议程》、1993年6月东南亚国家联盟举办的环境教育会议、1993年9月在印度新德里举办的环境教育的全球讨论会等。

和其他机构一样，现阶段的环境教育基本上都以生物多样性和生态环境的保护为主要内容，除此以外，植物园关于植物与环境关系的研究有其自身的视角，主要集中在以下几个方面。

3.2.2.1 环境退化及其影响因素研究

除了人为的过度利用和砍伐等直接导致植物物种濒危之外，其他影响因素都是通过导致环境的退化、丧失进而引起植物濒危甚至绝灭，这方面的研究比较多，本书第5章"植物园的植物迁地保护"中将做初步的交代，在此不赘述。

3.2.2.2 珍稀濒危植物、致危生境的保护、重建和回归引种

顾名思义，珍稀濒危植物是指那些珍贵、稀有或者受威胁，甚至濒临绝灭的植物种类，一般以红皮书的形式对其特征、濒危等级、现状和保护措施等加以描述。1978年，由世界各地的受威胁植物委员会（TPC）收集、提供资料，国际自然保护联盟编辑出版了第一部《植物红皮书》，收录了89个国家和地区的250种对于人类有特别重要意义和价值的受威胁植物，分为绝灭、濒危、易危、稀有、未定和欠了解5个等级，书中还介绍了植物保护的必要性和保护原则。

1991年，Mace和Lande首次提出了根据在一定时间内物种的绝灭概率来确定物种濒危等级的思想，随后的IUCN第40次理事会会议（1994年11月）正式通过了经过修订的Mace-Lande物种濒危等级，并应用在了1996年的《IUCN濒危物种红色名录》中。

Mace-Lande物种濒危等级初期定义了8个级别，之后不断修改、完善，目前已发展到3.1版，包括了绝灭（EX）、野外绝灭（EW）、极危（CR）、濒危（EN）、易危（VU）、近危（NT）、无危（LC）、数据缺乏（DD）和未评估（NE）九类，具体标准参

见第五章相关部分。

IUCN 的红色名录、物种濒危等级的划分更多地考虑到野生物种的生存状况和在一定时间内面临的绝灭风险。植物物种分布的区域性特征则反映在之后陆续出版的国家或地区红色名录中。例如，《中国珍稀濒危保护植物名录》(1987)和《中国植物红皮书》(1992)参考 IUCN 标准，将我国的野生植物划分为濒危、渐危和稀有 3 个等级。还有其他一些组织或部门从行业角度制定的物种濒危标准，总体上参照了 IUCN 物种濒危等级的划分标准，但侧重点有所不同。例如，濒危动植物种国际贸易公约（CITES 1973）管制的国际贸易野生动植物物种分别列入 CITES 附录 1、2 和 3 是根据其生物学现状和贸易现状决定的，即那些因贸易导致濒危的物种，称之为 Berne 标准。相对 IUCN 濒危物种等级标准，Berne 标准则相对宽松。列入附录 1 的物种相当于 IUCN 濒危物种等级中的濒危；列入附录 2 的物种相当于 IUCN 濒危物种等级中的易危。再比如，我国农业部和林业部后来公布的《国家重点保护野生植物名录（第一批）》(1999)则更多地考虑到植物的经济价值，尤其是作为农业、林业资源的价值。

珍稀濒危植物及其保护等级的划分标准是为了相应物种的优先保护目标而制定的，后来发现这种针对物种的保护存在一定困难。首先是需要保护的物种繁多，即使按照保护等级制定优先保护级别也无法及时、有效地进行保护；其次是植物是依赖于所生存环境的，在保护植物的同时，也需要保护其生境，甚至生境保护更加重要，于是保护重点开始转移到生境保护、生态恢复或重建以及回归引种上来。

所谓致危生境，意指导致物种濒危的生境，该生境由于前面已经交代的诸多原因之一或多个因素的共同影响使得其中物种的适合度下降，并逐渐濒危。在这种情况下，就地保护策略只能是生境恢复（habitat restoration），例如自然保护区建设，在恢复到以前的生境条件后再结合迁地保护进行回归引种，进而重建珍稀濒危植物种群和群落。

这里提到的生境恢复不同于下面即将提到的迁地保护生境的营建，首先它是一种自然生境的修复，即自然再生（龟山章，2011）；其次，它是针对某个或者某一类受威胁物种生境的修复；最后，它是立足于自然生态过程的修复，而非过分的人工干预和经济投入（Whisenant, 2008）。例如，回归引种（reintroduction）就可以被作为一种生境修复的方式，虽然回归引种也是保护目标之一。但需要注意的是，由于生态系统错综复杂的关系，这种针对特殊物种的生境修复和前面提到的针对物种的保护一样，往往也是比较困难的，需要和整个生态系统的修复联系在一起进行才更为有效。

虽然都具有“恢复和发展”的内涵，即使原来受到干扰或者损害的系统恢复到可持续发展的状态，以实现永续利用的目的，但国内外许多学者从不同的角度对这些概念作了不同的理解和认识，有时甚至是混乱的，需要进一步厘清。总体上，恢复生态的这些术语和概念含义上是有所区别的：

生态恢复（ecological restoration）：是指对受到干扰、破坏的生态环境进行修复，使其尽可能恢复到原来的状态。

生态复垦（ecological reclamation）：是指将被干扰和破坏的生境恢复到使它原来定居的物种能够重新定居，或者使原来物种相似的物种能够定居。

生态修复（ecological rehabilitation）：是指根据土地利用计划，将受干扰和破坏的土地恢复到具有生产力的状态，确保该土地保持稳定的生产状态，不再造成环境恶化，并与周围环境的景观（艺术欣赏性）保持一致。

生态重建（ecological reconstruction）：是指通过外界力量使完全受损的生态系统恢复到原初状态。

生态改建（renewal）：是指通过外界的力量使部分受损的生态系统进行改善，增加人类所期望的人工特点，减少人类不希望的自然特点。

回归引种是迁地保护的目的之一，是将迁地保护的受威胁物种重新释放到适合的野生生境，并结合前面提到的生境恢复等重建该植物种群的方法，因为该物种原本就是该生物环境的一部分，因此也可以被作为生境恢复措施之一。需要指出的是，回归引种并非一定回归到其原来所在的地理位置，因为该处的生境有时是无法恢复的。

3.2.2.3 迁地保护和迁地保护生境的营建

要使受威胁植物在植物园及其他迁地保护场所得到有效的保护，除了前面提到的取样策略等要求之外，首先要考虑的是选择一个适合的迁地保护生境。由于大多数植物园地理位置和规模的限制，这种生境并非总是天然存在的，除了需要慎挑细选之外，往往还需要适度的人工协助营建，例如贺善安等（2007）、廖盼华等（2014）通过对南京中山植物园南方红豆杉（*Taxus wallichiana* var. *mairei*）迁地保护种群的研究认为，在植物园内选择与其自然生境类似的次生生物群落环境有利于该物种的迁地保存。理论上，所有生境和生态修复技术都适合于迁地保护生境的营建，但遗憾的是这类研究还相当的匮乏。

3.2.2.4 退化生境的生态恢复技术研究

退化生境指受到各类自然、人为因素影响已经不能满足其所承载的生物群落生存发展需要的生境。利用生态系统的自我调节和恢复能力，辅以人工措施，使遭到破坏的生态系统逐步恢复到原来状态的过程，则称为“生态恢复”。

作为生态学中一个独立分支，恢复生态学及生态恢复技术研究是20世纪80年代以来随着环境问题的日益严重才逐步发展起来的，而且是和植物园紧密联系的。世界上最早的生态恢复项目可以追溯到利奥波德教授在美国威斯康星大学麦迪逊校区的威斯康星树木园所开展的研究，1975年，约翰·阿贝（John Aber）和威廉姆·乔丹（William Jordan）教授在这里组织了首届国际恢复生态学会议，此后恢复生态学和生态恢复技术，尤其是商业性的生态恢复工程迅速发展起来。

1911年，景观规划师约翰·诺伦（John Nolen）倡议建立威斯康星大学树木园。1925年，狂热的保护主义者、时任麦迪逊公园和娱乐促进协会（the Madison Parks and Pleasure Drive Association）法律顾问的米歇尔·奥尔布里希（Michael Olbrich）在协助筹建麦迪逊公园的过程中，再次建议创建大学树木园，为野生生物提供一个避难所，为土著印第安人提供一块保护地，并开展林业保护实验，重建威斯康星城市化之前的历史景观。1927年，奥尔布里希说服了大学董事会协助购买土地，但直到1932年4月才获得初步的246英亩（约合100 hm^2）的土地。

1934年，树木园的土地扩大到500英亩（约合202 hm^2），树木园负责研究的主任利奥波德开始规划将树木园重建为欧洲人殖民以前的景观和植物群落，例如高草草原和橡树稀疏草原，从而创立了恢复生态学的原型。

现在树木园已经拥有1 200英亩（约合486 hm^2）的土地和散布在威斯康星州的其他地块。几十年来，树木园一直管理着这块最早的恢复草原和其他的恢复生态系统，同时也在不断努力恢复或创造历史生态群落。

除此之外，和其他植物园一样，该树木园也有丰富的，具标识并进行公园式展示的园艺收集，这些收集以乔木、灌木等木本植物为主，成为威斯康星州最大的木本植物收集中心，例如紫丁香园、松柏园等很早就是树木园的一部分了。

生态恢复一般包括以下部分或全部步骤。

i. 恢复点评估：待恢复点现状的全面评估是决定采取何种恢复措施的基础，这个过程中，应明晰干扰因子以及阻止或逆转它们的方法。

ii. 规划项目目标：执行者也许需要考察参考地点（附近相似条件的自然环境条件）或查询干扰发生之前的历史资料的细节以帮助制定恢复目标。这些目标还包括确定哪些是最适合现在或将来气候条件的植物种类。

iii. 消除干扰源：成功的修复必须首先消除干扰因子，例如停止采矿、耕作，限制草原放牧，从土壤或沉积物中清除有毒物质和根除外来入侵植物等。

iv. 恢复过程 / 干扰循环：有时恢复一些重要的生态过程，如自然洪水或山火，就足以恢复生态系统的完整性。在这种情况下，那些能够忍受或需要这种自然干扰机制的乡土动植物就会自然回归而无须人为实施恢复。

v. **复原基质：**包括复原以前的土质或化学特征、水文状况或以水质为目标的活动等。

vi. **恢复植被：**在很多情况下，修复活动涉及直接的植被恢复。一般情况下，乡土物种是最适合本地环境条件的，可以采集具有足够遗传代表性的种子、插条来进行植物种群或群落重建。

vii. **监测和管理：**对恢复点进行长期监测对于检验是否达到恢复目标是非常必要的，可以为将来的管理提供决策依据。通过对恢复点的观察可以发现并掌握如何清除季节性杂草等，对确保项目的长期成功是必需的。理想情况下，恢复项目最终会获得一个将来无须人工干预、可持续的生态系统。

虽然世界上所有的生态系统类型都是恢复目标，但实际上，生态恢复的重点还在于那些受人为影响最严重或者最脆弱的部分，例如湿地、草地、草原、热带雨林和土壤等。

3.2.2.5 休憩环境的营造

与纯自然景观不同，植物园还是一个对公众开放的机构，具有为游客提供一个优美的休憩环境、展示相关的园艺技术和园艺产品的功能，因此休憩环境的营造也非常重要。

3.2.2.6 农林（牧）复合种植

可持续的植物与环境关系在农业上应用的模式是农林复合种植和循环农业。由于循环农业还涉及加工等工业技术应用，不在植物园科普教育的范围。农林复合种植是指把多年生植物与传统农作物在同一块土地上进行复合栽种，以提高土地、空间、光、温、水和肥料利用率，增加边际土地产出的种植业方式。除了增加农业效益以外，复合种植业之所以受到推崇，更重要的在于它是一种可持续、低碳的农业经营方式，有利于改善传统种植业的环境条件和提供更加安全的农产品。根据不同农区的特点，有林粮间作、林牧间作、林副间作、林药间作、林菜间作以及林渔复合型、林渔副复合型等不同的复合种植模式。

3.3 植物园的科普设施和科普产品

广义上，植物园的一切场所和设施都可以作为科普设施使用。但实际上，除了植物园的专类园区（如温室区、高山植物区等）、支撑科研的标本馆、一些专业收藏设施如英国邱皇家植物园的经济植物博物馆经常兼顾科普设施的功能以外，其他设施和场所一般只作为辅助之用。因此，为了更好地履行知识传播的职责，一般植物园都还建有专用的科普设施。这些设施既有园区的露地设施，如儿童园、系统园，也有室内场馆，如科普馆，只是不同植物园对这些设施的命名不同而已。植物园的科普产品主要是指散发或者通过一定渠道发行、售卖给社会公众，用于传播植物学知识的读物、音像作品、园艺产品以及基于现代技术的科普信息平台和相关信息等。

除了那些兼用的科普设施之外，植物园的专用科普设施和科普产品可以分为以下几类。

3.3.1 植物科普场馆、博物馆

科普馆或者植物博物馆是植物园主要的室内科普场所，不同植物园的科普馆或博物馆在设计风格、展示内容和展出形式上有所区别，但一般都以植物有关的收集、收藏、展示和科学知识，尤其是植物与人类、植物与环境有关的知识宣传为主，其中植物博物馆更注重植物及其相关产品、植物学研究及其相关史料等的收集和收藏，是植物园发展方向之一。另外可能还设有多功能影视厅、操作区，下面以南京中山植物园的植物博物馆为例进行说明。

南京中山植物园植物博物馆是在原办公大楼基础上改建而来，整个建筑为民国建筑风格，共三层，每层面积都在 1 000 m^2 左右，其中第三层为主馆部分，第二层包括多功能厅、所（园）陈列室和办公区域，第一层则为临时展厅和操作区。在设计风格上要求尽量自然、现实和富于变化，同时，考虑到访问者主要是中小学生，因此，也要结合现代元素，增加互动效果。要求采用动态的、序列化的、有节

奏的空间展示形式，这既体现在展示内容上：从“植物的起源与演化”开始，到“植物与生态文明”结束，提示植物演化与利用的历史，也是学科发展的过程；也体现在展出形式上：远古的朴素与荒蛮，现代的华丽与进步。游线设计同样也要考虑这一点，要使观众尽量不走或少走重复的游线，尤其是避免重点区域内重复。

安全性是植物科普馆的另一重要要求，要保障展示环境的安全性。尤其是在大型展览举行期间，展览馆的人流可能相当密集，人和物的安全性就需要得到重点关注。另外，消防设施、应急通道等都要充分考虑。

在设计定位上，考虑到南京中山植物园是我国华东地区的植物科学研究中心，主要以多种形式展示植物有关的收集、收藏及植物学知识，其中的植物材料当以华东植物区系成分为主。

主展区包括6大部分：序言（门厅）、植物的起源与演化、植物与人类、植物与生态文明、奇妙的植物世界和结束语。每个部分又分为若干小部分。

第一部分：序言（门厅）

入口设计要求达到两个效果：一是要引人入胜，

图3–3　南京中山植物园植物博物馆“绿色之源”主题雕塑（摄影 秦亚龙）

雕塑主体由两部分融合而成，也具有两个相辅相成的寓意：外围圆形不锈钢部分代表植物体最基本的组成部分——细胞，其中的圆孔寓意液泡或者水滴构成的水环境；中间为黄铜塑造的植物基本器官之一——叶片，也似一叶扁舟。二者融合，既象征着植物与环境，尤其是水环境的密切关系，又似漂浮在大海上的诺亚方舟，这正是以保护植物为己任的植物园的另一个称谓。

二是作为整个植物博物馆的序言部分，让来访者对整个植物博物馆有概括的了解。

第二部分：植物的起源与演化

用从原核生物开始的进化树及进化年表展示植物起源与演化的概貌，作为本部分的序言，可概括介绍菌藻时代、（盲支：苔藓植物）、裸蕨时代、蕨类植物时代、裸子植物时代、被子植物时代。然后按照时间序列进行逐步展示，每个部分主要介绍进化地质年代、生存环境、进化假说、进化路线和主要进化特点，并以图示方式展示主要的化石发现。

第三部分：植物与人类

自从人类诞生的那一天起，植物就为人类的吃穿住行提供了条件，营造了环境。因此，植物与人类的关系是植物博物馆展出的重要内容，主要介绍与人类吃穿住行有关的各类植物及其驯化过程，其中以华东地区地带性植物为代表进行图示。

展示内容包括植物及其多样性、主要保护措施（就地保护、迁地保护）、植物园在植物多样性和植物资源保护方面的作用和价值、世界植物园名园介绍、华东地区的主要自然保护区、植物与生态建设、植物文化［包括植物与宗教、植物与文学（作品）、植物与民族文化、世界国花、中国省（市）花］等。

第五部分：奇妙的植物世界

主要介绍世界上特殊的类群或种类，如食虫植物，耐极端环境的植物，特殊形状、特殊味道（如臭花、臭牡丹）、特殊颜色（如金花茶、黑郁金香等）、特殊用途（如红木、醉鱼草、罂粟等）以及其他具有特殊性的植物等，主要以植物之最的形式进行展出。

第六部分：结束语

3.3.2 科普画廊、宣传橱窗与关照牌

在人群比较集中的地方可以设置科普画廊、宣传橱窗用来展示植物多样性、植物与环境、植物与人类等方面的知识。不同于科普馆、博物馆的是，这里展出的内容和形式可以随时更新，或者配合科普活动进行专题展出，或者按照季节进行展示，形式多样、内容多变、常换常新。温馨的关照牌可以

缩短管理者和游客之间的距离，使文明游园成为一种自觉的行动。这些关照牌的内容可以是文字，如“花在叮咛，保持洁净；草在提醒，注意卫生”，也可以是图片，如图 3-4 所示。

图 3-4　日内瓦植物园（Conservatory and Botanical Garden of the City of Geneva）的关照牌（上）和说明牌（下）

3.3.3 导游系统、指示标牌

导游系统和指示标牌是科普设施的重要组成部分。植物铭牌是植物园植物信息管理的方式之一，也可提供有价值的科普信息，除了管理用的登记标签、身份标牌和二维码之外，设置说明牌的主要目的就是给游客提供更多信息。

3.3.4 科普园区以及专类园配套科普设施

不以植物本身的相关属性分类，而以服务的对象或提供服务的主题分类的另外一类园区，主要用于公众和科普教育，在本书中我们把它叫做主题园（thematic garden），即围绕一个主题介绍有关植物学知识的园区，这类常见的园区包括：

1）**系统园**　按照某一个分类系统进行栽植，介绍植物分类与系统演化知识的园区。例如南京中山植物园的系统分类园是按照 Bessey 系统设计建设的。

2）**青少年科技园、儿童园**　是专门为少年儿童建设的益智园区，多以青少年、儿童喜闻乐见的形式介绍生活中常用的植物学知识，如农作物的驯化与栽培、草药的有关知识等等。

图 3-5　布鲁克林植物园探索发现园（摄影　郗厚诚）

布鲁克林植物园儿童园建于 1914 年，重在通过幼年的启蒙教育、可持续实践活动和管理促进城市绿化。植物园鼓励青少年成为社区园艺和保护活动的实践者而非旁观者。在这里，2~17 岁的孩子可以在园丁的指导下亲手种植作物、花卉并管护和收获它们，从中获得快乐。大些的孩子可以参加园区开设的与造园有关的课程，并成为年幼的孩子们的指导者，每年有超过 1 000 名少儿在儿童园从事相关活动。

3）**盲人植物园**　是专门为盲人设计建设的，除了一般园区的内容之外，主要增加了盲文、语音等导盲设施和设备，可以方便盲人借助这些设施了解相关的植物学知识，感受植物世界的趣味。随着技术的进步，也可以采用诸如基于物联网技术的电子导盲终端等新的技术，为盲人提供更加便捷的导盲方式和更加丰富的信息。

4）**家庭园艺示范园**　主要展示和介绍庭院、家庭布置用的园艺品种、园艺技术和园林器械以及家庭园艺布置的方式，丰富家庭园艺的品种，提高所在社区家庭园艺的水平。

除此之外，其他植物专类园区可以结合园区各自特点，配备相应形式和内容的科普设施、设备和小品等，以发挥其辅助科普园地的作用。例如在树木园设置年轮、木材有关知识的介绍，在珍稀濒危植物园设置生物多样性保护有关知识的介绍等。这样就形成了室内科普展馆、主题科普园区和辅助科普园区相结合的完整科普场地。

图 3-6 园区的科普设施
西双版纳热带植物园棕榈园内的露兜舫（上）和韩国国立树木园（Korea National Arboretum）内的年轮（下）

3.3.5 科普读物和音像制品

科普读物和音像制品是两类常见的传统科普产品，其图文并茂，生动活泼的形式和通俗易懂的内容一直受到游客的喜爱。例如BGCI出版发行的《根》（*Roots*）、英国邱园出版的《邱园斑斓的野生生物》（*Heather Angel's Wild Kew*）等。

图 3-7 《根》（Roots）

《根》是BGCI出版的关于植物园环境和生物多样性教育的综述性科普期刊，创立于1990年，也就是BGCI创立3年以后。为半年刊，内容涵盖教师培训、科普讲解、可持续发展的研究和教育、艺术和技术等等。

图 3-7 为 2015 年出版的十二卷第一期："植物园的大众市场开发"（*Marketing to Bring Your Garden to the Masses*），主要介绍了三大洲植物园不同的市场化策略的案例研究，以帮助植物园吸引更多游客，与主要利益攸关方建立关系和增加财政收入等。

3.3.6 园艺产品

植物园园艺产品包括盆栽、盆景和其他的微型植物、微缩植物景观，用植物材料加工、创作的作品，如压花、干花，用果实、根制作的工艺品以及以植物为主题的其他形式的艺术品等，这些也是非常好的科普产品和旅游纪念品，比较受游客欢迎。

图 3-8 布鲁克林植物园商店销售的
苔藓微景观生态瓶（左）和银质禾草种子耳环（右）

图 3-9 邱皇家植物园商店销售的
兔尾草（*Lagurus ovatus*）种子（左）和向日葵种植盒（右）

3.3.7 科普信息平台

现代信息技术尤其是网络技术的发展，为科普知识的传播提供了一条快速、便捷和受众面广的科普知识传播渠道。植物园除了专业的数据信息平台可以提供这类服务外，还可以在此基础上建设专门的科普信息平台以及微信、微博等现代信息传播方式。

3.4 植物园的科普活动和活动组织

科普活动和科普活动的组织是植物园最主要的科普教育形式之一。科普活动是有组织的活动，因此优秀的科普活动自然也离不开一支优秀的科普队伍和有关科普组织的协助。

3.4.1 植物园的科普活动

科普活动有不同的形式、内容和主题，根据科普活动形式的不同可以将其分为以下几类：

（1）科普讲座

科普讲座是一人主讲，其他人作为受众或参与者在一个相对固定场所进行的一对多的科普教育方式。讲座的主题一般都是围绕着社区居民、学生等社会公众的需求而开展。例如“家庭插花技术”“家庭养花技术”“庭院花卉布置和园艺管理”以及“室内污染与家庭养花”等。也可以是与植物有关的社会公益性主题，以唤起民众的广泛参与，例如“植物多样性与生物多样性保护”“植物与雾霾”和“植物与环境修复”等。科普讲座的形式可以灵活多样，以增加受众的真实感受和理解为主要目标，可以在植物园的科普场所进行，也可以走进社区、学校。此外，科普讲座还可以和中小学的课程教育相结合，作为学校教材的补充。

（2）科普活动

相对于本节标题中的“科普活动”而言，这里说的科普活动是个狭义的概念，指的是围绕一定目的开展的，以参与性、实践性为主要特征的科普教育形式，如夏（冬）令营、南京中山植物园在花展期间与紫金山天文台共同举办的赏花和观天象同时进行的科普活动“花海星空”、结合植树节开展的栽种纪念树的活动等等。由于植物园在活动场所、活动材料和师资队伍方面具有便利性，这也是植物园最常见的科普教育形式。国外植物园大都定期发布相关活动的信息，组织丰富多彩的科普活动，最具特色的科普活动如邱园定期举办的保护生物学、植物科学和园艺学的有关课程，密苏里植物园专门为家庭园艺提供的专业服务和咨询，长木植物园的K-8项目以及国内上海植物园定期举办的“家庭园艺DIY”活动等。

图3-10 长木植物园正在举办的K-8项目之一，在园区开办的野外课堂

（3）科普展览

科普展览是以实物、图文等方式在室内或室外进行展出，供公众进行静态自主学习、欣赏的科普教育形式。例如南京中山植物园每年定期举行的生肖植物展、野菜展、红叶摄影作品展等等。植物园举行的传统花事活动也起到了科普展览的作用。科普展览的特点是直观性强，因而也是一种比较常见的科普教育形式，缺点是传播是相对单向的，缺乏互动。

（4）科普宣传

科普宣传是通过广播、报纸、杂志等传统媒体和电视、网络、微博和微信等现代媒体形式，以声音、图像和视频等方式开展的科普教育形式。由于受众广泛，不受天气、场地等原因限制，正迅速成为最主要的科普教育形式之一。缺点是除网络媒体外，大都是单向传播的，互动性较差。

（5）科普竞赛

对于一些趣味性差、参与性不高的教育内容，可以采用科普竞赛的方式以提高趣味性，增加参与性。除了一些大型的竞赛类项目，竞赛很少单独举行，一般是和其他活动一起举办，更多时候是被作为一种评估科普活动效果的手段。

3.4.2 植物园的科普组织

（1）科普队伍

植物园的科普队伍由专职科普人员和相关的专业人员、园区管理人员等兼职人员共同构成。国外著名植物园和国内一些大型植物园如西双版纳热带植物园，都配备有比较强大的科普队伍，多的可达40~50人。

（2）志愿者和“植物园之友”组织

植物园的志愿者大部分是植物爱好者，是植物园科普活动、园区建设的一支辅助力量。志愿者来源不一，专业背景有别，他们之中不乏一些热情较高、园艺水平也较高的人士，部分可能还是某个方面的专家，具有丰富的实践经验，可以在科普和园区建设方面发挥很大作用。整体上，志愿者队伍的素质取决于社会的整体素质。西方国家志愿者（尤其是老年志愿者）组织的水平比较高，在植物园的科普和园区建设上发挥了积极的、建设性的作用。反之，植物园也为志愿者，尤其是孩子和老年人提供了一个活动、休憩的场所。志愿者既是科普活动的对象，也是植物园科普活动的承担者，甚至是组织者。目前，我国人口老龄化速度正在加快，老龄人群迅速扩大，如何为老年人群提供一个发挥余热、颐养天年的场所，引导他们在植物园建设、科普等方面发挥积极的、正面的作用是我国植物园应该承担的社会义务之一，这也是植物园理应提供的公益服务之一。随着我国这些年社会、经济的发展，全社会受教育水平、公民素质都有了比较大的提高，一个以老年人为主体，素质不断提升的潜在志愿者队伍正在形成，将在我国植物园未来的发展中发挥积极的作用。

国外植物园大都建有“植物园之友”组织，这是一个由植物及植物园爱好者组成的非营利组织，而且有时非常庞大，如芝加哥植物园（Chicago Botanic Garden）“植物园之友”组织有14 000多人，年贡献游客50万人次（贺善安，2005），在宣传植物园的使命、园区的日常维护和公众科普教育等方面都在发挥着积极、有效的作用。

植物园面对公众，既要普及上述植物科技知识，还要关注与植物有关的文化、历史、习俗、信仰等文化方面的内容。“植物文化”要比植物知识的概念广得多，既涉及药用植物学、植物分类学、植物地理学等植物学有关的传统学科，也涉及民族植物学、自然美学、环境伦理论学等与传统文化、博物学有关的内容，甚至后者更为公众所喜闻乐见（刘华杰，2017），与此有关的则是更为广泛的博物学收集（Natural History Collections, NHC）。

参考文献

Whisenant S G, 2008. 受损自然生境修复学［M］. 赵忠，等，译. 北京：科学出版社.

龟山章，2011. 自然再生：生态工程学研究法［M］. 桂萍，译. 北京：中国建筑工业出版社.

贺善安，李新华，彭峰，等，2007. 南方红豆杉迁地保护小种群动态的研究［J］. 植物资源与环境学报，16（1）：35-39.

贺善安，2005. 植物园学［M］. 北京：中国农业出版社.

黄宏文，段子渊，廖景平，等，2015. 植物引种驯化对近500年人类文明史的影响及其科学意义［J］. 植物学报，50（3）：280-294.

（北魏）贾思勰，2009. 齐民要术译注［M］. 缪启愉，缪桂龙，译注. 上海：上海古籍出版社.

李国强，2015. 中国北方旧石器时代晚期到新石器时代早期粟类作物的驯化起源研究［J］. 南方文物（1）：93-108.

廖盼华，汪庆，姚淦，等，2014. 南方红豆杉迁地保护小种群适应性进化机制研究［J］. 热带亚热带植物学校，22（5）：471–478.

刘华杰，2017. 从博物学视角推进植物园的植物文化传播［J］. 生物多样性，25（9）：938–944.

陕西中医学院，1988. 中国医学史［M］. 贵阳：贵州人民出版社.

王荷生，1992. 植物地理学［M］. 北京：高等教育出版社.

吴加安，1989. 略论黄河流域前仰韶文化时期农业［J］. 农业考古（2）：118–125.

武素功，2008. 中国植物区系分区［C］// 吴征镒，孙航，周浙昆，等. 中国种子植物区系地理. 北京：科学出版社：52.

许再富，1998. 稀有濒危植物迁地保护的原理与方法［M］. 昆明：云南科技出版社.

杨晓燕，葛威，刘东升，等，2005. 粟、黍和狗尾草的淀粉粒形态比较及其在植物考古研究中的潜在意义［J］. 第四纪研究，25（2）：24–27.

俞为洁，徐耀良，2000. 河姆渡文化植物遗存的研究［J］. 东南文化（7）：24–32.

赵志军，2014. 中国古代农业的形成过程——浮选出土植物遗存证据［J］. 第四纪研究，34（1）：73–81.

Cannon C H, Kua C S, 2017. Botanic gardens should lead the way to create a “Garden Earth” in the Anthropocene［J］. Plant Diveristy, 39（6）: 331–337.

Chatelain C, Gautier L, Challmander M W, et al, 2011. The African Plant Database: integrating data from different sources［C］//Abstract Book of XⅧ International Botanical Congress. Melbourne: IABMS: 311.

Colburn T C, 2012. Growing gardens: botanical gardens, public space and conservation［D］. San Luis Obispo: California Polytechnic State University.

Cook R E, 2006. Botanical collections as a resource for research［J］. Public Garden, 1: 19–21.

Crane P R, Hopper S D, Raven P H, et al, 2009. Plant science research in botanic gardens［J］. Trends in Plant Science, 14（11）: 575–642.

Cruse-Sanders J, Radcliffe C, Bucalo K, et al, 2017. The role of botanic gardens and partnership in plant conservation in the changing landscape of the southeastern United States of America［C］//Abstract Book of XIX International Botanical Congress. Shenzhen: IABMS: 1.

De Candolle A, 1885. Origin of cultivated plants［M］. New York: Appleton.

Donaldson J S, 2009. Botanic gardens science for conservation and global change［J］. Trends in Plant Science, 14（11）: 608–613.

Dosmann S M, 2006. Reseach in the garden: Averting the collections crisis［J］. The Botanical Review, 72（3）: 207–234.

Freeland C, 2011. Biodiversity Heritage Library: A global resource for open access scientific literature［C］//Abstract Book of XⅧ International Botanical Congress. Melbourne: IABMS: 331.

Galbraith D, 2017. Twenty years of ecological restoration of wetland habitats by Royal Botanic Gardens（Ontario, Canada）［C］//Abstract Book of XIX International Botanical Congress. Shenzhen: IABMS.

Goderfroid S, 2017. How botanic garden can contribute to ecological restoration—An example from Belgium, Botanic Garden Meise［C］//Abstract Book of XIX International Botanical Congress. Shenzhen: IABMS.

Graham A, 2017. The role of land bridges, ancient environments, and migrations in the assembly of the North American flora［C］//Abstract Book of XIX International Botanical Congress. Shenzhen: IABMS: 104.

Hahns A K, McDonnell M J, McCarthy M A, et al, 2009. A global synthesis of plant extinction rates in urban areas［J］. Ecology Letters, 12: 1165–1173.

He S, 2017. Phytogeographic affinities of the moss flora of China relative to those of North America, Japan, and mainland Southeast Asia［C］//Abstract Book of XIX International Botanical Congress. Shenzhen: IABMS: 174.

Hewitt N, Klenk N, Smith A L, et al, 2011. Taking

stock of the assisted migration debat [J]. Biological Conservation, 144 (11) : 2560–2572.

Heywood V H, 2017. Plant conservation in the Anthropocene—Challenges and future prospects [J]. Plant Diveristy, 39 (6) : 314–330.

Hooker J D, 1854. Himalayan Journals, or Notes of a Naturalist [J]. Kew, 1: 5.

Hulme P E, 2011. Addressing the threat to biodiversity from botanic gardens [J]. Trends in Ecology and Evolution, 26 (4) : 168–174

Jefferson L V, Pennacchio M, Havens K, et al, 2008. *Ex situ* germination responses of Midwestern USA prairie species to plant-derived smoke [J]. American Midland Naturalist, 159 (1) : 251–256.

Khew G S, Chia T F, 2011. Parentage determination of *Vanda* Miss Joaquim (Orchidaceae) through two chloroplast genes rbcL and matK [C]//Abstract Book of XⅧ International Botanical Congress. Melbourne: IABMS: 471.

Linnaeus C, 1753. Species plantarum [M]. Stockholm: Laurentius Salvius.

Liu L, Fieldb J, Fullagarc R, et al, 2010. A functional analysis of grinding stones from an early Holocenesiteat Donghulin, North China [J]. Journal of Archoeological Science, 37 (10) : 2630–2639.

Löhne C, Schomaker K, Stevens A D, 2011. Ways of reducing the climate footprinter of a botanic garden [C] //Abstract Book of XⅧ International Botanical Congress. Melbourne: IABMS: 225.

Lu X, Siemann E, He M, et al, 2017. A biocontrol agent may benefit a native plant in competing with an invasive plant under warming climate [C]//Abstract Book of XIX International Botanical Congress. Shenzhen: IABMS: 323.

Ma K P, Liu B, Wang H F, et al, 2017. Mapping Asia plants [C]//Abstract Book of XIX International Botanical Congress. Shenzhen: IABMS: 14.

Maunder M, Higgens S, Culham A. 2001, The effectiveness of botanic garden collections in supporting plant conservation: a European case study [J]. Biodiversity and Conservation, 10 (3) : 383–401.

Menz M H M, Dixon K W, Peakall R, 2011. Comparative movements of sympatric common and rare wasp pollinator and implications for pollen flow in sexually deceptive orchids [C]//Abstract Book of XⅧ International Botanical Congress. Melbourne: IABMS: 398.

Minelli A, 1995. The Botanical Garden of Padua 1545–1995 [M]. Venice: Marsilio.

Muller J, 2017. The Millennium seed bank partnership: A global seed conservation network [C]//Abstract Book of XIX International Botanical Congress. Shenzhen: IABMS: 49.

Neaves L, Hollingsworth P, 2017. Using meta-barcoding to investigate bamboo diversity and plant/animal interactions [C]//Abstract Book of XIX International Botanical Congress. Shenzhen: IABMS: 96.

Oyama E, Uematsu C, Oohara T, 2011. Relationships between three flowering cherry cultivars bearing green flower [C]//Abstract Book of XⅧ International Botanical Congress. Melbourne: IABMS: 477.

Pedlar J H, Mckenney D W, Aubin I, et al, 2012. Placing forestry in the assisted migration debate [J]. Bioscience, 62(9): 835–842.

Pitman N, Jørgensen P M, 2002. Estimating the size of the world's threatened flora [J]. Science, 298 (5595) : 989.

Raven P H, 1981. Research in botanic al gardens [J]. Botanische Jahrbücher fur Systematik, 102 (1–4) : 53–72.

Raven P H, 2006. Research in botanical gardens [J]. Public Garden, 21 (1) : 16–17.

Ren H, Zeng S, 2011. Community ecology and reintroduction of *Tigridiopalma magnifica*, a rare and endangered herb [C]//Abstract Book of XⅧ International Botanical Congress. Melbourne: IABMS: 21.

Rice P F, 1972. Proceedings of the symposium on a national botanical garden system for Canada [C] . Hamilton: Royal Botanical Gardens: 33.

Rymer P T, Offord C, Weton C, et al, 2011. Plastic and adaptive response to climate gradients in waratahs (*Telopea*, Proteaceae)[C]//Abstract Book of XⅧ International Botanical Congress. Melbourne: IABMS: 43.

Sacchi C S, 1991. The role and nature of research at botanic gardens [J]. Public Garden, 6: 33–35.

Sakai A K, Allendorf F W, Holt J S, et al, 2001. The population biology of invasive species [J]. Annual Review of Ecology & Systematics, 32(1): 305–332.

Secretariat of the CBD, 2009. The Convention on Biological Diversity Plant Conservation Report: a review of progress in implementing the Global Strategy of Plant Conservation (GSPC)[R]. Montreal: Secretariat of the Convention on Biological Diversity.

Smith A B, Albrecht M A, 2013. Botanical gardens as networks for "chaperoned" assisted migration of the world's flora [R]. Portland: ESA Convention.

Steere W C, 1969. Research as a function of a botanical garden [J]. Longwood Programe Seminars, 1: 43–47.

Thuiller W, Lavorel S, Araújo M B, et al, 2005. Climate change threats to plant diversity in Europe [J]. Proceedings of National Academy of Sciences of United States of America, 102 (23) : 8245–8250.

Vitt P, Havens K, Kramer A T, et al, 2010. Assisted migration of plants: changes in attitudes [J].Biological Conservation, 143 (1) : 18–27.

Vitt P, Belmaric P N, Book R, et al, 2016. Assisted migration as a climate change adaptation strategy: lessons from restoration and plant reintroductions [J]. Israel Journal of Plant Sciences, 63 (4) : 250–261.

Vorontsova M S, 2011. Can Grass-Base grow into an international data repository for the evolving classification of grasses? [C]//Abstract Book of XⅧ International Botanical Congress. Melbourne: IABMS.

Walls R L, 2010. Hybridization and plasticity contribute to divergence among coastal and wetland populations of invasive hybrid Japanese knotweed *s.l.* (*Fallopia* spp.)[J]. Estuaries & Coasts, 33 (4) : 902–918.

Wang Y Q, Zhang D X, Renner S S, et al, 2004. Botany: A new self-pollination mechanism [J]. Nature, 431: 39–40.

Watson G, Heywood V, Crowley W, 1993. North American botanic gardens [J]. Horticulture Review, 15 (1) : 1–6.

Watson M, Miller C, Ulate W, et al, 2017. World flora online—technology & techniques to create a comprehensive data portal for all plants [C]//Abstract book of XIX International Botanical Congress. Shenzhen: IABMS: 55.

Wyse Jackson P, 2011. Progress in implementing the Global Strategy for Plant Conservation [C]//Abstract Book of XⅧ International Botanical Congress. Melbourne: IABMS.

纽约植物园家庭园艺中心（摄影　郗厚诚）

第 4 章　植物园的景观建设和园艺展示

中国古典园林深受山水画及其画论的影响，倡导师法自然，所谓“山得水而活，得草木而华”，以“收四时之烂漫”。更加注重植物单体或群丛的形、色、质等入画特征，偏重于植物的形态美和文化内涵。这与对现代植物园影响最大的英国式园林更加重视植物的自然美、色彩美和群体美的审美价值取向对比鲜明。19 世纪以来，随着英国式园林、现代城市公园体系和植物园风靡全球，世界园林史告别古典主义进入现代园林时代，把过去孤立的、内向的园林转变为开放的、外向的整体城市环境，从“城市花园”转变为“花园城市”，植物园也转变为公众游览、休憩的场所，造园也不再仅仅是一门艺术，而成为科学和艺术的综合体，自然也对植物园的景观建设带来了一定影响。

植物园的起源与发展史充满着人类对自然奥秘、奇特植物的好奇与探索，是一部人类探索自然、利用自然、改造自然，最终与自然和谐共处的渐进认知的历史，是一部人类对植物世界从混沌无序到分门别类有序认知的过程史（黄宏文，2017），更是一部有生命的历史（Rogers, 2007）。19 世纪以来，植物园的功能日渐拓展，从最初的对自然界的认知、植物引种驯化和资源研发应用等扩大到休闲、旅游和科普教育，而且后者正趋于凸显（Kumblel et al, 2009），植物园与公园在景观艺术上正趋于同质化：植物园逐渐开放，面向社会公众提供科普旅游服务，而公园越来越多地引进植物种类，强调植物的多样性和植物景观，二者之间的界限正逐渐模糊。

景观是一个含义广泛的术语，至少有两个方面的理解：一是作为视觉美学上的概念，与“风景”同义，应该更接近中文的原意，与英文“scenery”语义相似；二是地理学和景观生态学上的概念，将景观作为地球表面气候、土壤、地貌、生物等各种组分的综合体，与英文“landscape”语义相近（Repton, 1803）。实际上，撇开东西方园林风格的不同，二者发展的脉络是相近的，西方早期的“landscape gardening”可以理解为东方园林的“造园”，两者都是以视觉美学为追求目标的。随着社会经济，尤其是城市化的发展，美国风景园林之父 F. L. 奥姆斯特德（Frederick Law Olmsted, 1822—1903）提出了“风景园林”（landscape architecture）的概念。20 世纪以后，环境问题不断显现，这一学科关注目标开始不仅限于美学，范围也不仅限于城市，于是相继出现了“景观规划设计”（landscape planning and design）和“环境规划设计”（environmental planning and design）的概念，并不断融入景观生态学的内容和方法，将规划设计主体作为一个景观整体，在研究这个整体各部分间关系的基础上，进行整体规划设计，并追求美学、生态学、自然资源管理至社会学的综合目标。这和中国早期造园思想是不谋而合的，是这种思想在范围、内容和深度上的极大拓展，因此，孙筱祥教授进一步提出了“地球表层规划”（earthscape planning）的概念，并指出，“如果‘风景园林’被误导至‘景观设计’的狭义之中，那就贬低了这个学科和行业的性质和不可忽略的重要性”（孙筱祥，2002）。遗憾的是，孙先生的预见基本是准确的，即使是以“科学内涵，艺术外貌和文化展示”为追求的植物园及其专业规划研究（张云璐，2015；张颖，2016）也没有完全脱离这些传统的桎梏，还限于景观设计之囿。

4.1 植物园景观的特征

周维权（2008）认为传统园林是为了补偿人与自然相隔离而创制的“第二自然”。美学家李泽厚也将园林理解为人的自然化和自然的人化（兰希秀，2010）。可见，他们都认为园林是人在聚居环境下的自然回归。《中国大百科全书》认为园林学“是研究如何运用自然因素（特别是生态因素）、社会因素来创造优美的、生态平衡的人类生活境域的学科”，并将园林景观划分为3个层次：小尺度范围内造园的传统园林，中尺度上城市人居环境的绿化、规划，以及大尺度上解决环境资源及土地利用等生存环境矛盾的大地景观规划。根据《园林词典》（*The Garden Dictionary*, Taylor, 1936）的定义，园林是“在一个多少闭合的地方，靠近房子植树。这个定义后来扩展到包括几乎所有的户外植物收集……，尽管如此，园林对于大部分人而言依然意味着家庭花园”。可见无论从东方还是从西方的概念来看，植物园都非传统园林，而是属于广义园林或者狭义景观的范畴，只是西方现代园林中更强调植物的收集及其景观的营造。植物园的景观建设是在活植物收集的基础上，借鉴园林的技术和手法，以园艺展示和科普教育为主要目的的景观营造活动。这可能也是有学者（余树勋，2000；贺善安，2005）提出乃至建立“植物园学”的主要原因之一。因此，植物园的景观建设应该有自己的原则和特点。这些原则和特点主要包括：

（1）自然美是植物园景观艺术的主要特征

尽管东西方古典园林艺术有着天壤之别，前者强调自然写意山水而后者着重于规整布局，现代园林也不尽相同，但在应用于植物园（早期的西方植物园除外）景观营造时，则大都归于自然。现代植物园的景观艺术风格既不同于古典的东西方园林艺术——以植物景观为主体的自然美是其主要特征，也有别于西方古典植物园的造园艺术风格——在自然美的基础上，融合了更多的文化艺术形式，已不再具有强烈的人工和民族色彩，而是形成了植物园自身略带人工修饰、以植物景观为主体、自然美为主要特征的景观艺术风格。

（2）植物景观是植物园景观的主体

与其他园林景观不同，植物园的主体是活植物收集，其景观是在以活植物收集为核心的植物专类园、主题园等基础上的艺术化，是介于公园和自然保护区、森林公园之间的一种景观形式，不仅要服务于社会公众，也要服务于植物物种保护和科学研究，因而植物景观是植物园景观的主体内容，尽管植物园的景观建设并不否认适当的硬质景观作为辅助和补充。因此，植物园景观建设需要一定的面积，多样化的地貌条件和生境。“师法自然而高于自然”的中国传统园林艺术在营造植物园景观的过程中显得比在营造其他园林形式过程中更为重要。当然，在整个过程中，也需要遵循一些造园的通用原则（如平衡与和谐、对比与协调）和技巧（如框景、借景、透景、夹景等）。

（3）活植物收集及其园艺品种、艺术和技术的展示是植物园景观的重要内容

与植物园的基本任务和功能相适应，也作为植物园科学性的主要体现方式，植物园需要展示植物的多样性以及与此相关联的园艺艺术和技术（雷维群，2011），这也是植物园区别于公园等其他园林形式的重要内容。而且，这种多样性和艺术、技术的展示要求是丰富的、综合的和科学的，不是简单的

几个品种或几项技术的摆设。其核心是活植物收集，载体是植物专类园、主题园等。

（4）地域性是植物园景观的重要特色和限制因素

植物分布是有地域性的，这与当地的土壤、气候和生态历史有关，以植物景观为主体的植物园景观因而也是有地域性的，这是一种不能被模仿的特性。尽管大部分植物园都建有温室或冷室，主要用于植物多样性的保育和展示，并辅助性地展示异域（更多的是热带）植物景观特色。其他园林形式尽管也有地域性的不同，但这主要是由文化和历史因素造成的，是可以被学习和模仿的，如西方园林中意大利的台地园、法国的“勒诺特”式园林和英国的自然式风景园林等。在这方面，早期的植物园更多地采用当地的园林艺术形式，如意大利柏吉斯植物园（Bergius Botanic Garden）的台地园（gerrace garden）、佛罗伦萨植物园（Orto Botanico di Firenze）的美第奇式园林沉园等。随着植物园的发展，这些园林艺术在植物园景观建设过程中更注重兼容并蓄，在不同国家和地区的植物园里因地制宜地发展起来（图 4-1）。

图 4-1　因地制宜的造园
塔尔萨植物园（Tulsa Botanic Garden）台地园（上），
西双版纳热带植物园南薰轩（下）

植物景观的地域性首先是植物园的特色之一。因此，很多植物园都非常注重所在植物区系植物种类的收集，建立了乡土植物专类园等，并在此基础上建设、展示相应的植物地理景观，如西方植物园中常见的欧石南专类园、岩石园等。同时，也是景观建设的限制因素之一，不利于以景观多样性为主要内容之一的植物多样性的展示。因此，可以用温室、岩石园、水生园等加以补充，并在引种驯化理论指导下注重植物资源的引种、收集。

（5）科学性是植物园建设者们一直在追求的目标

在植物园规划、设计和建设过程中，如何将科学、艺术和文化结合在一起始终是植物园的建设者所思考和追求的，这种追求也随着植物学和相关学科的发展而不断地发展着。早期植物园景观如同早期的园林一样受到宗教思想和对世界认知程度的影响，如帕多瓦大学植物园的圆形四分布局，反映了当时人们对世界平面四角的认识和早期西亚园林的影响。在植物系统学知识问世以后，植物园开始了按照系统布局的“系统圃”，如根据布尔哈夫（Herman Boerhaave, 1668—1738）系统规划的荷兰莱顿植物园，林奈在乌普萨拉大学植物园任职期间，根据自己的系统对植物园的重新布局等则反映了对植物世界静态的、经典分类的认知。18 世纪后期，随着曾被认为是静态的、固定不变的物种让位于生物进化和自然变异的思想，植物园的林奈式系统布局又逐渐为朱西厄自然系统所取代，植物园景观设计体现科学性的另外一个方向是植物生态地理和环境重建模式，例如巴黎皇家药用植物园用大块台地、缓坡来创造不同的生态地理景观（O’Malley, 1992；黄宏文，2017）。美国第三任总统托马斯・杰斐逊及其同时代的景观设计师们认为，在自然景观或模拟原始栖息地，或者至少是在近似自然的环境中观察研究植物，是植物园服务于科学研究和教学功能的最大优势。植物应与其自然群落一起被配置并展示出来，使观赏者能立即感知到它们的植物群落关系。20 世纪 50 年代以后，随着环境问题越来越突出和生物多样性保护越来越重要，乡土植物种类及其生态环境等乡土景观资源在保护和塑造植物园景观特色方面的作用也越来越受到重视（Park, 2012）。

（6）自然历史、文化是植物园景观的要素，保留和传承这些历史和文化也是植物园的任务之一

尽管近代植物园诞生于16世纪，由于植物与人类、植物与自然环境之间紧密的、不可分割的关系，植物园成为连接人类和自然历史最好的形式和渠道之一，是活着的历史（Rogers, 2007）。于是植物园越来越朝着自然历史博物馆的方向发展，活植物、标本以及其他与之有关的传统知识、图书资料、历史遗存等都成为植物园收集、保存，并用于展示、公众教育和景观建设的要素。尤其是20世纪以来，植物园越来越注重现代景观艺术和乡土历史、文化结合来营造特色，如英国近年来建设或改造的伊甸园（Yazdani et al, 2016）、威尔士国家植物园（National Botanic Gardens of Wales, Austin *et al*., 2012）和在中国兴起的神农本草园、红楼文化园、民族植物园、诗词歌赋植物园等。

（7）寓科普于植物园景观建设之中是植物园景观的重要特征

科普是植物园的基本功能之一，专类园、主题园等是植物园科普活动的场所和科普设施、设备等的主要载体，因此，在园区及其景观建设过程中都要结合相应园区的功能定位予以充分考虑，合理规划、布局。例如西双版纳热带植物园在园区结合休憩设施配置的“抽抽看”科普小桌就是很好的例子。更为通用的是植物园的标识系统，尽管其他园林也有标识系统，但植物园的标识系统除了导引科普旅游设施之外，更重要的是标明和介绍植物学知识，并且要尽可能地以自然、艺术的形式展示出来。

4.2 植物园的景观资源和景观要素

景观资源是指自然界和人类社会中具有历史和科学价值且含有美学特征的客观物质，包括自然景观资源和人文景观资源，相应地有自然天成和人工建成两种成因特色。植物园因其历史文化、地理位置、面积大小等不同而拥有不同的景观资源，但总体来看，基本的景观资源主要包括以下几类：

（1）水和水系

水景资源包括湖泊、河流、江海、溪流等多种形式，针对植物园而言，更多的是泉、溪流、瀑布、湖泊或人工开挖的池塘、沟渠等。水对植物园景观的重要性不仅仅是因为和其他园林形式一样是一种重要景观资源，而且是因为水是植物园的植物所必需的。

（2）湿地

根据1971年签署的《关于特别是作为水禽栖息地的国际重要湿地公约》的广义定义，湿地包括了沼泽地、泥炭地、湿草甸、湖泊、河流及洪泛平原、河口三角洲、滩涂、珊瑚礁、红树林、水库、池塘、水稻田以及低潮时水深低于6 m的海岸等。针对植物园而言，主要是一些小型的湿地，包括湖泊或池塘的边缘、溪流等，宜采用美国鱼类及野生动植物管理局（United States Fish and Wildlife Service, USFWS或FWS）于1979年所作的狭义定义：“陆地和水域的交汇处，水位接近或处于地表面，或有浅层积水，至少有一至几个以下特征：① 至少周期性地以水生植物为植物优势种；② 底层土主要是湿土；③ 在每年的生长季节，底层有时被水淹没。”

图4-2　日内瓦植物园园区展示的植物产品（左）和西双版纳热带植物园棕榈园露兜舫的科普小桌（右）

湿地对于植物园的

意义如同水和水系一样，不仅是一类景观资源，更重要的在于为相应的以植物为主的生物群落提供栖息地和生长环境。

（3）陆地植被和人工栽培或自然的植物群落

是植物园的主要景观资源，主要包括自然或半自然植被和人工引种栽培、保育的活植物及其园艺品种等，也包括了涉及这些植物景观展示水平的园艺艺术和技术等。

（4）建筑景观资源

虽然建筑不是植物园的景观主体，但温室、游客服务中心、科普馆［包括博物（览）馆］以及其他特别设计建造供游客参观、浏览和学习的地方，如英国邱园的经济植物馆、美国长木植物园的杜克别馆以及我国北京植物园的卧佛寺等都是植物园重要的景观元素，有时甚至还起到了画龙点睛的作用。

（5）人文景观资源

一些早期建立的植物园，其具有一定历史和建筑特色的建筑物本身已经成为一种历史、文化景观资源，有些可能还有宗教建筑，如寺庙、道观、教堂等，也是人文景观资源的一部分，如我国厦门园林植物园的万石莲寺、澳大利亚悉尼皇家植物园的总督府旧址等。

4.3 植物景观的规划与设计

植物园的景观设计是建立在活植物收集基础上的，因此这里的植物景观设计不仅仅是景观的设计，也包括了专类园、主题园以及其他附属设施等的设计，实际上包括了植物园规划设计的所有内容，只不过在这个过程中突出景观的营造而已。因此，按照新建一个植物园的程序，参照余树勋（2000）、《达尔文植物园技术手册》（*The Darwin Technical Manual for Botanic Gardens*，莱德雷，2005）、贺善安（2005）等的建议，植物景观规划与设计主要包括以下步骤：

4.3.1 使命的确定

虽然世界植物园有前面讨论的共同使命，但具体到每个植物园都有自身的实际情况和特色，因此需要体现这些实际和特色的个性化的使命表述，并据此制定其具体的目标任务、实施计划等。例如邱园的使命是“了解人类生存所依赖的植物和真菌世界，成为全球植物和真菌知识之源”。建立长木植物园的使命是“长木植物园是皮埃尔·杜邦的遗产，旨在通过花园优秀的设计、园艺、教育和艺术活动实践给人们以鼓舞”，我国西双版纳热带植物园的使命是“生态学与生物多样性研究基地，热带植物大本营”。使命决定了园区建设的内容、表现的形式，因此也决定了景观设计的原则和所有过程。正是根据这些使命，邱园建成了世界上植物和真菌的研究中心，长木植物园成为世界园艺和植物景观艺术的代表，而我国的西双版纳热带植物园成为我国乃至世界热带地区著名植物园之一。因此，新建一个植物园的首要任务是明确其使命，并把它清晰地表述出来。

4.3.2 选址

根据《达尔文植物园技术手册》的建议，选址以前还需要根据使命列出项目要素表并进行评估。但实际上，很多植物园没有根据使命、项目要素等进行选址的机会，有时甚至是先确定了一个位置，而后根据现状来确定使命，或者项目本身就是一个土地治理、生态恢复项目，如英国的伊甸园、我国的上海辰山植物园等。因此这里提供的选择原则等只是理想的、通用的植物园选址要求。

（1）自然条件要具有地域代表性

虽然少数植物园，如密苏里植物园，以收集、保存和研究异地植物资源为主，但一般来说，植物园首先要保护、保存的是本地区以及气候等生态条件相似地区的植物，因此选址在气候、土壤、地形地貌、地质条件和植被等方面要能代表本地区的主要自然条件和气候特征，以满足乡土植物生长的需要，并营造富有地带性特色的植物景观。对那些有特殊要求的植物和外来植物，可以通过异地建分园或就地建温室等方式来补充。

（2）生境类型丰富，能满足不同植物生存和生

长的要求

选址应该具有丰富的生境类型多样性，最好在山水相依、高低错落、阴阳兼备之所，既为植物生长提供不同的生境，也便于景观的营造，比如山麓或低山丘陵地区有30%左右的平地（贺善安，2005）和较好的土壤条件。

（3）必须要有分布合理的水源地和相对集中的水面

水源地的作用首先是满足灌溉以及水生植物园专类园的建设、栖息动物饮用的需要，其次是便于水景的营造。水源地分布要求比较均衡，否则可以通过拦蓄或挖塘、凿井的方式进行补充，其中要有一至数块相对集中的水面用来营造核心水景区。反之，那些建在山麓、水边的区域需要有防止山洪和超警戒水位的预案和措施。

（4）与周围环境的关系

这种关系主要包括交通的可达性，与周围环境、景观的协调和互补性，能源、生产资料等供应的便利性等。在交通可达性方面，既要便于与外界联系，方便周围学校、社区、科研院所的人员等来植物园参观、考察和实习，又不能在交通干线旁，更不能让干线穿越其中，以免给植物的保护、访客的安全以及景观的完整性等带来影响；在与周围景观的互补性上，考虑到植物园本身的性质，地形起伏不宜太大，水面也不宜太多，因此山水景观相对较少，这时可以借助周围景观加以弥补，即“借景”，如南京中山植物园南面之明城墙，北面之紫金山头陀岭、天堡城遗址，东侧之明孝陵方城明楼等，都为植物园景观增色不少。

东西方园林不同的造园手法对这些景观元素及其与周围环境的关系采取了不同的处理，也产生了植物园不同的景观效果。

4.3.3 园址测量、评估与分析

园址确定后，要进行详细的勘察、测量和分析评估，为下一步的规划设计做好准备。勘察测量的内容包括地形地貌、基础设施、植被、具有考古和文化价值的地点、坡向、分水岭、水系及走向等。测量完成后，可以采用态势（strengths weakness opportunity threats, SWOT）分析的方法，分类列出具有的优势（如具有视觉吸引力的环境位置及特点、能引起人特别兴趣的植物或植物造型、历史古建筑的现状）、劣势（如噪音的发生地、邻近的污染源、满是乱石的坡地等）、机会（如乱石坡能否改造成岩石园？老旧建筑是否有足够特点改造成历史古建或有时代特征的地标等？）和威胁（如每年洪水、极端天气等发生的季节和规模、程度等）。在规划设计时，要根据这些分析结果因势利导，扬长避短。

4.3.4 设计内容和布局

虽然所有植物园都有类似的基本内容和分区，但植物园的规模不同、条件不同，设计内容也千差万别，因此在设计上首先要根据植物园的使命表述，结合现场勘测的实际情况确立设计主题。而且在实体要素的设计上要连贯一致，要有统一于使命和设计主题的标志，包括游憩设施、标识系统等也要有一致的风格，以确保各元素间的相互协调。

4.3.4.1 入口

入口设计要引人入胜，同时方便工作人员、游客和车辆进出。新规划的植物园一般都将游客接待、车辆停靠和接驳以及其他建筑物等集中在主入口或次入口区域，而一些老植物园由于受规划及调整空间的限制，无法做到这一点，这时可以通过调整主次出入口功能、重新组织游线等来改善游客和车辆的关系。比如游客和工作人员及其车辆的分流等。但无论如何，因为经常有旅游大巴等大型车辆到访，在入口处要有一定的迂回空间，一般要求车辆入口处距周围公路的所有岔路口至少45 m的距离，距离干线公路岔路口不得少于100 m，或者附近有大型停车场。入园道路宽度不少于6.5 m，大门和入口处景观要精致设计、精心养护，因为这是访客的第一印象。大门的设计要充分考虑前景、背景和左右衬景的关系，尽量采用简约、庄重的格调，自然或仿自然的材料。

我国成都植物园大门设计就是一个比较成功的

案例，2011 年的改造则更具匠心（图 4-3）。其他如茂物植物园（包括巴厘岛分园）、英国邱园、我国南京中山植物园等的大门设计也各具特色，都体现了上述要求。

古朴而富有闽南特色的厦门园林植物园

邱园（摄影　梁呈元）

成都植物园

上海辰山植物园（摄影　杨庆华）

图 4-3　不同特点的植物园入口设计

4.3.4.2 专类园、主题园

植物园收集栽培的植物按照分类、地理分布、生态、用途或其他某个特定主题进行分区，组成专类园或主题园，并通过专类园、主题园展示科研的水平、成果以及园艺技术和艺术等。从景观规划设计的角度来说，就是要通过合理、科学的规划设计为专类园、主题园的植物创造一个适宜其生长的环境，以保存其多样性和种质资源，并通过植物种类、品种间的搭配，地形、地貌的利用，有时还可以借助小品和周围环境等来创造优美的植物景观，达到科学和美学的协调。其中主题园还要求服务于一定的主题，并设计相应的内容，如盲人园的盲文导航、语音提醒，儿童园的安全防护措施等等。下面介绍几类常见的专类园、主题园，而那些重点在于保护、保育的园区，如种质资源圃、珍稀濒危植物区等，一般不对外开放，也不在此讨论。

（1）按照类群（属、种、品种等）分类的专类园

这是一种常见的专类园形式，也是植物园的主体部分。根据收集、保存植物种类不同而有很多类型，常见的如蔷薇园（更专类的收集如樱花园、桃花园、海棠园、梅园等）、杜鹃园、木兰园、竹园、棕榈园、兰圃、山茶园、牡丹或芍药园、苏铁园等。这些专类园都以植物种类、品种的收集、保存和展示为主，因此，首先要根据植物的需要提供良好的土壤、水肥条件，在此基础上，借助地形、品种和色彩的搭配，并结合相应植物的特点和精细的园艺管理来展现植物之美（图 4-4）。

（2）按照功能分类的专类园

这是另外一种常见的专类园分类和建设的主要方式，常见的如药草园（百草园）、香草园、果树

莫里斯树木园的玫瑰园(摄影 郗厚诚)(左)和日内瓦植物园的蔷薇园(右)

韩国国立树木园(左)和南京中山植物园(右)的蕨类园(摄影 秦亚龙)

邱园的禾草园(摄影 刘永东)

图 4-4 按照类群分类的专类园

园、经济植物园、能源植物园等。其中药草园是植物园中最传统、常见的专类园之一。西方的药草园除药草之外，还常包括芳香植物、调味植物、染料植物、纤维植物甚至有毒植物等，用于展示其中单种植物的功用，实际上是草本经济植物园；我国的药草园大都只包括传统的药用植物。药草园的种植设计可以按照上述功能进行，也可以按照生态习性分为阴生区、阳生区，或者按照药物部位分为根茎区、全草区等。由于药用植物一般都具有观赏性较好的花朵或者香味，可药、赏两用，因此往往也具有很高的景观价值，只是需要突破按畦种植的传统模式(图 4-5)。

日本东京大学小石川植物园（Koishikawa Botanical Garden of University of Tokyo）（左）和广西药用植物园（右）的药物园

图 4-5　按照功能分类的专类园

图 4-6　科马罗夫植物研究所植物园（Botanical Garden of Komarov Botanical Institute）（左）和那不勒斯植物园（Naples Botanical Garden）（右）的王莲水景

（3）按照习性分类的专类园

按照习性分类也是一种比较常见的专类园分类和建设方式，常见的如松柏园、水生植物园、盐生植物园、球宿根花卉园、禾草园、高山植物园以及岩石园等。其中以岩石园、水生植物园最为常见。

水生植物园设计的关键是种类的选择，水位、水深的控制以及它们之间适当的组合（图 4-6）。同时，因为水景一般面积较小，且处于较低的位置，要注意借用岸、堤等水面附近的景观。

在水体的选择上，以自然水体或与附近的自然水体（湖、河）联通为好，这样容易保持水体的清洁，也可挖池造湖，还可结合叠水、溪流、步石、景观桥和亭台水榭等来丰富景观。无论哪种水体，都可以根据情况，自里向外依次设置深水、中水、浅水和湿生（沼生）植物栽植区。多数水生高等植物分布在水深 100~150 cm 的水体中，挺水及浮水植物常以水深 30~100 cm 为宜，而沼生、湿生植物种类只需 20~30 cm 的浅水即可。

除栽植深度外，竖向设计要有一定起伏，平面上应留出 1/2~1/3 水面，以达到高低错落、疏密有致的景观效果。山下、桥下、临水亭榭附近一般均不宜种植水生植物，以免影响水中倒影及景观透视线，即使种植，也需要在水体中设置种植池或金属网，以控制其生长范围。

18 世纪末的欧洲兴起了引种高山植物的热潮，岩石园就是在这个基础上逐步发展起来的模拟自然界岩石及岩生植物的景观，展示了高山草甸、牧场、碎石陡坡、峰峦溪流等装饰性绿地景观。和东方园林的置石、叠石技巧不同，岩石园主体不是岩石，而是植物，因此岩石要透气、贮水，为植物根系提供凉爽的环境，因此花岗岩，表面光滑、闪光的碎石都是不合适的，应选择表面起皱、美丽厚实、符合自然岩石外形的石料。最常用的有石灰岩、砾岩、砂岩等。石灰岩含钙，砾岩含铁，这些都有利于植物生长。

根据规模大小和风格不同，岩石园又可分为规则式（formal）、自然式（informal）、干石墙式（dry stone wall）、容器式微型（miniature or trough）岩石园和高山植物室（alpine house）等多种形式。（图 4-7）

除了一些本身建在高海拔地区的植物园以外，一

规则式岩石园

自然式岩石园

爱丁堡皇家植物园的干石墙式岩石园（摄影　梁呈元）

微型岩石园

爱丁堡皇家植物园的岩石园（摄影　窦剑）

邱园的高山植物室（摄影　窦剑）

图 4-7　常见的岩石园类型

般植物园与高山植物生境截然不同，因此无论是高山植物区还是岩石园的植物管护都是相当困难的，有些植物园除了室外的高山植物园（岩石园）之外，专门建设有高山植物室，以更准确地调控、模拟高山自然环境，爱丁堡皇家植物园的岩石园和邱园的高山植物室（alpine house）是这两类高山植物园的典型代表。

1871 年，詹姆士·麦克纳布（James McNab）在茵维莱斯（Inverleith）建设了爱丁堡皇家植物园的第一座高山植物园，广受关注和诟病。此后于 1914 年用砾岩、砂岩对其进行了改建，1933 又根据福礼士在中国西南山区考察的经验，在岩石园前草坪中间增建了一条碎石床，以增加透气和透水能力，促进根的生长。现在，爱丁堡皇家植物园岩石园占地 1 hm^2 左右，是目前已知岩石园中最大的。任何时候园中都能看到 5 000 种左右的植物：春天的番红花、葡萄风信子（*Muscari* sp.）、白头翁（*Pulsatilla* sp.）、郁金香和报春花；夏天有丰富多彩的钓钟柳（*Penstemon* sp.）、匍匐福禄考（*Phlox* sp.）和新西兰雏菊（*Celmisia* sp.）。当时的主管助理阿尔夫·伊文斯（Alf Evans）后来总结了照看岩石园的艰巨任务："亚北极植物、高山植物、草甸植物、林阴矮生植物等一直在为生存而战斗，管理者们常常要面对失败"①。

邱园 1887 年就已建有一个高山植物室，后历经四次重建，现在所看到的是 2006 建成开放的第四代高山植物室，此前的两次重建分别在 1939 年和 1981 年。之所以如此反复地重建，是因为高山植物特殊的生境要求。一般高山植物都生长在林线以上，那儿干冷多风，植物冬季依靠雪的庇护躲过严寒、大风和干燥的空气，春天则依靠融雪和强烈的光照快速地绽放生命，高山植物温室需要高度模拟这种干冷、多风的条件以满足高山植物的需要。现在的高山植物室综合了传统和最新的现代科技成果，而非第三代那样使用高能耗的空调、鼓风机等，并取得了更好的效果。

邱园高山植物室位于岩石园的北端，呈长 16 m、宽 10 m 的狭长形，这样产生的堆栈效应（stack effect）从两端一直敞开的入口吸入冷空气，从顶端的风扇排除热空气。同时，地下建有像迷宫一样的混凝土通道，空气通过其螺旋状路径时被冷却，冷却后的空气被一台风扇通过管道输往地面。

另外，12 mm 厚的玻璃板铁含量非常低，确保 90% 以上的光线透过，同时，东西两侧扇形的侧面有利于保护植物不受夏季烈日照射。

邱园的高山植物室收集、保存了高山草甸植物、地中海地区的开花球茎类植物等一大批植物种类，这些植物平时在高山植物苗圃进行养护（图 4-8），直到观赏性最好的花期才移栽到高山植物室进行展示。

高山植物室的特色收集包括风铃草属（*Campanula*）、石竹属（*Dianthus*）、小型蕨类、蜡菊属（*Helichrysum*）、小紫罗兰、报春花、虎耳草（*Saxifraga* sp.）、百里香属（*Thymus*）、郁金香、毛蕊花（*Verbascum* sp.）以及其他鲜为人知的种类。其中最稀有的当属智利蓝番红花（*Tecophilaea cyanocrocus*），它那具有香味的钴蓝色花朵中部呈白色，非常迷人。这种植物 1862 年被描述生长于圣地亚哥大约海拔 3 000 m 的地方，由于过度采挖、放牧以及生境变迁，被认为已经野生绝灭，但 2001 年在圣地亚哥南部的一块私人领地上被重新发现，

① Unwin R. The history of the rock garden at the Royal Garden Edinburgh [EB/OL]. [2015-07-25]. http://Jourals.rbge.org.uk.

植物平时在高山植物苗圃进行养护

智利蓝番红花（*Tecophilaea cyanocrocus*）

图 4-8 邱园高山植物室苗圃的盆栽苗和展示区的智利番红花

并被引种到邱园的高山植物室进行栽培、展示。[①]

（4）主题园

不同于专类园，主题园不以收集、保护植物物种为目的，而是根据公众教育、科学普及和展示等目标的特殊需要而设立的，具有明确主题和服务对象的园区，如儿童园、系统分类园以及红楼梦植物园等。

1）**儿童植物园**　主要为少年儿童提供一个适合他们游憩和接受科普教育的环境。与成人不同，少年儿童更多地是从感官（视觉、嗅觉和听觉）来感受植物世界的，因此儿童植物园的设计要充分考虑以下因素：

i. 感觉：儿童首先通过视觉感知、学习很多东西。因此，儿童植物园的设计内容，如栽种的植物、路标、日晷、铁方格架等都有要有明亮的色彩，释放出快乐的气息，以吸引孩子的注意力。其次是听觉，包括鸟啼、蝉鸣以及孩子们自己的欢笑等，因此园区的植物最好能吸引这些小动物，以及其他动物如蝴蝶、松鼠等，以帮助孩子更多地感受自然、了解自然。嗅觉和味觉也很重要，如花草的香味、新修剪草坪的新鲜气息以及园中栽培的果蔬、农作物等鲜果和烹制的味道等等。沙、植物叶片等能引起孩子想象的不同质地的物体带来的触觉感受是孩子了解这个世界的另外一种重要方式。

ii. 安全：这是儿童植物园设计要关注的重要方面。首先是与公共空间的隔离，其次是在设计内容、形式上要避免带有尖、刺、角的植物和建筑材料的应用，地形上避免陡坡、深潭等。

iii. 私密：儿童植物园要给孩子一种私密感，因为他们多不愿在众目睽睽之下玩耍。

iv. 低维护：尽量少的维护可以减少给孩子活动带来的干扰，同时，孩子好动的特点（如在园中踢球）也会给那些娇贵的植物带来更大的影响。不过，即使很少的维护活动也应结合考虑给孩子带来园艺知识学习的机会。

v. 教育与实践：科普教育是儿童植物园的主题内容，因此园区在设计上就需要考虑与植物园功能相关、适合少年儿童的教育设施、科普活动等。内容可以是农业知识、园艺技术以及生物多样性保护意识的熏陶等。

vi. 舒适和美观：当然，舒适和美观并非儿童植物园的独特要求，但儿童植物园除了上述要求之外的确也同样需要考虑舒适性和美观度。

2）**系统分类园**　不同于早期以系统分类研究为目的的系统圃，现在的系统分类园主要用于展示植物系统分类和演化关系，服务于以普及植物系统分类学知识为目的的科普教育和教学活动等，因此一般按照分类群（门、纲、目、科等）的进化系统树进行种植设计。但是，纯粹按照这种方式排列时无法形成植物群落，可能会给植物造景带来很大困难，而且大进化的演化也多以目为单位，因此，出于大进化景观叙事的考虑，可以进行适当调整。如孙筱祥（2014）在设计杭州植物系统分类园时，就是按“目”组合排列的。至于采用何种系统，则需酌情考虑，一般采用认可度比较高、适合于所在植物区系的分类系统。有些植物园采用本国学者的系统，如英国邱园采用哈钦松系统、德国柏林大莱植物园采用恩格勒系统，这样也具有一定的纪念意义。南京中山植物园作为国内最早的植物园，其系统分类园则采用了 Charles Bessey（1915）的系统。

4.3.4.3 亭台、雕塑和其他园林小品

植物园注重兼收并蓄，因此在植物园里常见东西方园林艺术的交汇与融合，但应该是出现在不同的功能分区中，而不能出现在同一透视线上，即多样化与协调、统一的原则。在以中国园林为代表的东方园林中，建筑尤其是古典风格的亭台水榭等建筑具有非常重要的地位，在植物园中其地位虽弱化，但也不可或缺。这是因为，首先它兼具了休憩和景观的双重功能，有时甚至起到了画龙点睛的效果，因此植物园中这些景观建筑要求要少而精，乃至宁缺毋滥；其次，不同于植物景观，这些建筑景观往往具有很强的民族文化、地区或时代特色，因而是营造这些特色的最好的题材。

① Davis Alpine House［EB/OL］.［2017-07-26］. http: kew.org.

美国密苏里植物园仿苏州学仕园而建的中国南京友谊园

邱园的中国宝塔［威廉·钱伯斯（William Chambes）］

图 4-9 植物园里的亭台和雕塑

蒙特利尔植物园（Montreal Botanic Garden）绿雕

布鲁克林植物园中的巢穴环境艺术雕塑
［帕特里克·多尔迪（Patrick Dougherty）］

丹佛植物园（Denver Botanic Garden）玻璃雕塑（Dale Chihuly）

科马罗夫植物研究所植物园木雕“划船者”

密苏里植物园水景主题的现代雕塑

南澳大利亚阿德莱德植物园（Adelaide Botanic Garden）水景主题的现代雕塑

图 4-10 不同风格雕塑在植物园造景中应用

4.3.4.4 展览温室

温室是人文景观资源和植物景观资源的综合体，但由于温室在植物园景观建设和物种收集保护中的特殊性和建筑体量，可以作为一类独特的景观资源。实际上，大部分植物园都非常重视保育温室及其景观的建设。例如，邱园棕榈温室自建成以来，虽经四次大的修缮，但依然保持了伊丽莎白时代的风貌，成为邱园独特的标志和英国著名的历史地标。

由于热带植物丰富的生物多样性和重要的观赏、经济价值，使得热带以外地区的人们对热带植物充满好奇和渴望。但由于气候条件的限制，在温带地区只能用加温设施栽培，这就产生了温室。如今，绝大部分温带地区的植物园都建有温室，以收集、栽培和展示来自热带地区的植物，主要是桑科（Moraceae）榕属（*Ficus*），棕榈科（Palmae），旅人蕉科（Ravenalaceae）、兰科（Orchidaceae）的热带兰如万代兰（*Vanda* sp.）、蝴蝶兰（*Phalaenopsis* sp.），蕨类植物以及仙人掌科（Cactaceae），大戟科（Euphorbiaceae），番杏科（Aizoaceae），景天科（Crassulaceae），龙舌兰科（Agavaceae）的多肉多浆植物等。

金门公园植物园（Golden Gate Park Botanical Garden）温室
据说这是北美最古老的公共温室之一，建于1879年，
1990年重建，2003年重新开放

莫里斯树木园蕨类温室（摄影　郗厚诚）

纽约植物园Enid A. Haupt温室的雨林景观

巨魔芋在北京植物园绽放

长木植物园绿墙（摄影　郗厚诚）由英国设计师Kim Whilke设计、
47000株植物构成，是北美最大的绿墙

南京中山植物园展览温室外观巧妙地采用了三片叶子的造型，
支架成为叶脉，极具植物园特色，也满足了温室功能的需要

图4-11　温室及其室内植物收集展示

实际上，受温室条件的限制，大部分温室收集、保护的功能并不强，更重要的是科普、展示的功能，这就给温室以及温室内热带植物布置等提出了很高的景观要求。一般说来，展览温室建设过程中要注意以下几点：

i. 通风：温室是高温、高湿的环境，如果不及时通风或通风不彻底，容易滋生病虫害，给温室植物的生长和景观效果带来影响。通风方式有两种，即自然通风和强制通风，前者主要通过开启天窗、侧窗等实现，存在耗能低、噪音小、通风均匀的优点，其中又以开启天窗的效果为好，但也具有通风强度不足、操作困难等问题，因为天窗都在比较高的位置，即使装有开窗器等自动化设备，由于使用频率低，也存在容易损坏等缺点；强制通风是通过轴流或环流风机来实现的，通风能力强，但噪音大，且震动可能对温室玻璃的密封度等产生影响，一般在温室面积较大，仅靠自然通风不能满足需要时使用。最需要通风的时期一般在夏季高温时节，如果像邱园高山植物室那样在温室设计时即考虑到自然通风问题，也许会有更好的效果。另外通风和降温总是联系在一起的，通风好一般也会有好的降温效果。

ii. 高度：不同于一般对保温要求较高的生产性温室，展览温室的高度直接影响到三个方面，即植物生长的高度、通风的效果和温室内植物的布置。因此，展览温室不宜过低，以不低于 16 m 为宜，这样既保证热带雨林的乔木有一定的生长和展示空间，也能够有空间营造一些地形，以增加景观效果，而且高度的增加也带来更好的通风效果。

iii. 加温：不论采用哪种供暖方式，这对现代温室而言都是一笔不小的费用，因此最好在温室设计之初就考虑使用自动控温系统以减少人力和能源消耗，如果能结合利用自然能源（地热或地暖）就更好。在日常管护过程中，要注意观测供暖水平和植物生长的关系，因为这在不同地区是不同的，以便及时调整控温系统，做到既保证植物生长，又节约能源。

iv. 外观设计和位置：由于玻璃、钢筋龙骨等温室材料的特殊性，无论进行怎样的外观设计，都会有一种或多或少的现代感，这与植物园本身强调自然的特征不够协调。因此，在外观设计上要尽量考虑与周围环境的融合与协调，邱园棕榈温室的外观设计就体现了这一要求。在位置选择上则最好是远离科研办公区的独立区域或与科普展示区等毗邻。

4.3.4.5 水系和理水

中国园林非常讲究理水技巧的运用，在中国传统自然山水园中，水和山同样重要，有“山得水而活，水得山而媚”之说。由于水无定形，它在中国园林中的形态是由山石、驳岸等来限定的，因而掇山与理水不可分，所以《园冶》中把池山、溪涧、曲水、瀑布和埋金鱼缸等都列入“掇山”一章。西方古典园林多采用规整的理水方式，常见的有喷泉、几何型的水池、叠落的跌水槽等，多配合雕塑、花池等。现代园林中则多以动态的溪流、喷泉、泻流、涌泉、叠水、水梯、水涛、水墙等形式出现，以人工造景为主，水中栽植睡莲，布置在现代园林的入口、广场和主要建筑物前。不同于中国山水园和西方古典园林的理水方式，除了那些传统的人工水景之外，现代植物园中的河流、湖泊更多是自然式的。另外，植物园的水面还有调节气温、湿度、滋润土壤的作用，可用来浇灌花木和防火。理水也是排泄雨水、防止土壤冲刷、稳固山体和驳岸的重要手段。

不管是古典还是现代的理水方式，其基本类型是类似的，主要包括：

图 4-12　南京中山植物园燕雀湖（左）和西双版纳热带植物园（右）的岸线处理

1）**泉瀑** 泉为地下涌出的水，瀑是断崖跌落的水，园林理水常把水源做成这两种形式。水源或为天然泉水，或为园外引水或人工水源。泉源的处理，一般都做成石窦之类，望之深邃幽暗，似有泉涌。瀑布有线状、帘状、分流、叠落等形式。水源现在一般用自来水或用水泵抽汲池水、井水等。苏州园林中有导引屋檐雨水的，雨天才能观瀑。

图4-13 夏威夷热带植物园（Hawaii Tropical Botanical Garden）瀑布

2）**渊潭** 小而深的水体，一般在泉水的积聚处和承接瀑布水流处。岸边宜作叠石，光线宜幽暗，水位宜低下，石缝间配置斜出、下垂或攀缘的植物，上用大树封顶，造成深邃气氛。

3）**溪涧** 泉瀑之水从山间流出的一种动态水景。溪涧宜多弯曲以增长流程，显示出源远流长，绵延不尽之意。多用自然石岸，以砾石为底，溪水宜浅，可数游鱼，又可涉水。游览小径须时缘溪行，时踏汀步，两岸树木掩映，山水相依，如杭州“九溪十八涧”。有时河床石骨峥嵘，流水激湍，如无锡寄畅园的“八音涧”。曲水也可以理解为人工营造的溪涧，今绍兴兰亭的“流觞亭”就是结合我国传统的“曲水流觞”游戏以理涧法做成的，即在亭子中的地面凿出弯曲成图案的石槽，让流水缓缓而过，演变成为一种建筑小品。

4）**河流** 河流水面如带，水流平缓，园林中常用狭长的水池来表现，使景色富于变化。河流可长可短，可直可弯，有宽有窄，收放开合，各异其趣。河岸以草护坡，局部用整形的条石驳岸和台阶，配以其他适当植物；也可造假山于水中，设水榭于两岸，架桥于窄处，能增加风景的幽深和层次感。

5）**池塘、湖泊** 指成片汇聚的水面。简者为池或塘，稍大并有岸线变化者为湖，常作为全园的构图中心，水面宜有聚有分，聚则水面辽阔，分则层次丰富。岸线较长的多用土岸或散置矶石，小池亦可全用自然叠石驳岸。沿岸路面标高宜接近水面，使人有凌波微步之感。湖水常以溪涧、河流为源，其宣泄之路宜隐蔽，尽量做成狭湾，逐渐消失，产生不尽之意（刘敦桢，1979；吴昕遥 等，2012）。

总体来看，与植物园以植物景观为主体、“自然美”为特征的景观艺术风格相适应，植物园景观建设过程中的理水技巧，尤其是在大型水体的处理上，也应突出自然（自然的线条、自然的构筑材料、自然的驳岸以及相互联结、流通的水体等）、水生植物景观特征，在小型水体上可以结合东西方园林理水技巧，营造瀑布、喷泉等水景，但要注意不能过度，喧宾夺主，除非是专业的水生植物园。还要充分考虑后期维护成本，避免“一次建成，永不使用”的现象。

4.3.4.6 道路系统

和其他园林中的道路一样，植物园道路的作用首先是通行，其次是对不同功能区进行分割。从路面处理形式和材料来看，以邱园为代表的西方植物园的道路有两种：铺装路和草坪路，前者主要用于以通行功能为主的主干道，可以行车，供人通行的二级园路铺装材料多用粗沙而少用水泥、柏油，这样既不扬尘，也不会强烈反光，热辐射少；后者主要用于来访者参观游览之用，只行人，不行车，这些草坪路和其他大草坪、铺装路相通，游客可以随意行走，还可以利用这些草坪路形成不同角度的透视线来营造恢宏、深邃和富于变化的植物景观。这和传统中国园林形式中的道路设计是迥然不同的。中国园林的道路一般分为三级，即主干道、次干道和小路，皆为硬质铺装。这两者的最大区别在于前者将游客置于非常重要的位置，可以通过草坪（路）近距离欣赏植物之美，而后者将游客限制在小路的范围以内，这样似乎可以减少游客对植物景观的干扰，并降低维护成本，适宜于私家园林，应用在植物园等公共园林中实际效果往往不理想，游客常不受所限。另外一个区别在于，次干道、小路一般也是铺装的，这样无疑增加了植物园非自然的成分，这与植物园景观特征的要求相悖。余树勋（2000）认为道路面积以占植物园总面积的13%～17%为宜。如果将其中的次干道、小路用草坪路来代替，这个比例无疑会大大缩小，而植物景观水平会大大提升，在这方面做得比较好的国内植物园有西双版纳热带植物园、上海辰山植物园等。

图4-14 爱丁堡皇家植物园的草坪路（左上）和韩国国立树木园中不同材质类型的道路：石板路（右上）、砾石路（左下）和草绳路（右下）

4.3.4.7 科研办公区

综合性植物园一般都组织开展植物分类学、保护生物学、园艺学等相关的科研活动，因而都需要一定的科研办公区，建设诸如标本馆、图书馆、实验楼、办公楼、植物博物馆等科研、科普设施。为了不影响植物园以植物景观为主的景观格局，科研办公区的建设要注意以下几点：

i. 除非有相对独立的空间，建筑物不宜过分集中，可做适当的功能分区，以避免体量过大；

ii. 建筑物高度要适当控制，主体部分（飞檐、尖顶的装饰部分除外）不宜超过周围乔木树冠的高度，一般在16 m以内；

iii. 建筑物及其标志要有统一的风格、色调乃至材质；

iv. 配套的停车场、广场等室外场地要尽可能采用绿色、生态材料，并种植适当植物加以围合；

v. 要有严格的环保标准和污染物收集、排放措施。

4.3.4.8 游客服务中心及其他服务设施

除了游客服务中心外，这些设施还包括园区的休憩设施，亭、台、阁等硬质景观等。严格说来，这不是景观资源，而是为景观欣赏而配套建设的旅游设施，但却是植物园不可缺少的一部分。而且这些设施的选址、建筑风格、体量等都要求既满足功能需要，又要与周围环境相协调，因此不仅是植物园景观的一部分，而且影响到整体景观的水平。

作为一个以科普旅游为主要职能之一的机构，植物园的游客服务中心除为游客提供其他旅游单位提供的服务内容，如餐饮、纪念品销售等之外，还应提供一些具有植物园特色的服务，如盆栽花卉、园林书籍以及干花等以植物为材料的科普旅游产品销售。游客服务中心的选址要在游客集散之处，如大门口附近、旅游线路的终端等，在设计风格上除与其他主体建筑相协调外，要求更加简洁、明快。

图 4-15　布鲁克林植物园游客服务中心

4.3.4.9 示范园区

除了专类园区、主题园区等可以提供植物应用和园艺技艺的展示、示范外，有些植物园还专门辟出一些区域或结合其他设施、场地等进行专题的科普、示范。这些示范的内容和形式一般是在植物园或本区域内不常见、不集中但与公众需求紧密相关、值得推广的内容。如家庭花园的种植设计、某种植物品种、园艺技术（修剪、整形等）或造景方式（花坛、花境等）的应用等。

4.3.4.10 活动园区

为了给在植物园举办的一些户外活动，如户外婚礼、露天音乐会、户外阅读、运动等提供更加适合、固定的活动场地，并营造具有植物园特色的活动氛围，大型植物园可以以植物为主要材料并结合其他园艺技术建设相应的活动园区。这样不仅可以方便活动的举行，拉近人和自然的距离，好的设计也会成为景观的一部分。

新西兰达尼丁植物园（Dunedin Botanic Garden）的音乐台

澳大利亚堪培拉国立植物园户外活动区（摄影　姬敏）

图 4-16　不同的户外活动园区

4.3.4.11 停车场

随着车辆的增加，随之而来的如何使车辆安全和有序停放已经成为包括植物园在内的很多公共场所必须解决的问题。为了保证园区的安全，入园车辆首先应该进行合理的分流以免妨碍游客的参观和园区的正常工作，其次要设立有足够停车位的停车场以满足有序停放的要求。停车场的选址既要考虑到游客的方便，也要考虑到对园区景观和区域交通的影响，因此以主要入口处附近，并配有回旋道路的区域为宜。

4.3.4.12 生产区

为保证园区、展览温室的正常展出，四季景色的配置和园区的日常管护，植物园一般都设有生产区，大型植物园的生产区可能还不止一处，主要负责草本花卉、地被和其他小苗的繁育、生产，展览温室植物的前期和后期养护，生产资料（农资、农药、肥料等）的生产、储备和配制等。生产区的选址要相对隐蔽，以避免其可能产生的噪音、气味对游客、办公的影响，但同时要求出入方便。除非非常必要，否则生产区应该相对集中，以便于供水、供电管理以及生产设施、场地等的集中使用。

4.3.4.13 引种检疫苗圃

新引进物种都需要一定时期的定点观察，以了解该种植物的适应能力（包括入侵性）、有没有携带检疫性病虫害等。这些都是在检疫苗圃里完成的。检疫苗圃在空间上应与其他园区相隔离，并有相应的管理制度。

4.4 植物景观的营造与管理

正如前面已经讨论的，景观的一般意义就是自然景色、风景，而“景观艺术”是用来升华自然景色、赋予其思想和感情的技艺和方法，自然条件和丰富多样的植物则是营造植物园自然景观的物质基础。因此，东西方古典或现代的植物造景的艺术手法都可以在植物园中加以应用，植物园常用和常见的植物景观类型包括：

4.4.1 疏林草地

是模仿自然界林缘草地、草原或高山草甸自然景观，以草坪、地被花卉为基调，林地为背景或点缀而营造的一种植物景观，也是植物园，尤其是西方植物园最常见到的植物景观。其中模仿草原或高山草甸，在草地上稀植树木的一般称为疏林草地景观。自然条件下，乔木的覆盖率一般不超过 10%，植物园中由于土地有限，一般要高于这个比例。顾名思义，疏林草地有三个构成要素：乔木、草坪和地被花卉。

（1）乔木

从景观的角度来看，疏林草地的乔木层应该有较大的树冠和优美的树形，或者具有其他较明显的观赏价值，如开花乔灌木、色叶乔灌木等。但实际上，由于植物园以植物种类的收集保存为主要目的，植物景观的营造只能在此基础上进行，因此可能没有太多选择的机会，而只能以现有树种为主，进行适度的密度和树种的调配。密度的调配是指在前景部分，适度放宽株距至树冠直径以上，这样一可以塑造树形，二则可以为下部草坪地被花卉的生长提供有利条件。树种的调配是指在保护树种之外，为景观建设需要而适当增加少数保护树种之外的特色树种，如常绿或色叶树等，以增加背景的观赏性。从种质资源保护的角度看，这样做还有一个好处就是起到一定的隔离作用，有利于防止同种或近缘种之间的花粉污染。

（2）草坪

草坪草的选择在有些地区可能是个难题，这与植物园所在地区的气候条件、植物园的养护管理水平以及现场的条件（土壤、树林密度等）都有关系。总体来看，温带地区相对容易，冷季型草坪草较高的质量和较强的耐阴性以及相对较低的杂草发生率给那里的草坪建植提供了更多选择。而暖温带及其以南地区，尤其是暖温带和亚热带地区就困难多了。在这些地区，光线较好、草坪质量要求较高的地块可选择暖季型草坪草，如狗牙根（*Cynodon* sp.）、结缕草（*Zoysia* sp.）、假俭草（*Eremochloa* sp.）、地毯草（*Axonopus* sp.）的优良品种等。而像疏林草地之类的草地可以考虑那些耐阴性较强，管护要求相对低的草坪种类，如结缕草、蜈蚣草的一些低维护品种，并与冷季型草坪草混播或盖播。

图 4-17 澳大利亚蓝山植物园的树林 – 草坪景观

在我国，关于草坪的景观和生态效益存在很大争议，似乎存在草坪是一种浪费水资源、生态效益低、不值得提倡的植物景观的所谓“共识”。虽然国情不同，区位条件有别，但只要稍微看一下中国和西方园林景观水平的差距以及草坪在西方园林中的地位和作用就应该明白，这是一种误区，至少这种看法是不全面、不客观的。首先要维护一个高质量的草坪所消耗的水肥资源可能要高于同面积的乔灌木，但与同面积的地被或花坛等相比，草坪消耗的资源量并不见得高，作为一种快速覆盖的有效手段，草坪尤其是一些护坡草坪的早期生态效益可能还要好于同等立地条件的乔木，而且草坪所带给人的愉悦感也是一般乔木难以比拟的，而造园的目的首先是创造一个怡人的环境，其次才是生态效益；其次，也是更重要的，草坪作为绿地景观的基础地位是其他植物无法代替的。之所以出现这样的认识，除了主观认识之外，草坪在我国传统园林中地位不高，在现代园林中的建植、维护水平有限，质量不高，没有给游客带来期望的效果也是很重要的原因。

（3）地被花卉

在不宜种植草坪的树下等地可辅之以地被花卉进行覆盖，这里说的地被花卉更多的是点缀于草坪、林间的一年生或多年生宿根花卉，以营造出高山草

图 4-18 西双版纳热带植物园树下的韭莲（*Zephyranthes carinata*）（上）和树穴处理（下）

日内瓦植物园的欧洲白蜡树（*Fraxinus excelsior*）（左上）、垂枝大西洋雪松（*Cedrus atlantica* 'Glauca pendula'）（右上）、紫叶欧洲山毛榉（*Fagus sylvatica* 'Purpurea'（左下）和孤植山茱萸（*Cornus* sp.）在亨茨维尔植物园（The Huntsville Botanical Garden）的春景（右下）（现已枯死）

图 4-19 孤植乔木独演景观

甸花卉的特殊景观。

还有一类与此紧密相关的景观，即孤植乔木营造的独演景观。大部分乔木种类在没有竞争的孤植条件下，都会展现出比群植更好的姿态，因而都可以作为孤植树使用。但还是有一部分乔木种类被认为更适合孤植，如冠型优美的黎巴嫩雪松（*Cedrus libani*）、北美红杉（*Sequoia sempervirens*）、墨西哥落羽杉（*Taxodium mucronatum*）、七叶树（*Aesculus chinensis*）等，秋叶彩色的多花蓝果树（*Nyssa sylvatica*）、银杏（*Ginkgo biloba*）、乌桕（*Sapium sebiferum*）、三角枫（*Acer buergerianum*）、槭树（*Acer* sp.）和金钱松等，以及开花乔木如玉兰（*Magnolia denudata*）、凤凰木等。一般讲，孤植树分枝点不宜太高，树冠要相对饱满，枝条以平展或下垂为宜等。

哈佛大学阿诺德树木园秋景（摄影 郝厚诚）

南京中山植物园槭树林（红枫岗）

西双版纳热带植物园的龙脑香（*Dipterocarpus turbinatus*）林景观

莫里斯树木园树上探索栈道（摄影 郝厚诚）

图 4-20 不同树种的密林景观

4.4.2 密林

这也是植物园里以乔木为主的专类园［如树木园、松柏园以及乡土植物园（自然植被区）等］常见的景观之一，可以是乡土植物群落组成的密林，也可以是栽培乔木形成的纯林或混交林。由于植物园所处气候带不同，植被类型差异较大，所形成的自然景观差异也比较大，如热带雨林景观，红树林景观，暖温带地区的常绿、落叶混交林景观等。

4.4.3 花坛、花境和球宿根植物景观

之所以将这几类景观放在一起，是因为它们所用植物的种类、习性等相似，大都是一到多年生花卉、球宿根（植物）花卉等，只是造景方式、规模不同而已。

（1）花坛

在一定范围的畦地、植床上，按照整形或半整形图案的方式栽植观赏植物，以表现花卉群体美的花卉

栽植方式。按花材可分为花丛花坛、模纹花坛（包括毛毡花坛和浮雕花坛）；按照空间位置可分为平面、斜面和立体花坛等，可以单体也可以按照花坛群的方式进行布置。展示、展览用花坛一般采用一年生草本花卉等的容器苗做短期展出。植物园的花坛则不同，一般用绿篱或草坪进行造型、分割，作为相对固定的植床，种植一年生、多年生球宿根花卉，甚至布置玻璃花等工艺花卉进行更为长期的展示。在西方植物园和公园里，修剪造型加上规则式模纹花坛是一种常见的造景方式，但东方园林中很少这样应用，故在此不多论述，需要更多信息可以参考相关的园林书籍。

图 4-21　韩国新谷植物园（Shingu Botanic Garden）和加拿大尼亚加拉公园植物园（Niagara Parks Botanical Gardens）的花坛

（2）花境

花境（flower border）是以草本花卉为主，配以适量草坪、低矮花灌木或者园林艺术小品，以艺术的形式来表达、模拟野生植物群落形式来营造的植物景观类型。花境形式多种多样，可以依据植物习性、配置形式、立地条件、观赏角度、功能、季相、花色等进行分类。如按照习性可以分为专类植物花境、混合花境等。因为花境主要布置在其他景观的边缘地区供游客欣赏，所以下面主要介绍按照应用区域和欣赏角度进行的分类。

1）按照应用区域分类

i. 林缘花境：布置在树林边缘，以乔木、灌木为背景的花境。

ii. 路缘花境：设置在道路一侧或两侧的花境。

iii. 墙垣花境：布置在墙垣旁的花境。

iv. 草坪花境：在草坪内或草坪一侧布置的花境。

v. 隔离带花境：布置在道路或公园隔离带中的花境。

vi. 岛式花境：布置在交通环岛或草坪中央的花境。

vii. 台式花境：布置在高床（石头、砖块、木条等垒制）中的花境。

viii. 立式花境：用花架、围栏、拱棚等硬质材料作支撑而布置的花境。

ix. 岩石花境：模拟岩石山体自然状态，布置岩生植物或高山植物而形成的花境。

x. 庭院花境；设置在小型公共庭院或私家庭院内的花境。

2）根据观赏角度分类

i. 单面花境：仅供游人一面观赏的花境。

ii. 双面花境：布置在草坪、道路间或树丛中，没有背景，形成中间高、四周低，便于游人两面欣赏的花境。

iii. 对应式花境（独立花境）：布置在园路两侧或建筑物周围的、所有植物都具有独立观赏视角的花境。

由于花境取材方便、类型多样、色彩丰富，在规模、植物种类（品种）、应用环境等方面富于变化，是一种非常有效的景观营造方法，也是植物园，尤其是西方植物园常见的景观类型之一。

如果将此景观类型放大或集中，就是球宿根地被专类园的植物景观，只不过后者更注重种类（品种）资源的收集而已，而且很多植物园的宿根地被园都是景观结合比较好、比较受游客欢迎的园区。

图 4-22　芝加哥千禧公园卢里花园（Lurie Garden at Millennium Park）宿根花卉景观

4.4.4 水生植物景观和水景

植物园的水景主要结合水生植物而建，总体上，水面要求相对静止，否则水位不易控制，水生植物的栽植养护也就比较困难了，这些在前面已经提及，不再赘述。

除了水生植物景观外，植物园水景资源较好的地方，也会营造以水景为主体的景观，如在入口等处也可建造以水景为背景的音乐台、音乐喷泉、雕塑或者玻璃瀑布等景观设施，这在西方植物园中更为常见。动态水景则多以瀑布、喷泉或者曲水流觞等人工营造的为主，不过相对而言，除了瀑布以外，这种动态水景在植物园中相对较少。枯山水是日本传统园林中独特的一种造园手法，世界第一部园林典籍《作庭记》载："于无池无遣水处立石，名曰枯山水。此枯山水式样，乃先做出断崖、野筋等景，再因顺其势，立石而成。"（张十庆，1993）。可见最早定义的枯山水只是表现自然山水时，抽去真实的水而取"枯"的意境。

"曲水流觞"是中国古代汉族民间流传的一种游戏。夏历三月初三，被称为上巳日的这一天，人们在河边举行洗濯去垢、消除不祥的祓禊仪式，之后坐在河渠两旁，置酒杯于上流，酒杯顺流而下，停在谁的面前，谁就取杯饮酒。王羲之《兰亭集序》中"此地有崇山峻岭，茂林修竹，又有清流激湍，映带左右，引以为流觞曲水，列坐其次，虽无丝竹管弦之盛，一觞一咏，亦足以畅叙幽情"。所描述的就是这种场景，并从兰亭的"流觞亭"逐渐发展成为我国传统的景观营造方式之一。

图 4-23　日内瓦植物园日本园及其枯山水景观（上）和中国兰亭的流觞曲水（下）

4.4.5 道路景观

指园区内道路两旁的景观。前面已经指出，植物园的道路不仅有通行的功能，还有分割园区的作用。道路景观常运用透景、夹景的手法，创造更加深邃、端景更加突出的效果，主要有以下几类：

（1）林阴道和行道树

植物园里的道路，对通行功能的要求较城市道路要低，而且植物园本身就是绿树环绕之所，对行道树的遮阴功能要求相对也要低，可以在满足一般通行高度、宽度、载荷等要求的情况下，更多地关注美学的要求，从而创造出优美的道路景观。

（2）铺装园路

这是植物园常见的道路类型，因此也最需要注重景观营造。根据环境条件有多种营造方式可供选择，在开阔、光照条件比较好的地方，花境和花坛是主要的景观形式，其中花境应用更多，可以是草本花境、混合花境等，根据道路自然条件和景观要求，可因地制宜地进行营造。

图 4-24　韩国国立树木园（上）和日内瓦植物园（下）的林阴道

图 4-25　日内瓦植物园的花坛（上）和上海辰山植物园（下）路缘花境

在乔木较多、光照不足之处，可以选择耐阴的地被、草坪，模仿树林草地或林缘草地等来营造道路景观。

有些道路以及桥涵两侧，由于立地条件的原因，如挡土墙、陡坡等，不太适合植草坪、建花境等比较常规的造景方式，可以用适合的藤本、灌木等进行因地制宜地修饰性绿化、美化。

图 4-26　日内瓦植物园（上）和剑桥大学植物园（下）林缘草坪园路

图 4-27　上海辰山植物园（上）和日内瓦植物园（下）桥涵景观

（3）草坪道路及草坪景观

前面已经提到，在植物园，尤其在西方植物园里，草坪不仅仅作为一种景观或者休憩的场地，也作为道路铺装的材料，用它和周围其他种类植物一起营造游客更容易接近的、更加和谐的植物景观。

4.4.6 植物造型景观：廊架、绿篱和盆景

通过修剪（topiary）、盘扎（train）、嫁接（graft）等园艺技术来改变植物的自然生长姿态，达到人为造型、造景的目的，是园林中常见的一种景观营造手法。东方园林更重视廊架、绿篱、盆景技术的应用，但整体上一般只作为一种辅助的景观，如绿篱，在东方园林中常作为一种隔离的手段。盆景为中国园林所特有，早年传入日本等地，成为东方园林的一种特殊形式，因而中国植物园多建有盆景园，但传统的盆景一般仅供室内或庭院观赏。近年来，也有盆景进行露地栽培的尝试。西方园林更重视修剪造型技术，在一些公园、植物园里这种几何图形的植物甚至是主要景观。例如绿篱，在西方园林中除起到隔离作用外，其本身就是很独特的景观。可见，东西方古典园林追求自然和规整的差别，在造型植物景观上也有体现。

绿篱，也叫植篱、生篱，是近距离密植成行的灌木或小乔木。因其选择树种可修剪成各种造型，并能相互组合，从而提高了观赏效果和艺术价值。此外，绿篱还能起到遮盖不良视点、隔离防护、防尘降噪、引导视线和路线等作用。

（1）绿篱的分类

绿篱有多种分类方式，根据高度可分为高篱、中篱和矮篱；根据功能和观赏要求可分为常绿篱、花篱、果篱、刺篱、落叶篱、蔓篱与编篱等；依修剪程度可分为不修剪篱和修剪篱，也即自然式和整形式；根据修剪后的形状可以分为梯形、矩形、圆顶、自然式等。以下是按照高度进行的分类：

i. 绿墙（高 >1.6 m），能够完全遮挡住人们的视线；

ii. 高篱（高 1.2~1.6 m），视线可以通过，但人不能跨越而过，多用于绿地的防护、屏障视线、分隔空间、作其他景物的背景等；

iii. 中篱（高 0.6~1.2 m），有很好的防护作用，多用于种植区的围护及建筑基础种植；

iv. 矮篱（高 <0.5 m），花境、花坛、草坪图案等的镶边。

（2）绿篱的作用和营建

1）高篱或绿墙　常用来分隔空间、屏障不良视点、防尘降噪等。多为等距离栽植的灌木、半乔木或乔木，株距约 60~150 cm，行距约 100~150 cm，宽度 150~250 cm。高篱形成封闭式的透视线，远比用墙垣等有生气。作为雕像、喷泉和艺术设施景物的背景，能营造更美好的氛围，可在其上开设多种门洞、

英国朗利特庄园（Longleat House）植物迷宫

爱丁堡皇家植物园山毛榉（*Fagus* sp.）造型的高篱景观

南京中山植物园的银缕梅盆景

邦尼·梅隆花园（Bunny Mellon Garden）的野苹果编结廊架

鹅耳枥（*Carpinus betulus*）造型的高跷式绿篱（stitted hedge）

长木植物园的造型植物花园（摄影　郗厚诚）

图 4-28　不同类型的植物造型景观

图 4-29 韩国国立树木园的整形植物

景窗以点缀景观。造篱材料可选择构树（*Broussonetia papyrifera*）、柞木（*Xylosma japonicum*）、法国冬青（*Viburnum odoratissimum*）、女贞（*Ligustrun lucidum*）、圆柏（*Juniperus chinensis*）、榆树（*Ulmus pumila*）等。

2）中篱 应用最广、栽植最多的一种绿篱。宽度不超过 100 cm，株距 50 cm，行距 70 cm；多为双行几何曲线栽植。中篱可起到分隔景区、组织旅游线路、增加绿色质感、美化景观的目的。常用于街头绿地、小路交叉口，或种植于公园、林阴道、分车带、街道和建筑物旁。多营建成花篱、果篱、观叶篱。造篱材料如栀子、含笑（*Michelia figo*）、木槿（*Hibiscus syriacus*）、红桑（*Acalypha wikesiana*）、吊钟花（*Enkianthus quinqueflorus*）、变叶木（*Codiaeum variegatum*）、金叶女贞（*Ligustrum × vicaryi*）、花叶青木（*Aucuba japonica* var. *variegata*）、小叶女贞（*Ligustrum quihoui*）、七里香（*Murraya paniculata*）、火棘（*Pyracantha fortuneana*）、茶树等。

3）矮篱 主要用来围合园地和作为草坪、花坛的边饰，多用于小庭园，也可在大的园林空间中组字或构成图案。由矮小的植物带构成，株距约 15~30 cm，行距 20~40 cm，宽度约 30~60 cm。游人视线可越过绿篱俯视园林中的花草景物。有永久性和临时性两种不同设置，植物材料有木本和草本多种，常用的植物有月季（*Rosa chinensis*）、黄杨（*Buxus sinica*）、六月雪（*Serissa japonica*）、千头柏（*Platycladus orientalis* 'Sieboldii'）、万年青（*Rohdea japonica*）、彩色草（*Solenostemon scutellarioides*）、红叶小檗（*Berberis thunbergii* var. *atropurpurea*）、茉莉花、杜鹃等。

4.4.7 桥

桥是东方园林中重要的景观元素，而不仅仅起通行、连接的功能。我国元代曲作家马致远《天净沙·秋思》那句“枯藤老树昏鸦，小桥流水人家”之所以家喻户晓，就在于它描绘了一幅生动的风景画，并成为造园家们争相追求的一种意境。我国古典写意山水园多源自山水画，早期的大部分著名的造园家也多工于书画，桥同样是山水画的重要元素之一。桥在

田纳西州孟菲斯植物园（Memphis Botanic Garden）日本园的红桥

南京中山植物园红枫岗的红桥

邱园的弧线桥（摄影 窦剑）

图 4-30 不同风格的桥涵

植物园景观营建中的地位虽然远没有在传统园林中那样突出，但也有着特殊的地位，因此，可以经常在西方植物园中见到具有东方特征的景观桥，并成为东方园林艺术的典型符号之一。只是由于日本园林日渐扩大的影响，这种“东方桥”在西方也更多地被认为是日本园林的特征，往往被称为“日本桥”

因为桥在植物园中更多地起到景观的作用，其次才是互联互通，所以除了那些真正意义的桥之外，我们在植物园中看到的桥多小巧玲珑、色彩鲜艳，与周围的山水相融，在绿色苍茫中往往成为点睛之笔，意境深远。

4.5 植物园与园艺

《辞源》中称“植蔬果花木之地而有藩者”为“园”，《论语》中称“学问技术皆谓之艺”，因此园地栽培（garden husbandry）蔬果花木之技艺，谓之园艺（horticulture）。按照种植对象的不同，可相应地分为果树园艺、蔬菜园艺和观赏园艺等，这些在植物园都有涉及，因此，综合的园艺植物学（horticultural botany）和植物园艺学（botanical horticulture）是与植物园景观营造最相关的两门相关学科，也是植物园不同于其他园林景观和园艺形式最主要的两个方面。但无论是园艺植物学还是植物园艺学，都有别于植物园传统的研究活动，因为植物园里传统的科学研究对馆藏标本的利用率要远高于活植物（Raven, 2006），但大部分植物园都把活植物收集作为核心任务（Watson et al, 1993），虽以研究为目的，实际上主要用于教育和园艺展示（Cook, 2006）。园艺水平决定了植物园的景观水平，因此，植物园的景观水平是在活植物收集基础上，园林艺术和园艺技术结合的结果，二者缺一不可。

园艺植物学是研究目前和潜在栽培植物，尤其是观赏园艺植物的一门学科。园艺植物学的内容主要包括：

i. 挖掘新的栽培植物；

ii. 栽培园艺植物品种分类、命名和相关知识的传播；

iii. 在栽培植物品种描述和区域性的园艺品种志、新引进种类的记录等方面上开展原创性的工作；

iv. 维护栽培植物数据库；

v. 收集园艺植物标本和图像资料等。

其中栽培植物的分类可能是园艺植物学家的研究重点之一，而成立于2007年的“国际植物分类联合会（International Association for Plant Taxonomy, IAPT）”以及自1952年开始发布的《国际栽培植物命名法规》是园艺植物学以及相关学者最值得参加的机构和依据的法规。

植物园艺学是对栽培植物以及部分野生植物进行修剪、繁殖、造型等园艺管理的一门学科。和园艺植物学不同，植物园艺学更强调园艺技术。园艺植物学家和植物园艺学家大多受雇于植物园、大型苗圃、园艺学院以及相应的政府管理部门等。对于植物园而言，植物园艺学家的工作是相当重要的，例如建立于1673年的英国切尔西药用植物园是欧洲最古老的植物园之一，位于泰晤士河畔，面积只有1 hm^2，温室600 m^2，却收集保存了5 000种活植物，1722—1770年的黄金时期更成为当时的世界名园，原因之一就是当时被称为世界最著名植物园艺学家米勒（P. Miller）的存在。植物园艺学的工作涵盖了下面即将述及的所有内容。

（1）植物的繁殖

繁殖是植物生产的第一个环节，也是非常重要的一个环节。常用的繁殖技术包括有性繁殖（种子繁殖）、无性繁殖（嫁接、扦插、压条、分株和组织培养等）。

1）种子繁殖　是自然界最常见的一种繁殖方法，由于经过了授粉、基因重组的过程，因而产生的每一个新的个体都有可能与亲本不同。优点是可以保持遗传多样性、降低病毒等随营养体的世代传递。缺点是难以保持母本的优良性状，如果群体太小，还可能导致近交衰退，在用于保护性收集时，应慎用。

i. 采种：保护性收集的植物在种子采集时要注意按照种群进行，以保持其遗传代表性，其次要注意采集健康的种子，并按规定记录采集号及其他采集信息。

ii. 种子处理和储存：采集的种子要根据种子特性进行处理。无论哪一类种子，都要求保持一定的水分，不能暴晒致其快速脱水，其次是要保证种子或果实不会因高温、高湿等发生变质。一般推荐在相对湿度15%~20%，温度15℃条件下保存。

为了给下一步工作提供依据，在储存前最好进行种子检验，测试其发芽率、发芽势等数据。

iii. 播种前处理：有些种子需要进行预处理才能保证发芽率。如种皮坚硬、不能吸水的种子，可以借助机械方法破皮，或用热水、酸溶液处理的方法打破外壁，仍不能萌发的种子可能存在休眠现象，可以采用层积处理、变温处理或激素处理的方法打破休眠。

iv. 播种：可以直播，也可以采用保护地（苗圃、温室、苗床等）和容器（穴盘、播种盘等）播种。后者虽然增加了前期工作量和环节，但好处是避开了苗期田间管理的很多不利条件，利于苗期的集中管理，是更多地被采用的方法，只有发芽整齐、发芽率高且生长速度快的种类才适合田间直播，而且应该做好整地和催芽处理等。

2）营养繁殖　营养繁殖是指采用植物的营养体以及体细胞或花粉细胞进行繁殖的方法。常见的营养繁殖方法包括扦插、嫁接、压条、分株、组织培养等。营养繁殖的优点是有利于保持母本优良的性状，且繁殖周期缩短，因此多用于稀有或重要基因型植物等的繁殖，是木本植物无性系繁殖的主要方法。缺点是可能携带病原体，采用组织培养进行繁殖的继代过程中有可能发生体细胞突变等。

无论是种子繁殖还是营养繁殖，对土壤或基质都有卫生条件和水、肥、气、温度等生长条件上的要求，除直播要进行田间土地整理、水肥等管理外，保护地播种和营养繁殖以及定植前的上盆、换盆等都需要进行基质的准备，这些都是非常重要的过程。

（2）植物的田间管理

1）移栽定植　小苗移栽、定植一般采用裸根或带基质移栽的方法，重点和难点在于设施繁育的小苗可能还要经历炼苗的过程，且小苗由于竞争能力差，对土壤、水肥和杂草管理的要求较高；大苗则有土球、种植穴规格和移栽季节等的要求。

2）种植床（池）　无论大苗还是小苗移栽，都需要提前准备好种植床，准备得越充分，日后的管护工作就越简单。这些准备工作包括：富含有机质和矿物质的土壤、合理的水分管理措施（包括控制失水的覆盖物的施用）、有害生物和杂草控制措施、有益生物的保护和利用、适合的温度和光照条件等等。

覆盖物（mulch）地表覆盖物泛指松散的、覆盖在土壤表面的一层材料，广泛用于园艺和农业，其主要功能包括：

- 保护土壤和土壤结构，保持土壤湿度；
- 抑制杂草；
- 降低土壤温度的变化幅度；
- 美观。

■ 地表覆盖物分类

i. 可降解的覆盖物：包括落叶、碎草、泥炭苔藓、木碎、稻草、椰壳纤维、树皮、堆肥、蘑菇培养

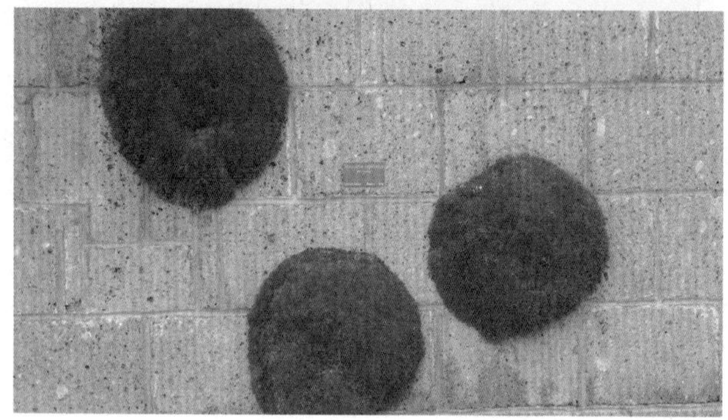

图 4-31 日内瓦植物园利用有轨电车道路石墙种植的垫状植物整体（上）和局部（下）：*Minuartia capillacea* 株丛

基、甘蔗纤维、坚果壳等。这些材料用作地表覆盖物时，会逐渐降解，释放营养物质，同时也改善土壤结构。当它们被完全降解后，就需要更换新的覆盖物。

ii. 不可降解的覆盖物：这类材料包括石板、碎石、回收橡胶碎片、塑料卷材等。此类覆盖物在观感上一般不占优势。

■ 覆盖物的施用

施加地表覆盖物的最佳时机是中晚春或秋天，这时土壤温暖而湿润。在施加以前，检查土壤墒情，清除杂草。施加厚度在 2~5 cm 之间较为合适。

■ 注意事项

● 要选择没有杂草种子、不含病原菌的覆盖材料，比如合格的堆肥；

● 不要在主干周围堆积过厚，或者埋住了较低矮的植物；

● 避免让覆盖材料埋住本应外露的根系，以免影响其呼吸功能；

● 施加覆盖材料后，可能需要浇更多的水；

● 施肥时，无须去除覆盖材料，直接撒在上面，依靠雨水冲刷到土壤中去；

● 不断累加覆盖材料会导致土壤透水性变差，所以，当之前施加的材料降解后，最好不要直接埋入土壤，需要先清除，再替换新的材料。

堆肥（compost）堆肥可以充分利用植物园废弃的植物材料（草屑、修剪枝叶、水草、杂草、落叶等）以及其他有机废弃物（稻壳、畜禽粪便、酒糟等）等通过微生物发酵，将有机废弃物变成腐殖质的过程，是有机肥很好的来源之一。

■ 堆肥的原料

应当使用含蛋白质、氮和碳的原料的混合物。理想状态是将这些含不同成分的原料均匀混合，在操作中，更简单的做法是把不同的原料一层一层地交错堆放。例如，一层动物粪便，一层新鲜绿色原料，一层动物血和骨头，其间混入干草、木屑和其他相对稳定的原料。堆肥中的动物粪便量以占所有原料的 25% 为宜；植物层厚度应当在 15~23 cm，动物粪便厚度应当在 7.5 cm 以内。

■ 堆肥分解过程

第一阶段：原料进行相对活跃和迅速的初分解，这个过程中伴随热量的产生。

第二阶段：在蚯蚓和细菌的作用下，缓慢地形成稳定的腐殖质。

■ 堆肥过程中环境条件的控制。

● 水分

堆肥过程中应保持均衡的湿度条件。简单的测试方法是：抓一把原料使劲挤压后刚好有水被挤出。

● 空气

适量的空气有助于微生物的活动，堆肥过松、空气过多则短时间内原料迅速分解并以氨气的形式损失，然后就变得干燥而无活性；堆肥过紧、空气过少则分解过程就变成厌氧性的，堆肥会散发出腐烂的、酸的或煤焦油的气味。

解决办法：沿着堆肥的长度在干草束这一层做一个通风道。这就使堆肥底部有空气流通，避免了通常会出现的堆肥中间受潮的情况。第一层应当是松散的干草或稻草、麦秆（如前所述先弄湿）。底层原料会受压下塌，应避免使用如锯末、草坪上剪下的草或鸡粪，在湿润的情况下，这些原料容易被压成完全不透气的块状，不能降解，还会变成蓝色并且发臭（厌氧性的分解过程）。而底层用干燥稳定的原料可以创造一个微生物体和蠕虫不能穿透的层面，从而实现分解。

● 温度

要实现堆肥最理想的温度需要适量的水、空气和原料的配比。堆肥中含蛋白质或氮的原料在分解过程中会产生最初的热量。因此，如果这类原料过多就会导致过热；反之，如果这类原料不足，过湿会导致无热量产生，过干时会使堆肥迅速发热，然后变冷且失去活性。

一个构造良好的堆肥会在2~3天内迅速发热，然后在数周内逐渐降温。随后的翻动会再激活这个过程，但是没有第一次剧烈，并且发热持续时间一次比一次短。

● 堆肥的大小、形状和环境

堆肥宽、高应分别控制在2 m和1.5 m以内，长度不限。堆肥的最佳形状是倾斜的，这样可以使水流走而体积和密度不变。

堆肥的位置应该有乔木、灌木遮阴以防止太阳直射和挡风。避免将堆肥建在松树（*Pinus* sp.）、柳树（*Salix* sp.）等具有很强吸收性根系植物的附近。

重复在同一个地点做堆肥有助于堆肥下土壤中有益生物体系的形成，如蚯蚓、细菌、真菌和藻类。这些生物体会很快从土壤中进入到新的堆肥中，大大加速分解过程。

● 堆肥翻转

大约6周以后翻转堆肥，这时候是制作堆肥进程中的检查阶段，需要采取一些矫正措施。良好堆肥在均衡降解过程中产生的原料呈棕色，湿润并且有香味。但即使是最好的堆肥，也可能外部有点干，分解较少，而中间部分也许太过潮湿。因此，通过翻转，把外部的翻到内部去，把内部的翻出来，这样就可以实现整体均衡降解。

在向腐殖质转化的过程中，正常的3个发酵步骤是：

i. 最初的气味消失，原料发出木头的气味，这种情况仅仅几天就会出现；

ii. 颜色变成均匀的深棕色；

iii. 原料原来的质地消失，看起来像肥沃的土壤。

● 其他措施

可以添加活力有机启动剂等方式增加有益微生物菌群数量，对抗土壤中的病菌。为达到最好的效果，尽量不要在发酵过程完成前使用堆肥。当还不够确定腐殖质已经形成时，让它继续受到保护，避免阳光和风，保持足够的湿润度。如果确实需要，可以在第三个步骤之前使用堆肥。只在顶上取土，不要犁得过深，这样才能继续让空气保持进入。在原地第二次做堆肥时，会有更多的蚯蚓，因此一般会分解得比第一次更好。

3）修剪　修剪的目的有两个：一是景观需要的修剪。如草坪、绿篱和整形树的修剪等，二是促进生长、开花、结实的修剪。因而修剪的要求也不同，但都是通过去除顶端优势来控制或促进生长发育进程来实现的。前者是在不导致植株死亡，地上部分或枝条保持一定生活力的情况下，通过修剪达到整体形态上符合审美的要求，因而一般不考虑繁育系统，如花、果实等的生长发育，而更在意通过控制主枝和分枝顶端优势促进分枝、分蘖等营养器官的发育，因此这类修剪一般也比较频繁。后者则不同，首先这类修剪着重点在于个体植株或个别枝条，其次是修剪的目的着重在通过修剪调节营养物质和激素在不同器官间的分配，以促进或控制开花、结实。因此，植物生长、开花和结实习性决定了这类植物需要采用的修剪方法和修剪时间。这类植物修剪的一般原则是：最佳修剪时期应能使植物有最长的生长期——一种情况是休眠过后尽早修剪，以便生长当年花枝；另一种情况是花后尽早修剪，以便生长枝条在翌年开花，换言之，往年生枝条开花者，应在花后立即修剪，以保证有时间、营养等生长更多的枝条，并为来年的开花做好准备；当年生枝条开花者应在休眠季节后、生长开始前进行修剪，以促进萌发更多的当年生枝。那些以收获果实为目的的修剪，更在意控制整体果实数量、单果质量以及植株的挂果能力等方面。

草坪的修剪 修剪可抑制草坪草的顶端优势，促进分蘖的形成，还有利于改善草层的通风透光条件，减少病虫害的发生。因此，修剪是草坪养护管理的核心内容。

■ 修剪高度：也称留茬高度，是指草坪修剪后地上部分的垂直高度。不同类别的草坪草耐受修剪的能力是不同的，因此，应根据功能需要选择相应的草坪草，并进行适当的修剪，以不影响草坪草正常生长发育和功能发挥为原则。一般草坪草的留茬高度为3~4 cm，部分遮阴和损害较严重的草坪草留茬应高一些。通常，当草坪草长到6 cm时就应该修剪，新播草坪一般在长到7 cm高时第一次修剪。确定适宜的修剪高度是十分重要的，是进行草坪修剪作业的依据。

■ 修剪时期和次数：草坪的修剪时期与草坪草的生长发育状况相关，一般始于3月终于10月。修剪作业通常在晴朗的天气进行。修剪频率取决于多种因素，如草坪草类型、草坪品质、天气、土壤肥力、草坪草在一年中的生长状况等。在温度适宜、雨量充沛的季节，冷季型草坪草每周需修剪2次，而在正常气候条件下，每周修剪一次就可以了。一些生长迅速的草坪草，如羊茅（*Festuca ovina*）和黑麦草（*Lolium perenne*）等则修剪频率相对较高。

■ 修剪的技术要点：

● "1/3"原则：即对于每一次修剪，被剪去的部分是草坪草垂直高度的1/3。修剪太多会导致草坪草光合作用能力减弱，现存碳水化合物大部分被用于形成新的幼嫩组织，致使根系无足够养分维持而大量死亡。如草坪因管理不善而生长过高，则应逐渐修剪到留茬高度；修剪太少，则达不到功能或美观上的要求。

● 草坪机刀片一定要锋利，修剪前最好对刀片进行消毒，特别是7至8月份病害多发季节。刀片钝会使草坪草叶片切口出现丝状，如果天气特别热将造成草坪景观变成白色，同时还容易使伤口感染，引起草坪病害发生。

● 同一草坪应避免每次同一方向修剪，否则会使草坪生长不平衡，趋于退化。

● 修剪产生的草屑一定要清理干净。留下的草屑容易使通气受阻，导致杂草滋生，尤其是湿度大时，易造成病虫害感染和流行。

● 修剪应在露水消退以后进行，通常在修剪的前一天下午不浇水，修剪之后应间隔2至3小时浇水，防止病害的传播。

● 避免在温度很高的中午进行修剪。

绿篱的修剪 对整形式植篱应尽可能使下部枝叶多见阳光，以免因过分荫蔽而枯萎，因而要使树冠下部宽阔，愈向顶部愈狭，通常以采用正梯形或馒头形为佳。从小到大，多次修剪，线条流畅，按需成形。

■ 始剪：绿篱生长至30 cm高时开始修剪。剪后，清除剪下的枝叶，加强肥水管理，待新的枝叶长至4~6 cm时进行下一次修剪。中午、雨天、强风、雾天不宜修剪。按设计类型3~5次修剪成雏形。

■ 定型修剪：当绿篱生长达到设计要求定型以后，每次把新长的枝叶全部剪去，保持设计的规格、形态。

多数绿篱是按一定形状修剪的，但对生长缓慢的树种以及高式竹篱和以观花为目的的花篱，多不作修剪，或只作高部枝条的调整。另外根据需要，还可以将绿篱修剪成单层、双层乃至多层，通过刻意修剪，能使绿篱的图案美与线条美结合，提高其观赏价值。

■ 修剪时期及频率：对于常绿针叶树种，应在春末夏初之际完成第一次修剪，同时可一并获得扦插材料。立秋以后，秋梢又开始旺盛生长，这时应进行第二次全面修剪，使株丛在秋冬两季保持整齐划一，并在严冬到来之前完成伤口愈合。对于大多数阔叶树种绿篱，在春、夏、秋季都可根据需要随时进行修剪。为获得充足的扦插材料，通常在晚春和生长季节的前期或后期进行。用花灌木栽植的绿篱不大可能进行规整式的修剪，修剪工作最好在花谢以后进行，这样既可防止大量结实和新梢徒长，又能促进新的花芽分化，为来年或以后开花做好准备。

4）植物的病虫害和杂草控制　为了保证植物园活植物收集的健壮生长，必须制定一套防控园区有害生物和杂草的制度和措施，配备专业的管理人员和专门的防治设备，包括：

i. 确定有害生物和杂草防控的基本原则：植物园作为一个活植物收集、保护和展示的场所，以及开展相应科研、推广活动的科研机构，活植物的引进、输出是其日常工作的一部分。首先应该确立以预防为主的有害生物防控方案，对输入、输出的植物种类进行评估，防范具有潜在威胁的植物种类的输入和输出；其次，一旦发现有害生物，也应遵循绿色、环保的理念，提倡以生物、物理防治为主的有害生物和杂草综合防治管理措施，逐步减少直至杜绝剧毒化学药品和除草剂的使用。

图 4-32　日内瓦植物园的园丁正在手工除草

ii. 专业人员：要有扎实的理论基础和丰富的防治经验，能够对有害生物、杂草等进行准确的识别和鉴定，并制定有效的防治措施。

iii. 完善的有害生物和杂草的监测、记录制度，能够及时、准确地评估有害生物、杂草发生、发展的规模、密度和危害程度以及动态等，对区域内的有害生物防治工作提供技术支持。

iv. 完整的有害生物防控技术程序。

v. 使用化学药剂的人员必须接受有害生物综合管理系统（integrated pest management system, IBM）的培训，尤其注意使用、管理和处置化学药剂的安全问题。

4.6 植物园的标识系统

植物园的标识系统从大门口就开始了，主要包括了园标、导游系统、植物名牌系统等。

（1）园标

园标是一个植物园的代表性标志，像其他机构的标志一样，植物园的园标要能最大程度地反映其确定的使命和名称。如图 4-32 所示是一些国内外著名植物园的园标。

中国科学院
西双版纳热带植物园

中国科学院武汉植物园

中国科学院华南植物园

江苏省中国科学院南京中山植物园

哈佛大学阿诺德树木园

爱丁堡皇家植物园

邱皇家植物园

图 4-33　部分植物园的园标

（2）导游系统

传统的植物园导游系统包括宣传册、导游图、路引牌、景点介绍等。随着信息技术的发展，后来又相继增加了语音解说、网站（数字化植物园）和基于微博、微信平台的科普宣传以及智慧旅游系统。

（3）植物名牌系统

植物名牌可以把植物园活植物收集与其档案记录联系起来，既是植物园活植物记录管理的重要手段，对于游客来说，也是解说系统的一部分，起到普及植物学知识的作用。

1）植物名牌的种类　植物名牌有 4 种：登记标签、身份标牌、说明牌和二维码，也有些植物园将这些信息集中到一张植物身份标牌或说明牌上。

● 登记标签：标记了植物登记号的标签。植物登记号是植物园活植物的唯一性编号，因此，有了登记号，工作人员就可以很方便地查找到该植物的所有信息。为了方便工作人员识别，有时也标注植物名称。另外，在活植物没有登记以前，可能没有登记号，而是用采集号、引种号等临时性标签代替，这些信息也常常在后来与登记信息一起录入登记信息中，因此与登记号标签之间可以互相验证，可以作为辅助性登记标签使用。

● 身份标牌：这是植物园最常见的一种标牌，除了登记号之外，还有植物名称（科名、地方名、学名）、分布和来源地以及用途等等。这种标牌可供游客、工作人员共同使用。

● 说明牌：是对身份标牌内容的进一步扩展，除了上述内容外，还包括了图片、分布图以及与该植物有关的文化、历史故事等。这种标牌一般只针对部分重点树种或者作为临时展示时使用。

● 二维码：是近年来逐步推广使用的一种新型的登记标签，不同于传统登记标签的是，它用的不是登记号信息，而是采用了二维码技术，游客或者工作人员可以将此二维码与后台的数据库等信息库相连，因此，二维码提供信息的丰富度取决于后台数据库信息的丰富度，理论上是无上限的。

2）植物名牌的制作　临时性标签常采用商用标签，如插牌、环扣式标签、标牌等，用记号笔进行标注，而正式的登记标签、身份标牌和说明牌等大都自行制作或定做，所用材料可以是木材、竹子以及其他自然材料或金属、塑料等。

早期的标牌靠手工制作，现在一般采用机器制作。野外可以采用标签打印机（带模机），这是一种简单的手持式工具，采用压模或热敏打印技术，压模可用于金属标牌，也可以与计算机相连。在室内则可以采用与计算机连接的刻字机进行雕刻，所用材料一般为双层塑料，为了延长其寿命，可以压上一层抗紫外线的丙烯酸薄膜。当然也可以像很多美国植物园做的那样，用激光打印机或复印机在塑料纸上印制标签或名牌，也可以使用一年以上，且制作过程更简单，成本更低。

参考文献

贺善安，2005. 植物园学［M］. 北京：中国农业出版社.

黄宏文，2017. “艺术的外貌、科学的内涵、使命的担当”——植物园500年来的科研与社会功能变迁（一）：艺术的外貌［J］. 生物多样性，25（9）：924-933.

莱德雷，格林，2005. 达尔文植物园技术手册［M］. 靳晓白，石雷，唐宇丹，等，译. 郑州：河南科学技术出版社.

兰希秀，2010. 论“自然⟺人”化：自然的人化和人的自然化的整合［J］. 南华大学学报（社会科学版，11（6）：31-34.

雷维群，2011. 我国植物园的植物景观研究——以厦门植物园、北京植物园为例［D］. 北京：北京林业大学.

刘敦桢，1979. 苏州古典园林［M］. 北京：中国建筑工业出版社.

孙筱祥，2014. 园林艺术人生——孙筱祥先生访谈（上）［J］. 人文园林（18）：6-22.

孙筱祥，2002. 风景园林（Landscape Architecture）：从造园术、造园艺术、风景造园到风景园林、地球表层规划［J］. 中国园林（4）：7-13.

余树勋，2000. 植物园规划与设计［M］. 天津：天津大学出版社.

吴昕遥，王崑，2012. 试析园林理水设计的要点［J］. 科技致富向导（20）：20.

张十庆，1993.《作庭记》译注与研究［M］，天津：天津大学出版社.

张颖，2016. 当代植物园营建趋势研究——以湘潭植物园为例［D］. 北京：北京林业大学 .

张云璐，2015. 当代植物园规划设计与发展趋势研究［D］. 北京：北京林业大学 .

周维权，2008. 中国古典园林史［M］. 北京：清华大学出版社 .

Austin D, Thomas R, 2012. A garden before the garden: Landscape, history and the National Botanic Garden of Wales［J］. Landscapes（1）: 32-56.

Cook R E, 2006. Botanical collections as a resource for research［J］. Public Garden（1）: 19-21.

Kumble P A, Christopher C H, 2009. The elements of a conservation botanic garden for eco-tourism: Belize Botanic Garden as a case study［J］. Journal of Landscape Studies（2）: 1-15.

O'Malley T, 1992. Art and science in the design of botanic gardens, 1730—1830［M］// Hunt J D. Garden History: Issues, Approaches, Methods. Washington: Dumbarton Oaks Research Library and Collection: 279-302.

Park E Y, 2012. A plan for the development of botanic garden displays using local landscape resources CNU［J］. Journal of Agricultural Science, 39（4）: 535-543.

Raven P H, 2006. Research in botanical gardens［J］. Public Garden（1）: 16-17.

Repton H, 1803. Observations on the theory and practice of landscape gardening: including some remarks on grecian and gothic architecture[M]. London: Thomas Bensley for James Taylor.

Rogers E B, Craig B, 2007. Botanic gardens—A living history［M］. London: Black Dog Publishing Limited.

Taylor N, 1936. The garden dictionary—An encyclopedia of practical horticulture garden management and landscape design［M］. Boston: Houghton Mifflin Co.

Watson G, Heywood V, Crowley W, 1993. North American botanic gardens［J］. Horticultural Review, 15: 1-62.

Yazdani N, Lozanovska M, 2016. The design philosophy of Edenic gardens: Tracing 'Paradise Myth' in landscape architecture［J］. Landscape History, 37（2）: 5-18.

扩展阅读二

东西方园林的差异及其对植物园景观建设的影响

植物园发源于欧洲，因此其景观首先受到西方园林，包括意大利、法国早期的古典园林和英国式园林的影响。东西方植物园虽然在景观上各具特点，但广泛收集、保护世界植物资源的目的使得现代植物园很容易接受其他园林流派的影响。整体上，西方植物园都秉承并保持了这种开放、共融的景观建设传统，以植物为主的景观特色使得世界各国植物园在景观上的差异远不像在建筑或其他园林形式上表现得那么明显。

一般认为，世界上主要有三大古典园林体系，即以中国、日本园林为代表的东方园林，以巴比伦、埃及和波斯园林为代表的西亚园林（包括中东和受伊斯兰教影响的西班牙、印度等地的园林）以及以意大利、法国园林为代表的西方园林。英国式园林则是现代园林的早期代表，因此将三大古典园林和现代园林的代表英国式园林的特点、形成原因总结如表 4-1。

表 4-1　世界三大古典园林和英国式园林的特点及其成因

	东方园林	西亚园林	西方园林	英国式园林
宗教基础	道教：如“十洲三岛”；佛教和其他寺观园林	古波斯：“天国”“乐园”；伊斯兰教：“天园”	基督教：“伊甸园”	—
哲学基础	老庄哲学：出世（无为、不争）、“道法自然”；儒家：“天人合一”等	逻辑思维和实践经验相统一、理性和感性相统一	唯理主义	经验论和浪漫主义
政治基础	封建君主制	政教合一	封建领主制	资本主义
人文基础	静：消极、含蓄、内敛的性格和农耕文化	来生转世	动：积极、外在、进取、以人为本	自由、平等和博爱
环境基础	山水相依、湖泊纵横	干旱少雨，沙漠	意大利的高山台地和法国的平川	海洋、牧场
美学基础	感性、写意和抒情	形：精确的几何性 色：超越自然的缤纷色彩	对称、均衡和秩序	想象，宏大和奇特；写实
景观元素	山、水、建筑和植物	水、建筑和植物	建筑、水和植物	植物、水和建筑
代表国家	中国、日本、朝鲜	古巴比伦、埃及和古波斯等	意大利、法国和英国	英国、法国、美国

与人类早期对自然界认识的局限性有关，古典园林多少都与宗教或与神话传说相联系，如中国古典园林中常见的“一池三山”源自传说中神仙居住的东海及其中的方丈、瀛洲和蓬莱三岛。再如日本早期表现自然山水的“枯山水”受神道教早期神社形式的影响而发展成后来流行的枯山水景观，也有人认为，其所谓“禅花园”（Zen garden）的称谓，是因为早期一些重要的建造者多为修禅的僧人，日本寺观中也多有此类园林，给人以枯山水源于禅宗的印象（刘晨，2010）；西亚园林中典型的“田”字形布局源自伊斯兰教关于“天园”的描述；西方园林则源自基督教关于“伊甸园”的想象，其大量运用的雕塑作品也大都来自神话传说，如凡尔赛花园中的“阿波罗之车”即来自希腊神话。当时的花园代表了人类最美好的愿望，那就是“天堂”，只是不同宗教、民族理想中的“天堂”有所不同而已。

随着人类对自然界认识的不断加深，在尼罗河流域和两河流域两大古文明的影响下，古希腊成为古代科学的典范和近代科学的摇篮，孕育了亚里士多德、欧几里得等一批古代先哲，这种对自然界的理性认识同时影响着东方的伊斯兰世界和西方的古罗马帝国，反映在园林上就是以规则的几何形状和对称为特色的欧洲古典园林风格开始形成。西亚园林和西方园林有着历史的渊源，其中西亚园林可能来自被阿拉伯人攻占的古巴比伦、古波斯，再加上阿拉伯人对“天园”的想象（Hoag, 1977; 陈志华，2013）。到了17世纪，天文学和数学在欧洲大陆已经相当发达，以此为基础的理性主义奠定了欧洲古典园林的哲学基础，一时间严格按照几何比例营造的古典园林在意大利、法国大行其道，18世纪西方古典园林在法国进入鼎盛时期。也是在这一时期，“师法自然”的中国古典园林也正处于黄金时代，东西方在造园艺术理论上也形成了各自的巅峰之作，这就是法国布阿依索的《论依据自然和艺术的原则造园》和中国计成的《园冶》。

而不列颠群岛却是另外一番景象，在自然科学影响下，形成了以培根（Francis Bacon, 1561—1626）和洛克（John Locke, 1632—1704）为代表的经验主义。在这一时期，英国发生了资产阶级革命，欧洲大陆也在酝酿着18世纪末的法国资产阶级大革命，资产阶级的思想启蒙运动声势浩大，作为封建宫廷文化的古典主义失去了其政治基础，古典主义园林也同样被看作封建专制下压迫和强制的象征而遭到唾弃。例如，弥尔顿（John Milton, 1608—1674）在《失乐园》中就描述了伊甸园的自然风光“这里的自然，回荡着她的青春活力，恣意驰骋她那处女般的幻想，超越技术或绳墨规矩”；卢梭（Jean Jacques Rousseau）也说“文明是对人的自由和自然生活的奴役”，主张“回到自然中去”；希雷（Joseph Heeley）指出“自然风致园能净化人的心灵，最自然的景观足以‘使一个恶棍改邪归正’”。肯特进一步提出了“跨越围墙，辽阔自然即是植物园”的概念，鼓励植物学家、园艺师和景观规划师突破规则，追求自然的植物园景观风格（陈志华，2013）。后来的工业化大生产带来的人口聚集和城市病的滋生则使人们重返自然的愿望愈发强烈，于是以想象和情感为基本审美要求的英国式园林的清新之风开始在不列颠群岛形成，并很快风靡欧美。

虽然意大利文艺复兴时期的园林形式是规则的，但这些园林大都以风景优美的自然环境为背景或前景，如山坡、河畔甚至大海，建筑化的植物图案是为了协调建筑和自然景观的关系，园林周边也常植自然的丛林，因此，整体上还是非常自然的，这与意大利文艺复兴时期造园家们的追求是一致的。例如对意大利文艺复兴时期造园艺术最有影响的建筑家阿尔伯蒂（Alberti L. B.，1404—1472）就非常热爱自然和田园生活，布克哈特（Jacob Burckhardt, 1818—1897）说“他看到参天大树和波浪起伏的麦田就感动得落泪。……当他有病时，不止一次因为看到美丽的景色而豁然痊愈”。正是这种对田园生活的热爱，使得阿尔伯蒂非常钟爱乡间别墅，他论述的园林也都是别墅园林。别墅本身虽然有高高的围墙，但越过围墙，可以欣赏“朗朗的天气，森林密布的小山的美丽的远景，阳光灿烂的平坦原野，倾听泉水和流过萋萋草地的溪水的低语”（Alberti, 1969；陈志华，2013）。只是意大利文艺复兴时期的这种带有自然风格的唯理主义，到了法国路易十四时期受到宫廷文化的影响，才更加人工化、几何化，形成了典型的欧洲古典园林风格：规模宏大、宫殿或府邸统帅一切、放射状的林阴道和强烈的中轴线（陈志华，2013）。

这种园林风格自然也影响到这一时期开始出现的早期植物园的景观建设，例如比萨大学植物园、帕多瓦大学植物园。稍后建立的植物园，如意大利佛罗伦萨大学植物园（1545），直至19世纪建立的植物园如法国的里昂植物园（Jardin Botanique de Lyon, 1857）也都以规整式的欧洲古典园林风格为主。同时期中国的一些皇家园林，如圆明园（1709）的九州部分和晚些时候的颐和园（1888）的前山建筑群部分也都采用了类似的对称式布局，中轴线也都十分严整。

比萨大学初期的教学植物园是由著名植物学家吉尼（Luca Ghini）设计建设，1563年搬迁到圣玛尔塔（Santa Marta）修道院，1591年落户现址。许多植物学家，如Andrea Cesalpino, Pietro Nati, Michelangelo和Teodoro Caruel等为植物园的发展作出了贡献。16至18世纪，通过艺术家（如Daniel Froeschel、Giorgius Dyckman）和科学家（如Casabona）的合作，植物园以名副其实的“艺术工作室”（art bottega）而著称，生产和收藏了大量的自然主义绘画、雕塑等作品。

相比较之下，一年后，由弗兰西斯科·博纳弗德（Francesco Bonafede）建议同样作为药用植物教学实习基地，建筑师安德里亚·莫罗尼（Andrea Moroni）设计的帕多瓦大学植物园则至今仍在原地并保留着最初的建筑布局——一块圆形土地象征着整个世界，四周被淙淙的水流环绕，区内地势平坦，两条东西向的主干道横贯了南北面，由序景、树桩盆景、山石盆景和服务等4个区组成。1997年被列入UNESCO世界文

比萨大学植物园

帕多瓦大学植物园

里昂植物园

颐和园（摄影　王旭升）

图4-34　欧洲植物园规则式园林和中国的颐和园

化遗产名录。而今，帕多瓦大学依然不改初衷，把植物园作为科学研究的基地。

佛罗伦萨植物园早期是Dominican姊妹建立的药草园，称为“Giardino dei Semplici”（garden of simple），1545年，科西莫·德·美第奇（Cosimo de’Medici）购得这块土地，由Niccolò Pericoli根据吉尼选择的植物按照“系统圃”设计建设为植物园，这也是世界上继比萨大学植物园、帕多瓦大学植物园之后建成的第三座植物园。美第奇家族是欧洲文艺复兴时期的名门望族，在文艺复兴中起到了非常关键的作用，美第奇家族发家的托斯卡纳公国首府佛罗伦萨，意大利语即“百花之城”。像当时其他意大利贵族一样，美第奇家族热衷别墅和别墅园林的营造，并通过园林表达建造新秩序的理念：秩序、和谐、比例和人的力量，以至于形成了以别墅园林为主的所谓美第奇式园林，是意大利文艺复兴时期三大园林流派之一（另外两个是台地园和巴洛克式园林），包括美第奇庄园（Villa Medici）、卡斯特罗庄园（Villa Castello）等，其中位于菲索尔（Fiesole）的美第奇庄园被认为是意大利第一座真正的文艺复兴庄园：按照阿尔伯蒂的标准建于革丘之上，可以眺望城市风光，在庄园前设置精心布置的花园。

早期的英国植物园受到欧洲古典主义和英国正在萌芽的自然主义双重影响，因而景观上呈现出二元的风格，这在牛津大学植物园表现得非常明显，而且与欧洲大陆古典园林中植物仅作为构图材料不同，英国人非常重视花卉及其园艺技术和园艺水平的展示。

牛津大学植物园是英国最古老和经典的植物园之一，建于1621年，最初也是草药园。目前的植物园由3个部分组成，即建园初期建成的古老围墙围成的老园、位于老园北部的新园以及温室。受欧洲古典主义园林的影响，老园呈规则式布局，大部分的植物按科为分类单位种植在长方形的种植床内。相比较之下，新园的景观要自然得多，也更注重园艺水平的展示，如水生园、岩石园等。

温室是现代植物园的特征之一，牛津大学植物园最早的温室建造于1675年，也是英国最早的温室，陆续发展起来的温室区由7个分区组成，北部由一条狭长的走道相互连接，分别展示着高山植物、蕨类植物、睡莲及王莲等水生植物、食虫植物、仙人掌和兰科植物等，而最大的棕榈温室收集了多种热带经济植物。

古典主义风格的老园（摄影　梁呈元）

自然主义风格的新园（摄影　梁呈元）

历史感浓郁的温室（摄影　梁呈元）

图4-35　牛津大学植物园景观变迁

16世纪开始，资本主义思想开始在欧洲萌芽，伴随着后来新航路的开辟，海外贸易的发展，欧洲的许多商人、传教士和使者纷纷来到中国，在卫匡国

(Martino Martini, 1614—1661)、纽浩夫(Johan Nieuhof, 1618—1672)、杜赫德(Jean Baptiste du Halde, 1674—1743)、张诚(Jean-Francois Gerbillon, 1654—1707)、王致诚(Jean Denis Attiet, 1702—1768)、钱伯斯(William Chambers, 1723—1796)等人的介绍下，欧洲对中国的造园艺术产生了浓厚的兴趣，“中国热”首先在法国兴起，而后在英国产生了实际的影响，因为法国的欧洲古典主义基础太过深厚，而英国式园林刚刚兴起。在中国造园艺术的影响下，浪漫主义、甚至按照中国壁画造园的图画式园林在英国开始形成，并带动17世纪末到19世纪初在整个欧洲的“中国热”。政治家兼作家坦伯尔爵士(Sir William Temple, 1628—1699)还生造了一个词“Sharawaggi”来代表中国园林的风格(Temple, 1908)。其中以王致诚、钱伯斯的介绍最为具体、生动，并影响了这个时期正在兴起的植物园的景观建设风格。

苏格兰人钱伯斯1742—1744年以瑞典东印度公司押货员的身份到过中国广东，由于对语言、数学和建筑的兴趣而收集了一些岭南园林、建筑及其他艺术资料，其间同一个叫李嘉(Lepqua)的中国画家讨教造园艺术。1749年开始专注于建筑和绘画，后来又到法国、意大利接受古典主义教育。1755年回到英国担任威尔士亲王的绘画教师，在此期间出版了《中国建筑、家具、服装和器物的设计》(*Designs of Chinese Buildings, Furnitures, Dresses, Machines, and Utensils,* 1757)，受中国造园艺术的影响，钱伯斯在书中即反对欧洲大陆盛行的古典主义花园，说它们“太雕琢，过于不自然”，也不赞同当时正在流行的以布朗的作品为代表的英国式园林，批评它“同旷野几无区别”、是粗俗地“抄袭自然”。1757年受王太后奥古斯塔(Augusta)所托，开始主持占地3.5 hm^2的植物园的设计，这就是现在英国邱皇家植物园的雏形。

在邱园的设计中，钱伯斯引进了许多中国的景观元素，其中建于1763年的孔庙(house of Confucius)已损毁，现在只能够看到当初的设计图纸，而仿南京大报恩寺琉璃塔所建的中国风格的宝塔经过多次维修依然耸立，述说着中国造园艺术曾经给欧洲园林带来的影响，但钱伯斯本人从未到过南京，因此有人认为是根据纽霍夫所绘大报恩寺图画设计，也有人认为其所仿为广州花塔。

虽然英国式园林和东方园林对“师法自然”的共同追求，使得英国园林受到中国古典园林的很大影响，以至形成了所谓的“英中式园林”，但这只是貌似而非神同：英国式园林更加写实，正如18世纪英国著名的散文家爱迪生(Joseph Addison, 1672—1719)在《旁观者》中批评西方古典园林时写到的那样“比起艺术品的经雕细琢来，大自然的粗犷而任意的笔触就更加大胆而高明”、艺术品“缺少那种浩瀚和无限为观赏者心灵带来的巨大享受”；而东方园林注重写意，它不是简单的自然的一角，而是经过裁剪、提炼、集中和典型化的自然，因此而更有诗情画意、更有深度(陈志华，2013)。中国古典园林这种封闭、精巧、写意的风格与英国风致园开放、宏大、写实的特点是貌合神离的。如钱伯斯在《东方造园艺术泛论》中描述中国园林是“怡悦、惊怖和奇幻的”(陈志华，2013)，这可能更像是巴洛克园林而非中国园林。因此，除了那些特别建设的“中国园”之外，西方园林只是借鉴了中国古典园林中的一些元素，如塔、桥、庙等，而非造园手法，这种东施效颦的模仿经不起审美和历史的考验，因此招来很多批评。在鸦片战争失败之后，伴随着欧洲“中国热”的迅速降温，这些中国元素要么被时间抹去，要么被拆除改建，在欧洲园林中已经不多见了。

但有个现象值得注意，无论曾经盛行在法国的古典主义，还是后来流行于英伦的自然主义、浪漫主义，欧洲园林发展到今天是不断学习、吸收其他园林艺术并加以改造、利用的结果，所以在欧洲园林中有与西亚园林有着千丝万缕联系的规则式布局，有埃及、古罗马和古希腊神话的雕塑，有中国的亭台楼阁和日本的枯山水，甚至连他们信奉的基督教也源于犹太教，膜拜的伊甸园和伊斯兰教的“天园”也同祖同宗，而非欧洲本土文化。但现代园林无疑发源于西方，并带动着世界园林的发展。反观中国园林，数千年的封建统治虽然形成了独具特色的中国古典园林风格，影响并带动了东亚、东南亚乃至世界其他地区园林景观的建设，但自起步于商周、盛行于唐宋、成熟于明清，数千年里虽有发展，但变化不大，到兴建圆明园时期开始接受西方园林思想，建设了九洲部分，但英法联军的一把火也使中国古典园林艺术的精华付之一炬。

但这并不能否定中国古典园林艺术在植物园景观建设中的价值。以中国园林为代表的东方古典园林是在封建社会大一统的社会背景下，由服务于君王的皇家园林和富裕的文人商贾的私家园林为主体构成，通过掇山理水和配置植物来打造“咫尺山林”的自然意境，山水和建筑是园林的主体，这虽与植物园建设的初衷大相径庭，但无疑会给中国植物园的景观建设带来影响。

中国传统园林组景方法有18种，即：对景、借景、夹景、框景、隔景、障景、泄景、引景、分景、藏景、露景、影景、朦景、色景、香景、景眼、题景、天景。其中对景、借景、框景等几种手法较为常用。

对景所谓“对”，是相对之意，即互为景观。景贵自然，除了自然的景观之外，在营造对景时，自然的距离也非常重要，过近则成“硬对景”，会给人以不适和压抑感。苏州留园中的石林小院，院北是揖峰轩，院南是石林小屋（半亭），中间以数立峰屏之，两者虽相距只有10 m，相对而视，景若隐若现，含蓄蕴藉。北京故宫中的乾隆花园，其中古华轩与遂初堂之间的小院中，也以同样手法立石。杭州孤山之西的西泠印社，山上有一块不规则形的空地，四周有汉三老石室、观乐楼、华严经塔、题襟馆、四照阁等建筑，空地之北有石池。这里有很多对景关系，景景不同，妙趣无穷。其中部南北之间空间较狭，故南部不设物，一可观山下景，二也避免了“硬对景”。

借景则不同，是单向的，只借不对。无锡寄畅园，人在环翠楼前南望，可见树丛背后锡山和山上的龙光塔，似成园内之景；反之，在锡山或龙光塔上下望，则不见寄畅园。苏州拙政园也采用了类似手法，在吾竹幽居亭中西望可见远处的北寺塔。要借景，必须设计视线。寄畅园中能见到锡山，拙政园中能见到北寺塔，皆因在视点前有一大片水池，使视线可及远处之景。《园冶》中说：“得景则无拘远近，晴峦耸秀，绀宇凌空，极目所至，俗则屏之，嘉则收之，不分町疃，尽为烟景，斯所谓‘巧而得体’者也。”

框景起意于山水画，《园冶》中谓：“藉以粉壁为纸、以石为绘也”。即利用园林建筑的门、窗、洞或者乔木树枝抱合成的景框，将远处山水美景或人文景观包含其中，这就是框景。拙政园内的扇亭，坐在亭内向东北方向的框门外望去，见到外面的拜文揖、沈之斋和水廊，在林木掩映之下形成一幅美丽的画。北京颐和园中的“湖山春意”，向西望去，可见到远处的玉泉山和山上的宝塔，近处有西堤和昆明湖，更远处还有山峦，层层叠叠，景色如画。苏州狮子林花篮厅之北的院子之东有一片墙，一个月洞门，两边是庭院，可以说互为框景，妙趣无穷。

借景是将远景引于内，引景则是将内景漏于外，起到引人入胜的作用。如杭州西泠印社围墙上的一排漏窗，路人观窗内之景，便欲入园游赏；其他如苏州怡园、上海豫园中的复廊、杭州虎跑泉照壁旁的弧墙、上海豫园三穗堂走廊“渐入佳境”“峰回路转”的题字等都起到引景的作用。

——引自沈福煦.《造园手法》(之十二)：组景手法[J]. 园林，2002 (6)：10-11.

这些中国古典园林的造园手法如何结合、运用到植物园的规划、建设中，如何做到“中西合璧”还需要我国的植物园建设者们审慎的思考。这是因为，植物园是西方的舶来品，是在西方发达国家的政治、经济和文化背景下发展起来的，目的在于满足资源收集、公众教育和游憩的需要。无论是意大利、法国的古典园林还是英国式园林，除了满足皇家的需要之外，还是王公贵族、达官贵人们聚集之所，没有重大活动时即使是平民百姓也能够随意造访。据说路易十六时期，皇后分娩，周围百姓都聚集来观，一时间皇后的寝室拥挤得水泄不通，空气污浊，路易十六不得已拿起凳子砸破玻璃窗来通风。因此说西方园林是开放的，尽管这种开放在早期有一定的限制，比如说衣着要考究，举止要文明（陈志华，2013）。而中国园林则不然，无论是皇家园林还是私家园林都仅用于满足一部分人的特殊需求，它们都是封闭的：皇家园林虽部分偶有开放，但主要服务于皇亲国戚，私家园林则要么属于达官贵人，要么就归富裕的文人、隐士或商贾所有。这一特点反映在园林规模上，西方园林往往都比较宏大，例如凡尔赛宫和附属园林占地共 2 473 hm^2，1661 年建成的沃·勒·维贡府邸花园面积超过 70 hm^2，而被称为中国最大皇家园林的承德避暑山庄也不过 560 hm^2，西汉上林苑范围虽达 2 460 km^2，其中大部分为狩猎之所，而最大的江南私家园林拙政园仅 5.2 hm^2。反映在造园理念和园林风格上，西方园林要么像意大利、法国古典园林那样在唯理主义基础上将建筑化的园林延展、过渡到自然之中，要么如英国式园林那样几乎完全融于自然，而中国古典园林则通过师法自然，以图达到“虽由人作，宛自天开”的写意山水的境界。在造园手法上，西方古典园林以水、植物为主要景观元素，通过精致的植物雕塑、植坛和植物构图以及喷泉、瀑布等的几何构图来达到宏大、威严的效果，英国式园林则通过写实的方法来营造自然景观，而中国古典园林则以山、水和植物为主要景观元素，借掇山理水技巧，打造“咫尺山林”“小中见大”的写意的自然境界。在服务对象上，西方园林更适合大众游览，而中国古典园林只适合于少数人欣赏，也只有少数人能够欣赏。

1856 年纽约中央公园的建成标志着现代城市公园的诞生，随着英国式园林、现代城市公园体系和植物园风靡全球，世界园林史告别古典主义进入现代园林时代，主要特点是把过去孤立的、内向的园林转变为开敞的、外向的整体城市环境，从“城市花园”转变为“花园城市”。到了 20 世纪，公共园林和绿化已经成为造园的主要目的和形式，园林不再仅仅服务于王公贵族或少数人群，而成为公众游览、休憩的场所，造园艺术要求更加通俗，不再有那么深的理念、那么细的情感（陈志华，2013）。随着环境问题的日益突出，造园也不再仅仅是一门艺术，而成为科学和艺术的综合体，人们赋予这门古老的学科以更高的要求，以解决自身带来的问题，如环境污染、多样性保护等等。因此，那些更能满足这样需求的造园手法正被不断地引进植物园的景观建设中，景观叙事法（landscape narrative）就是其中一种因此应运而生，并受到推崇的方法（邱尚美，2009）。

景观叙事法是用传统的景观元素，通过艺术创作、合理布局，来讲述一个故事的景观营造方法。通过这个方法可以将景观的形式、空间以及具体的景观元素等联系起来，景观可以作为场景推动故事的发展，而故事也可以赋予景观以历史和文化意义（冯炜，2008；王玉，2009）。而这些正是植物园景观设计所追求的，可以通过加入景观叙述的表现手法，让那些枯燥无味的活植物鲜活起来，以引起游客的兴趣，达到植物园“寓教于游”的科普目的。

然而，两个巨大的挑战正摆在现代园林的面前，一个是伴随着公共园林的通俗化，现代园林正在失去景观、文化的时代特点而变得不伦不类，造园技艺打上了现代市场经济深深的烙印，造园家们不再有自己的审美理想，他们像囤货一样搜集历史上各种园林风格编成图案随买主挑选（陈志华，2013）。正如 1836 年法国诗人、剧作家、小说家德·缪赛（Alfred de Musset, 1810—1857）指出的那样：“我们拥有我们这个时代以外的所有东西”，但“这个世纪没有自己的形式，我们既没有把我们这个时代的印记留在住宅上，也没留在花园里”。正因为如此，那些古代园林遗迹越来越受到欢迎，一些复古的园林作品正不断涌现，如近些年来在西方植物园中流行的“中国园”“日本园”和“韩国园”，美国塔尔萨植物园 2012 年建成开放的台地园等。二是在现代公共园林受到高度城市化影响的大背景下，借园林来解决环境和城市病问题的高度不确定性。因为在高度聚居的情况下，“森林城市”“生态城市”等只能是人类美好的理想，正确的出路也许在于提升城市社会化管理的水平，同时让人类和城市这一人类的聚居地从“重新发现自然”到“重回自然”或“重回田园”，如果我们都承认田园是“第二自然”、园林是“第三自然”的话。

东西方园林的差异和古典园林与现代园林的区别必然影响了现代植物园的规划、建设的原则、技术和方法，也决定了中国传统园林造景手法在现代植物园建设中的价值。即在学习、借鉴西方现代植物园建设经验的基础上，吸收那些适合上述要求的中国古典造园技艺才是建设中国特色植物园的可取之道，而非一味墨守成规或照搬照套。例如，通透、严格对称的中轴线是西方园林最显著的特征之一，发展到自然为主要特征的现代植物园，虽然不再强调主干道的严格对称、完全通透，但大都保持相对通透，甚至很多园区还特意营造类似的景观，只是把硬质路面换成了草坪而已，中国皇家古典园林也有类似的做法。但江南私家园林则不同，入口大都设有照壁，园路也多讲究曲径通幽，如果据此片面地否定一些道路，尤其是主干道通透性的要求，就是对“曲径通幽”一知半解甚至无知，因为私家园林是建立在空间狭小、少数人欣赏前提之下的，这样的园林实际上并不适合公众游览，再生硬地照搬到植物园这样的公共园林中自然是不合适的。正如伍蠡甫先生（1900—1992）曾经评价的那样“私人园林的曲径通幽、房栊深静那一套，（在公共园林中）无所用之，用了也碍手碍脚”（伍蠡甫 1985）。当然，这并不否认在局部区域，如读书角等需要私密空间的地方，采用这种方法。

参考文献

Milton J, 2012. 失乐园［M］. 刘捷，译 . 上海：上海译文出版社 .

陈志华，2013. 外国造园艺术［M］. 郑州：河南科学技术出版社 .

冯炜，2008. 景观叙事与叙事景观［J］. 风景园林（2）116-118.

刘晨，2010.“禅花园”，被误解的枯山水［J］. 大众文艺（3）：86.

邱尚美，2009. 景观叙事应用于植物园之解说效果评估［D］. 台中：朝阳科技大学 .

王玉，2009. 景观设计的叙事性表达［D］. 南京：东南大学 .

伍蠡甫，1985. 山水与美学［M］. 上海：上海文艺出版社 .

Alberti L B, 1969. Family in Renaissance Florence[M]. A translation by Renée N W. Columbia : University of South Carolina Press.

Hoag J D, 1977. Islamic architecture［M］. New York: Harry Abrams.

Temple W, 1908. the Gardens of Epicurus［M］. London: Chatto and Windus.

日内瓦植物园树林草地

扩展阅读三

草坪的起源、发展和在植物园景观建设中的作用

在东西方的古典园林中，建筑都是园林的主体，植物只起辅助作用，而草坪或草地又只是植物的一小部分，主要用于植坛或观赏。现代草坪起源于英国，反映了人类对大自然，尤其是英国人对辽阔牧场的深厚情感，成为英国风致式园林的主角，并占据其中很大比例的面积。草坪伴随着草坪机械的发明、城市公园化运动的兴起和新大陆经济的发展而迅速在美国繁荣起来，并在这个过程中形成了不同的草坪文化。现在，草坪已经成为包括植物园在内的城市公共生活空间不可或缺的一部分。

按用途，人们习惯于将草坪分为游憩草坪、观赏草坪、运动场草坪、交通安全草坪和护坡草坪等，其中以游憩草坪、运动场草坪和观赏草坪为主，运动场草坪可以看作专门用于运动的游憩草坪。本文讨论的主要是游憩草坪，兼顾观赏草坪。

东方学者论及草坪起源的时候，都认为草坪始于公历纪元之前。例如，公元前631—前579年，波斯（今伊朗）宫廷花园内已有缀花草坪的记载，古罗马、希腊等早期园林中经常出现的小块草坪即受此影响发展而来。在我国，汉代司马相如（约前179—前118年）的《上林赋》中就有“布结缕、攒戾莎”的描述，南朝齐东昏侯萧宝卷（483—501年）曾在都城建康（今南京）切取自然草坪移植庭院，建立“人工草坪”，类似于今天的“满铺草坯”，这种方式在后来其他时期和朝代也有类似的记录（陈志一，2001）。这些草坪或草地主要以观赏为目的，布置在庭院兼具游憩功能，多以切取自然草坪进行建植，且面积都不大，因此只是草坪的早期形式。

草原（prairie）、草地（meadow）和草坪（lawn）有个自然演化的过程。可以认为早期的“草坪”是草原、草地通过重牧或人工建植、修剪而形成，而“草地”和“草坪”有时是互相混淆的。例如，在1999年出版的《辞海》（修订版）中称草坪：“亦称‘草地’，园林中用人工铺植或播种草籽培养形成的整片绿色地面”，而称“草地”是“草本植物群落的统称，包括湿生草甸、中生的次生高草甸、高山草甸及旱生的草原”。而现代草坪一般是指为了审美或活动的目的而用禾草或其他耐践踏草种建植，通过人工修剪保持在较矮高度的草地（孙吉熊，1995）。因此，仅从是否有人工维护和草种组成的角度来看，草原、草地是指自然形成（没有人类活动参与）、多个或少数草种组成、外观比较均一的天然草地。这样的草地通过重牧、有选择地切块移植等人为的方式使得草种组成趋少、外观更加均一、草层更加矮化，从而成为半自然草坪。而现代草坪是指用人工选育的单一草种，通过修剪而建成的、外观同质的草坪。

现代草坪应该具有以下几个特点：首先是起源于农业尤其是草原文明，是由重牧草地演化而来，并在这个过程中受到来自亚洲，尤其是阿拉伯缀花草地的影响。中国古代北方民族统治期间也曾有过类似现代草坪的萌芽，例如建于公元1703年的承德避暑山庄万树园的草坪；据说成吉思汗因思念家乡

草原也曾在宫内建植草坪，但这些都只是皇家园林的一部分，未曾普及。二是开放，既指草坪不限游人进入，也指除庭院草坪等外，大部分草坪不设隔离用的边界。三是除了运动场草坪、庭院草坪和观赏草坪外，一般有比较大的面积。四是草坪主要用于人们的活动，观赏草坪、护坡草坪虽然主要目的不在于此，但也不限游人进入，否则的话，应被称为观赏草地或护坡草地。五是必须通过人为修剪维持较矮的高度，尽管这种矮草层的保持早期可以通过放牧，将来可能通过育种来达到低维护的目的，但现阶段则主要是通过草坪机械来修剪的。六是除了缀花草坪、季节性交替的混播草坪以外，一般由单一草种构成。综合起来看，现代草坪虽然同时萌芽于东西方，但真正起源并发展于 17 世纪的英国。

1. 草坪在欧洲的起源和早期发展

西欧北部潮湿的海洋性气候很适宜禾草的生长，草坪最早就来源于中世纪早期欧洲的定居者们为畜牧而圈起的牧场。大部分情况下，这些草坪同时也是草地，是由绵羊或其他牲畜啃食来维护的，通过这些牲畜有规律、长期的啃食，常能形成非常类似于现代草坪的，低矮、致密的草地，这就是原来意义上的“草坪”。因此，那个时候的草坪和牧场或者说草地并没有明显的区别，区别也许就在于其主要目的是用作牧场还是用于人们的娱乐活动。如今，在欧洲乃至世界各地，依然可以很容易地看到这种

图 4-36 欧洲的畜牧草地

半自然草坪的存在。

中世纪中期（约 7—11 世纪）以前，拜占庭帝国（395—1453）已经有了小规模人工建植草坪的技术，在其入侵西欧时也将这种技术传播至那里，到 13 世纪，欧洲开始出现单独播种禾草建立的人工草坪（植坛草地），例如中世纪晚期阿尔拜都斯·玛尼乌斯（Albertus Magnus, 1193—1280）所著的《论园圃》描述人工草地为“自然的、使人愉快的地方”“再没有别的什么东西像浅浅的（人工）草地那样使人的眼睛恢复光彩了”，并介绍了培植人工草地的方法。大约同期的《农事博览》则几乎照抄了这些文字。从这些记载来看，这显然已经是草坪了，只不过还没有这样的称呼而已。稍后的小说家薄伽丘（Giovanni Boccaccio, 1313—1375）在其《十日谈》第三天的故事中描述了一座别墅园林，更直接提到“在花园中央……是一块草坪”（陈志华，2013）。如果原文如此，这是关于草坪更早的记载，说明那个时候，草地已经成为英国园林重要的元素之一了。至 14 世纪，贵族绅士大都在住宅、乡间别墅四周，庄园内建植养护十分考究的人工草坪，并视其为家族声望、地位的标志，其中又以高质量细弱剪股颖（*Agrostis tennuis*）最受推崇。英国诗人乔叟（Geoffrey Chaucer，约 1343—1400）颂草坪为“绿色的羊毛”，这也从一定程度上反映了牧场、畜牧和草坪之间的关系。正是在当时这种不列颠自然浪漫主义背景下，牧场、草地和东方草坪建植技术的结合促进了真正意义上的草坪的诞生。这种草坪据信首先出现在 18 世纪初的法国和英格兰，法国著名古典主义园林大师勒诺特尔（André Le Nôtre, 1613—1700）当时在设计凡尔赛宫御花园时就包括了一小片被称为“tapis vert（绿毯）”的草坪。在 1830 年草坪机发明以前，这些草坪是用长柄镰刀、羊毛剪等畜牧工具花费大量劳力的方法来管理的，这种高成本限制了当时草坪的推广，直到埃德温·巴丁（Edwin Budding, 1796—1846）发明了第一台草坪机，草坪才得以大面积推广，因此也有人认为草坪机的发明才代表了现代草坪真正的出现。

图 4-37 凡尔赛宫御花园植坛草坪

图 4-38 布朗设计的海克利尔（Highclere）花园（约 1773 年），城堡由贝里（Charles Berry）设计。《唐顿庄园》(*Downton Abbey*) 就在这里拍摄

"lawn" 和 "laune" "Llan" 是同根词，出现于 16 世纪 40 年代，指一块森林内或林间一块开放的草地，常用于礼拜场所，也常作为地名的一部分，至今在很多欧洲地名上还有反映，如英格兰的 Balmer Lawn。"Llan" 来源于不列颠岛布立顿语（Common Brittonic）的 "landa"（旧法语的 "launde"），原意是健康、贫瘠的土地或洁净[①]。

17 世纪，英国式园林在不列颠群岛兴起，这里潮湿多云的气候条件、丘陵起伏的地形和大面积的牧场风光为英国式园林，也为草坪的发展，提供了直接的范例，因此草坪也成为这一园林风格最重要的元素之一和英国贵族等上流社会地位的象征。18 世纪早期，自然主义大师肯特、布朗（Lancelot Brown, 1716—1783）等重新定义了英国景观园林自然、浪漫的风格，以服务于那些富裕起来的英国上流阶层，英国式园林进入黄金时代。其中被誉为"英国最伟大的园林大师"的布朗的主要设计风格之一就是那些无缝衔接到房舍、草地、丛植、带植和散植乔木以及看不见拦水坝的小河而形成的蜿蜒起伏的草坪，一种不围合的风景园林。布朗一生设计了超过 170 个公园，包括尚存的布莱尼姆宫（Blenheim Palace）、沃里克城堡（Warwick Castle）、哈伍德庄园（Harewood House）、米尔顿修道院（Milton Abbey）以及邱园等。"lawn" 一词也正式用于描述用修剪方式进行维护的禾草覆盖的土地（Jenkins, 1994）。

① lawn (n. 1) [EB/OL]. [2015-07-28]. http://ety monline. com.

2. 草坪在北美的繁荣和在世界的传播

在新大陆被发现以前，除了欧洲大陆，包括北美在内的其他各大洲还没有真正的草坪文化，随着欧洲人迁移到北美地区，他们把草坪文化也带到了美洲，并随着在北美尤其是美国的快速发展而传入亚洲等其他地区。

英国园林的影响：18 世纪晚期，美国富裕的家庭开始模仿英国、法国贵族阶层的景观园林风格。第三届美国总统杰弗逊（Thomas Jefferson, 1743—1826）被认为是第一个试图在其蒙蒂塞洛（Monticello，意大利语，意思是小山）庄园建立"英格兰风格"草坪的人（Jenkins, 1994）。蒙蒂塞洛是杰弗逊从其父亲那儿继承来的一块种植园，26 岁的杰弗逊开始在那里设计、建设庄园及其园林。1784 年，杰弗逊出任驻法国大使，受到新欧洲园林的影响，1794 年出任美国国务卿后开始重新设计、建设这座庄园及其草坪。随着时间推移，越来越多的美国城镇开始重视草坪空间的营造。很多学者将这种进步与 19 世纪的新英格兰浪漫和超验主义运动以及国内战争胜利联系起来。在 1865 年美国国内战争胜利后，这些地方常成为爱国战争纪念碑（馆）的所在地（Jenkins, 1994）。

图 4-39 蒙蒂塞洛庄园，现在已经成为 UNESCO 世界文化遗产的一部分

草坪机和其他草坪机械的发明和发展：1830 年，英格兰斯特劳德（Stroud）小镇的工程师巴丁受滚筒式裁剪机的启发发明了首台草坪机，但是这个草坪机有两个致命弱点：过于笨重和难以操作，因为当时欧洲的炼钢工艺尚不成熟，这台草坪机是使用铸铁制成的。10 多年之后，英国工程师贝塞麦（Bessemer）发现了一种低成本生产钢和合金钢的工艺，被称为贝塞麦酸性转炉炼钢法（Bessemer Process，实际上类似的脱碳技术在中国已经使用了数百年之久，而且已经传到日本等地，这在沈括的《梦溪笔谈》中早有记载）。这种工艺为生产更轻的草坪机提供了可能，加之后来驱动链等动力和动力传输装备的创新，为具有实用价值的草坪机的生产运用奠定了基础，使得那些中产阶层家庭也能在自家的院子里维护像贵族庄园那样的高质量草坪。随着技术不断进步，1902 年，英国 Ransomes, Sims & Jefferies 公司生产了第一辆内燃机草坪机，一战以后，JP Engineering of Leicester 公司发明了首辆骑乘式草坪机。

草坪机的普遍使用带动了 19 世纪 60 年代以后草坪业的发展。

城市公园的兴起：城市公园的兴起和发展是带动草坪业和草坪文化发展的另一重要原因。文艺复兴时期意大利人阿尔伯蒂首次提出了城市公共空间的概念，这可以看作城市公园思想的萌芽。17 世纪资产阶级革命胜利后，在“自由、平等、博爱”的口号下，封建帝制下的宫苑和私园都向公众开放，并统称为公园。1843 年，英国利物浦市动用税收建造了公众可免费游览的伯肯海德公园（Birkenhead Park），标志着第一个城市公园正式诞生。城市公园的另一个源头是社区或村镇的公共场地，特别是教堂前的开放草地。

现代意义上的城市公园起源于美国，奥姆斯特德 1856 年与另一个景观设计师沃克共同设计了纽约中央公园，不仅开现代景观设计学之先河，更标志着城市公众生活景观的到来。奥姆斯特德提出的建设城市公园的原则即“奥姆斯特德原则”也被奉为世界上城市公园建设的通用原则，其中公园中心建植草坪被作为主要原则之一，可见草坪在城市公园中的地位以及可能给草坪业带来的影响。

田园城市和田园郊区的发展：两次世界大战期间，城市病的流行促使英国人霍华德（Ebenezer Howard）发起和倡导了“田园城市”（garden city）运动，带动了城市的郊区化，英格兰赫特福德郡（Hertfordshire）的莱奇沃思（Letchworth）和韦林（Welwyn）两个城市是霍华德田园城市的典范之作。在其影响下，当时的社会活动家巴奈特（Henrietta Barnett）夫妇在建筑师昂温（Raymond Unwin）等的帮助下，1904 年在汉普斯特德（Hampstead）北部建设了 243 英亩（约合 98 hm^2）的田园郊区。田园城市和郊区化的发展成为促进草坪发展的另一个重要推动力。

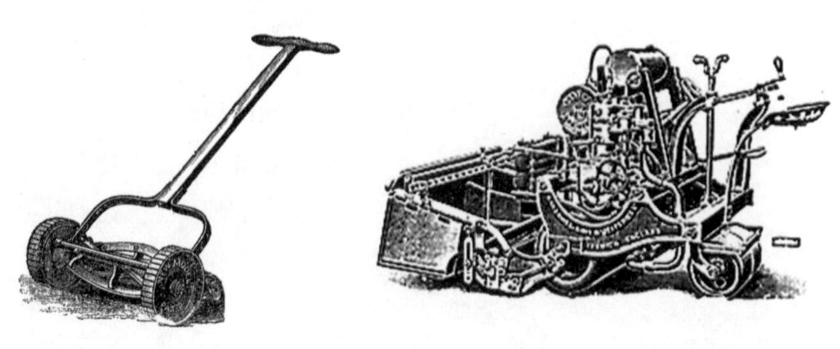

图 4-40 Ransomes 生产于 1888 年的滚筒式草坪机（左）和生产于 1999 年的内燃机草坪机（右）

霍华德是著名的城市学家、社会活动家和景观规划师。“田园城市”是他在城市膨胀、生活条件恶化等城市病彰显的情况下提出的建设新型城市的新理念。1898 年霍华德出版了《明日：一

图 4-41　早期的城市公园：伯肯海德公园（左）和纽约中央公园（右）

图 4-42　代表性田园城市莱奇沃思（左）和韦林（右）

条通往真正改革的和平道路》，1902 年修订再版时更名为《明日的田园城市》（*Garden Cities of Tomorrow*），这是一本具有世界影响的著作，曾被翻译成多种文字。除英国外，田园城市在奥地利、澳大利亚、比利时、法国、德国、荷兰、波兰、俄国、西班牙和美国都得到了发展。

根据《美国退伍军人权利法案》，退伍军人可以不预付定金就购买房产，联邦房产管理局（Federal Housing Administration）则给予贷款刺激，使预付款比例由 30% 下降到 10%，这就使得购房比租房要便宜，这些措施进一步刺激了郊区化和草坪在美国的扩展（Steinberg, 2006）。

莱维敦（Levittown）是 20 世纪纽约郊区化开始的地方。1947 至 1951 年间，莱维特（Abraham Levitt）父子在那里建设了 17 000 多套房子，每套都有自己的草坪。莱维特写道“没有哪一个城郊能像莱维敦郊区维护良好的草坪那样给人以惊诧和美感”。景观是莱维敦成功的主要原因之一，而草坪又是其中最重要和持久的，莱维特很清楚草坪给其房地产带来的增值作用“价值的增加常与邻里间绿色地毯般的草坪相联系”。多年以后“草坪和乔、灌木在美学和经济上都变得更有价值”（Teysott, 1999）。

高尔夫等运动草坪的发展：15 世纪起源于苏格兰的现代高尔夫运动在当时因为影响了英国国术箭术而为詹姆士二世（James II, 1633—1701）所禁止，但后来詹姆士二世本人也成为这项运动的狂热爱好者，可见这项运动的吸引力之大。20 世纪高尔夫运动开始在西方国家流行，并和足球、草地保龄球、草地网球以及乡村俱乐部等一起极大地促进运动草坪的发展。

图 4-43 吉尼斯纪录最老的高尔夫球场
——马瑟尔堡沙丘（Musselburgh Links）

19 世纪末 20 世纪初，美国有三大组织对草坪的普及起到了至关重要的作用，即美国农业部（USDA）农业试验站、美国高尔夫球协会（United States Golf Association, USGA）和美国公园俱乐部（Garden Club of American, GCA）。当时美国的很多高尔夫球场也以牧草建植，USGA 因此专注于牧草等农业用禾草的研究，但随着高尔夫运动的普及，对球场用草坪的要求越来越高，USGA 开始寻求 USDA 的合作来研究、开发适应于美国气候条件的专用草坪草，USDA 也由开始的不以为然，转而与 USGA 通力合作，促进了高尔夫球场等运动草坪和庭院草坪的快速发展。至今，USGA 位于新泽西州远山（Far Hills）的总部还环绕着数公顷已有 80 多年历史的纯美草坪，专供草坪研究和调查之用。

庭前草坪的普及：20 世纪初兴起的城市美化运动旨在通过古典主义和巴洛克手法设计城市公园、景观街道和经典建筑等，以恢复城市的秩序和和谐之美，传播中产阶级的价值观，这与构筑物和人行道之间要保持 30 英尺（约 9.1 m）的退让规则（setback rules）一起，意味着草坪有了广阔的发展空间。虽然当时伯恩海姆（Daniel Burnham, 1846—1912）的“芝加哥规划”由于经济上的原因，未被政府正式采纳，但其影响传遍世界各地，成为城市美化运动开始的标志。以 GCA 为代表的组织要求家庭、社区拆除围栅、种植乔木和草坪以达到新的审美标准。通过社区美化竞赛，私宅示范，公众草坪种植技术、审美培训等方式使得差不多所有美国家庭的门前都有了维护良好、修剪整齐的草坪。

1913 年，费城 GCA 邀请其他 12 个城市成立了全国性 GCA 组织，该组织成立后要求所有俱乐部学习的首要课程便是草坪的建植和管理。一战期间这一活动受到了部分影响，但战后迅速恢复起来，它们培训对象以中低收入家庭、非洲裔人群为主，并扩大到中小学的孩童。这些组织还雇佣失业人员进行社区草坪维护以增加他们的收入，因此很多人认为 GCA 以及它们组织开展的美化活动帮助终结了 20 世纪 30 年代的经济大萧条。从 19 世纪 80 年代到 20 世纪 20 年代，美国文化从生产型社会向消费型社会，从自我约束到追求物质财富和精神享受的及时行乐的行为方式转变，反映在庭前草坪上就是追求庭院景观和草坪的完美，这些都极大地刺激了美国草坪业的发展。

通过上述措施，19 世纪 70 年代开始，美国的草坪面积不断扩大，有关草坪的新闻、知识铺天盖地地出现在发展规划、杂志和相关目录中，草坪也不再仅仅是富人们地位的象征，而成为美国自然景观不可或缺的一部分。草坪机械、供水设备的进步将草坪文化从东北传播到草坪适应性较差的南方地区。1930 年“大萧条”和二战期间，草坪面积在美国略有下滑，战后，由于房地产市场和人口的增加，草坪业止跌反弹，草坪再次成为北美地区标志性的景观（Jenkins, 1994）。

3. 西方国家的草坪文化

1897 年，禾草植物学家斯克里布纳（F. Lamson-Scribner）在为当年 USDA 年报所作的题为“草坪和草坪建植”一章中做了如下评述：“无论草坪面积大小，没有什么能比一块维护良好的草坪更美了。草坪是园林中最迷人、最令人兴奋的特点，没任何东西像草坪那样能够如此强烈地彰显其主人的风格。”美国人对草坪的钟爱被认为源自资产阶级革命成功以后人们，尤其是男人们控制自然的欲望，同时显示了他们的地位和财富，甚至把草坪维护过程中的清除杂草、防止病虫害入侵等与当时的越战等美国操纵的战争行为联系起来，认为这些都是抵御外敌的方式（Jenkins, 1994）。草坪在欧洲、北美洲、大洋洲展现了同样的文化趋势：代表了秩序、超自然的力量、爱国主义以及悠闲的郊区家庭生活。

草坪在一些电影，如《欢乐谷》（*Pleasant Ville*）、《剪刀手爱德华》（*Edward Scissorhands*）中的流行，宣扬了一种崭新的草坪文化：没有一块淳朴的草坪可能意味着道德败坏。在这两部电影里，以草坪为主的庭院绿地成了道德，尤其是男性道德规范的指示物，甚至代表了阶级和社会规范，因为通常情况下，草坪是由男人来维护的（Dickinson, 2006）。这种草坪文化不限于电影，也反映在菲茨杰拉德（F. S. Fitzgerald）所著的《了不起的盖茨比》（*The Great Gatsby*）这样的小说里。文中人物卡拉韦（Nick Carraway）租了一栋与盖茨比相邻的房子，但没能按标准维护好草坪，两家草坪的差异使他非常烦恼，就派他的园丁去修剪卡拉韦家的草坪，从而产生了不和。20世纪80年代末，美国草坪研究所出版的一本小册子中也作了类似的评述“草坪提供了一种宁静、安详和高质量的生活”“草坪的外观代表了个人的价值，维护良好的草坪意味着其主人是审慎、值得信赖的”，而相反，蔑视这种美国神圣传统的人则被看作是怪异的邪教徒（Jenkins, 1994）。

大部分草坪维护机械的广告都是做给男人们的，而且这些公司在市场竞争的时候，总是把良好的草坪维护同良好的邻里关系联系在一起。一块健康的草坪意味着关照他们的主人们的健康，杂草控制和严格的草坪边界则反映了他们控制自然以及他们自己生活的渴望。女人们则从文化上逐步适应了将草坪作为家务事的一部分，作为一种必需的装潢，并鼓励她们的男人们为家庭和社区的荣誉而维护好自家的草坪（Jenkins, 1994）。

即使在20世纪30年代的“大萧条”和二战以前那样的困难时期，美乐棵（Scotts Miracle-Gro）公司等美国种子供应商仍鼓励居民继续草坪的维护，作为减压的一种业余爱好。战争期间，业主被要求维持庭前草坪的外观，作为力量、道德和团结的象征。男人们都参战了，女人们成为草坪维护的主角，维护好草坪又成为这些女人们支持丈夫和爱国的象征。草坪维护也从注重技术和男性化向着唯美和健康的方向发展。厂商们认为女人不会像男人那样注重效率和力量，于是他们开始为这些女性群体灌注家庭、母爱和妻子的责任等概念。据认为这样有助于男人们退伍后更容易地回到他们原来的岗位上，这种现象在20世纪50—60年代是非常明显的，当时草坪维护就是作为丈夫的职责和退休后的爱好（Jenkins, 1994）。

4. 草坪发展带来的问题与反思

自19世纪以来，草坪就成了英美等西方国家园林景观的主角之一，但自二战以后，工业革命和草坪单作已经根本改变了草坪所在地区的生态系统。伴随强烈的郊区化而来的草坪养护强度和广度的增加意味着投入的大量增加，这其中不仅包括化学品、肥料和杀虫剂，也包括自然资源，如水、土地等。越来越多的化学肥料、杀虫剂的使用以及它们所带来的环境污染、草地生态系统的紊乱和给当地人口带来的健康风险越来越大。同时，大面积草坪的应用也招致景观和植物种类结构同质化的批评。

越战的失败也改变了越战期间成长起来的美国人的价值观，他们要么厌战，要么沉浸在失败的抑郁中，部分人也厌倦了维护草坪这种反自然的战争。有人承认“修剪草坪的时候，我觉得是在同地球战斗而不是工作，每周它派出一支绿色军队（杂草，作者注），而我用邪恶的草坪机打败它们。草坪不像庭院中别的植物，它们没有个性特征，就那样簇拥在一起，没有任何变化和发展，更别提任何自我决定的假象了。我就像一个独裁者那样统治着它们”（Pollan, 1989）。

2008年发生的世界性经济衰退导致很多社区挖起草坪，改种果树、蔬菜，这很大程度上改变了与草坪有关的文化，草坪被越来越多地认为是一种环境和经济上的负担，其他一些担心和批评则更多地来自对草坪维护导致的环境后果的关注，包括：

● 大面积的草坪种植可能导致生物多样性的减少。在美国，由于主要草坪草种都是外来种而非本地种，确被证实同质化种群导致的群落植物种类贫乏（Pineo, 2010）。

● 美国国家环保局（U.S. Environmental Protection Agency, EPA）估计在美国郊区，仅用于草坪的杀虫剂就多达 3.2 万吨，除草剂的使用量应该更高。杀虫剂、肥料的大量使用导致每年将近 700 万鸟类死亡，同时也给人类带来一定的健康风险，已经引起了公众的广泛关注，例如卡森（Richel Carson）的《寂静的春天》(1962)。在这种情况下，政府部门开始采取一些措施，例如美国《食品质量保护法案》(*Food Quality Protection Act*)，限制这些化学品在草坪等中的应用，到 20 世纪末的时候合成化学品的使用开始减少。瑞士、丹麦、挪威、科威特、伯利兹等已经限制 2, 4-D 的使用。

● 据估计，美国每年夏季草坪管护需要消耗 1 700 万加仑（6435.2 万 L）汽油，大约相当于埃克森 · 瓦尔迪兹（Exxon Valdez）事件中损失汽油的 50%。1997 年，EPA 发现在美国一些城区，有大约 5% 的夏季烟雾是由草坪机械的使用所导致的（1998），虽然 2010 年的一个研究似乎表明这种排放为草坪的碳固定能力所抵消。但是，高维护、高肥水的草坪势必会有一定程度的净排放，杀虫剂、肥料等也需要化石能源进行生产、运输和使用，从而增加了全球气候变暖的风险。

● 在草坪起源地英国等地，除了特别干旱的季节，自然降雨足以满足草坪生长的需求。草坪出口地很多在干旱地区，例如美国西南部和澳大利亚，由于缺水，禾草在冬天寒冷季节休眠，而在干旱、高温的夏季枯黄，以减少水分需求。很多业主不能接受这样的草坪外观，只有通过增加浇水来适度缓解。在美国，50%~70% 的民用水是用于景观灌溉，其中大部分用于草坪。2005 年，NASA 保守估计美国有 128 000 km^2 灌溉草坪，相当于灌溉玉米面积的 3 倍。在澳大利亚，根据史密斯（D. I. Smith）在其著作《澳大利亚的水》(*Water in Australia*）中的记载，在 1995 的极端干旱条件下，堪培拉 90% 的水被应用在草坪上（Milesi et al, 2005）。

在这种情况下，部分美国景观设计师正逐步放弃布朗的田园园林，追求"自然草地"为主的所谓"新美国园林"。可持续园林（sustainable gardening）技术也正是在这种情况下得到提倡，即用有机园艺的方法，例如有机肥料、生物防治以及复合种植等。针对草坪而言，为了维护一片有吸引力的草坪，综合害虫防治的方法被认为是一种更协调、低影响的方法。例如推广玉米麸质粉（corn gluten meal, CGM）生物杀虫剂，CGM 释放的一种"有机二肽"能抑制杂草根系的形成。另一个有机的方法是释放有益线虫来控制土居害虫幼虫，如金龟子的幼虫。其他方法包括：使用乡土草种、莎草等低矮的草本、更先进的修剪技术、节水灌溉、"禾草循环"(grass-cycling)、病虫害综合防治系统等。除了有机肥料和堆肥外，还要在草坪及其周围增植乔木、灌木、多年生草本等。健康草坪的积极作用在于能够过滤掉污染物，防治裸露地的侵蚀和水土流失。用低维护的地被、乔木和多年生植物替换禾草可能是一种好的替换方法。尤其是在草坪难以生长或难以修剪的地方，因为这样可以减少维护需求，提供更高的美学和野生生物价值。例如，用乡土草种混播建植自然草坪等作为一种新的可持续的方式正越来越多地被提倡。

虽然草坪所带来的环境和生态问题正引起越来越多的关注，但草坪在园林上的审美价值和无可替代的使用功能决定了其依然是景观园林重要的组成部分。庭前草坪在美国依然受到强烈支持，很多人仍认为草坪是"所有景观中最有活力的审美成分"。也有人质疑化学品危害被过分夸大了。如美国罗格斯（Rutgers）大学的草坪推广专家安迪克（Indyk H. W.）博士就不赞成这种将一切问题归结于化学除草剂的说法，他将草坪上使用除草剂和乱服非处方药（如阿司匹林）对比，认为每年受阿司匹林危害的孩子比受杀虫剂和除草剂危害的孩子的总和还多

（Indyk, 1971），普渡大学的丹尼尔（Daniel W. H.）教授也指出“遍布城乡广阔的开放草坪不仅是美国的传统，代表了个人对美国景观的贡献，在受到关注的环境问题上，也不能忽略草坪在吸收二氧化碳、释放氧气和滞尘方面的贡献”（Jenkins, 1994）。很多研究也都正向证明了草坪调节气温、净化空气、减少侵蚀的作用。由于草坪面积的减少，凤凰城、亚利桑那的气温在升高，而由于新高尔夫球场的建设，棕榈泉、佛罗里达则变得更加凉爽了（Allen, 1990）。

因此尽管由于对环境的关注和经济的压力，美国草坪种植面积在持续下降，但草坪在美国依然很普遍。2002年，美国农业部经济研究局依据多途径统计数据，发现草坪占全国面积的2.6 %（约2 434 万 hm^2）；根据NASA研究员克里斯蒂娜·米勒斯2005年的统计，美国草坪总面积约1 638 万 hm^2，后来又修正为大约1 100 万 hm^2，略小于纽约州的面积（1 284 万 hm^2），而同年冬小麦播种面积为1 683 万 hm^2，即美国草坪面积相当于冬小麦播种面积的65%，这依然是一个非常可观的数字。

5. 草坪在我国的发展及其影响

草坪是一种高档的园林产品，这种高档既体现在较高的审美价值上，也体现在较高的维护成本上。因此，尽管波斯、中国等曾经有过对古代皇家园林中草地或者草坪的记载，但现代草坪却起源于英国，并随着英国式园林、美国城市公园运动的盛行，在发达国家空前繁荣起来，而且这种繁荣随着经济的波动而波动着，也改变着我国对草坪的认识，影响着草坪在中国的发展。

如果把早期的草坪形式也包括在内的话，中国草坪的发展可以划分为3个阶段：第一阶段是古典园林，尤其是皇家园林时期，以承德避暑山庄万树园的草坪最具代表性，这是草坪在中国与西方并行发展的时期；第二个阶段是半殖民地半封建时期，这个时期，中国被迫对西方列强开放口岸，随着殖民者的进入和租界的建立，在西方已经成熟的现代草坪也传入中国。例如，英商瑞康洋行约瑟夫（Joseph R. M.）建于1925年的杜美花园（今上海东湖宾馆）就是一幢大块草坪围合的二层洋房，如今被称为“上海最美老洋房”；第三阶段是中华人民共和国成立后，尤其是改革开放以后，随着西方文化的进入、国内经济的发展和以公园为主体的城市园林建设，草坪也迎来一个发展高峰期。

图4-44　承德避暑山庄万树园（上）和上海东湖宾馆（杜美花园）（下）草坪

草坪的大面积应用和城市公园在中国的发展极大地改变了中国传统园林的风格，使得园林真正成为社会大众的园林，在促进我国园林发展的同时，也为普通百姓提供了更加广阔的休憩空间和更加优美的游憩环境。

但草坪在中国的发展并非一帆风顺，甚至一开始就受到质疑，这是由于：一是包括公园体系在内的我国绝大部分绿地系统是由政府出资维护的，尤其是在提倡公园免费开放之后，作为一种社会公共产品，高质量草坪所需要的高投入维护成本，大大地增加了政府的财政负担，这和西方，尤其是美国以庭前草坪和高尔夫球场草坪为主的高质量草坪维护主要由营利性机构和私人负责形成了鲜明对比；二是我国"人多地少"的矛盾也决定了我国不适于像西方国家那样大面积发展草坪；三是受传统园林的影响，我国缺乏相应的草坪文化，对草坪园林价值的认识不深；四是在环境问题受到重视以及西方经济衰退以后，唱衰草坪的声音也不断传入国内，进一步影响了国人对草坪的看法。因此，国内反对草坪的声音，尤其是来自各级政府的声音此起彼伏，从而导致了我国草坪业踟蹰不前的现状。

对这种现象要客观地加以分析。首先，草坪作为一种高档的园林产品，无疑是受到社会公众喜爱和追捧的，因此也应该给予其应有的地位。美、中两国的人均土地面积分别为 3 207 m^2、701 m^2，即我国人均土地面积不足美国的 22%，美国 2005 年人均草坪面积 367 m^2，约占人均土地面积的 11.4%，同期我国人均绿地面积只有 8 m^2，按照草坪面积占其中的 20% 计算，也只有 1.6 m^2，约占人均土地面积的 0.23%，只有美国人均草坪面积的 0.44%；二是我国"人多地少"的矛盾是客观存在的，高质量草坪的高维护成本也是客观事实，这就决定了我国不能像英国、美国或者澳大利亚那样大面积地发展高质量草坪；三是如何客观地看待草坪所带来的污染和生态功能问题，维护高质量草坪所需要的水资源和化学品投入无疑是比较高的，但并不能就此否定草坪所具有的生态功能。我国应该采取的策略是在适合的地区和绿地类型中适度发展高质量草坪，例如在水资源相对丰富的我国南方地区，而在不太适合的地区以及景观要求不高的区域更多地推广低维护草坪，至于化学品投入可以采取综合防治措施予以替代。

6. 草坪在植物园中的应用

植物园是西学东渐以后，我国向西方学习的结果，承担着保护植物资源、开展科学研究、普及环境和植物学知识以及提供优美游憩环境的社会公共职能，是区别于或者说高于一般园林景观的高级准公共产品。无论是从借鉴西方植物园发展经验的角度，还是从为社会提供高质量公共产品的角度，植物园都应该发展部分高质量草坪景观。而低维护草坪可以在公园以及植物园中对景观要求不高的区域进行更大面积的推广。

（1）作为休憩和运动的场地

这是草坪的主要用途，除了庭院、高尔夫球场等常限制进入的场所之外，包括植物园在内的公共园林中，草坪多作为休憩和视觉的中心，甚至成为景观的主体部分。

图 4-45　塔山植物园（Tower Hill Botanic Garden）
1986 年才开始建设，但这块草坪已经足够吸引人了

（2）作为景观的背景或者前景，用以衬托主景

"草坪是花卉最好的陪衬"（Ware, 1756）。其实草坪不仅仅用于陪衬花卉，也作为背景或前景，用来过渡、引申到需要表达的主景，这也是草坪的主要作用之一，只是有时候其本身也会成为主景或主景的一部分。

（3）作为道路和分隔带

除了主干道以外，植物园的其他通路宜采用生态的材料，如细沙、砾石等。在专类园、主题园内部则常采用草坪。

（4）用于地面覆盖

草坪和草地都有覆盖地面的功能，而管理质量更高的草坪的建植目的不仅仅是覆盖。像旧金山植物园（San Francisco Botanical Garden）大草坪那样的维护质量放在植物园或其他景观中稍微偏僻的地方还是能接受的，之所以还把它称之为草坪而非草地，可能是因为有人修剪的原因。

雄鸡植物园（Chanticleer Garden）
草坪（修剪）和高草区（不修剪）

达拉斯树木园和植物园（Dallas Arboretum and Botanical Garden）
音乐台的草地

有了这些草坪的衬托，长木植物园的主喷泉显得更加纯净和富有生气
（摄影 郗厚诚）

有了草坪作底，无论是旁边的花境还是中间的雕塑都显得更加生动

剑桥大学植物园的这块主草坪是否逆转了时光？

旧金山植物园大草坪

图 4-46　草坪的不同用途

7. 适宜在我国种植的主要草坪草种

有数以千计的禾草品种或者类似禾草的植物被用作草坪草，这些草种都只适应于特定的降雨、温度和光照条件。植物育种家和植物学家一直在培育、挖掘对环境更加友好的草坪草新品种或种类，以减少水分、肥料、农药等的施用，降低维护成本。一般将这些草种分为冷季型、暖季型和禾草替换种类 3 类。

（1）冷季型草坪草

冷季型草坪草是指 5℃开始萌发，在 10℃～25℃

开始快速生长的草坪草种类，在夏季气候温和、凉爽的地区，这种草种在春、秋各有一个快速生长期。它们在极冷的天气也能保持宜人的绿色，而且非常致密、很少有芜枝层。我国大部分地区适宜种植的冷季型草坪草种主要包括：

- 早熟禾属（*Poa*, bluegrass）

多年生，少数为一年生草本，疏丛型或密丛型，有些具匍匐根状茎，全世界约 500 种，是重要的冷季型草坪草资源。目前世界上研究较多的有草地早熟禾（*P. pratensis*）、一年生早熟禾（*P. annua*）、林地早熟禾（*P. nemoralis*）、冷地早熟禾（*P. crymophila*）、硬质早熟禾（*P. sphondylodes*）、加拿大早熟禾（*P. compressa*）、扁秆早熟禾（*P. pratensis* var. *anceps*）、高山早熟禾（*P. alpina*）等。其中草地早熟禾培育品种最多，著名品种如肯塔基（*P. pratensis*‘Kentucky’）、瓦巴斯（*P. pratensis*‘Wabash’）、菲尔金（*P. pratensis*‘Fylking’）等。

我国有 231 种，以西南、东北地区较多，其他地区均有分布，多具有坪用价值。常用于草坪的主要是草地早熟禾和林地早熟禾，前者原产欧洲、亚洲北部及非洲中北部，现遍及全球温带地区，我国华北、西北、东北地区及长江中下游有野生分布；后者主要分布于我国东北、华北、西北，世界温带地区广泛分布，是生命力比较旺盛的多年生草坪草，具短的匍匐根状茎，耐阴性极强，可以在遮阴环境下建植草坪。

- 剪股颖属（*Agrostis*, bentgrass）

一年生或多年生丛生草本，具根状茎、匍匐茎，异交而自交不亲和。本属约 200 种，多分布于寒温带，尤以北半球为多。在国外，剪股颖属是应用非常广泛的冷季型草坪草，由于质地致密、耐低剪和绿色宜人的外观，是高尔夫球场（果岭和球道）的主要草种。作为草坪草使用的主要是其中 5 种：细弱剪股颖、普通剪股颖（*A. canina*）、匍茎剪股颖（*A. stolonifera*）、巨序剪股颖（*A. gigantea*）和旱地剪股颖（*A. castellana*），其中又以匍茎剪股颖分布最为广泛，且性状变异多样，也最为常用，一般留茬高度 1~2 cm，甚至可低剪至 3 mm，缺点是维护要求很高（Ozdemir et al, 2010）。

我国有 29 种、10 变种，大部分地区都有分布，主要分布于西南的贵州、云南。有匍茎翦股颖、细弱剪股颖、小糠草（*A. alba*）、华北剪股颖（*A. clavata*）、多花剪股颖（*A. myriantha*）、短柄剪股颖（*A. brevipes*）等。

- 黑麦草属（*Lolium*, ryegrass）

多年生或一年生草本。茎直立或斜升。本属有 13 种，主产地中海区域，分布于欧亚大陆的温带地区，其中多年生黑麦草（*L. perenne*）是重要的冷季型草坪草，近缘的毒麦（*L. temulentum*）则由于生活周期短（2~3 月）、无需春化而被作为草坪基因组研究的模式种（Cai et al, 2000）。

我国有 7 种，包括田野黑麦草（*L. arense*）、疏花黑麦草（*L. remotum*）、多花黑麦草（*L. multiflorum*）、欧黑麦草（*L. persicum*）、黑麦草（*L. perenne*）、硬直黑麦草（*L. rigidum*）、毒麦等，多由国外输入。

- 羊茅属（*Festuca*, fescue）

多年生禾草，全世界约 100 多种，主要有紫羊茅（*F. rubra*）、羊茅（*F. ovina*）等。该属植物非常适应于热、旱、寒等非生物逆境，和黑麦草属近缘，但坪用质量不如黑麦草。可与黑麦草属间杂交创制被称为“Festulolium”的品种或种质。

我国有 20 多种，产西南、西北、东北地区，尤以西南地区最多。作为草坪草利用的有宽叶型的高羊茅（*F. arundinacea*）、草地羊茅（*F. pratensis*）和细叶型的紫羊茅、羊茅、硬羊茅（*F. longifolia*）。紫羊茅具横走根状茎，羊茅无根状茎或匍匐枝，二者均能在干燥、贫瘠、pH5.5~6.5 的酸性土壤中生长，且具有较强的耐践踏性。

（2）暖季型草坪草

这类草坪草在 10℃以上才开始生长，25℃~35℃的春夏季节有一个较长的生长期，而在寒冷的季节休眠。多数暖季型草坪草比较抗旱、耐高温而不耐寒。有些种类，如野牛草（buffalo grass）可耐 45 ℃高温。我国大部分地区适宜的暖季型草坪草主要包括：

● 结缕草属（*Zoysia*, zoysiagrass）

多年生禾草，目前世界上作为草坪草研究和开发利用的主要有结缕草（*Z. japonica*）、中华结缕草（*Z. sinica*）、沟叶结缕草（*Z. matrella*）和细叶结缕草（*Z. tenuifolia*）5种，我国均产，主要分布于辽宁、山东、安徽、江苏、浙江、福建以及广东和海南等沿海省的滨海沙地和山区，集中分布于华东及东部沿海地区。

结缕草是一类重要的过渡性草坪草，特点是耐践踏（磨）性好，抗逆性强，其中沟叶结缕草质地致密，植株低矮，是使用最多的结缕草种类，其他种则稍粗糙，适宜于建植低维护草坪。

Z. matrella

Z. sinica

Z. japonica

Z. tenuifolia

Z. macrostachya

图 4-47 结缕草属主要草种

● 狗牙根属（*Cynodon*, bermudagrass）

该属约10种，用作草坪草的主要是狗牙根（*C. dactylon*）、非洲狗牙根（*C. transvaalensis*）、印苛狗牙根（*C. incompletus*）和杂交狗牙根（*C. magennisii*），其中普通狗牙根是世界广布种。由于其耐逆（旱、盐）性好、质地多样、生长迅速，是用途最广泛、分布最广的暖季型草坪草之一，广泛用于运动场草坪、观赏草坪、护坡草坪的建植。

C. dactylon

C. dactylon 'Tifeagle'

图 4-48 狗牙根属主要草种

1936年，美国著名育种专家伯顿（Burton）在佐治亚州的Tifton海滨实验站通过种内杂交育成*C. dactylon* 'Tiflawn'，此后利用普通狗牙根和非洲狗牙根种间杂交育成了一系列品种，如*Cynodn* 'Tiffine'、*Cynodn* 'Tifgreen'、*Cynodn* 'Tifdarwf' 等。

我国产2种1变种，即狗牙根、双花狗牙根（*C. dactyion* var. *bilforus*）和弯穗狗牙根（*C. arcuatus*）等，分布于我国黄河以南各省，生于村庄、路边、河岸、荒地山坡等。多年生草本，具根状茎，极耐践踏，再生能力极强，适宜用于运动草坪建植 。

● 钝叶草属（*Stenotaphrum*, St. Augustine grass）

该属约8种，分布于太平洋各岛屿至非洲与美洲。最常用的是偏序钝叶草（*S. secundatum*），多年生草本，具匍匐枝，叶片宽而平整，先端钝或尖。耐阴、湿性和耐盐碱性好，也耐一定程度的践踏，但抗旱、耐寒性较差，故适宜在热带与亚热带气候条件下生长，多生于海拔1100 m以下的湿润草地和疏林下。

我国2种，即钝叶草（*S. helferi*）和锥穗钝叶草（*S. subulatum*），广泛分布于广东、海南、云南等地以及南部海岸沙滩。在昆明、广州一带，若精心培育，保持水肥，可四季常青。气温低于0℃可能会带来冻害，因此不适宜在北方生长。

图 4-49 偏序钝叶草（*S. secundatum*）

● 雀稗属（*Paspalum*, bahiagrass）

该属约400种，全世界均有分布，主产于热带、亚热带地区，南美是其多样性中心，其中巴西多达220种。近年来，少数种类，如百喜草（*P. notatum*）、海滨雀稗（*P. vaginatum*）始用于低维护草坪的建植。海滨雀稗在美国佛罗里达、夏威夷、泰国、菲律宾等地区的高尔夫球场上种植效果极佳，引种到我国后在南方地区的高尔夫球场被广泛应用，为业内人士及高尔夫爱好者所青睐，也是热带、亚热带沿海滩涂和类似的盐碱地区高尔夫球场等绿地建植的最佳选择之一。

我国有16种，其中使用较为广泛的是两耳草（*P. conjugatum*），产于台湾、云南、海南和广西等地，生于田野、林缘、潮湿草地上。多年生，具匍匐茎，秆直立。耐淹性、耐热性和耐阴性极强，再生能力也很强，因此也很耐践踏，适宜于地势低洼、排水欠佳地段的草坪建植。

● 假俭草属（*Eremochloa*, centipedegrass）

本属约13种，分布于东南亚至大洋洲。多年生细弱草本。秆直立，有时具匍匐茎。1916年，美国人Frank Meyer从中国南部将假俭草引种到美国，之后培育出了10余个优良坪用品种，如*E. ophiuroides* 'Oklawn'、*E. ophiuroides* 'Au Centennial' 及后来推出的*E. ophiuroides* 'TifBlair' 等，现已广泛用于各类草坪的建植。

我国有4种，即西南马陆草（*E. bimaculata*）、蜈蚣草（*E. ciliaris*）、假俭草（*E. ophiuroides*）、马陆草（*E. zeylanica*）。主要分布于中国和东南亚一些国家，中国中部以南是起源中心。目前用于草坪的主要有假俭草，也称"中国草"，我国湖北、江苏、四川、贵州、广西等省及自治区均有野生分布。适宜pH4.34~8.28的土壤，生于河滩草地、疏林草地和长江以南的丘陵山地。

● 地毯草属（*Axonopus*, carpetgrass）

多年生草本，稀为一年生，约40种，原产热带美洲，其中地毯草（*A. compressus*）又名大叶油草，具匍匐枝，每节都能再生，因此能迅速蔓延，并平铺地面成毯状，故名。由于地毯草叶宽、弹性好、耐阴性强，在国外用于高尔夫球道、公园的草坪建植，效果良好。另外，地毯草耐酸性特强，适宜pH值为4.5~5.5，也耐贫瘠，故也常用于路边、机场内较为贫瘠的沙性土和土壤酸性较强区域的绿化。

早期从南美引入中国，目前我国台湾、广东、广西和云南均有分布，常生于荒野、路旁较潮湿处。在我国南方常用作运动场或遮阴地草坪。

Axonopus compressus

Buchloe dactyloides

图4-51　地毯草（左）和野牛草（右）

● 野牛草（*Buchloe dactyloides*, buffalo grass）

野牛草属仅一种，即野牛草（*B. dactyloides*），原产北美西部。具匍匐茎和灰绿色、蜷曲的叶片，匍匐茎蔓延成厚密的草皮。应用于高速公路旁、机场跑道，高尔夫球场高草区等低养护的区域。

（3）薹草属（*Carex*）

薹草属及其改良品种因其适应性广泛、维护成本低廉，常作为禾草的替代种用于低维护草坪、自然草地和生境修复等。例如，美国洛杉矶保罗·盖蒂（J. Paul Getty）博物馆雕塑园就运用了大量的草地薹草（*C. pansa*）和沙丘薹草（*C. praegracilis*）。此外，还有不少草坪用薹草品种，如*C. caryophyllea* 'The Beatles' 等。

我国有近500种，各省区均有分布，其中有不少是值得开发的种类，主要包括：从薹草（*C. caespitosa*）、蓝薹草（*C. flacca*）

E. ophiuroides 'TifBlair'

E. ophiuroides

E. bimaculata

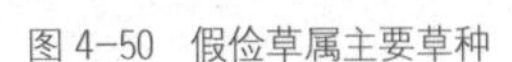

图4-50　假俭草属主要草种

表 4-2　主要草坪草种特性一览表

冷季型草坪草	定植速度	叶片质地	枝条密度	抗寒性	耐热性	抗旱性	耐淹性	耐盐碱性	修剪高度	需肥量
多年生黑麦草	①	⑤	⑤	⑥	⑥	④	⑤	③	④	③
苇状羊茅	②	⑥	⑥	⑤	①	②	②	②	⑥	②
细叶羊茅	③	①	③	④	⑤	①	⑥	④	⑤	①
匍茎剪股颖	④	②	①	①	②	⑥	①	①	①	⑥
细弱剪股颖	⑤	③	②	③	④	⑤	③	⑥	②	⑤
草地早熟禾	⑥	④	④	②	③	③	④	⑤	③	④
暖季型草坪草	定植速度	叶片质地	枝条密度	抗寒性	耐热性	抗旱性	耐淹性	耐盐碱性	修剪高度	需肥量
狗牙根	①	①	①	②	②	①	①	①	①	⑥
钝叶草	②	⑤	③	⑥	⑤	④	③	③	⑤	⑤
斑点雀稗	③	④	⑥	③	⑥	③	②	④	⑥	①
假俭草	④	③	④	④	④	⑤	⑥	⑥	③	③
地毯草	⑤	⑥	⑤	⑤	③	⑥	④	⑤	④	②
结缕草	⑥	②	②	①	①	②	⑤	②	②	④

注：定植速度：①→⑥ = 快→慢；叶片质地：①→⑥ = 细→粗；枝条密度：①→⑥ = 高→低；抗寒性：①→⑥ = 高→低；耐热性：①→⑥ = 高→低；抗旱性：①→⑥ = 高→低；耐淹性：①→⑥ = 高→低；耐盐碱性：①→⑥ = 高→低；修剪高度：①→⑥ = 低→高；需肥量：①→⑥ = 低→高

发状薹草（*C. comans*）、宽叶薹草（*C. siderosticta*）、棕叶薹草（*C. kucyniakii*）、花莛薹草（*C. scaposa*）。

丛薹草（*C. caespitosa*）

蓝薹草（*C. flacca*）

发状薹草（*C. comans*）

宽叶薹草（*C. siderosticta*）

棕叶薹草（*C. kucyniakii*）

花莛薹草（*C. scaposa*）

图 4-52　坪用薹草属种类

其他还有签草（*C. doniana*）、寸草（卵穗薹草）（*C. duriuscula*）、异穗薹草（*C. heterostachya*）、白颖薹草（*C. duriuscula* subsp. *rigescens*）、涝峪薹草（*C. giraldiana*）和青绿薹草（*C. breviculmis*）等。

参考文献

陈志华，2013. 外国造园艺术［M］. 郑州：河南科学技术出版社.

陈志一，2001. 初探草坪起源与演化，兼论草坪的概念［J］. 草原与草坪（3）：9-13.

孙吉雄，1995. 草坪学［M］. 北京：中国农业出版社.

夏征农，1999. 辞海［M］. 上海：上海辞书出版社.

Allen M, 1990. The nitty-gritty of lawn care［N］. The Saturday Evening Post, July-Aug 1990（67）.

Cai H, Stewart A, Inoue M, et al, 2010. Lolium［C］//Wild crop relatives: genomic and breeding resources.

Heidelberg: Springer.

Dickinson G, 2006. The Pleasantville effect: Nostalgia and the visual framing of (white) suburbia [J]. Western Journal of Communication, 70 (3) : 212–233.

EPA, 1998. Small engine emission standard, answers to commonly asked questions from dealers and distributors [S]. Washington: EPA.

Indyk H W, 1971. Lawns [N]. New Yorker, 1971-09-18 (28) .

Jenkins V S, 1994. The lawn: A history of an American obsession [M]. Washington: Smithsonian Institution.

Milesi M, Running S W, Elvidge C D, et al, 2005. Mapping and modeling the biogeochemical cycling of turf grasses in the United States [J]. Environmental Management, 36 (3) : 426–438.

Ozdemir B S, Budak H, 2010. Agrostis[C]//wild crop relatives:genomic and breeding resources. Heidelberg: Springer.

Pineo R, Barton S, 2010. Turf grass madness: Reasons to reduce the lawn in your landscape [Z/OL] . (2010-03-10) [2016-06-01] . http://cdn. canr. udel. deu/wp-content/uploads/sites/16/2018/03/12024155/ Tulf-Grass-Madness. pdf.

Pollan M, 1989. Why mow ? The case against lawns [N]. New York Times Magazine, 1989-05-28 (42) .

Steinberg T, 2006. American green, the obsessive quest for the perfect lawn [M]. New York: W W Norton & Co.

Teysott G, 1999. The american lawn [M]. Hudson: Princeton Architectural Press: 18.

Ware Isaac, 1756. A complete body of architecture [M]. London: T Osborne and J Shipton.

扩展阅读四

花境的起源、发展及其在植物园景观建设中的应用

语义上与“花境”易混淆的有“花镜”“花径”和“花经”等，很多文献将它们混为一谈，并在不同文献中作为“flower border”的中译文。但大部分研究者又都认为“flower border”起源于英国，是模仿野花生境将花卉搭配种植的一种园艺方式，因此“花境”才最符合原意。而“花镜”应单指清陈淏子所著《花镜》，镜者，鉴也，自序中有“堪笑世人鹿鹿，非混迹市廛，即萦情圭组，昧艺植之理，虽对名花，徒供一朝赏玩，转眼即成槁木耳”，丁澎序中亦言“养树得养人之术，传之以为戒”，且此书成书于1688年，几乎与英国早期花境同时，实难相互借鉴。因此，陈淏子所谓“花镜”，意为养花指南，类似的用法如《鲁班经匠家镜》。至于花径、花经则易于理解，且应该都和“花境”无直接联系。

关于花境（flower border）的起源，确切的文献记载很少，现普遍认为花境起源于英国古老的村舍花园，伴随着技术革命带来的经济发展、英国式园林在英国的萌芽和从世界各地收集而来的宿根植物种类不断丰富，在当时的条件下，人们将引种的、驯化的和野生的花卉以及食用、药用植物混合种植在自己的庭院中，这种花卉应用形式逐渐发展成为一种独立的植物造景形式——花境。

1. 花境的起源与发展

英语中“border”一词早在中世纪就已经出现了（Newdick, 1991）。到了16世纪，规则式园林的结节园（knot garden）中开始出现明确的关于“border”的记载，但其时的“border”还不是现在的“花境”，而是指那些围绕结节园，用灌木、草本植物等构成的框架或者修饰性边缘（Verey, 1989），这与现代花境形似而内容不同，更接近于基础种植、绿篱或者植坛。后来花坛（flower bed）开始逐渐流行，围绕花坛的镶边不再是简单的绿篱，而是间植了部分草本花卉，绿篱和花卉一起构成了花坛的“border”。关于花境的明确记载出现在17世纪（赵灿，2008）。1665年，英国早期园艺学家和造园家之一的约翰·雷（John Rea）就曾在其著作《花神、谷神和果神》（*Flora, Ceres & Pomona*）[①] 中描述了其花园中由耳状报春花（auricula）、红色报春花（red primroses）、獐耳细辛（hepaticaes）、重瓣玫瑰色剪秋罗（double rose champion）、重瓣紫花香花芥（double Dame's-violet）、桂竹香（wallflower）和重瓣紫罗兰（double gilliflower）等植物营造的一个精彩花境。但其时欧洲大陆盛行的规则式园林对不列颠群岛还有一定的影响，这个时候的花境还没有脱离花坛的束缚，多半是规则式的。到了乔治王朝时期，对乡村的热爱逐渐成为一种时尚，这里潮湿多云的气候条件、逶迤起伏的丘陵地貌和大面积的牧场风光为英国式园林提供了直接的范例，不仅孕

① 由“Flora”“Ceres”和“Pomona”三部分（作者称之为三本书）构成。原文中只给出了相应植物的普通名，无法核实学名，因此照录于后。

育了现代草坪，牧场和林地交界处的野花草地也给后来的花境建设带来了启迪和灵感，乔灌木高低错落的分级种植逐渐取代了整形修剪的绿篱，花卉也开始按这种方式种植在沿墙的位置，于是“border”不再依附于花坛，而是开始逐渐独立出来，形成一种全新的花卉应用形式（Lord, 1994）——草本花境。除了分级、混合种植外，草本花境在设计上开始强调韵律、节奏以及季相的变化，这些都是传统花境的主要特点，只是这个时期的草本花境还没有摆脱古典园林的影响，种植方式依然是规则式的：植物按层次分级种植在矩形方格网中，每种植物都有明确的位置。1735 年所建的英国苏塞克斯（Sussex）郡境内的古德伍德（Goodwood）庄园草本花境是这个时期花境的代表作品（Laird, 1999; 王美仙, 2009）。

在古德伍德庄园长约 130 m、宽 0.9~1.2 m 的矩形花境中，第一行是矮小的番红花属植物，距边缘 10 cm；第二行为各种春花小球根植物和其他宿根植物如银莲花属、鸢尾属、耳状报春、毛茛属植物等，距第一行 23 cm；第三行由 22 种中等高度的春夏花卉组成，距第二行 30 cm，并在每隔 6.4 m 处重复一次，这样形成的 21 个中等高度的春夏花植物重复带和 86 个矮小花卉重复片段，构成了整个花境的主体（Laird, 1999）。

到了维多利亚女王时代（1837—1901 年），英国的工业革命达到鼎盛时期，伴随着经济的发展和扩张而带来的世界植物资源向英国的富集，花园、花卉的规模不断扩大，形式不断多样化，古典的规则与现代的自然之间、奢华与低维护之间的矛盾也越来越突出，而混合花境成为调和这种矛盾的最好的形式，1846 建成的英国哈雷庄园（Arley Hall）对应式混合花境成为这一时期花境最杰出的代表（Jekyll, 1904），既代表了混合花境的兴起，也代表了草本花境艺术的成熟。于是“border”终于完成了从配角到主角的华丽转身，从原本的花坛镶边发展成为一种独立、重要和广泛的花卉应用形式，花境及有关花境的文献也逐渐丰富起来。

哈雷庄园的这个对应式混合花境可能是现存最古老的草本花境之一，最初设计于 1846 年，每五年重新栽植，但总体上保持了原设计的特征和基调：两边分别以墙垣和修剪整齐的紫杉篱为背景，间植紫杉，因此被称为混合花境，但主体部分为草本花卉构成，具有较长的观赏期和四季变换的色彩，规模宏大，蔚为壮观。1960 年前后，庄园主艾希布鲁克（Ashbrook）女士将花境改造为色彩主题花境：初夏为蓝、粉、灰和白色的冷色调，夏末到秋季则为

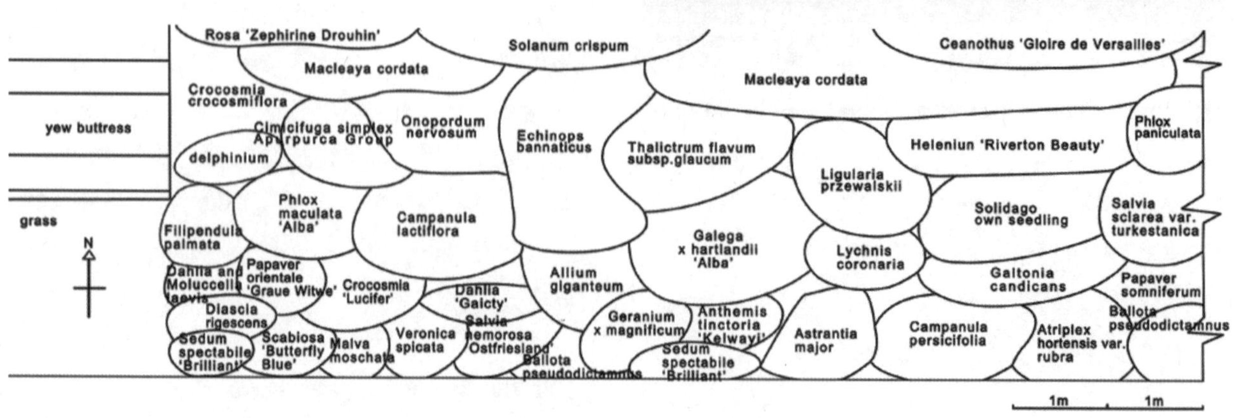

图 4-53　哈雷庄园对应式花境实景图（上）和平面图（下）（引自 Lord, 1994）

黄、橘、红为主的暖色调。英国著名画家、园艺师杰基尔（Jekyll G., 1843—1932）(1904）给予这个花境高度的评价，称其是："一种联系规则和自然的优良纽带。纵观英国，很难找到另外一个哈雷庄园那样精心设计的美丽花境，很容易看出……规则和自然怎样在这里有机地结合：前者体现在花园的绿篱的装饰效果上，后者体现在种植了耐寒花卉的宏伟花境上。"

这期间，在花境的设计和种植方式上也不断创新，呈现了罗宾逊（William Robinson, 1838—1935）的丛组式混合花境、杰基尔的飘带式花境和钱伯（William Chamber）的穴状混植花境等多种多样的花境设计形式（王美仙等，2006），花境在不列颠群岛也进入全盛时期，直至第二次世界大战爆发。二战结束后，由于经济拮据，园艺师们的设计开始逐渐从成本高昂的草本花境转向维护成本相对低廉的混合花境、常绿及针叶类花境，花境的形式和所利用的植物种类也都逐渐趋于多样化了，但花境一直是英国花园最重要的一部分，并逐渐被世界所认可和接受，正如英国园艺师罗素·佩琦（Russell Page, 1906—1985）所说的那样，当一个外国的花园主人说他想要一个"英国式花园"的时候，他真正想要的其实是那个"与房屋相连接的混合花境"(王美仙，2009)。其自然的选材、富于变化的形式和相对简单易行的维护，不仅满足了人们对自然和审美的双重需求，也给园艺师们以极大的想象和创作空间，成为连接规则和自然的最好形式之一，因而受到大家的广泛喜爱。

威廉·罗宾逊，爱尔兰实践园艺家。早年在家乡从事温室植物的管理工作，1861年离开家乡来到都柏林，并在爱尔兰国家植物园主任穆尔（David Moore）的影响和帮助下，在伦敦摄政园植物园（Regent's Park Gardens）谋得一份工作，主要从事耐寒草本植物，尤其是英国乡土野生花卉的研究，因《野生花园》(*The Wild Garden*, 1870）一书而成名。其关于野生花园的思想推动了英国村舍花园运动的发展和普及，他也是早期耐寒多年生植物、灌木和藤本植物草本混合花境的倡导者和实践者，建议将植物成组配置，并强调植物本身之于设计的重要性。

丰厚的写作收入使得罗宾逊在1884年购得了位于苏塞克斯郡的格拉维特（Gravetye）庄园，庄园里大量的矮林为罗宾逊营造混合花境提供了充分的空间，于是他在榛子林和栗林之间种植了绵枣儿属（*Scilla*）、仙客来属（*Cyclamen*）和水仙属（*Narcissus*）植物组成的飘带式花境；而在佛塞木属（*Fothergilla*）、紫茎属（*Stewartia*）和蓝果树属（*Nyssa*）林缘或者它们之间空地的灌木边缘种植了秋牡丹、百合、爵床属（*Acanthus*）植物和蒲苇（*Cortaderia selloana*）等；在房子附近则布置了部分花坛。全园遍植可自衍的红鹿子草（*Centranthus ruber*）和水仙等。并邀请名画家，如水彩画家Beatrice Parsons、景观和植物画家Henry Moon和Alfred Parsons等前去描绘园景。

图4-54 格拉维特庄园的混合花境

杰基尔（1843—1932）生于伦敦，1861年，17岁的杰基尔进入肯辛顿（Kensington）艺术学校学习艺术和设计，期间仔细研究和临摹了国家美术馆浪漫主义大师特纳的作品。这些经历和爱好使得杰基尔对色彩理论和效果有着深刻的理解。30岁以后由于视力下降，杰基尔开始专注于花园，尤其是花境的设计，成为工艺美术园林的核心人物之一。杰基尔将这种浪漫主义绘画风格和自己对于色彩的理解应用于花境植物配置，极大地发展了色彩主题花境。除此之外，杰基尔式花境的另一个显著特点就是略呈45度角的飘带（drift）式布局，这样可以突出植物的叶色、叶姿美而遮挡下部的缺点。杰基尔将所有这些造园艺术在其芒斯特伍德（Munstead Wood）花园中进行了实践。

芒斯特伍德花园建于1896年，其中的主花境长60 m，宽4.5 m，由76个种和品种布置而成。其主要特点为：i. 按色彩轮排列方式布置，从冷色调的浅蓝、白色，逐渐过渡到暖色调的浅黄色、浅粉色然后到黄色、橘黄色、红色，浅粉、浅黄、白色、蓝色，分为4个节段；ii. 观赏期主要在7—10月，比较集中；iii. 背景为规则的砖墙和紫杉篱；iv. 植物种类以草本宿根植物为主（王美仙，2009）。

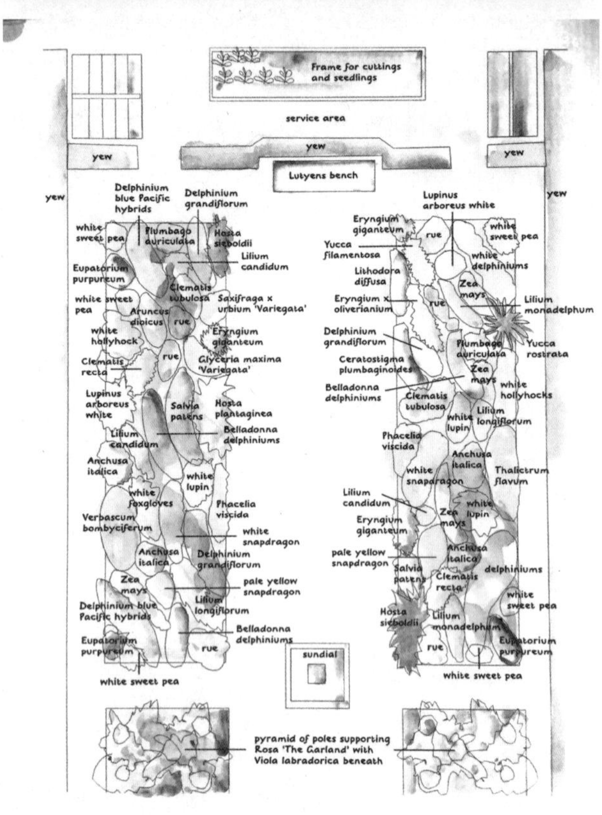

图4-55 芒斯特伍德花园色彩轮式主花境实景图（上）和平面图（下）（引自 David Stuart, 2004）

2. 花境设计

花境设计的第一步是确定花境的主题或风格，然后再运用不同色彩、质地、季相的植物材料来塑造花境的立面景观，体现确定的主题或风格。这个主题可以是小而朴实的村舍花境、大比例草地作为前景或背景的草地花境、以灌木和宿根植物为主的低养护花境，也可以是多种植物类型和植物种类营造的、可以终年观赏的混合花境。花境主题要根据场地的条件、欣赏的需要和维护的能力等多个方面来考虑、确定。在植物园里应用更多的是草地花境、混合花境和林缘花境等。近年来低维护花境正日益受到青睐，尤其是那些乡土野生花卉更能体现植物园的特色，因此也更适宜用来塑造植物园的花境景观。

2.1 立面设计

立面景观是花境设计的主要方面，主要通过所选择植株的高度和株型轮廓的合理搭配形成错落有致的立面效果。植株高度一般遵循前低后高的原则，但也不必拘泥于此，在前、中景处可以适当布置一些稍高于后部、质地中等的三角形（尖塔形）植物，如翠雀（*Delphinium* sp.）、毛地黄（*Digitalis* sp.）、火炬花（*Kniphofia uvaria*）等。植物的轮廓除了三角形外，还有圆形和方形，前者如八宝景天（*Sedum* sp.）、石竹（*Dianthus* sp.）和萱草（*Hemerocallis* sp.），后者如大滨菊（*Chrysanthemum maximum*）、紫松果菊（*Echinacea purpurea*）等。在同一个视点同时选择和应用这3种轮廓的植物有利于营造错落有致的立面景观。

2.2 色彩设计

色彩是花境设计上非常重要，甚至是最重要的一个方面，决定着花境的个性特征，在这方面最突出的莫过于19世纪的英国园艺师杰基尔了，有人将他的代表作《花园的色彩设计》（杰基尔，2016）与我国古典园林著作的代表《园冶》相提并论（贝斯格娄乌，2014），可见杰基尔在英国花园设计上的地位。英国著名园艺家维里（Rosemary Verey）在他的《经典花园设计》（*Classic Garden Design*, 1989）中曾这样描述杰基尔如何运用色彩："在花境的两端要有灰色和浅绿色的叶子的背景……与此同时……要有蓝色的、白色的、浅黄色和浅粉色的花……色彩从较强的黄色到橘色再到红色……然后再退回到深黄色，再到浅黄色、白色和浅粉色，再是蓝灰色的叶子。最后又是紫色和丁香色。于是沿着花境，色彩转换，每个部分都是一幅画。……这些淡红色、猩红色、深紫红色，之后再到黄色的和谐搭配。根据补色原理，有着强烈的欲望看到灰色和蓝色。"因此，关于色彩设计在花园尤其是花境中的具体应用请参考《花园的色彩设计》一书，这里只就花境色彩设计的一些主要方法做简要介绍，而王美仙（2009）已经在这方面做了很好的总结，这也是下面这些内容的主要来源。

花境在色彩上有主色、配色、基色之分，尽管这些色彩以及它们的组合只能感知，甚至这种感知可能还因人而异，比如金色、黄色、橙色、红色等暖色调的花搭配起来会给人一种奔放热烈的感觉，浅色和冷色相搭配会产生宁静致远的效果，而粉红、浅黄等柔和娇嫩的色彩相搭配能产生浪漫柔美的氛围等。但色彩的应用还是有一定的规律的，既要有对比，又要协调统一，需要遵循一定的原则。

（1）色彩布置位置影响花境的整体空间感觉

不同色彩配置可以在一定程度上增加或缩小整体空间感。花境的背景处或者远端种植淡色或者冷色、质地轻盈的花卉，如狼尾草（*Pennisetum alopecuroides*）、钓钟柳（*Penstemon campanulatus*）、大滨菊、荆芥（*Nepeta cataria*）、鼠尾草（*Salvia officinalis*）等，会使花境看起来更有纵深感。相反，深色、质地较重的花卉，如美人蕉（*Canna indica*）、紫松果菊、黑心菊（*Rudbeckia hirta*）等布置在背景处或末端会起到缩小花境纵深或长度的效果。

（2）色彩渐变是长花境配色的传统方法之一

在大型花境的色彩设计上，采用色彩渐变的方法可以避免出现色彩上的混乱。一般有两种方法组织色彩轮上的色彩，一种是将色彩轮上的色彩按照冷暖色系归类，如较暖色系的乳白—黄—橘黄—栗色—棕色，较冷色系的紫红—蓝紫—蓝—白—银；另一种是按照杰基尔的方法，将色彩轮上的色彩按顺序布置，其中的冷色如灰色、蓝紫、绿色的观叶植物布置在两端，中间依次为白色、浅黄、橘色、红色、深黄、浅粉、白色。以使得整个花境看上去色彩变换有序，单独看又独立成景。

（3）暖色亮，冷色暗是环境局部和谐的配色方法

在规模较小的花境中，局部的色彩和谐是营造整体色彩和谐的前提。一个简单的原则是暖色亮、比例小，而冷色暗、比例大，即将小比例的较亮的暖色与大比例的较暗的冷色搭配会比小比例的较暗的暖色与大比例的较亮的冷色混合带来更好的效果。例如亮黄色的轮叶金鸡菊（*Coreopsis verticillata*）在同样是亮色的大滨菊（*Chrysanthemum maximum*）前面（图4-55上）显得暗淡而不协调，而有了暗红色的美国薄荷（*Monarda didyma*）的陪衬就亮丽多了；同样是亮黄色的千叶蓍（*Achillea millefolium*）与蓝色的蓝花鼠尾草（*Salvia farinacea*）、矢车菊（*Centaurea cyanus*）、深蓝色的超级鼠尾草（*Salvia superba*）、白色花的缬草（*Valeriana officinalis*）、暗红的德国鸢尾（*Iris × germanica*）和银色叶的毛蕊花（*Verbascum* sp.）等的组合（图4-55下）就赏心悦目多了。迪赛拜特奥斯特（Tracy DiSabato-Aust）在《优秀的混合花园》（*The Well Designed Garden*, 2009）中指出："为了使体量与色彩更为完美，一般运用三分之二的深蓝色与三分之一的浅橘色搭配。"

图 4-56　花境中冷、暖色调的搭配

（4）对比色是营造生动景观的方法

对比色（也称为互补色）是色彩轮上处于相对位置的颜色，如蓝色和橙色、黄色和紫色等。在一种色彩上停留过久会渴望看到它的对比色，杰基尔（1908）指出：“在即将进入一个灰色、蓝色系花园前，一个橘色或者黄色的花境会使花园的效果达到最佳，这种强烈的色彩使得人们渴望见到它的对比色……”。互补色的搭配能够增加色彩的饱和度，给人以醒目明快的感觉，这是使小型花境或局部花境更为生动的另外一个设计原则，通常按照 1∶2 体量搭配种植。有 3 种配色方案进行类似的布置：一对一的互补色，如黄色和紫色的毛地黄品种的组合（图 4-56 上）、一种色彩和补色的两个邻色，如绿色的观赏竹、紫色的‘蓝血’老鹳草（*Geranium* × *magnificum* 'Blue Blood'）和黄鸢尾（*Iris pseudacorus*）的搭配（图 4-56 下），以及一种色彩和其补色的 3 种邻近的色彩（基色、二次色和三次色），如秋季的黄叶、栎树的红叶、红橙色的日本血草（*Imperata cylindrica* 'Red Baron'）、蓝色的紫菀（*Aster* sp.）、荷兰菊（*Aster novi-belgii*）、紫色的柳叶马鞭草和暗褐色果实的紫松果菊（*Echinacea purpurea*）的搭配（图 4-56 中）等。

对比不一定都通过植物来实现，紫色的鼠尾草在棕红色墙体前面也显得更加生动。

图 4-57　花境中不同色调的对比

（5）中间色、类似色是强调和弱化主色调的方法

中间色是介于两种色彩之间的颜色，在花境中常为灰色、棕色的观叶植物如银白菊（*Tanacetum coccineum*）、芒（*Miscanthus* sp.）、分药花（*Perovskia abrotanoides*）等。类似色是一类色调相同的颜色，如橘、黄和黄绿都为黄色调，蓝绿、蓝紫和紫色都为蓝色调。这些类似色或一个色系中的浓淡相配能带给人别样柔美的感觉。在色彩轮的 12 种色相中，

每一种与它相邻的色相如红与橙红、红和紫红、黄和黄绿等两种相配，或红、橙红和紫红等3种近似色相的组合，都有着一种和谐之美，被称为“邻色调和”。在有两种明亮色彩的花境植物周围，布置其中间色的植物是强调、渲染主色调的一种有效方式。例如，在红花黄叶的大花美人蕉（*Canna* × *generalis*）周围布置蒲苇会烘托得美人蕉更加亮丽。而在主色周围布置其类似色会减弱该色彩的明度，如在橘黄色周围布置黄色，橘黄会显得偏红，而黄色会偏绿，这在背景的处理上非常有用，如火炬花在灰色或白色的墙体前会更加生动，而在棕色浅黄的墙体前会显得更加柔和。

（6）单色和类似色：营造纯净或节奏

规模较小的花境或大花境的一个区段可以用同一种颜色或者同一个色调的颜色进行布置，形成单色花境或混合花境。

单色花境虽然减少了纷繁的色彩，但更突出种植的结构、韵律和质地的纯净，有别于常见的花境布置，有较强的现代感。常见的有白色花境、黄色花境以及观赏草花境等。

图4-58　位于英国肯特郡（Kent）的西辛赫斯特庄园用白色马蹄莲（*Zantedeschia aethiopica*）、月季（*Rosa* sp.）、波斯菊（*Cosmos bipinnata*）、博落回（*Macleaya cordata*）和铁线莲（*Clematis* sp.）等组成的白色花境，恬静而清凉

色彩统一或偶有杂色但有主色调的花卉集中栽在一起，可以获得厚重的整体感，能使人感到色彩带来的张力。前面提到的亮暖色和暗冷色搭配以突出暖色和类似色搭配以减弱一种色彩亮度，增加色彩柔和度的原则也都为类似色的应用提供了基础和方法。

2.3 季相设计

季相变化是花境的主要特点之一，一个良好的混合花境在全年应有较长的观赏期和不同的季相景观，这一直是花境设计师们所追求的。这种季相变化是通过合理、巧妙地安排不同观赏期的花卉组合来实现的。在设计时，要考虑到不同植物品种的花期既要部分集中，又要阶段性地错开，通过花、叶、果、枝的色彩和形态变化，来展现整个生长季不断变化的景色。为了避免因秋冬季节枯叶、落叶及炎热夏季部分花卉休眠，地面裸露所带来的不良效果，要在了解各种植物材料的生物学习性、生态习性的基础上，加以合理布置，使花境的观赏效果保持连续和完整。在季节交替时，可以适当准备一些一年生草花，以便在地面裸露时及时补植。

在时空安排上，春花植物以布置在花境中部为主，并散布在整个花境中，而将夏花植物布置在前面，秋花植物主要布置在花境后部，这样一方面可以避免春花在时间和空间上过分聚集，后面的季节和其他部分无景可赏，另一方面，春花谢后的旧叶也可以为夏花植物的新鲜叶片所遮掩。

在空间上，要适当增加初夏开花植物的比例，早春开花的植物和初夏开花的植物有少许交叠，而晚春开花植物和初夏开花植物有更多交叠，以使花繁叶茂并连续不断。夏初和夏末开花的植物花期交错，所以可以布置在一起。注意将那些花后叶子看起来不是很美观的植物和夏末开花植物一起布置在前面稍后的位置。夏末开花植物和早秋开花植物要有部分空间交错，并逐步后移。这种夏花、春花、秋花兼有并部分交叠的空间布局如下图。

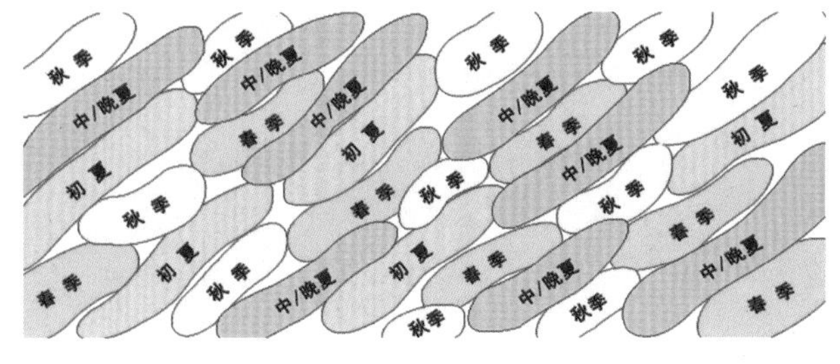

图4-59　花境的季相设计示意图

（引自王美仙，2009，有修改）

2.4 花境的平面设计

2.4.1 植物种植团块的布局

（1）拟三角形——节奏与韵律的组合

不同面积、不同形状的三角形相互楔入的布局，纵向层次少，结构简单清晰，养护需求低，而节奏和韵律感较强。适合于宽度较窄的路缘、林缘花境等。

图 4-60 拟三角形花境平面图

（2）飘带形——流动而丰满的组合

花境中各种植团块在平面上呈与主视点成约 45 度斜角的狭长飘带形，飘带大小不同，相互交错，纵向层次丰富，流动感很强，并从视角上相互遮挡了植物可能脱脚的下部和花后残败的不良景观。按照杰基尔的建议，飘带的长度应为宽度的 3 倍左右。飘带形花境适合于公园和大型花园的花境营造，需要较高的养护程度和较丰富的植物种类。

图 4-61 飘带形花境平面图和加拿大布查德花园峡谷花境

（3）半围合形——神秘与渐变的组合

大的团块以半围合形式包围小的团块而形成的组团式布局。相较于拟三角形和飘带形而言，高大植物组成的大团块形成了整体感很强的框架，缺少了动态性，而被围合的小团块充满了神秘感和趣味性，统一中又充满变化。这种布局很容易使人联想起欧洲古典园林中的大型花坛，这其间应该有些联系或借鉴。和飘带形一样，这种半围合形花境适合于公园和大型花园的花境营造，需要较高的养护程度和较丰富的植物种类。

（4）无序形——斑块的自由组合

简单地将花境的立面设计投射到平面上而形成的斑块自由组合。称之为无序形也许不太恰当，因为无论是拟三角形还是飘带形都是按照斑块的形状分类的，并没有涉及秩序的问题，不能称之为“有序”。而色彩的搭配、花期及季相变化上有关秩序的要求在“无序形”花境中还是和其他布局形式遵循着同样的要求，自然也不存在“无序”。因此，称之为“自由形”也许更为合适。这种“自由”既体现为斑块形状的自由，也体现为设计过程的自由，有时甚至是现场布置的结果，因此对设计师和园艺师的要求都比较高，否则就真的“无序”了。这种花境层次丰富，种植种类较多，维护成本高，适合于公园绿地等大型花境的布置。

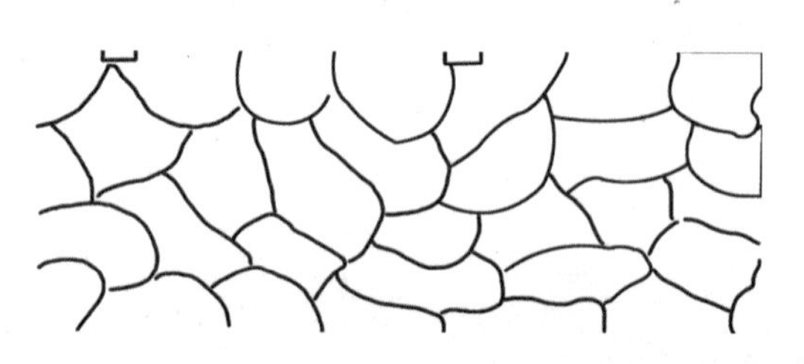

图 4-62 自由形花境平面图

2.4.2 花境的植物组合景观

除了前面提到的花境花卉团块在时空上的布置原则之外，另外值得注意就是这些团块之间的合理搭配，以下几个方面的搭配原则是应给予特别重视的：

（1）相对一致的观赏期

花境中邻近的植物种类应该具有相同或类似的观赏期，或者说观赏期之间要有相当程度的交错，这样才能保证整体的观赏效果。但并非所有的相邻植物都必须具有完全相同的花期，这是因为完全相同的花期也会导致部分季节完全无花可赏。另外，观赏草、特色观叶植物尤其是银叶植物一直是花境中不可或缺的部分，有时甚至是主角，例如禾草花境。因为除了花期用来衬托主景以外，他们较长的观赏期也更有利于维持花期以外整个花境的景观效果。

（2）相互兼容的特征

这里所说的特征主要包括植株高度、形态（状）和质地3个方面。

1）高度整体上要依次递进　在纵向高度方面，整体上应该依次递进，但三角形（尖塔形）植物不受此限，因为这类植物一般冠幅较小，而叶形秀美，这样上不会挡其后花卉之美，下能掩其后植株之丑。注意相邻的两种植物在高度上不能太悬殊，一种植物的高度至少应该为另一种植物的三分之二以上，这样整体上才会比较协调。

2）植株形状要错落有致　在形态（状）方面，如前面已经提到的那样，要求相邻植物间形状（三角形、圆形和方形）上要互相搭配，在一个视野里就能看到不同轮廓的植物。

3）植物质地要与空间、色彩、距离和速度相协调　植物的质感是人们触觉和视觉所感受到的植物特有的性质，包括花、叶和枝条，尤其是叶片等的形状、大小、质地等的综合特性。一般可以分为细腻、粗糙和二者之间3种类型。细腻的如地肤（*Kochia scoparia*）、芭蕉（*Musa basjoo*）、草麻黄（*Ephedra sinica*）、铁线蕨（*Adiantum capillus-veneris*）、石蒜（*Lycoris radiata*）、狼尾草、薹草等；粗糙的如玫瑰（*Rosa rugosa*）、掌叶大黄（*Rheum palmatum*）、牡荆（*Vitex negundo*）、益母草（*Leonurus japonicus*）、老鹳草、虎耳草（*Saxifraga stolonifera*）、薰衣草（*Lavandula angustifolia*）等；两者之间的如紫苏（*Perilla frutescens*）、玉簪（*Hosta plantaginea*）、迷迭香、鸢尾（*Iris tectorum*）、吉祥草（*Reineckia carnea*）、黄精（*Polygonatum sibiricum*）、福禄考等。枝叶粗糙的植物使空间显得相对更小，而质感细腻的植物能令空间显得更大。质感还会影响到色彩的效果，同样的色彩，表面光滑的会显得明朗，而表面粗糙的则会显得暗淡。质感强弱和观赏距离、移动速度也有着密切的关系。在远距离观赏或移动观赏的情况下，就要选择质感比较粗犷或对比特别强烈的植物材料来突出花境的存在。而在近距离观赏或静观的情况下，即使细微的对比，细腻的质感也容易引起人们的注意，吸引人们的视线。花境中一般用三分之一质地粗犷的植物搭配三分之二质地细腻的植物。

（3）前景和背景、花和叶的对比与互补

在英国花境中，背景一般选用修剪整形的紫杉、黄杨绿篱，其深色、细腻的质地能够更加突出、烘托前方花境植物的特点，因而是一种常用的方法。另外，花叶俱美的花境植物是不多见的，这时候就要注意花与叶的互补，即用观叶植物、禾草等优美而绿期长的特点来掩盖那些花美叶丑的植物或是花谢后不太雅致的植株下部，以保证整体的观赏效果。

2.4.3 花境的比例与尺度

花境本身、花境与周边的环境之间，都存在着长、宽、高的比例关系。和谐的比例和尺度才能营造出花境的整体感和协调感。古希腊毕达哥拉斯学派发现的黄金分割率同样适用于花境的空间比例关系。实际上这个原则在前面已经多次提及，例如花境宽度和前景草坪的宽度、花境长度和宽度、相邻植物之间高度差异控制的比例等都是黄金分割比例。美国园艺家考克斯等（Cox et al, 1985）指出："在用宿根花境作草坪饰边时，花境的宽度最好为草坪与花境宽度的三分之一（图4-62）。但如果草坪太大则花境的宽度设计成乔木或灌木等背景高度的三分之一为适。"

图4-63　草坪与花境宽度约为2∶1

花境的尺度取决于环境空间的大小，为了便于养护管理和体现植物的节奏韵律，一般花境的长度通常不超过20 m，长度应该至少是整个花境中最高植物高度的2倍，避免比例失调，影响观赏效果（魏

钰 等，2006）。实际上，花境景观的尺度是没有严格标准的，可以很小，如围合在休息座椅边的花境，也可以很大，如在草地边的长花境。主要取决于场地的条件和设计的目的，要营造温馨的环境，尺度可以小一些，要营造恢宏、有气势的景观，尺度就可以大一些，这时可将花境分隔成几个区段，区段之间用观赏草或灰色植物过渡，既在视觉上形成连续性，又避免了景观的单一重复，降低了设计难度。

植物的生长会改变比例和尺度，尤其是在高度和团块之间的关系上。所以需要设计师和园艺家们根据植物的生长特性提前考虑（赵灿，2008）。

2.4.4 植物团块的尺度

花境中植物团块的尺度大小主要取决于整个花境的尺度和植物材料本身的特性。一般来说，三角形（尖塔形）植株主要用来表现竖线条景观，团块面积不应太大，否则会显得水平，竖线条感觉不明显，团块长轴以不超过其植株高度的 2 倍为宜；圆形或方形的植株主要用来表现水平线条景观，团块面积不应太小，否则水平线条感不明显，会向竖线条过渡，团块长轴以大于其植株高度的 2 倍为宜。

表 4-3 不同宿根植物较合适的团块面积

植株特点	名称	成熟高度（m）	成熟冠幅（m）	适宜团块面积（m^2）
竖线条植物	蛇鞭菊（*Liatris spicata*）	1	0.35	1.5±0.5
	蜀葵（*Althaea rosea*）	1.5	0.5	2±0.5
	美人蕉	1.5	0.6	2±0.5
	火炬花	1.2	0.5	1.5±0.5
	千屈菜（*Lythrum salicaria*）	1.5	0.4	2±0.5
	婆婆纳（*Veronica didyma*）	0.7	0.35	1±0.2
	鼠尾草	0.6	0.3	1±0.2
水平线条植物	紫松果菊	0.8	0.5	3±0.5
	金鸡菊	0.7	0.4	3±0.5
	蓍草（*Achillea sibirca*）	0.6	0.4	2.5±0.5
	大滨菊	0.6	0.4	2.5±0.5
	耧斗菜（*Aquilegia* sp.）	0.5	0.35	2±0.5
	景天	0.4	0.4	2±0.5
	石竹	0.3	0.3	2±0.5

引自王美仙，2009

2.4.5 植株种植间距

花境设计时，应根据植物种类的习性来考虑植株的种植间距，以便于植物团块的大小和植物材料用量的确定。

通常情况下，花境中不会选择大型乔木和速生树种，最多是不超过 6 m 的小乔木作为框架。混合花境中会选择高度 1~1.5 m 的灌木作为骨架，而且多孤植。有时灌木会被用来作为背景和绿篱，这时候高度可以放宽到 1.5~3 m，植株也要适度密植。

宿根花卉是混合花境的主角。传统的原则是三角形（尖塔形）植物如蜀葵、火炬花、大滨菊等种植间距应为其成熟高度的二分之一；圆球形、丛型植物如石竹、萱草和景天等的种植间距应为其成熟高度，而匍匐性地被植物，如羽裂（常夏）石竹（*Dianthus plumarius*）、匍匐筋骨草（*Ajuga reptans*）等，种植间距应为其成熟高度的2倍。还可以根据植株在花境中所处的位置来确定它们的种植间距：前缘，高度在0.4~0.5 m的植物，其种植间距一般为0.2~0.3 m；中等高度的，间距为0.4~0.5 m；大型的如观赏草、美人蕉等间距0.5~0.7 m；大部分宿根花卉以0.35~0.45 m种植间距为佳（DiSabato-Aust, 2003）；草本和一二年生花卉最好以奇数、条带状或组群种植，每组3、5或7株。另外，花境中植物的高度要控制在花境宽度的三分之二以内。例如，宽度1.8 m的花境，则最高的植株应该限制在1.2 m以内。

球根花卉种植间距以球根直径的3倍为宜，很小的球根花卉如番红花属植物经常以0.08~0.1 m的间距种植，其他的球根花卉如洋水仙、郁金香、风信子以及葱属植物大都以0.15 m的间距种植，大型的葱属植物以0.3 m的间距种植。

3. 花境在植物园景观建设中的应用

之前已经介绍过，花境是伴随着英国式园林发展起来的，是连接规则和自然的纽带。因此花境也必然是最适合植物园景观建设的花卉应用形式之一，在这方面，国内外植物园都有许多成功的范例可供参考。

爱丁堡皇家植物园草本花境（图4-63）。长165 m，背景为150余株欧洲山毛榉（*Fagus*）营建的绿篱，这些山毛榉原用来隔离园区和前面为牛所啃食的土地。

布鲁克林植物园的宿根花境（图4-64）。最初由克罗斯（Conni Cross）按照欧洲传统设计的混合花境，长300英尺（91.44 m），分为数块，人字形砖的

图4-64 爱丁堡皇家植物园草本花境（摄影 窦剑）

图4-65 布鲁克林植物园的宿根花境

铺装道路方便游人从不同角度欣赏，由宿根植物、部分球根植物、灌木和小乔木等计100多种植物构成。

邱皇家植物园Broad Walk路缘花境（图4-65）。Broad Walk建于19世纪40年代，为当时新建成的棕榈温室配套建设的主要通道，两侧为欧洲红豆杉。为丰富沿途景观，2016年新建了这条长320 m的路缘花境。沿途两侧还新布置了一系列受巨榼藤（*Entada gigas*）启发的豆荚环样式花境，用以反映邱园使命里的一些主题。30 000多株植物中大部分为园艺栽培种，少部分为野生种。主要用于展示园艺植物育种这一科学主题，例如代表杂交育种的钓钟柳品种*Penstemon* 'Schoenholzeri'、代表唇形科的分药花品种*Perovskia* 'Blue Spire'、代表菊科的赛菊芋*Heliopsis* 'Summer Nights'、代表单子叶植物的三棱火炬花（*Kniphofia triangularis*）、代表授粉过程的阔叶风铃草（*Campanula lactiflora*）、代表种子传播的老鹳草品种*Geranium* 'Rozanne'以及代表耐阴植物的岷江百合（*Lilium regale*）等。

上海辰山植物园的旱溪花境及其参考花境布查德花园峡谷花境（图4-66）。受加拿大布查德峡谷路缘花境的启发，上海辰山植物园的旱溪花境以玲珑芒（*Miscanthus sinensis* 'Adagio'）、须芒草（*Andropogon*

图4-66 邱皇家植物园Broad Walk路缘花境

图 4-67 上海辰山植物园旱溪花境（上）
及其参考花境布查德花园峡谷花境（下）

yunnanensis）、紫叶狼尾草（*Pennisetum setaceum* ‘Rubrum’）、大布尼狼尾草（*Pennisetum alopecuroides* ‘Tall’）等 20 多种观赏草，菖蒲（*Acorus calamus*）、鸢尾、柳叶马鞭草（*Verbena bonariensis*）、彩叶杞柳（*Salix integra* ‘Hakuro Nishiki’）、山桃草（*Gaura lindheimeri*）、钓钟柳、月见草（*Oenothera biennis*）和金鸡菊（*Coreopsis drummondii*）等 40 多种宿根花卉和部分水陆两栖植物为主的 70 余种植物营造了粉色、黄色、白色、紫色和绿色 5 种主色调、长度 260 m 的长花境。另外加拿大皇家植物园（Royal Botanical Gardens）的药草园、香园多以花境形式布置雏菊、百里香等一年生和多年生植物。

其他如美国长木植物园中的花卉园，其中大多以花境形式种植一年生植物、球根植物、灌木、观赏草等。瑞士于 1977 年在舍瑙（Schonau）公园基础上建成占地 5 hm^2 的苏黎世大学植物园（Botanischer Garten der Universität Zürich），在其中的地中海植物区中有大量花境景观。由葡萄风信子（*Muscari botryoides*）、阿福花（*Asphodelus albus*）、茄参属（*Mandragora*）植物、百里香、薰衣草、芸香属植物等组成的花境让游人充分享受视觉和嗅觉体验。

虽然说植物园的花境和其他花境一样，主要目的在于营造植物景观，但基于植物园的基本任务，植物园的花境在突出景观的同时，也非常注意彰显其科学的内涵和文化的意境等。例如前面提到的邱园的长花境所展示的花卉育种知识、布查德花园及其峡谷花境所用的采集自世界各地的，包括爱丁堡皇家植物园分享的喜马拉雅蓝罂粟等奇珍花卉，所有这些都处处体现着科学、保护的精神。另外，植物园花境应提倡尽量采用乡土的花卉种类、低维护的养护方式等。

4. 常用的花境植物

花境植物材料一直是园艺家们研究的重点，但切入的角度不尽相同、所在的气候带不同等都影响到合适的花境植物的选择。迄今为止，花境植物研究比较多地集中在欧洲等一些相关产业比较发达的国家和地区。人们将适合于花境的植物种类进行归纳，例如 1997 年范迪克（H. van Dijk）主编的《花境植物百科全书》（*Encyclopaedia of Border Plants*）详细介绍了英国几百个适合应用在花境中的植物种类，包括灌木、球根花卉、宿根花卉、一二年生花卉、草类，书中逐一介绍了植物的名称、形态、花期、生长习性、栽培品种及它们在花境中的应用等，并附有很多植物图片；1982 年，福克斯（Robin Lane Fox）在《更好的园艺》（*The Better Gardening*）介绍了他认为更好的、更适合在花境中应用的植物种类，包括荆芥、羽衣草属（*Alchemilla*）植物、大戟属（*Euphorbia*）植物、玉簪属（*Hosta*）植物、羽衣甘蓝（*Brassica oleracea* var. *acephala*）等多种能抑制其他杂草生长并且本身生长季节长的花境植物。这里仅结合国内外相关研究，尤其是我国野生植物资源的状况，归纳如表 4-4。

图 4-68 美国长木植物园花卉园

表 4–4　中国花境可用植物

类群	描述	图片	类群	描述	图片
白花菜科 *Cleome hassleriana* 醉蝶花	株高 0.6~1.0 m，花白或粉色，花期 6—9 月。原产南美，我国广为引种栽培，品种有 *C. hassleriana* ‘Rose Queen’ 等。 所在属有 170 种，广布于热带到温带。分子证据将 *Podandrogyne* 和 *Polanisia* 归并入该属，使其成为囊括 275 种的大属，是 C3 到 C4 植物之间的过渡类群。*C.spinosa* 也用于观赏		菊科 *Petasites japonicus* 蜂斗菜	株高 0.1~0.6 m，花期 4—5 月。原产中国、日本、朝鲜等地。欧洲多地有引种并逸生。主要作蔬菜用。 所在属我国有 6 种，主要分布在东北、华东和西南地区	
白花丹科 *Limonium bicolor* 二色补血草	株高 0.2~0.6 m，花淡紫、粉、黄或白色，花期 5—7 月。原产我国东北、黄河流域。 所在属有 120 种，花和宿存花萼皆可观赏。园林中应用的还有 *L. macrophyllum*、*L. perezii* 等		菊科 *Rudbeckia hirta* 黑心菊	株高 0.3~1.0 m，舌状花黄色，花期 5—9 月。原产美国东部。园艺品种如 *R. hirta* ‘Indian Summer’、*R. hirta* ‘Toto’、*R. hirta* ‘Gloriosa Daisies’ 等。其中 *R. hirta* ‘Gloriosa Daisies’ 是四倍体，花较大，常重瓣	
百合科 *Agapanthus africanus* 百子莲	株高 0.6 m，花蓝色，花期 7—8 月。原产南非好望角，现广为栽培，归化于澳大利亚、不列颠、墨西哥、埃塞俄比亚等地。 所在属 6~10 种，但种间界限不明显，有很多杂种和品种，如 *A. campanulatus* subsp.*patens* 和 *A.* ‘Loch Hope’ 等		菊科 *Santolina chamaecyparissus* 银香菊	株高 0.5 m，花黄色，花期 6—7 月。原产地中海中西部，现广为引种。*S. chamaecyparissus* ‘Nana’ 是一种矮生的品种，适合作地被布置等	
百合科 *Allium giganteum* 大花葱（硕葱、吉安花）	株高 1.5 m，花紫色，花期 5—6 月。原产亚洲中部，喜马拉雅和我国北方地区，现多地有栽培。有多个园艺品种，如 *A. giganteum* ‘Globe Master’、*A. giganteum* ‘Twinkling Stars’、*A. giganteum* ‘Purple Sensation’ 等		菊科 *Jacobaea maritima* 银叶菊	株高 0.5~0.8 m，花黄色，花期 6—9 月。原产地中海中西部、北非和南欧以及土耳其等。之前常被称为 *Senecio cineraria*。有很多园艺品种，如 *J. maritima* ‘Cirrus’，*J. maritima* ‘New Look’，*J. maritima* ‘Ramparts’，*J. maritima* ‘Silverdust’，*J. maritima* ‘Silver Filigree’ 和 *J. maritima* ‘White Diamond’ 等，具有耐火、拒动物饲用等特性	

续 表

类群	描述	图片	类群	描述	图片
百合科 *Cardiocrinum giganteum* 大百合	株高1~1.5 m，花白色，中部紫色，花期7—8月。产中国西南部。有两个变种，其中*C. giganteum* var. *giganteum*高可达3 m，分布于西藏、不丹、尼泊尔等地；*C. giganteum* var. *yunnanense*高1~2 m，分布于甘肃、广东、广西、河南、陕西和西南地区		菊科 *Silphium perfoliatum* 串叶松香草	株高1.5~2.0 m，花黄色，花期5—8月。原产北美，我国多地有引种栽培作饲料用	
百合科 *Convallaria majalis* 铃兰	株高0.18~0.3 m，花白色，花期5—6月。原产东北、西北和湖南、浙江的山地。单种属，另有2变种：*C. majalis* var. *keiskei*、*C. majalis* var. *montana*。园艺品种众多，如*C. majalis* 'Green Tapestry'、*C. majalis* 'Haldon Grange'、*C. majalis* 'Hardwick Hall'、*C. majalis* 'Hofheim'和*C. majalis* 'Variegata'等。		菊科 *Symphyotrichum novae-angliae* 美国紫菀	株高1.2 m，舌状花紫、粉或白色，管状花黄色。原产北美。园艺品种70多个，常见栽培的50个左右	
百合科 *Eremurus altaicus* 阿尔泰独尾草	株高0.6~1.2 m，花淡黄或黄色，花期5—6月。原产中亚和西亚的山地或平原沙漠。 所在属中国有4种，3种产新疆，1种产西南地区。有部分园艺种。章鱼状的根易受伤，可植于圆锥状土丘上，以利根悬垂生长		菊科 *Syneilesis aconitifolia* 兔儿伞	株高0.7~1.2 m，花白色，花期7—9月。东北、华北和华东地区皆有分布	
百合科 *Fritillaria imperialis* 皇冠贝母	株高0.6~1.2 m，花橘红色，花期5—6月。分布在中亚至喜马拉雅山麓。园艺品种众多，花色也多有变化。如黄色的'极限鲁提亚'*F. imperialis* 'Maximea Lutea'。		菊科 *Inula japonica* 旋覆花	株高0.3~0.7 m，花黄色，花期6—10月。产华北、东北、华中、华东以及西南地区	

续　表

类群	描述	图片	类群	描述	图片
百合科 *Hemerocallis fulva* 萱草	株高 0.4~1.5 m，花橘红色，花期 6—7 月。原产高加索、喜马拉雅、中国、日本和朝鲜一带。 所在属约 14 种，我国有 11 种，其他如常绿萱草（*H. aurantiaca*）、多花萱草（*H. multiflora*）和黄花菜（*H. citrina*）等也作观赏，其中常绿萱草可能是一个杂种或为萱草的南方地理宗		菊科 *Coreopsis grandiflora* 大花金鸡菊	株高 0.2~1.0 m，花黄色，花期 5—9 月。原产北美，国内多地引种栽培。 同属约 100 种，常见的有金鸡菊（*C. drummondii*）、大叶金鸡菊（*C. major*）、剑叶金鸡菊（*C. lanceolata*）、三叶金鸡菊（*C. tripteris*）、轮叶金鸡菊（*C. verticillata*）、两色金鸡菊（*C. tinctoria*）等	
百合科 *Hosta plantaginea* 玉簪（白萼、白鹤花）	株高 0.4 m，花白色，花期 7—9 月。原产华中、华东和华南地区。 所在属 20 余种，园艺品种逾 3 000 个，如 *H. plantaginea* ‘Francee’、*H. plantaginea* ‘Gold Standard’、*H. plantaginea* ‘Undulata’、*H. plantaginea* ‘June’、*H. plantaginea* ‘Sum and Substance’ 和 *H. plantaginea* ‘Guacamole’ 等		爵床科 *Acanthus leucostachyus* 刺苞老鼠簕	株高 1 m，花白色。产西双版纳海拔 550~1 150 m 的密林中潮湿处。中南半岛及印度也有分布。 所在属 30 余种，分布于亚洲、非洲和地中海等热带、亚热带地区。我国有 5 种，广东、福建各 2 种，云南 1 种。常见引种栽培的还有 *A. mollis*	
百合科 *Hyacinthus orientalis* 风信子	株高 0.15~0.45 m，花蓝色，花期 3—4 月。原产东南亚、中亚至以色列一带，现广为栽培。园艺品种逾 2 000 个。颜色、花序大小以及小花密度等多有变化		兰科 *Bletilla striata* 白及	株高 0.18~0.6 m，花白、粉、蓝和黄色等，花期 3—4 月。产中国、缅甸和日本等地	
百合科 *Kniphofia uvaria* 火炬花	株高 0.8~1.2 m，花橘红、黄或硫黄色，花期 6—10 月。原产南非，中国广为栽培。园艺品种如 *K. uvaria* ‘First Sunrise’、*K. uvaria* ‘Royal Stardand’ 等。 同属可观赏的还有 *K. multiflora* 等。APG 归入独尾草科（Asphodelaceae），多具有观赏价值，尤其适合作花境竖向植物材料，如 *Asphodelus macrocarpus*		藜科 *Kochia scoparia* 扫帚草（地肤）	株高 0.5~1.0 m，花期 6—7 月。产除西藏、东北等极寒地区以外的全国各地。 所在属 35 种，我国有 7 种，3 变种和 1 变型	

续 表

类群	描述	图片	类群	描述	图片
百合科 *Lilium lancifolium* 卷丹	株高0.8~1.5 m，花橙红色被黑色斑点，花期7—8月。产华东、华中、西南和东北等广大地区。 所在属约80种，我国有39种，均有较高观赏价值，如美丽百合（*L. speciosum*）、碟花百合（*L. saluenense*）等		蓼科 *Polygonum microcephalum* 小头蓼	株高0.4~0.6 m，花期5—9月。产西北、华中和西南山地。图为园艺品种‘赤龙’小头蓼（*P. microcephalum* ‘Red Dragon’）。 同属约230种，我国有113种，26变种。该属多有分合，其他种如生于西藏的密穗蓼（*P. affinis*）、广布的红花蓼（*P. orientale*）等	
百合科 *Liriope muscari* ‘Variegata’ ‘金边’阔叶山麦冬	株高0.3 m，花紫色，花期9—10月。原种产中国、日本和朝鲜一带。 所在属约8种，我国有6种，产秦岭以南地区，可观赏的还有矮小山麦冬（*L. minor*）等		蓼科 *Rheum alexandrae* 苞叶大黄	株高1.0~2.0 m，花黄绿色，花期6—7月。产喜马拉雅山麓及云南西北部的河滩、湿草地。 同属约60种，分布在亚洲温带和亚热带的高寒山区。我国39种2变种，主要分布于西北、西南及华北地区。如掌叶大黄（*R. palmatum*）和华北大黄（*R. franzenbachii*）等	
百合科 *Ophiopogon jaburan* ‘Vittatusa’ ‘银纹’厚沿阶草	株高0.3~0.4 m，花期7—8月。原种产日本。 我国有同属植物33种，产华南、西南各省，只有麦冬（*O. japonicus*）分布到秦岭南坡、河南、安徽和江苏等地		蓼科 *Rumex sanguineus* 红脉酸膜	株高0.6~1.2 m。产华北、华东等地	
百合科 *Ornithogalum caudatum* 虎眼万年青	株高0.3~0.9 m，花白色，花期7—9月。原产非洲南部，华北常见盆栽。 同属约100种，主产欧洲和非洲，我国华北、南京等地有引种栽培，其他如白花虎眼万年青（*O. arabicum*）和伞花虎眼万年青（*O. umbellatum*）等		柳叶菜科 *Gaura lindheimeri* 山桃草	株高0.6~1.0 m，花白色到粉色，花期5—8月。原产美国，我国华北、华东多有引种。园艺品种如*G. lindheimeri* ‘Cherry Brandy’、*G. lindheimeri* ‘My melody’等	

续 表

类群	描述	图片	类群	描述	图片
百合科 *Scilla peruviana* 地中海蓝钟花	株高0.25~0.3 m，花蓝色，花期4—5月。原产地中海的伊比利亚、意大利和非洲西部等地。南京中山植物园曾有引种栽培，生长状况良好。园艺品种花色有白色、深蓝色和紫色等		柳叶菜科 *Oenothera speciosa* 美丽月见草	株高0.3~0.55 m，花粉色至紫红色，花期4—11月。原产北美，多地有引种。 同属国内引种栽培有11种，其中部分已经逸为野生，如待宵草（*O. stricta*）、黄花月见草（*O. glazioviana*）、长毛月见草（*O. villosa*）等	
百合科 *Veratrum japonicum* 黑紫藜芦	株高0.3~1.0 m，花黑紫色，花期7—9月。原产我国华东、华南和西南地区。该属约40种，分布于亚洲、欧洲和北美洲。 同属我国有13种和1变种，其他如毛叶藜芦（*V. grandiflorum*）、牯岭藜芦（*V. schindleri*）以及尖被藜芦（*V. oxysepalum*）等		马鞭草科 *Verbena bonariensis* 柳叶马鞭草	株高1~1.5 m，花紫色，花期6—9月。原产南美。 同属约250种，多产于热带至温带美洲；我国除野生1种外，引种栽培的有美女樱（*V. hybrida*）、细叶美女樱（*V. tenera*）	
百合科 *Yucca gloriosa* 凤尾兰	株高0.5~1.5 m，花白色，花期6—10月。原产北美东北部，现广为引种栽培		马齿苋科 *Portulaca grandiflora* 大花马齿苋	株高0.3 m，花红、紫或黄白色，花期6—9月。原产巴西，我国多地有引种。园艺品种很多，花色丰富。 同属200种，我国有6种，但花小	
柏科 *Cupressuss macrocarpa* 'Goldcrest' '金冠'柏	株高4~6 m。原种局限分布在加利福尼亚中部海岸。有多个叶色变异品种，如黄绿色叶的*C. macrocarpa* 'Lutea'、黄叶的*C. macrocarpa* 'Brunniana Aurea'、*C. macrocarpa* 'Golden Pillar'以及矮化的*C. macrocarpa* 'Greenstead Magnificent'等。大部分在新西兰选育并应用，新西兰似乎比原生境更适合该种的生长		马钱科 *Buddleja davidii* 大叶醉鱼草	株高5 m，花淡紫至黄白、白色，花期5—10月。产长江以南各省和陕西、甘肃等地。约180个品种及与*B. fallowiana*的杂种。多不超过1.5 m，如*B. davidii* 'Black Knight'、*B. davidii* 'Camberwell Beauty'等。 同属约100种，我国有约29种，4变种，除东北和新疆外都有分布	

续 表

类群	描述	图片	类群	描述	图片
败酱科 *Centranthus ruber* 距药草（红缬草、红鹿子草）	株高 0.6~0.9 m，花紫、白色，花期 5—10 月。原产地中海，我国中北部地区引种栽培。适应性强，立地条件不同，可以表现为草本或灌木，在欧洲多地和美国逸为野生		牻牛儿苗科 *Geranium himalayense* 大花老鹳草	株高 0.2~0.3 m，花紫色，花期 6—7 月。分布于西藏高山地带。印度北部、尼泊尔等也有产。 同属我国约 55 种和 5 变种，分布于西南、内陆山地和温带落叶阔叶林区。常用的有 *G. cinereum*、*G. clarkei* 等。园艺品种众多，如 *G. himalayense* 'Ann Folkard'、*G. himalayense* 'Johnson's Blue' 等。另一主要亲本为 *G. pratense*	
败酱科 *Valeriana officinalis* 缬草	株高 0.3~1.2 m，花淡紫或白色，花期 5—7 月。原产欧洲和部分亚洲地区，我国广布。 在安徽、江苏、浙江、江西等华东各省野生的仅变种 *V. officinalis* var. *latifolia*		牻牛儿苗科 *Pelargonium hortorum* 天竺葵	株高 0.3~0.7 m，花红、粉红等。原产南非。杂种起源于 *P. zonale* × *P. inquinans*。 同属约 250 种，主要分布于南非，我国引种栽培 5 种	
半日花科 *Cistus laurifolius* 月桂叶岩蔷薇	株高 0.8~1.2 m，花白色，花期 5—6 月。原产地中海区域。 同属 20 种，园艺杂种众多，如 *C.* × *aguilarii* 'Maculat'、*C. albidus* 'Snow Fire' 和 *C.* × *dansereaui* 'Decumbens' 等		毛茛科 *Aconitum carmichaelii* 乌头	株高 0.6~1.5 m，花蓝紫色，花期 9—10 月。有园艺品种如 *A.* × *cammarum* 'Bicolor'、*A. carmichaelii* 'Arendsii' 等。 同属约 350 种，主要分布于温带亚洲、欧洲和北美洲。我国约有 167 种，除海南岛外都有分布，如东北的细叶黄乌头（*A. barbatum*）等	
报春花科 *Lysimachia barystachys* 狼尾花（虎尾草）	株高 0.3~1.0 m，花白色，花期 5—8 月。广布种，主产东北、华北和华东地区。 同属约 180 种，我国有 132 种、1 亚种和 17 变种。其他如矮桃（*L. clethroides*）、红根草（*L. fortune*）和长穗珍珠菜（*L. chikungensis*）等		毛茛科 *Anemone hupehensis* 打破碗花花（野棉花）	株高 0.3~1.2 m，花紫红或粉色，花期 7—10 月。中国约 52 种，产西南、华中、华南和华东低山或丘陵的草坡或沟边。 同属春花种类如 *A. nemorosa*，具块根或地下茎，常生于林地和高山草地；春—夏花种类，如 *A. coronaria*，块根，常生于干热地区；夏—秋花种类，如 *A. hupehensis*，具须根，生于阴湿环境	

续　表

类群	描述	图片	类群	描述	图片
菖蒲科 *Acorus gramineus* 'Ogon' '金叶'金钱蒲	株高 0.15~0.3 m，花期 6—7 月。原种分布于中国、日本和朝鲜等地。 同属 4 种我国均有分布，常见的还有石菖蒲（*A. tatarinowii*）等		毛茛科 *Aquilegia hybrida* 杂种耧斗菜	株高 0.3~0.9 m，花青、紫或白色，花期 5—6 月。欧洲种 *A. vulgaris* 与其他本地种和北美种杂交培育了很多园艺品种。 同属约 70 种，分布于北温带。我国有 13 种，分布于西南、西北、华北及东北地区，如新疆的大花耧斗菜（*A. glandulosa*）、华北耧斗菜（*A. yabeana*）等	
川续断科 *Scabiosa atropurpurea* 紫盆花	株高 0.46~0.6 m，花紫色，花期 5—9 月。主产地中海地区。 西方常用的还有小蓝盆花（*S. columbaria*）。同属我国有 9 种 2 变种，主产东北、西北和华北以及台湾山地。如华北高山的大花蓝盆花（*S. tschiliensis* var. *superba*）和新疆草原、草甸的黄盆花（*S. ochroleuca*）等		毛茛科 *Actaea racemose* 北美升麻（黑升麻）	株高 1~3.0 m，花白色，花期 4—5 月。原产美国，多地有引种。园艺品种多，主要来自 *A. ramosa*，如 *A. ramosa* 'Brunette'（图）、*A. ramosa* 'Atropurpurea'、*A. ramosa* 'Pink spike' 等。 同属我国有 8 种，主要分布于北温带［如大三叶升麻（*A. heracleifolia*）］、西南山地［如升麻（*A. foetida*）］以及安徽、江西［如小升麻（*A. aceria*）］等地	
唇形科 *Agastache rugosa* 藿香	株高 0.4~1.5 m，花淡蓝紫色，花期 7—9 月。产长江以南地区。著名园艺品种有：'金色庆典'（*A. rugosa* 'Golden Jubilee'）、'蓝色财富'（*A. rugosa* 'Blue Fortune'）等		毛茛科 *Delphinium elatum* 穗花翠雀	株高 0.9~1.2 m，花蓝色，花期 4—5 月。主要分布于北半球和热带非洲的高山地区。园艺品种丰富。 同属 300 种以上，我国约 113 种，除台湾岛、海南岛外均有分布。用于观赏的还有 *D. bruninianum*、*D. cardinale*、*D. cheilanthum* 和 *D. formosum* 等	
唇形科 *Ajuga reptans* 匍匐筋骨草	株高 0.1~0.3 m，花淡蓝、紫或白色，花期 3—7 月。原产美国，我国华东、华中和华南均有引种栽培。 同属我国有 18 种、11 变种和 5 个变型。可观赏的有：白苞筋骨草（*A. lupulina*），分布于我国西北和西南地区；金字塔筋骨草（*A. pyramidalis*），产北欧		毛茛科 *Helleborus thibetanus* 铁筷子	株高 0.3 m，花粉红，花期 3—4 月。 全属约 20 种，主分布于欧洲东南和亚洲西部，分布中心在巴尔干地区。我国仅此 1 种，产川西北、甘南、陕南和鄂西北等地海拔 1 100~3 700 m 山林或灌丛中。 园艺品种众多，主要来自 *H. argutifoliu*、*H. foetidus*、*H. niger*、*H. orientalis* 及它们之间的杂交品种	

续 表

类群	描述	图片	类群	描述	图片
唇形科 *Glechoma longituba* 'Variegata' '花叶'活血丹	株高 0.1 m，花紫或粉色，花期 4—6 月。原种产我国除西北高原以外的所有地区		毛茛科 *Paeonia lactiflora* 芍药	株高 0.5~1.1 m，花白色或红、粉红，花期 5—6 月。 同属约 35 种，分布于欧亚大陆温带地区。我国有 11 种，主要分布在西南、西北地区，少数种类在东北、华北及长江两岸各省也有分布。同属还有牡丹（*P. suffruticosa*），二者均有众多园艺品种	
唇形科 *Lavendula pinnat* 羽叶薰衣草	株高 0.3~1.0 m，花深紫色，花期 11—5 月。原产加纳利群岛。 同属常见栽培的还有狭叶薰衣草（*L. angustifolia*）、头状（法国）薰衣草（*L. stoechas*）、齿叶（法国）薰衣草（*L. dentata*）和蕨叶（埃及）薰衣草（*L. multifida*）等，栽培品种众多		毛茛科 *Ranunculus asiaticus* 花毛茛	株高 0.2~0.45 m，花红、粉红、黄、白色等，花期 4—5 月。原产欧洲东南部和亚洲西南部，现各地多有引种栽培。品种繁多，如 *R. asiaticus* 'Bloomingdale'、*R. asiaticus* 'Picotee'、*R. asiaticus* 'Pot Dwarf' 和 *R. asiaticus* 'Superbissima' 等，其中部重瓣	
唇形科 *Mentha rotundifolia* 'Variegata' '花叶'圆叶薄荷	株高 0.3~0.8 m。原种产欧洲。 另有一花叶品种 *M. suaveolens* 'Variegata'。但因为 *M. rotundifolia* 可能源自 *M. longifolia* × *M. suaveolens*，二者也可能为同一品种		毛茛科 *Thalictrum aquilegifolium* var. *sibiricum* 唐松草	株高 0.6~1.5 m，花紫色，花期 7 月。分布于浙江、山东、河北、山西、内蒙古、辽宁、吉林、黑龙江等地草原、山地林边草坡或林中。 同属约 200 种，我国有 67 种，全国各省区均有分布，以西南部为多	
唇形科 *Monarda didyma* 美国薄荷	株高 1~1.2 m，花红、紫或粉色等，花期 6—9 月。原产美洲。有多个园艺品种，如'花园红'（*M. didyma* 'Gardenview Scarlet'）、'草原红'（*M. didyma* 'Prairie Nacht'）、'粉极'（*M. didyma* 'Pink Superme'）等		美人蕉科 *Canna* × *generalis* 大花美人蕉	株高 1~1.5 m，花乳白、黄、红或紫色，花期 3—12 月。为美洲热带的美人蕉（*C. indica*）、粉美人蕉（*C. glauca*）杂交后代的总称	

续 表

类群	描述	图片	类群	描述	图片
唇形科 *Nepeta cataria* 荆芥	株高 0.4~1.5 m，花白、红或紫色，花期 7—9 月。主产华东和华中地区		木犀科 *Jasminum officinale* 素方花	株高 0.4~5 m，花白色或外红内白，花期 5—8 月。园艺品种如黄叶的 *J. officinale* 'Fiona Sunrise'、花叶的 *J. officinale* 'Argenteo variegatum' 等。 同属我国有 47 种，1 亚种，4 变种，4 变型，其中 2 种系栽培，分布于秦岭山脉以南各省区，例如清香藤（*J. lanceolarium*）、原产大西洋玛德拉群岛的浓香茉莉（*J. odoratissimum*）等	
唇形科 *Origanum vulgare* 牛至	株高 0.25~0.6 m，花紫红、淡红至白色，花期 7—9 月。产黄河以南和新疆、西藏等地		千屈菜科 *Lythrum salicaria* 千屈菜	株高 0.3~1.0 m，花红、紫色，花期 6—9 月。分布于阿尔及利亚、北美和澳大利亚东南部。园艺品种较多，如 *L. salicaria* 'Atropurpureum'、*L. salicaria* 'Brightness' 和 *L. salicaria* 'Happy' 等。 同属 38 种，广布，我国 4 种	
唇形科 *Perovskia atriplicifolia* 滨藜叶分药花	株高 0.5 m，花蓝色，花期 6—7 月。产新疆西部。1904 年引种到英国后，立即引起了罗宾逊的注意，也是杰基尔推崇的花境植物之一		茜草科 *Gardenia jasminoides* 栀子花	株高 1~2.5 m，花白色，花期 4—6 月。原产中国，广为引种栽培。常被称为山栀子，另有变种水栀子（*G. radicans*）。园艺品种很多，如地被型的 *G. jasminoides* 'Radicans'（高 0.15~0.45 cm）、重瓣的 *G. jasminoides* 'Fortuniana'、黄花的 *G. jasminoides* 'Golden Magic' 等	
唇形科 *Phlomis tuberosa* 块根糙苏	株高 0.4~1.5 m，花紫红色，花期 7—9 月。产黑龙江、内蒙古和新疆等地。选育有园艺品种：'亚马孙'（*P. tuberosa* 'Amazone'）、'爱德华·鲍'（*P. tuberosa* 'Edward Bowles'）等，其中 *P. tuberosa* 'Edward Bowles' 为黄花品种		蔷薇科 *Dasiphora fruticose* 金露梅	株高 0.1~1.5 m，花黄色，或橘红色，花期 6—9 月。分布于东北、华北和西南山地。流行于日本和欧洲，园艺品种如黄色的 *D. fruticose* 'Elizabeth'、白色的 *D. fruticose* 'Abbotswood'、橘色的 *D. fruticose* 'Hopleys Orange' 和红色的 *D. fruticose* 'Marian Red Robin' 等，其中橘或红色源自 20 世纪早期 Reginald Farrer 在中国西部的采集。 同属还有 *D. pavifolia*、*D. davurica* 等	

续 表

类群	描述	图片	类群	描述	图片
唇形科 *Physostegia virginiana* 随意草（假龙头）	株高 0.6~1.2 m，花白、红和紫色，花期 7—9 月。原产北美，华东地区普遍引种。园艺品种有：*P. virginiana* 'Alba'、*P. virginiana* 'Crown of Snow'、*P. virginiana* 'Variegtata' 等		蔷薇科 *Kerria japonica* 棣棠花	株高 1~2 m，花黄色，花期 4—6 月。产中国西北、华中、华东至西南的大部分地区。单种属，野生变异有重瓣花、金边、银边叶等，Willam Kerr 引进并确定为重瓣品种 *K. japonica* 'Pleniflora'（图），该属也用他的名字命名。另一个常用的品种是 *K. japonica* 'Golden Guinea'	
唇形科 *Plectranthus scutellarioides* 彩叶草（五彩苏）	株高 0.6~0.7 m，花紫色，花期 8—9 月。原产我国及东南亚、印度、澳大利亚。各地引种栽培。最新的分子证据将其从 *Coleus* 划入现属。有多个园艺品种，如 *P. scutellarioides* 'Crimson Ruffles'、*P. scutellarioides* 'Lord Falmouth'、*P. scutellarioides* 'Picturatus' 等		蔷薇科 *Physocarpus opulifolius* var. *luteus* 金叶美国风箱果	株高 1~2 m，花白色，花期 6 月。原产北美。现广泛种植于我国华北、东北等北方地区。此外还有金叶品种 *P. opulifolius* 'Dart's Gold' 和 *P. opulifolius* 'Diabolo' 等	
唇形科 *Prunella grandiflora* 大花夏枯草	株高 0.15~0.6 m，花蓝、白、粉或紫色等，花期 9 月。原产巴尔干半岛、西亚和中亚。南京曾引种栽培。园艺品种有 *P. grandiflara* 'Loveliness Bluse'、*P. grandiflara* 'Alba'、*P. grandiflara* 'Bella Blue'、*P. grandiflara* 'Summer Daze'、*P. grandiflara* 'Freelander Blue' 等		蔷薇科 *Potentilla fragarioides* 莓叶委陵菜	株高 0.1~0.25 m，花黄色，花期 4—6 月。园艺杂种如霍普伍德委陵菜（*Potentilla* × *hopwoodiana*）、舌状委陵菜（*Potentilla* × *tonguei*）、重瓣委陵菜 *P. fragarioides* 'Gloire de Nancy' 等。 同属我国有约 80 种，各地均产，主要在东北、西北和西南各省区。如 *P. atrosanguinea*、*P. nepalensis*、*P. recta*	
唇形科 *Rosmarinus officinalis* 迷迭香	株高 1.5 m，花淡紫色，花期 11—4 月。原产地中海和亚洲地区。园艺品种众多，花色丰富，如紫花的 *R. officinalis* 'Seven Sea'、蓝花的 *R. officinalis* 'Benenden Blue'、黄叶的 *R. officinalis* 'Wilam's Gold'、垂枝的 *R. officinalis* 'Irene' 等		蔷薇科 *Rosa chinensis* 月季	株高 1~2 m，花红、粉和白等，花期 3—11 月。原产中国西部的贵州、湖北和四川。 同属的大花香水月季（*R. ordorata* var. *gigantea*），香水月季（*R. odorata*）是现代月季的重要亲本。现代月季品种近万，如 *R. chinensis* 'Viridiflora' 等	

续　表

类群	描述	图片	类群	描述	图片
唇形科 *Salvia farinacea* 蓝花鼠尾草	株高 0.3~0.6 m，花蓝色，花期 7—8 月。原产墨西哥和美国部分地区。我国多地有引种。 所在属为唇形科最大的属，约 1 000 种，分布中心在中南美洲、中亚和东亚地区。我国有 78 种，24 变种，8 变型，多分布在西南地区。观赏性较强的有黄花鼠尾草（*S. flava*）、暗红鼠尾草（*S. atrorubra*）和新疆鼠尾草（*S. deserta*）等		蔷薇科 *Spiraea prunifolia* 笑靥花（李叶绣线菊）	株高 3 m，花白色，花期 3—6 月。产陕、鄂、湘、鲁、苏、浙、赣、皖、贵、川等地。 同属我国有 50 种，如绣球绣线菊（*S. blumei*）、紫花绣线菊（*S. purpurea*）等。园艺品种也很多，如 *S. prunifolia* ‘Arguta’、*S. prunifolia* ‘White Snow’、*Spiraea* × *bumalda* 以及 *S. japonica* ‘Little Princess’ 等	
唇形科 *Scutellaria baicalensis* 黄芩	株高 0.3~1.2 m，花紫、紫红或蓝色，花期 6—9 月。原产中国北部和西北部		蔷薇科 *Sanguisorba officinalis* 地榆	株高 0.3~1.2 m，花期 7—10 月。广布于我国东北、西北、华北、华东和西南大部分地区。变种粉花地榆（*S. officinalis* var. *carnea*）也可观赏。园艺品种多来自长花序的本种、*S. canadensis* 和花序红或粉色的 *S. obtusai* 等。 同属具观赏价值的还有叶边粉色的 *S. obtusa* 等	
唇形科 *Stachys lanata* 绵毛水苏	株高 0.3~0.6 m，花紫红色，花期 7—9 月。原产巴尔干半岛、黑海沿岸至西亚。中国广为引种栽培。 同属我国有 18 种 11 变种。有观赏价值的还有林地水苏（*S. sylvatica*）、药水苏（*S. officinalis*）等		蔷薇科 *Aruncus sylvester* 假升麻	株高 1~3 m，花白色，花期 6 月。产我国东北、西北、华东、华中和西南的部分地区。 同属 6 种，我国产 2 种	
唇形科 *Thymus mongolicus* 百里香	株高 0.4~0.5 m，花紫或粉红色，花期 7—8 月。原产南欧和我国西部地区。园艺品种 40 多个。 同属有 350 多种，常作观赏的还有柠檬百里香（*T. citriodorus*），高 10 cm 左右，常作地被、花坛和花境镶边植物使用，有多个园艺品种，如花叶柠檬百里香（*T. citriodorus* ‘Variegate’）		茄科 *Nicotiana alata* 花烟草	株高 0.6~1.5 m，花灰绿、栗红、粉、紫、黄和白色，花期 6—8 月。原产阿根廷、巴西。哈尔滨、北京、南京等地有引种栽培	

续 表

类群	描述	图片	类群	描述	图片
大戟科 *Euphorbia jolkinii* 大狼毒（岩大戟）	株高 0.4~0.8 m，花期 3—7 月。原产我国西南山地和日本、朝鲜等地。 所在属为被子植物最大属之一，约 2 000 种，广布热带、亚热带地区，温带地区也有分布。我国有 66 种，引种 14 种，合计 80 种左右。观赏品种有 *E. amygdaloides* 'Purpurea'、圆苞大戟（*E. griffithii* 'Fireglow'）、*E. polychroma* 'Senior' 等		忍冬科 *Lonicera ligustrina* subsp. *yunnanensis* 亮叶忍冬	株高 2~3 m，花期 4—6 月。产陕、甘南部、川北至西南部和滇东南、东北至西北部。适合于矮绿篱、花境或花坛的背景等。园艺品种有：*L.* 'Maigrun'、*L.* 'Baggesen's Gold'、*L.* 'Briloni' 以及 *L.* 'Edmee Gold' 等。 同属约 200 种，我国有 98 种，广布，以西南最多，如大花忍冬（*L. macrantha*）等	
大戟科 *Ricinus communis* 'Carmencita' 红蓖麻	株高 1.8~3 m，花红色，花期 6—9 月。原种可能在非洲东北部的肯尼亚或索马里；现广布于世界各地		忍冬科 *Abelia* × *grandiflora* 大花六道木	株高 1~1.8 m，花白、粉和红色等，花期 8—11 月。*A. chinensis* × *A. uniflora* 之间的杂种，还有其他园艺品种，如金边大花六道木（*Abelia* × *grandiflora* 'Aurea'）等。 全属约 20 余种，我国有 9 种，主要分布于黄河以北地区	
豆科 *Lupinus polyphyllus* 多叶羽扇豆（大叶鲁冰花）	株高 1~1.5 m，花蓝色、红、紫、粉和白色等，花期 6—8 月。原产北美。19 世纪 20 年代被 David Douglas 引种到英国，同期，George Russell 开始在 *L. polyphyllus*、*L. arboreus*、*L. sulphureus* 以及一年生的 *L. nootkatensis* 之间杂交，选育了众多的园艺品种。在新西兰和欧洲北部等地被列为入侵种		忍冬科 *Sambucus nigra* 西洋接骨木	株高 4~10 m，花白色，花期 4—5 月。原产欧洲。我国山东、江苏、上海等地有引种栽培。常用的园艺品种有：'金边' 西洋接骨木（*s. nigra* 'Aurea'）、'黑带' 接骨木（*s. nigra* 'Black Lace'）（图）等。 同属 20 余种，分布极广，我国有 4~5 种，如西伯利亚接骨木（*s. sibirica*）等	
豆科 *Cytisus scoparius* 金雀儿	株高 1—3.m，花黄色，花期 4~5 月。原产欧洲中西部，我国有引种栽培。园艺品种如 *C. scoparius* 'Moonlight'、*C. scoparius* 'Andreanus'、*C. scoparius* 'Firefly' 和 *C. scoparius* 'Pendula' 等。在自然分布区之外的地区，如印度、南美洲、北美西部，尤其是温哥华岛成为入侵植物		忍冬科 *Viburnum opulus* 欧洲雪球	株高 4~5 m，花白色，花期 6—8 月。原产欧洲、北非和中亚地区。园艺品种有 *V. opulus* 'Roseum'、*V. opulus* 'Compactum' 和 *V. opulus* 'Xanthocarpum' 等。 同属 200 种，常用的还有地中海荚蒾（*V. tinus*）。我国约 74 种，广布，以西南部种类最多，如樟叶荚蒾（*V. cinnamomifolium*），香荚蒾（*V. farreri*）等	

续 表

类群	描述	图片	类群	描述	图片
豆科 *Senna corymbosa* 伞房决明	株高1 m，花黄色，花期7—10月。原产南美。黄河以南地区可以露地栽培		忍冬科 *Weigela florida* 锦带花	株高1~3 m，花紫红或玫红色，花期4—6月。产中国东北、晋、陕、豫、鲁北、苏北等地。园艺品种有‘花叶’锦带（*W. florida* ‘Variegata’）（图）、紫叶的 *W. florida* ‘Wine & Roses’ 等。 同属10余种，均可观赏。我国有2种，另引种栽培1~2种。英国希菲尔德植物园（Sheffield Botanic Gardens）建有国家收集圃	
凤尾蕨科 *Pteris ensiformis* var. *victoriae* 银脉凤尾蕨（白羽凤尾蕨）	株高0.3~0.5 m。产海南。也产于印度北部、中南半岛及马来半岛		瑞香科 *Daphne genkwa* 芫花	株高0.3~1.0 m，花紫色，花期3—5月。广布于我国华北、西北、华东、华中和西南等地。 同属我国有44种，各地均产，主产于西南和西北。顶生花序的有华瑞香（*D. rosmarinifolia*）、狭瓣瑞香（*D. angustiloba*）和穗花瑞香（*D. esquirolii*）等	
旱金莲科 *Tropaeolum majus* 旱金莲	株高0.3~0.7 m，花紫红、橘红、乳黄，花期6—10月。原产玻利维亚、哥伦比亚的安第斯山脉。美国部分地区归化		三白草科 *Houttuynia cordata* 鱼腥草	株高0.15~0.3 m。长江流域及以南省区常见。园艺品种有‘变色龙’鱼腥草（*H. cordata* ‘Chameleon’）等（图）。 单种属	
禾本科 *Arundo donax* ‘Versicolor’ 花叶芦竹	株高1.5~2.0 m，叶上有黄白色纵条纹，花期9—12月。栽培种来自台湾，后广为引种栽培。 原种产我国南部，亚洲、非洲、大洋洲热带地区也有分布		伞形科 *Cryptotaenia japonica* 鸭儿芹	株高0.3~0.7 m，花白色，花期4—5月。广布于河北、华东、华中和西南地区。 同属7种，我国只此1种及1变型，多作为食品佐料。叶色变异的‘紫叶’鸭儿芹（*C. japonica* ‘Atropurpurea’）等作观赏用	

续 表

类群	描述	图片	类群	描述	图片
禾本科 *Briza maxima* 大凌风草	株高 0.6 m。原产北非、西亚和南欧等地。不列颠群岛、澳大利亚、美国西部和中南美洲等地引种并逸为野生		山茱萸科 *Swida alba* 红瑞木	株高 1~3 m，花白或淡黄色，花期 5—6 月。原产我国东北、西北和华东地区，多引种栽培。园艺品种有‘金叶’红瑞木（*S. alba* ‘Aurea’）、‘银边’红瑞木（*S. alba* ‘Elegant Issima’）等。 同属 42 种，我国有 25 种，20 变种，各地均有分布，以西南地区最多，多为乔木或小乔木，少数为灌木	
禾本科 *Cortaderia selloana* 蒲苇	株高 2.0~3.0 m，花白色，花期 9—10 月。原产南非彭巴草原，现各地引种栽培。 园艺品种有：较矮（<2 m）的 *C. selloana* ‘Pumila’、*C. selloana* ‘Albolineata’、花叶的 *C. selloana* ‘Aureolineata’ 和高大（>4 m）的 *C. selloana* ‘Sunningdale Silver’ 等		肾蕨科 *Nephrolepis auriculate* 肾蕨	株高 0.3~0.6 m。产浙、闽、台、湘南、粤、琼、桂、贵、滇和藏等地。 同属约 30 种，我国有 6 种，产于西南、华南及华东地区。其他如长叶肾蕨（*N. biserrata*）、圆叶肾蕨类（*N. duffii*）等	
禾本科 *Festuca glauca* 蓝羊茅	株高 0.2~0.4 m，花白色，花期 5—6 月。园艺品种有‘埃丽’蓝羊茅（*F. glauca* ‘Elijah Blue’）等		十字花科 *Aurinia saxatilis* 岩生庭荠	株高 0.1~0.3 m，花色金黄，花期 4—5 月。原产欧洲中部和南部。园艺品种有金花篮（*A. saxatilis* ‘Basket of Gold’）、*A. saxatilis* ‘*Citrina*’、*A. saxatilis* ‘Dudley Neville’ 和 *A. saxatilis* ‘Variegata’ 等。 所在属与 *Alyssum* 关系比较近，全属约 10 种，产欧洲中南部、俄罗斯和土耳其等	
禾本科 *Imperata cylindrica* ‘Red Baron’ ‘红叶’白茅（日本血草）	株高 0.6~3 m。原种产南亚、马来西亚、太平洋一些岛屿和澳大利亚等地		十字花科 *Erysimum cheiri* 桂竹香（墙花、香紫罗兰）	株高 0.2~0.8 m，花紫、橙、黄、红等，花期 4—5 月。原产南欧，中国普遍引种栽培。园艺品种有‘银边’亚麻叶糖芥（*E. cheiri* ‘Variegatum’）、*E. cheiri* ‘Chelsea Jacket’ 等。 同属约 180 种，包括部分学者归入的桂竹香属（*Cheiranthus*）全部或部分种类。常见栽培的还有七里黄（*E. alionii*）等	

续 表

类群	描述	图片	类群	描述	图片
禾本科 *Miscanthus sinensis* 芒	株高 0.8~2.0 m，花紫色。产东亚一带。园艺品种如斑叶芒（*M. sinensis* 'Zebrinus'）、宇宙芒（*M. sinensis* 'Cosmopolitan'）、晨光芒（*M. sinensis* 'Morning Light'）、加纳芒（*M. sinensis* 'Ghana'）等		十字花科 *Isatis indigotica* 菘蓝	株高 0.4~1.0 m，花黄色，花期 4—5 月。原产中国，各地有栽培。 同属约 30 种，如欧洲菘蓝（*I. tinctoria*），我国产 6 种和 1 变种	
禾本科 *Pennisetum glaucum* 'Purple Majesty' 紫御谷	株高 0.9~1.8 m，花序、叶和茎均呈紫色，花期 7—8 月		十字花科 *Lobularia maritima* 香雪球	株高 0.1~0.4 m，花紫、粉、白色等，花期 6—7 月。原产地中海区域。冀、晋、苏、浙、陕、疆等有引种栽培。园艺品种如 *L. maritima* 'Snow Cloth'、*L. maritima* 'Royal Carpet' 和 *L. maritima* 'Oriental Nights' 等	
禾本科 *Phalaris arundinacea* 'Variegata' 花叶虉草	株高 0.6~0.9 m，叶有白色或黄色条纹，花白或粉色，花期 6—7 月。原种广布于北美、欧洲、亚洲和非洲等地		石蒜科 *Leucojum aestivum* 夏雪片莲	株高 0.6 m，花白色，花期 3—4 月。原产欧洲中部和中南部。 同属的还有秋雪片莲（*L. autumnale*）、春雪片莲（*L. vernale*）和冬雪片莲（*L. hiemale*）等。石蒜科中还有雪滴花属（*Galanthus*）与此属类似	
禾本科 *Stipa tenuissima* 细茎针茅	株高 0.3~0.5 m，花期 6—9 月。原产美洲大陆。现广为引种。同属有观赏价值的还有 *S. brachytricha*、*S. arundinacea*、*S. splendens*、*S. calamagrostis*、*S. gigantea* 和 *S. pulchra*。我国有 23 种、6 变种，主产西部省区		石蒜科 *Lycoris radiata* 石蒜（红花石蒜）	株高 0.3~0.4 m，花红色，花期 8—9 月。我国大部分地区有分布，分布中心在华东地区。 同属还有玫瑰石蒜（*L. rosea*）、换锦花（*L. sprengeri*）、鹿葱（*L. squamigera*）、江苏石蒜（*L. houdyshelii*）、稻草石蒜（*L. straminea*）等 13 种	

续 表

类群	描述	图片	类群	描述	图片
虎耳草科 *Astilbe chinensis* 落新妇	株高 0.5~1.0 m，花淡紫到紫红色，花期 8—9 月。分布于我国东北、西北、华北和华东、华中和西南的大部分地区。园艺品种众多，如 *A. chinensis* ‘Fanal’ 等。 同属约 18 种，分布于亚洲（主要是东亚）和北美。我国有 7 种，主产华东、华中和西南地区		石蒜科 *Tulbaghia violacea* 紫娇花（洋韭菜）	株高 0.3~0.5 m，花蓝紫色，花期 5—7 月。原产南非，江苏有引种	
虎耳草科 *Bergenia purpurascens* 岩白菜	株高 0.1~0.5 m，花粉红色，花期 5—9 月。产我国川西南、滇北及藏南和东部海拔 2 700~4 800 m 的林下、灌丛、高山草甸和高山碎石隙。 同属 9 种，我国有 6 种，产西北和西南，主产四川、云南和西藏。如秦岭岩白菜（*B. scopulosa*）、厚叶岩白菜（*B. crassifolia*）等		石蒜科 *Zephyranthes carinata* 韭莲（风雨兰）	株高 0.15~0.3 m，花粉红色，花期 4—9 月。原产墨西哥至危地马拉，中国广为引种栽培	
虎耳草科 *Heuchera* sp. 矾根类	株高 0.3~0.6 m，花期 4—10 月。原产北美洲。大部分园艺品种源自 *H. americana*、*H. micrantha* 和 *H. villosa* 以及它们之间的杂交，如 *H.* ‘Blackbird’、*H.* ‘Fireworks’、*H.* ‘Can-Can’ 等		石竹科 *Dianthus plumarius* 羽裂石竹 （常夏石竹）	株高 0.3~0.6 m，花粉色，花期 5—10 月。原产奥地利、克罗地亚和斯洛文尼亚一带。 同属约 600 种，我国有 16 种 10 变种，多分布于北方草原和山区草地。皆具有很高的观赏价值，如须苞石竹（*D. barbatus*）、石竹（*D. chinensis*）和香石竹（*D. caryophyllus*）等	
虎耳草科 *Hydrangea macrophylla* 八仙花（绣球、紫阳花）	株高 1~4 m，花粉红、淡蓝或白色等。花期 6—10 月。原产中国四川和日本。园艺品种众多。德国兰普·琼格弗拉曾公司、荷兰的门·范文公司和以色列的亚格苗圃等是八仙花主要生产企业		石竹科 *Lychnis coronata* 剪春罗（剪夏罗）	株高 0.5~0.9 m，花橙红色，花期 6—7 月。产苏、浙、赣和川（峨眉山），其他省区有栽培。 同属约 12 种，我国有 8 种，其中栽培 1 种。产东北、华北、西北东部和长江流域。其他如皱叶剪秋罗（*L. chalcedonica*）、剪红纱花（*L. senno*）等皆可观赏	

续 表

类群	描述	图片	类群	描述	图片
虎耳草科 *Saxifraga* sp. 虎耳草	株高 0.1~0.45 m，花黄、白、红色或紫红，花期 4—11 月。分布于黄河以南大部分。 所在属 400 多种，我国有 203 种。园艺上常见的有 *S. cochlearis*（品种有 *S. cochlearis* ‘Godiva’、*S. cochlearis* ‘Luteola’ 等）、*S. urumoffii*（品种如 *S. urnmoffii* ‘Ivan Urumov’）和 *S. oppositifolia*（图）等。剑桥大学植物园有专类收集		石竹科 *Saponaria officinalis* 石碱花（肥皂草）	株高 0.3~0.9 m，花白、粉、红和紫红色，花期 6—8 月。原产地中海沿岸，我国部分地区有引种，大连、青岛逸为野生	
花荵科 *Phlox paniculata* 宿根福禄考	株高 0.6~1.2 m，花白、红紫和浅蓝色，花期 6—9 月。原产北美，各地有引种。 同属除 *P. drummondii* 一年生外，皆多年生。山地种类及其栽培种需全光、排水良好土壤；林地种类，如 *P. divaricata*，需富含有机质土壤，可耐半阴；水边种类，如 *P. paniculata*，需全光照和更多的根际水分		鼠李科 *Ceanothus arboreus* 美洲茶	株高 3.7~11 m，花蓝紫色，花期 2—4 月。产南加利福尼亚海岸。园艺品种众多，如 *C. arboreus* ‘Blue mound’、*C. arboreus* ‘Anchor Bay’、*C. arboreus* ‘Dark Star’、*C. arboreus* ‘Concha’、*C. arboreus* ‘Cascade’ 等。 同属约 60 种，加利福尼亚是其分布中心，具固氮作用	
夹竹桃科 *Amsonia tabernaemontana* 柳叶水甘草	株高 0.6~0.6 m，花蓝、紫色，花期 3—5 月。原产美国得克萨斯州等地		藤黄科 *Hypericum patulum* 金丝梅	株高 0.3~1.5 m，花期 6—7 月。产我国黄河以南地区及日本等地。 所在属 460 余种，我国 64 种，其他种类如东方金丝桃（*H. orientale*）等。园艺品种有 *H.* × *moserianum*（*H. calycinum* ×*H. patulum*）、*H.* ‘Hidcote’、*H.* ‘Rowallane’ 等	
锦葵科 *Althaea rosea* 蜀葵	株高 2 m，花紫、粉、红和白等，花期 6—8 月。 同属 40 余种，我国有 3 种（包括栽培种），产西南地区，全国各地有栽培		五加科 *Fatsia japonica* 八角金盘	株高 1~3 m，花白色，花期 10—11 月。原产琉球群岛，现世界广为栽培。园艺品种如花叶八角金盘（*F. japonica* ‘Variegata’）。另有属间杂种熊掌木（× *Fatshedera lizei*）等	

续表

类群	描述	图片	类群	描述	图片
锦葵科 *Anisodontea capensis* 南非葵（小木槿）	株高1~1.8 m，花紫、粉或白等，花期6—10月。原产南非，我国华东一带有引种		苋科 *Amaranthus tricolor* 雁来红	株高0.8~1.5 m，花绿或黄绿色，花期5—8月。全国各地有栽培	
锦葵科 *Callirhoe involucrate* 罂粟葵	株高0.15~0.2 m，花紫红色，花期6—8月。原产美国和墨西哥		苋科 *Gomphrena globose* 千日红	株高0.2~0.6 m，花紫色、紫红色，花期6—9月。原产美洲热带，我国南北各地有栽培。园艺品种如*G. globose* 'Purple Globe Amarant'、*G. globose* 'Las Vegas Purple' 等	
锦葵科 *Hibiscus moscheutos* 芙蓉葵	株高1~2 m，花玫瑰红或白色，花期6—8月。原产美国东部，我国北京、青岛、上海、南京、杭州和昆明等城市有栽培。 同属200余种，分布于热带、亚热带地区，我国有25种，产各地		小檗科 *Berberis thunbergii* 日本小檗	株高0.6~2.5 m，花黄色，花期4—6月。原产日本，在中国和美国逸为野生。园艺品种有*B. thunbergii* 'Aurea'（图）、*B. thunbergii* 'Atropurpurea Nana'、*B. thunbergii* 'Golden Ring' 和 *B. thunbergii* 'Rose Glow' 等。 同属约500种，我国有215种，主要分布于北温带。常见栽培的还有*B. darwinii*、*B. dictyophylla*、*B. thunbergii* 和 *B. verruculosa* 等	
锦葵科 *Malva sinensis* 锦葵	株高0.5~0.9 m，花紫红色，花期5—10月。 同属约30种，分布亚洲、欧洲和北非。我国有4种，产各地		小檗科 *Nandina domestica* 南天竹	株高2.0 m，花白色，花期5—7月。产我国华东、华中和华北部分地区。园艺品种有火焰南天竹（*N. domestica* 'Fine power'）、玉果南天竹（*N. domestica* 'Leucocarpa'）等	

续 表

类群	描述	图片	类群	描述	图片
景天科 *Sedum aizoon* 费菜	株高0.2~0.5 m，花黄色，花期6—7月。 全属约470种。我国有124种、1亚种、14变种及1变型，产地以西南地区为主，华中、华东、华北和东北地区均产	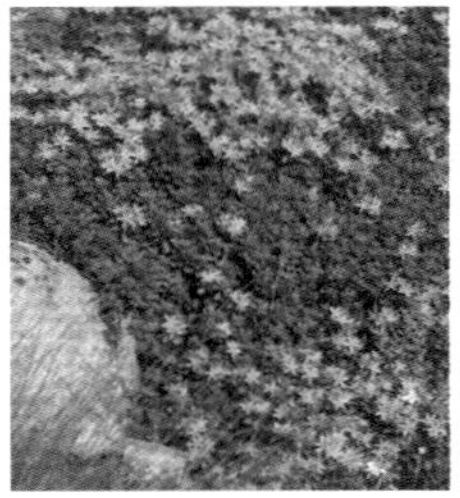	玄参科 *Alonsoa meridionalis* 心叶假面花	株高0.45~0.9 m，花粉、红、珊瑚色，花期5—7月。原产秘鲁，我国引种栽培	
景天科 *Hylotelephium spectabile* 长药景天（八宝景天	株高0.3~0.5 m，花白、淡粉、紫红和玫瑰红，花期8—9月。产华东、华北和东北地区。生于低山多石山坡上。 同属约30种。我国有15种及2变种，例如华北八宝（*H. tatarinowii*）、紫花八宝（*H. mingjinianum*）和八宝（*H. erythrostictum*）等		玄参科 *Angelonia salicariifolia* 香彩雀	株高0.4~0.6 m，花白、粉和紫色，花期7—9月。原产墨西哥、阿根廷和巴西等地。黄河以南地区可以引种栽培	
桔梗科 *Campanula punctata* 紫斑风铃草	株高0.2~1.0 m，花紫色，花期6—9月。 全属200多种，几乎全在北温带。我国近20种，主产西南山区		玄参科 *Antirrhinum majus* 金鱼草	株高0.5~1.0 m，花红、紫、粉、黄、白色等，花期4—5月。原产地中海一带。我国有引种，在华东做一年生栽培。园艺品种众多，如匍匐的*A. majus* ‘Pendula’、*A. majus* ‘Bicolor’、*A. majus* ‘Floral Showers’ 等	
桔梗科 *Platycodon grandiflorus* 桔梗	株高0.2~1.2 m，花紫色，花期7—9月。广布于除西藏、青海以外的南北各地		玄参科 *Diascia barberae* 双距花	株高0.25~0.4 m，花紫色、粉和红色。原产南非，南京有引种作盆栽。园艺品种如*D. barberae* ‘Pink Queen’、*D. barberae* ‘Hopleys Apricot’ 等	

续表

类群	描述	图片	类群	描述	图片
菊科 *Achillea millefolium* 千叶蓍	株高 0.4~1.0 m，花多色，花期 7—9 月。原产北温带，我国新疆等地有野生，其他地区有引种栽培。是一种很好的伴生植物，用以祛害诱益。观赏品种很多，如 *A. millefolium* ‘Paprika’、*A. millefolium* ‘Cerise Queen’ 和 *A. millefolium* ‘Red Beauty’ 等		玄参科 *Digitalis purpurea* 毛地黄	株高 0.6~1.2 m，花白、粉和深红，花期 5—6 月。原产欧洲，中国多地有栽培，在北美部分温带地区逸为野生。园艺品种如 *D. purpurea* ‘The Shirley’、*D. purpurea* ‘Excelsior Group’ 和杂种 *D. purpurea* × *fulva*（*D. grandiflora* × *D. purpurea*）等	
菊科 *Ajania pallasiana* 亚菊	株高 0.3~0.6 m，花黄色，花期 8—9 月。 同属 30 种，主要分布在我国温带地区以及俄罗斯、蒙古、朝鲜和阿富汗等地		玄参科 *Penstemon cobaea* 草地钓钟柳	株高 0.3~0.6 m，花紫色，花期 5—7 月。原产美国中部。 同属 250 种，分布于东亚和北美。常用的还有 *P. hartwegii* 和 *P. isophyllus*、毛地黄叶钓钟柳（*P. laevigatus* subsp. *digitalis*）等，以及众多以它们为亲本的园艺品种，如 *P.* ‘Apple Blossom’、*P.* ‘Alice Hindley’ 和 *P.* ‘Port Wine’ 等	
菊科 *Argyranthemum frutescens* 木茼蒿	株高 0.4~1.0 m，花白或黄色，花期 2—10 月。原产加纳利群岛，中国广为引种栽培		玄参科 *Verbascum chaixii* subsp. *orientale* 东方毛蕊花	株高 1~1.2 m，花粉红色，花期 7—9 月。产新疆（霍城、塔城一带）。园艺品种有 *V. chaixii* ‘Pink Petticoats’、*V. chaixii* ‘Cherry Helen’、*V. chaixii* ‘Album’ 和 *V. chaixii* ‘Gainsborough’ 等。 同属约 300 种，我国有 7 种，如紫毛蕊花（*V. phoeniceum*）、毛蕊花（*V. thapsus*）等	
菊科 *Centaurea cyanus* 矢车菊	株高 0.7 m，花蓝色，花期 2—8 月。原产欧洲中部，国内多有引种栽培。在原产地为麦田杂草，种群不断减少，但已经在美国、澳大利亚等地归化，有一定的入侵风险。园艺品种有蓝、粉、黑色等多种颜色，如 *C. cyanus* ‘Blue Boy’、*C. cyanus* ‘Blue Diadem’ 等		玄参科 *Veronica spicata* 穗花婆婆纳	株高 0.15~0.5 m，花紫、蓝色，花期 7—9 月。我国产新疆北部。园艺品种有 *V. spicata* ‘Royal Candles’、*V. spicata* ‘Red Fox’ 等。 同属穗花组在我国还有大婆婆纳（*V. dahurica*）、细叶婆婆纳（*V. linariifolia*）、羽叶婆婆纳（*V. pinnata*）、无柄婆婆纳（*V. rotunda*）和轮叶婆婆纳（*V. spuria*）等	

续 表

类群	描述	图片	类群	描述	图片
菊科 *Crossostephium chinense* 芙蓉菊	株高 0.1~0.4 m，花黄色，全年开花。产中国中南和东南部		鸭跖草科 *Tradescantia virginiana* 无毛紫露草	花期 5—10 月，花紫或红色。原产美国东部，我国有引种。其他园艺品种大都是以此为亲本之一和其他紫露草杂交获得	
菊科 *Dahlia pinnata* 大丽花	株高 1.5~2.0 m，花色丰富，花期 6—12 月。原产墨西哥，现各地有栽培。 可能为杂种起源的种，来自 *D. sorensenii* 的变异，原生种可能已经绝灭。有 3 万多个园艺品种，多来自 *D. pinnata* 和 *D. coccinea* 的杂交		亚麻科 *Linum perenne* 宿根亚麻	株高 0.4~0.5 m，花蓝色或蓝紫色，花期 6—7 月。原产我国华北和西南，西伯利亚至欧洲、西亚皆有分布。园艺品种如 *L. perenne* 'Blue Saphire'。 同属约 200 种，我国约 9 种，主要分布于西北、东北、华北和西南等地，其他如亚麻（*L. usitatissimum*）、长萼亚麻（*L. corymbulosum*）等	
菊科 *Echinacea purpurea* 紫松果菊	株高 0.5~1.5 m，舌状花紫红，管状花橙黄色，花期 6—7 月。原产北美，中国多地有引种栽培。园艺品种众多，如'巨宝石'松果菊（*E. purpurea* 'Ruby Giant'）、*E. purpurea* 'Avalanche'、*E. purpurea* 'Cheyenne Spirit'、*E. purpurea* 'Daydream'、*E. purpurea* 'Double Scoop Cranberry' 等		罂粟科 *Dicentra spectabilis* 荷包牡丹	株高 0.3~0.6 m，花紫红到粉红色，花期 4—6 月。 同属 12 种，我国有 2 种，分布于冀、甘至辽的北部和川、滇等地。另一种为大花荷包牡丹（*D. macrantha*），产华中和西南地区。园艺品种主要来自 *D. eximia*、*D. formosa* 和 *D. peregrina* 等。其中以原产日本的 *D. peregrina* 为亲本者常不耐湿热	
菊科 *Echinops ritro* 硬叶蓝刺头	株高 0.8 m，花蓝色，花期 6—7 月。园艺品种如'维奇蓝'硬叶蓝刺头（*E. ritro* 'Veitch's Blue'）。 同属约 120 种，中亚和哈萨克斯坦山地可能是多样性中心，其他如蓝刺头（*E. sphaerocephalus*）。我国有 17 种，如截叶蓝刺头（*E. coriophyllus*）、华东蓝刺头（*E. grijsii*）、羽裂蓝刺头（*E. pseudosetifer*）等		罂粟科 *Chelidonium majus* 白屈菜	株高 0.3~1 m，花黄色，花期 4—9 月。我国大部分省区有分布，生于山坡、林缘草地或路旁、石缝	

续 表

类群	描述	图片	类群	描述	图片
菊科 *Farfugium japonicum* 大吴风草	株高 0.3~0.7 m，花黄色，花期 8—12 月。产中国东部。常用的园艺变种如‘金斑’大吴风草（*F. japonicum* ‘Aureomaculata’）、‘银边’大吴风草（*F. japonicum* ‘Argentum’）等		罂粟科 *Eschscholzia californica* 花菱草	株高 0.3~0.6 m，花黄至橙黄色，花期 4—8 月。原产美国和墨西哥，中国多地有引种。园艺品种很多，如 *E. californica* ‘Appleblossom Bush’、*E. californica* ‘Apricot Chiffon’、*E. californica* ‘Dali’ 和 *E. californica* ‘Rose Chiffon’ 等。 同属有 12 种，另一常用的种是 *E. lobbii*	
菊科 *Felicia amelloides* 蓝雏菊（费利菊）	株高 0.3~0.6 m，舌状花蓝色，管状花黄色，花期 4—9 月。原产南非，华东地区多有引种栽培		罂粟科 *Macleaya cordata* 博落回	株高 1~4 m，花近白色，花期 6—11 月。长江以南、南岭以北的部分省区有分布。 同属仅 2 种，另一种为小博落回（*M. microcarpa*）	
菊科 *Gaillardia* × *grandiflora* 大花天人菊	株高 0.3~0.9 m，花黄、红或古铜色，花期 8—10 月。宿根天人菊（*G. aristata*）× 天人菊（*G. pulchella*）后代，由一系列品种组成，如 *G.* × *grandiflora* ‘Arizona Red Shades’、*G.* × *grandiflora* ‘Goblin’、*G.* × *grandiflora* ‘Yellow Queen’ 和 *G.* × *grandiflora* ‘Tokajer’ 等		罂粟科 *Papaver orientale* 东方罂粟（鬼罂粟）	株高 0.7~1.4 m，花色红、粉等，花期 6—7 月，4 倍体。原产地中海地区，我国多地引种栽培。园艺品种有 *P. orientale* ‘Aglaja’、*P. orientale* ‘Beauty of Livermere’ 等。 同属还有大红罂粟（2 倍体）、伪东方罂粟（6 倍体）等。我国有 7 种、3 变种和 3 变型，产东北、西北等地，如野罂粟（*P. nudicaule*）	
菊科 *Gazania rigens* 勋章菊	株高 0.2~0.5 m，花黄色，花期 6—9 月。原产南非，广为引种栽培，并在澳大利亚等地归化。园艺品种很多，如‘鲜橙’（*G. rigens* ‘Bright Orange’）、‘红条’（*G. rigens* ‘Red Stripe’）、‘钱索尼特’（*G. rigens* ‘Chansonette’）、‘太阳之舞’（*G. rigens* ‘Sundance’）以及‘黎明’（*G. rigens* ‘Daybreak’）、*G. rigens* ‘Harleguin’ 系列等		鸢尾科 *Crocosmia* × *crocosmiiflora* 火星花（雄黄兰）	株高 0.5 m，花橙红色，花期 6—8 月。原产非洲南部，我国北方盆栽，南方露地栽培。1880 年，法国育种家 Victor Lemoine 用黄火星花（*C. aurea*）和帕氏火星花（*C. pottsii*）杂交选育的园艺品种	

续 表

类群	描述	图片	类群	描述	图片
菊科 *Helichrysum orientale* 东方蜡菊	株高约 0.3 m，花黄色，花期 7—8 月。分布在北非、克里特岛和接近地中海的亚洲地区。 同属全球有 500 种，中国产 2 种，均在新疆		鸢尾科 *Iris domestica* 射干（豹纹百合、豹纹花、黑莓百合）	株高 0.6~0.9 m，花橘黄间红色斑点，花期 7—9 月。广布种，分布中心在非洲南部和热带美洲。 同属我国约 60 种、13 变种及 5 变型，主要分布于西南、西北及东北，常用的如德国鸢尾（*I.* × *germanica*）、荷兰鸢尾（*I.* × *hollandica*）等	
菊科 *Heliopsis helianthoides* 赛菊芋（日光菊）	株高 0.6~1.5 m，舌状花黄色，花期 6—9 月。原产美国，我国西部有引种。优良的园艺品种多来自其变种 *H. helianthoides* var. *scabra*，如 *H.* 'Benzinggold'、*H.* 'Light of Loddon'、*H.* 'Spitzentänzerin' 和 *H.* 'Waterperry Gold' 等		鸢尾科 *Sisyrinchium rosulatum* 庭菖蒲	株高 0.15~0.25 m，花白色带紫色条纹，花期 5 月。原产北美洲，我国南方引种并逸为野生。 同属约 100 种，皆产于美洲。其他如条纹庭菖蒲（*S. striatum*）	
菊科 *Leucanthemum maximum* 大滨菊	株高 0.3~0.7 m，舌状花白色，花期 4—6 月。原产欧洲，现各地引种栽培，并在多地逸为野生。为园艺品种大滨菊（*L.* × *superbum*）的主要亲本之一		芸香科 *Dictamnus dasycarpus* 白鲜	株高 0.4~1.0 m，花白带粉红或淡紫色，花期 5 月。我国仅此 1 种，分布于东北、东南至江西北部。 同属约 5 种，分布于南欧、北非和亚洲部分地区。*D. albus* var. *purpureus* 观赏价值更高	
菊科 *Ligularia dentata* 齿叶橐吾	株高 0.3~1.2 m，舌状花黄色，花期 7—10 月。产华东、华中和西南地区。紫叶品种'夜半夫人'（*L. dentata* 'Mdnight Lady'）观赏性更强。 同属另有一种橐吾（*L. wilsoniana*）也可观赏				

参考文献

（清）陈淏子，1985. 花镜［M］. 修订版 . 伊钦恒，校注 . 北京：农业出版社 .

格特鲁德·杰基尔，2016. 花园的色彩设计［M］. 尹豪，王美仙，郝培尧，等，译 . 北京：中国建筑工业出版社 .

理查德·贝斯格娄乌，2014. 格特鲁德·杰基尔的花园［M］. 尹豪，王美仙，李冠衡，等，译 . 北京：中国建筑工业出版社 .

王美仙，刘燕，2006. 花镜及其在国外的研究应用［J］. 北方园艺（4）：135−136.

王美仙，2009. 花境起源及应用设计研究与实践［D］. 北京：北京林业大学 .

魏钰，张佐双，朱仁元，2006. 花境设计与应用大全［M］. 北京：北京出版社 .

赵灿，2008. 花境在园林植物造景中的应用［D］. 北京：北京林业大学 .

Compton J A, Culham A, Jury S L, 1998. Reclassification of *Actaea* to include *Cimicifuga* and *Souliea* (Ranunculaceae): Phylogeny inferred from morphology, nrDNA ITS, and epDNA trnL-F sequence variation [J]. Taxon, 47 (3): 593−634.

Cox J, Cox M, 1985. The perennial garden: Color harmonies through the seasons [M]. Emmaus: Rodale Press.

Disabato-Aust T, 2003. The well designed garden [M]. Portland: Time Press.

Jekyll G, 1908. Color in the flower garden [M]. London: Country Life Ltd.

Jekyll G, 1904. Some english garden [M]. London: Longmans, Green & Co.

Laird M, 1999. The flowering of the landscape garden: English pleasure grounds, 1720—1880 [M]. Philadelphia: University of Pennsylvania Press.

Lord T, 1994. Best borders [M]. London: Frances Lincoln Ltd.

Newdick J, 1991. Period flowers [M]. London: New Holland Publishers Ltd.

Stuart D, 2004. Classic garden plans [M]. London: Corarn Octopus.

Verey R, 1989. Classic garden design [M]. New York: Random House.

莫里斯树木园连香树（*Cercidiphyllum japonicum*）（摄影　郗厚诚）

第 5 章　植物园的植物迁地保护

迁地保护是综合保护措施的一部分，为那些行将、正在和已经失去野外生存条件的物种提供了最后的生存机会，是就地保护的重要补充，为回归引种和生态重建保留了希望，也为珍稀濒危植物的研究提供了活植物。植物园是植物迁地保护的主要场所之一，珍稀濒危的活植物收集则是迁地保护的主要对象。但植物园如何成为珍稀濒危植物的“诺亚方舟”而不至成为只保存了“活着的死植物”的“柔性坟墓”的迁地保护有效性问题一直困扰着植物园。因此，植物园的迁地保护既存在理论上的挑战也存在技术上的瓶颈，自然也就成为植物园迁地保护研究的重点和难点。

人类和环境及其生物多样性是休戚相关的，自人类诞生起，这三者之间的关系大体上经历了 3 个阶段，或者说表现在 3 个方面：首先人类依赖于多样性的生物资源，这种依赖在人类社会早期至工业革命以前，表现为人类从野生植物中驯化经济植物（农作物、药材、工业原料等），利用植物来改善人类生存、生活环境（木材、绿化和防护植物等），这个时期人和自然的关系还是比较和谐的；二是这种依赖性的无节制使用（过度利用、环境污染等），以至于对生态环境造成干扰并导致环境的严重破坏、生物多样性的快速丧失，进而威胁到人类自身的生存，这个阶段开始于工业革命以后，一直持续到不久以前；三是以 1992 年 CBD 和《联合国气候变化框架公约》（*United Nations Framework Convention on Climate Change*, FCCC）的签署为标志，人类意识到保护环境和生物多样性的重要意义，开始逐渐重视环境修复和生物多样性保护。其中第一、第三个阶段或方面，植物园响应的方式就是有针对性地开展了植物引种驯化和迁地保护方面的研究，这两方面的工作也成为植物园的基本任务和主要功能的一部分。

生物多样性的丰富程度通常以某地区或区系的物种数来表达，由于同物异名等问题，各分类学家描述的有花植物种数有着较大的分歧，甚至相差一倍（Prance, 2000; Bramwell, 2002; Alroy, 2002），合理的估计应该在 352 282 种左右（Paton et al, 2008; Joppa et al, 2011），这其中 20% 左右的种类受到威胁（Brummitt et al, 2008）。此外还有 10%~20% 的未知种类基本处在受威胁状态，这样 27%~33% 的有花植物种类有灭绝的危险（Joppa et al, 2011）。

5.1 植物园与植物迁地保护

物种保护的概念正是在上述情况下被提出来的，通常有 3 个途径：就地保护（*in situ* conservation）、迁地保护（*ex situ* conservation）和种质库（germplasm pool）。其中所谓就地保护是指在物种原来自然状态下的保护，因此有时称为原地保护，最常见的形式是自然保护区。就地保护一般被认为是最有效、最直接的保护方法，因为这种方法不仅可以保护更多的种群，而且同时保护了其所在的生境。但仅仅就地保护是不够的，有时甚至是不可能的，从前面的论述中已经看到，很多物种的濒危是与生境的丧失联系在一起的，这意味着已经无法进行有效的就地保护，而且就地保护的保护地一般在比较偏远的地区，这也给研究利用带来了不便，这时候迁地保护就成了一种有效的方法。因此说就地保护和迁地保护是相辅相成的，结合起来形成的综合（整合）保护才是一种完整的保护方法。相比较之下，组织培养、种子库以及基因组库（genomic library）等不存在这些生物间的互作，更能有效地保持样本的原始状态，但又存在成本高昂以及种子库无法保存顽拗性种子、有些植物没有有性种子等问题。这些离体种质库被认为是迁地保护的一种特殊形式，只是保存的材料是种子、花粉或其他离体材料而已，而且种质库更主要地是和利用相联系的，因此可以独立对待。此外，还有学者提出了一些介于三者之间的方法，如"近地保护"（孙卫邦 2013）、'*inter situs*'（类生境保护）和 '*quasi in situ*'（准就地保护）（Volis, 2017）等。

所谓迁地保护（*ex situ* conservations），是指为了保护生物多样性，把因生存条件不复存在或即将丧失、种群数量极少或难以实现自主授粉等原因，生存和繁衍受到严重威胁的物种迁出原地，移入适宜场所进行特殊的保护、管理，在条件适合时再回归引种或在原地进行种群重建的保护方式，所以又叫作易地保护。动物园、植物园（树木园）、森林公园、水族馆和濒危动物繁殖中心等是常见的迁地保护场所。其中植物园、树木园以及森林公园等是植物迁地保护的主要场所，其中又以植物园最为典型。

实际上，在物种保护的概念被提出之前，植物园就已经在开展物种保护工作了，这无论从哪个阶段植物园的定义和承担的主要任务上都可以看出来。植物园的迁地保护之所以在现代受到额外重视，首先是因为在当今野生植物加速绝灭，尤其是在其生境快速丧失的情况下，特别需要一个迁地保护的场所来为那些已经无法就地保护的濒危植物提供一个安全的庇护所，其次是迁地保护物种为将来恢复或重建生物种群和生态系统提供了可能。

2011 年，美国史密森国家自然历史博物馆（The Smithsonian National Museum of Natural History） 发布了"全球基因组计划"（Global Genome Initiative, GGI），以收集和保存基因组、组织和植物器官等研究材料样本和生物多样性信息，供研究之用。如今，GGI 拥有一个全球基因组生物多样性网络（Global Genome Biodiversity Network, GGBN），建有样本保存设施和研究组织，之前为大家所熟知的莫雷阿岛生物码计划：DNA 条形码（The Moorea Biocode Project：Barcoding DNA）也受到史密森学会资助，成为 GGI 的一部分。

为实现上述宏伟目标，2015 年 1 月 GGI-Gardens 计划开始实施，以充分利用全球植物园、树木园和温室丰富的活植物收集，收集和保存基因组质量的组织样本，目标是每科至少一种、50% 的属以及所有植物种类。首批有 5 个位于中大西洋地区的美国植物园类机构［史密斯学院植物园（Botanic Garden of Simth College）和温室、美国国家植物园（U. S. Botanic Garden）、美国国家树木园（U. S. National Arboretum）和美国农业部种质资源农场］。到 2017 年 6 月，GGI-Gardens 已经发展成为一个国际组织，包括了 12 家植物园、树木园等，其基因组收集已经达到 209 科、1024 属和 1648 种，这些数据可以通过 GGBN 进行访问[①]。

可以看出，GGI 及其 GGI-Gardens 以基因组为保存对象并加以研究、利用的方法使得其成为一种新型的离体种质库，是一种基于基因组等现代技术的迁地保护方法。

① GGI-Gardens［EB/OL］.［2017-12-20］. https://ggi.si.edu/ggi-gardens.

5.1.1 迁地保护的目的、意义和对象

正如前面已经指出的那样，迁地保护不仅仅是就地保护的补充手段，更是综合保护措施的重要组成部分，尤其是在当今野生植物加速绝灭，野生生境不断丧失的情况下，迁地保护可以为那些已经无法就地保护的濒危植物提供一个安全的庇护所，即所谓濒危植物的“诺亚方舟”；其次是植物园保存的包括珍稀濒危植物在内的丰富的植物多样性和种质资源用于农林业和其他相关产业研究、开发利用的基因资源，从而减轻野生自然资源的压力，是一种有效的多样性和资源保护、利用策略；最后也是迁地保护的主要目的之一，就是为回归引种和种群重建提供遗传基础。

从迁地保护的上述目的出发，保护的对象主要包括：

（1）野生种群或者个体稀少的种类

那些小种群或极小种群的植物种类，一般野生分布地域狭窄，种群和个体数量极少，比如百山祖冷杉（*Abies beshanzuensis*）、普陀鹅耳枥（*Carpinus putoensis*）、天目铁木（*Ostrya rehderiana*）、绒毛皂荚（*Geditsia japonica* var.*velutina*）、广西火桐（*Erythropsis kwangsiensis*）等，其中天目铁木、绒毛皂荚、广西火桐等野生个体不足 10 株，种群已经低于稳定存活的最低界限（最小存活种群（MVP），随时有绝灭的可能。这种情况下，仅仅采用就地保护已无法保证其种群的维系。

图 5-1　野生（左）和南京中山植物园引种栽培（右）的普陀鹅耳枥

1930 年，钟观光在普陀岛佛顶山慧济寺旁的山坡上发现了一棵他从来没有见过的树，雌雄异熟，授粉率极低，且种核落地后极易腐烂，因此出苗率极低，1932 年，经我国著名树木分类学家郑万钧教授鉴定定名为 *Carpinus putoensis*（普陀鹅耳枥），到目前为止，野生仅此 1 株，因此被称为“地球独子”。为中国 I 级保护植物，IUCN 极危（CR）等级。

1978 年杭州植物园采种繁殖成功，此后南京中山植物园、上海植物园、庐山植物园和昆明植物园等相继引种。

普陀鹅耳枥并非该属唯一的受威胁种类，在中国受威胁的同属种类还包括 *Carpinus hebestroma*（太鲁阁千金榆，CE，台湾）、*Carpinus kweichowensis*（贵州鹅耳枥，NT，云贵川等地）、*Carpinus langaoensis*（岚皋鹅耳枥，CE，陕西）、*Carpinus mollicoma*（软毛鹅耳枥，NT）、*Carpinus tientaiensis*（天台鹅耳枥，CE）等。

（2）野生生境严重破坏或已不复存在的种群

这些种群的规模虽然还处在最小存活种群的阈值以上，但种群一般也较小，多已表现出衰退型种群的特征，且可能伴有自然繁殖障碍等，更重要的在于种群所在的生境已经或面临严重破坏，甚至已经丧失，维系种群生存的自然生态条件已经或即将不复存在，这些种群也必须采取迁地保护措施，在条件具备的情况下再采用回归引种的方式进行自然种群重建。如鹅掌楸（*Liriodendron chinense*）、水青树（*Tetracentron sinense*）、珙桐、银缕梅、疏花水柏枝（*Myricaria laxiflora*）等。

1935 年 9 月，时任总理陵园纪念植物园（今南京中山植物园前身）技术员的植物学家沈隽在江苏宜兴芙蓉寺石灰岩山地首次采集到植物果枝标本，似金缕梅，但又不同，后因抗日战争、解放战争爆发，沈隽赴美留学，研究工作中断。1954 年，原中国科学院南京植物研究所单人骅教授清理标本时，认为这是金缕梅科的 1 个珍稀新种，并判断华东地区存在金缕梅无花瓣类的孑遗种。1960 年，这份花部不全的标本被误定为金缕梅科金缕梅属小叶金缕梅（*Hamamelis subaequalis* H. T. Chang），并以此名收录入《中国植

物志》。1987年，为编撰《中国植物红皮书》，编写人员再次前往宜兴，并在同类型的石灰岩山地中再次采集到标本，但依然没有看到完整的花朵。1991年，南京中山植物园的邓懋彬教授等终于采集到花、叶完整的标本，并发现正如单人骅教授早年判断的那样，其花无花瓣，为纪念单人骅教授，将其定名为 *Shaniodendron subaequale*（H. T. Chang）M. B. Deng, H. T. Wei et X. Q. Wang，取名银缕梅，又名单氏木。1998年，郝日明等将其确定为一新组合 *Parrotia subaequalis* R. M. Hao et H. T. Wei。

图5-2 野生（左）和南京中山植物园引种栽培（右）的银缕梅

银缕梅为中国特有种，除宜兴外，后在浙江、河南和安徽等地也有发现，但种群都不大。对宜兴种群的调查发现，受毛竹林挤压，银缕梅栖息地逐渐收缩是其濒危的原因之一。

（3）需要加以研究，并进行开发利用的植物种类

实际上，从植物园雏形出现到现代植物园体系建立的整个过程中，以植物园迁地保护为代表的迁地保护工作都不仅仅是一种保护，与就地保护相比，植物园的迁地保护带有更重要的服务于人类利用的目的和内容。其他迁地保护形式，如种质库、树木园、种质资源圃等更加强调这方面的功能。迁至植物园的种群更方便开展这方面的工作。

这些对象可以具体概括为以下几类：

（1）濒危植物

濒危植物既是就地保护，也是迁地保护的重点和优先保护对象。对于濒危植物的认定，不同组织、国家或地区根据植物野外生存的实际情况，有类似的划分原则和不同的划分方法。例如2001年IUCN发表的《IUCN物种红色名录濒危等级和标准（3.1版）》包括了绝灭 Extinct（EX）、野外绝灭 Extinct in the Wild（EW）、极危 Critically Endangered（CR）、濒危 Endangered（EN）、易危 Vulnerable（VU）、近危 Near Threatened（NT）、无危 Least Concern（LC）、数据缺乏 Data Deficient（DD）和未评估 Not Evaluated（NE）等。其中CR、EN、VU属于受威胁等级，其评估标准如表5-1。根据这些标准，IUCN不定期公布其红色名录（red list）。

表5-1 IUCN受威胁等级评估标准

	极危 CR	濒危 EN	易危 VU
A：种群减少（降低）			
A1：过去10年或三世代内种群减少的比例，其减少的原因是可逆转且被了解且停止的 A2-4：估计过去或未来（或二者）10年或三世代内种群减少的比例（基于以下条件获得的满足条件）	A1：≥ 90% A2-4：≥ 80%	A1：≥ 70% A2-4：≥ 50%	A1：≥ 50% A2-4：≥ 30%
	1. 直接观察； 2. 适合该分类单位的丰富度指数； 3. 占有面积、分布范围减少或（和）栖息地质量下降； 4. 实际的或潜在的开发利用影响； 5. 受外来物种、杂交、病原体、污染、竞争者或寄生物带来的不利影响		
B：分布区小，衰退或波动			
B1：分布区 B2：占有面积	B1：<100 km^2 B2：<10 km^2	B1：<5 000 km^2 B2：<500 km^2	B1：<20 000 km^2 B2：<2 000 km^2

续 表

	极危 CR	濒危 EN	易危 VU
条件 a、b、c 至少满足 2 条 条件 a：生境严重破碎或已知分布地点数 条件 b：1）~ 5）任一下降或减少 条件 c：1）~ 4）任一极度波动	a：=1	a：≤5	a：≤10
	b：1）分布范围；2）占有面积；3）生境面积、范围和 / 或质量；4）地点或亚种群的数目；5）成熟个体数。 c：1）分布范围；2）占有面积；3）生长地点数或亚 种群数；4）成熟个体数		
C：种群小且在衰退			
成熟个体数量	<250	<2 500	<10 000
满足 C1 或 C2 C1：估计持续下降的幅度； C2：持续下降，且符合 a 或 / 和 b； a：ⅰ）每个亚种群成熟个体数；ⅱ）一个亚种群个体数占总数的百分比； b：成熟个体数量极度波动	C1：三年或一世代内持续下降至少 25%	C1：五年或两个世代内持续下降至少 20%	C1：10 年或三个世代内持续下降至少 10%
	ⅰ）：<50	ⅰ）：<250	ⅰ）：<1 000
	ⅱ）：90%~100%	ⅱ）：95%~100%	ⅱ）：100%
D：种群小或局限分布			
D1：种群成熟个体数 D2：易受人类活动影响，可能在极短时间成为极危，甚至绝灭	D1：<50	D1：<250	D1：<1 000 D2：种群占有面积 <20 km^2 或地点 <5 个
E：定量分析			
使用定量模型评估野外绝灭率	≥50%（今后 10 年或三世代内）	≥20%（今后 20 年或五世代内）	≥10%（今后 100 年内）

引自中华人民共和国环境保护部，中国科学院．中国生物多样性红色名录——高等植物卷［A］．北京：环境保护部，2013.

早在 20 世纪 80 年代，国内相关单位采用这一原则，开展了中国受威胁植物的评估工作，先后出版了《中国植物红皮书：稀有濒危植物》（第一册）（傅立国，1991）、《中国物种红色名录》（第一卷）（汪松 等，2004），分别评估了 388 和 4 408 种重点保护植物。基于《IUCN 物种红色名录濒危等级和标准（3.1 版）》，2013 年，环境保护部和中国科学院联合编制了《中国生物多样性红色名录——高等植物卷》。根据对 34 450 种高等植物的评估结果显示：绝灭等级（EX）27 种，野外绝灭等级（EW）10 种，地区绝灭等级（RE）15 种，极危等级（CR）583 种，濒危等级（EN）1297 种，易危等级（VU）1887 种，近危等级（NT）2 723 种，无危等级（LC）24 296 种，数据缺乏等级（DD）3 612 种，其中受威胁植物种类占总数的 10.9%。但到目前为止有法律效力的是 1999 年国务院公布的《中国重点保护野生植物名录》（第一批）计 1 700 种，相比较之下，这些保护对象的选列侧重考虑其农业、林业等经济价值，可见二者认定的原则是不完全一致的。因此，植物园迁地保护的重点在于所在区域经过权威评估、并需要迁地保护的濒危植物，同时也要结合需要有所侧重。

表 5-2 中国绝灭(EX)、野生绝灭(EW)和地区绝灭(RE)植物

大类群	科名	中文科名	学名	中文名	等级
被子植物	Araliaceae	五加科	*Panax notoginseng*	云南三七	EW
被子植物	Ericaceae	杜鹃花科	*Rhododendron adenosum*	枯鲁杜鹃	EW
被子植物	Ericaceae	杜鹃花科	*Rhododendron kanehirae*	乌来杜鹃	EW
被子植物	Gesneriaceae	苦苣苔科	*Chirita spadiciformis*	焰苞唇柱苣苔	EW
被子植物	Hydrocharitaceae	水鳖科	*Najas pseudogracillima*	拟纤细茨藻	EW
被子植物	Liliaceae	百合科	*Aspidistra austrosinensis*	华南蜘蛛抱蛋	EW
被子植物	Menyanthaceae	睡菜科	*Nymphoides lungtanensis*	龙潭荇菜	EW
被子植物	Rhamnaceae	鼠李科	*Rhamnus tzekweiensis*	鄂西鼠李	EW
被子植物	Zingiberaceae	姜科	*Curcuma exigua*	细莪术	EW
被子植物	Annonaceae	番荔枝科	*Friesodielsia hainanensis*	尖花藤	EX
被子植物	Asteraceae	菊科	*Ligularia parvifolia*	小叶橐吾	EX
被子植物	Begoniaceae	秋海棠科	*Begonia sublongipes*	保亭秋海棠	EX
被子植物	Betulaceae	桦木科	*Betula halophila*	盐桦	EX
被子植物	Corsiaceae	白玉簪科	*Corsiopsis chinensis*	白玉簪	EX
被子植物	Elaeagnaceae	胡颓子科	*Elaeagnus liuzhouensis*	柳州胡颓子	EX
被子植物	Ericaceae	杜鹃花科	*Rhododendron xiaoxidongense*	小溪洞杜鹃	EX
被子植物	Gesneriaceae	苦苣苔科	*Gyrogyne subaequifolia*	圆果苣苔	EX
被子植物	Lamiaceae	唇形科	*Chelonopsis siccanea*	干生铃子香	EX
被子植物	Lamiaceae	唇形科	*Ombrocharis dulcis*	喜雨草	EX
被子植物	Lardizabalaceae	木通科	*Stauntonia obcordatilimba*	倒心叶野木瓜	EX
被子植物	Lauraceae	樟科	*Beilschmiedia ningmingensis*	宁明琼楠	EX
被子植物	Lauraceae	樟科	*Machilus salicoides*	华蓥润楠	EX
被子植物	Liliaceae	百合科	*Lilium stewartianum*	单花百合	EX
被子植物	Orchidaceae	兰科	*Liparis hensoaensis*	明潭羊耳蒜	EX
被子植物	Orchidaceae	兰科	*Eulophia monantha*	单花美冠兰	EX
被子植物	Orchidaceae	兰科	*Gastrochilus nanchuanensis*	南川盆距兰	EX
被子植物	Orchidaceae	兰科	*Tainia emeiensis*	峨眉带唇兰	EX
被子植物	Sapindaceae	无患子科	*Lepisanthes unilocularis*	爪耳木	EX
被子植物	Scrophulariaceae	玄参科	*Pedicularis humilis*	矮马先蒿	EX
被子植物	Verbenaceae	马鞭草科	*Premna mekongensis* var. *meiophylla*	小叶澜沧豆腐柴	EX

续 表

大类群	科名	中文科名	学名	中文名	等级
被子植物	Balsaminaceae	凤仙花科	*Hydrocera triflora*	水角	RE
被子植物	Dioscoreaceae	薯蓣科	*Dioscorea poilanei*	吊罗薯蓣	RE
被子植物	Fagaceae	壳斗科	*Lithocarpus cryptocarpus*	闭壳柯	RE
被子植物	Haloragaceae	小二仙草科	*Myriophyllum tetrandrum*	四蕊狐尾藻	RE
被子植物	Hydrocharitaceae	水鳖科	*Ottelia cordata*	水菜花	RE
被子植物	Magnoliaceae	木兰科	*Michelia velutina*	绒毛含笑	RE
被子植物	Orchidaceae	兰科	*Bulbophyllum yunnanense*	蒙自石豆兰	RE
被子植物	Potamogetonaceae	眼子菜科	*Potamogeton alpinus*	高山眼子菜	RE
被子植物	Sapotaceae	山榄科	*Diploknema yunnanensis*	云南藏榄	RE
被子植物	Verbenaceae	马鞭草科	*Premna pyramidata*	塔序豆腐柴	RE
蕨类植物	Athyriaceae	蹄盖蕨科	*Cystoathyrium chinense*	光叶蕨	EW
蕨类植物	Bolbitidaceae	实蕨科	*Bolbitis hainanensis* var. *hainanensis*	海南实蕨	EX
蕨类植物	Polypodiaceae	水龙骨科	*Phymatopteris cruciformis*	十字假瘤蕨	EX
蕨类植物	Tectariaceae	三叉蕨科	*Ctenitis mannii*	银毛肋毛蕨	EX
蕨类植物	Tectariaceae	三叉蕨科	*Pteridrys lofouensis*	云贵牙蕨	EX
蕨类植物	Thelypteridaceae	金星蕨科	*Pseudocyclosorus caudipinnus*	尾羽假毛蕨	EX
蕨类植物	Elapoglossaceae	舌蕨科	*Elaphoglossum angulatum*	爪哇舌蕨	RE
蕨类植物	Grammitidaceae	禾叶蕨科	*Prosaptia contigua*	缘生穴子蕨	RE
蕨类植物	Hymenophyllaceae	膜蕨科	*Pleuromanes pallidum*	毛叶蕨	RE
蕨类植物	Tectariaceae	三叉蕨科	*Tectaria ebenina*	黑柄叉蕨	RE
蕨类植物	Vittariaceae	书带蕨科	*Vaginularia trichoidea*	针叶蕨	RE
苔藓植物	Funariaceae	葫芦藓科	*Brachymeniopsis gymnostoma*	拟短月藓	EX

引自中华人民共和国环境保护部，中国科学院．中国生物多样性红色名录——高等植物卷［A］．北京：环境保护部，2013.

此外，CITES、NatureServe Global 等，以及不同国家、地区等也有自己的珍稀濒危植物评价标准。

（2）栽培植物近缘种和地方品种

栽培植物近缘种、地方品种是重要的农业遗传资源，主要农作物的品种资源多为农林院校、科研单位等所收集，但由于栽培植物种类繁多，一般单位很难全面收集，植物园应该关注那些已被收集的品种资源之外对当地种植业和相关行业发展有价值的近缘种和地方品种资源，尤其是观赏植物野生资源。

（3）乡土植物

乡土植物是在一个地区的气候、土壤等生态条件下长期形成的区域性植物种类，在当地有很好的生态适应性，并具有当地的生物地理特征，尤其是那些乡土特有种、地带性植物的建群种（旗舰种）等。很多大型植物园都建有自然植被区，既保护了当地的生态系统，也保存了乡土植物区系，而且可以为区域性的珍稀濒危植物的迁地保护提供适合的栖息环境。

（4）新经济植物资源

野生植物引种驯化是植物园产生时起就已开始，而且还将一直坚持下去的一项基本任务，是它不同于其他植物学研究机构的特征之一。引种驯化的对象就是那些对当地工农业生产、医药保健、生态环境建设等方面有潜在价值的新经济植物。新，总是相对的，最难的是从野生植物中发现新的经济植物。如南京中山植物园早期引进的岩蔷薇（*Cistus* sp.），盾叶薯蓣（*Dioscorea zingiberensis*），近年来引种的甜叶菊（*Stevia rebaudianum*）、悬钩子属（*Rubus* sp.）、蓝莓（*Vaccinium* sp.）等。

（5）明星植物

除了上述迁地保护对象之外，结合植物园自身展示、科普和研究的需要，还应该包括那些有特殊价值和作用的植物，主要包括：

1）具有特殊观赏价值的植物　如被称之为“温室三宝”的千岁兰（*Welwitschia mirabilis*）、巨魔芋（尸花，*Amorphophallus titanum*）和海椰子（双椰子，*Lodoicea maldivica*），再如大王花（*Rafflesia arnoldii*）、白鹭花（*Habenaria radiata*）、老虎须（蝙蝠花，*Tacca chantrieri*）、维纳斯捕蝇草（*Dionaea muscipula*）、银扇草（金钱花、大金币草，*Lunaria annua*）、龙海芋（*Dracuunculus vulgaris*）等。

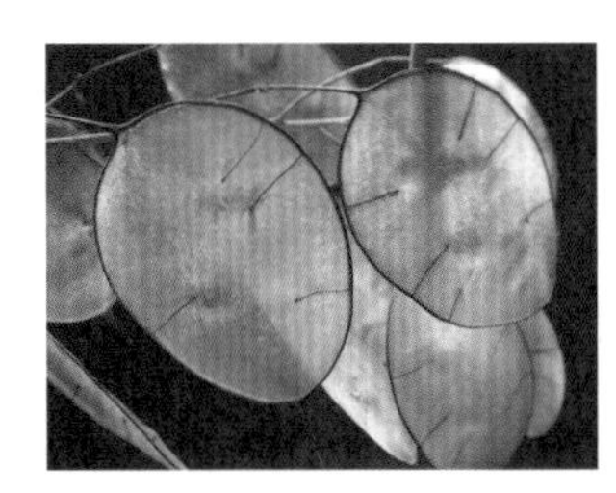

银扇草（*Lunaria annua*）

阿诺尔特大花（*Rafflesia arnoldii*）

白鹭花（*Habenaria radiata*）

蝙蝠花（*Tacca chantrieri*）

图5-3　部分明星观赏植物

2）具有特殊文化价值的植物　如佛教的“五树六花”等，“五树”即菩提树（*Ficus religiosa*）、高榕（*Ficus altissima*）、贝叶棕（*Corypha umbraculifera*）、槟榔（*Areca catechu*）、糖棕（*Borassus flabellifer*）；“六花”即荷花（*Nelumbo nucifera*）、文殊兰（*Crinum amabile*）、黄姜花（*Hedychium chrysoleucum*）、鸡蛋花（*Plumeria rubra*）、黄兰（*Michelia champaca*）、地涌金莲（*Musella lasiocarpa*）。其他如代表西藏风情的格桑花［紫菀（*Aster* sp.）、翠菊（*Callistephus chinensis*）、金露梅（*Potentilla fruticosa*）和绿绒蒿（*Meconopsis* sp.）］、中国的国兰［春兰（*Cymbidium goeringii*）、蕙兰（*C. faberi*）、建兰（*C. ensifolium*）、墨兰（*C. sinense*）、寒兰（*C. kanran*）、莲瓣兰（*C. tortisepalum*）］、新加坡的胡姬花［‘卓锦小姐’万代兰（*Vanda* ‘Miss Joaquim’），后被确认为凤蝶兰（*Papilionanthe* ‘Miss Joaquim’），可能是一天然杂交种］以及东京樱花（*Cerasus yedoensis*）等。

春兰
（*Cymbidium goeringii*）

‘卓锦小姐’凤蝶兰
（*Papilionanthe* ‘Miss Joaquim’）

地涌金莲（*Musella lasiocarpa*）

日本樱花（*Cerasus yedoensis*）
（摄影　秦亚龙）

图5-4　部分有特殊文化价值的植物

3）具有特殊科学价值的植物　植物的科学价值表现在很多方面，除了前面提到的之外，这里讲的科学价值主要是指那些比较特殊的方面，尤其是与植物学本身有关的方面，例如系统位置比较特殊的金缕梅科（Hamamelidaceae）在系统分类上的价值、拟南芥（*Arabidopsis thaliana*）作为模式植物在试验研究上的价值、雄性不育以及其他突变体植株在植物杂交育种上的价值等。

4）具有特殊生态价值的植物　和植物的科学价值一样，植物的生态价值也体现在很多方面，例如落羽杉（*Taxodium* sp.）和其他特别耐水湿的植物、柽柳（*Tamarix chinensis*）、罗布麻（*Apocynum venetum*）等特别耐盐碱的植物、朴树（*Celtis sinensis*）、梧桐（*Firmiana platanifolia*）、马蔺（*Iris lactea* var. *chinensis*）等抗或耐受大气或水体污染的植物、指示植物［如酸性土指示植物铁芒萁（*Dicranopteris dichotoma*）、石灰性土壤指示植物柏木（*Cupressus funebris*）、盐渍化指示植物碱蓬（*Suaeda glauca*）、富氮土壤指示植物葎草（*Humulus japonicus*）、黏重土壤指示植物那杜草（*Nardus stricta*）、铜矿脉指示植物海州香薷（*Elsholtzia splendens*）、氟化氢指示植物唐菖蒲（*Gladiolus gandavensis*）等］、防风固沙植物以及部分和其他生物协同进化或处于单一食性动物食物链上的植物，如中华虎凤蝶（*Luehdorfia chinensis*）的食源植物杜衡（*Asarum forbesii*）等，这些植物多具有生理或结构上的特点。

5）具有特殊纪念价值的植物　顾名思义，指的是具有重要保存价值的纪念植物。如1972年，尼克松访华期间赠送的来自其家乡加利福尼亚海岸的北美红杉如今在杭州植物园里枝繁叶茂，见证了中美两国交往的历史。南京中山植物园的前身总理纪念植物园更是为保存那些获赠的用以纪念中山先生的植物而建设的，可惜由于建园早期屡经战乱，这些纪念植物的去处已无法考证了，成为永远的遗憾。

5.1.2 迁地保护的理论基础

到目前为止，迁地保护还缺乏自身的理论体系，很多时候和就地保护共享同样的理论基础。只是与就地保护强调多度（abundance）、幅度（extent）、恢复力（resilience）和持续度（persistence）等不同，对迁地保护的讨论更多地集中在人工栽培条件、杂交、近交、人工选择或瓶颈效应等对迁地保护种群的影响方面（Stevens, 2007）。综合起来，迁地保护的理论基础主要包括：

（1）种群遗传学理论

种群遗传学以及相关的种群生态学是植物迁地保护最基础的理论，例如在迁地保护以及保护生物学中经常讨论的有效种群大小、最小存活种群以及极小种群等应该说都是衍生自种群遗传学，而所基于的基本理论，如奠基者效应、遗传漂变、哈迪－温伯格平衡等更是构成种群遗传学最基本的部分。

1）哈迪－温伯格平衡（Hardy-Weinberg equilibrium）　1908年，英国数学家哈迪（G. H. Hardy, 1877—1947）和德国医生温伯格（W. Weinberg, 1862—1937）各自独立发现，在理想状态下，各等位基因的频率和等位基因的基因型频率在遗传中是稳定不变的，即保持着基因平衡。这是种群遗传学的基石。所谓理想状态是指：i. 种群足够大；ii. 种群个体间的交配是随机的；iii. 没有突变产生；iv. 没有新基因加入；v. 没有自然选择。在一个自然群体中，上述理想状态是不可能的，尤其是濒危植物和栽培群体，其群体往往小于有效种群的大小，因此经常发生下面两种情况。

2）遗传漂变（genetic drift）　由于某种随机因素，某一等位基因的频率在群体（尤其是小群体）中出现世代传递的波动现象称为遗传漂变，也称为随机遗传漂变、遗传漂移。遗传漂变的结果是等位基因的流失和遗传多样性的降低。

进化论将进化动力归功于自然选择。随着分子生物学的建立与发展，1968年，日本学者木村资生首先提出了分子进化的“中性学说”或“中性突变的随机漂变理论”（neutral mutation-random drift hypothesis, Ohta et al, 1996），并为许多学者所证实和接受。该学说认为，突变是中性的，对生物的生存和繁殖能力没有影响，自然选择对它们也不起作用，它们在种群中的保存、扩散和消失完全是随机的，但日积月累，就可能形成不同的物种，这种现象称为“随机漂变”，也就是说“随机漂变”是生物进化和物种分化的动力之一。这种进化的方式被称之为“非达尔文主义”。

但实际上，“中性学说”不能很好地解释基因型到表型的变化以及物种形成的原因，因此称之为“非达尔文主义”并不准确。达尔文进化论、综合进化论和“中性学说”分别代表了表型、遗传基因和分子3个阶段或者3个层次，它们是不能割裂的。综合起来看，“中性学说”只是达尔文进化论有益的补充，表明分子变异中“中性突变”和“随机漂变”的确存在，并构成进化和物种分化的动力之一，但并不能否定自然选择的作用。也许我们可以理解为自然选择只是对有害突变的淘汰，并没有对无害突变或有利突变的主动选择，因此“中性突变”得以保留，这种遗传学和现代分子生物证据应该被认为是对达尔文进化论的矫正或者进一步综合也许才更为合理。木村资生本人也承认（1986）：“此理论并不否认自然选择对于适应进化方向上的决定。”

3）奠基者效应（founder effect）亦称建立者效应、创始者效应或始祖效应，是遗传漂变的一种形式，指由带有亲代群体中部分等位基因的少数个体重新建立新的群体，新群体因没有机会与其他群体进行基因交流，而维系其最初少数植株遗传结构的情况。

植物园迁地保存的栽培群体一般数量都比较少，由于种群小、空间受限，大部分群体也无法实现数量的增长。这样的群体自然存在发生遗传漂变和奠基者效应的极大可能性，这也是这些迁地保护种群常常被称为“活着的死植物”的主要原因。因此，以植物园为代表的迁地保护理论最需要研究的是有效种群、最小存活种群的问题，实践上最需要解决的则是高效的取样技术、适合的保护措施等问题。虽然这些内容也和植物种群遗传学有关，但已经附加了很多的实践内容，将在如下的保护生物学、植物引种驯化理论部分进行阐述。

（2）保护生物学理论

保护生物学（conservation biology）是以保护物种、生境和生态系统免于绝灭和生物互作侵蚀为目的而开展的对自然资源及其生物多样性的科学研究（Soulé et al, 1980; Sahney et al, 2008），是在自然资源管理学科基础上发展起来的自然和社会科学的交叉学科（Soulé, 1986）。其自然科学部分主要源于种群遗传学。与迁地保护有关的主要理论包括：

1）有效种群大小（effective population size, EPS）种群遗传学奠基人之一的美国遗传学家赖特（Sewall Wright, 1989—1988）首先引入了有效群体大小这一概念：在一个理想种群中，在随机遗传漂变影响下，能够产生相同的等位基因分布或者等量的同系繁殖的个体数量。有两种定义方式，即方差有效群体大小（variance effective size）和近交有效群体大小（inbreeding effective size）。两种定义都由F-统计衍生而来并紧密相连。

i. 方差有效群体大小：在Wright-Fisher理想种群模型中，在给定上一代等位基因频率p时，等位基因频率p'的条件方差为

$$\mathrm{var}(p'|p)=\frac{p(1-p)}{2n}$$

用$\overline{\mathrm{var}}(p'|p)$来表示该当前群体相同或通常更大的方差。方差有效群体大小$N_e^{(v)}$定义为具有相同方差的理想种群的大小。此时令$\overline{\mathrm{var}}(p'|p)$和$\mathrm{var}(p'|p)$相等并对$N$求解，可得到方差有效群体大小。

$$N_e^{(v)}=\frac{p(1-p)}{2\overline{\mathrm{var}}(p)}$$

ii. 近交有效群体大小：通过相邻两代之间近交系数的变化来计算，此时N_e定义为和理想群体具有相同近交变化的种群大小。对于理想群体，近交系数依以下递归方程式计算：

$$F_1=\frac{1}{N}\left(\frac{1+F_{t-2}}{2}\right)+(1-\frac{1}{N})F_{t-1}$$

每一世代的差值是

$$\frac{p_{t+1}}{p_t}-1-\frac{1}{2N}$$

通过解

$$\frac{p_{t+1}}{p_t}-1-\frac{1}{2N_e^{(F)}}$$

可得出近交有效群体大小为

$$N_e^{(F)} = \frac{1}{2\left(1-\frac{P_{t+1}}{p_t}\right)}$$

尽管研究者很少直接使用这个方程式。

2）最小存活种群（minimal viable population, MVP）在种群统计随机性、环境随机性、自然灾害和遗传随机性影响下，在给定时间内有较高存活概率的最小隔离种群大小。一种是遗传学概念，即一定时间内保持一定遗传变异量的最小隔离种群大小；一种是种群统计学概念，即在一定时间内有一定存活概率的最小隔离种群大小。MVP 包含 3 个要素：① 作用于种群的各种随机效应；② 保护计划中的时间期限；③ 种群存活的安全界限。根据实际情况，MVP 存活概率标准可以是 50%、95% 或 99%，相应的遗传变异量（等位基因频率）标准可以是 80%、95% 或更高，而存活时间期限可定为 50 年、100 年或 1 000 年。通常把低于或等于 100 年的存活期限称短期存活，高于 100 年至几百年的存活期限定为中期存活，1 000 年或高于 1 000 年的称为长期存活。20 世纪 80 年代初的一些研究认为，短期存活有效种群大小不得低于 50，长期存活有效种群大小应该是 500，因为缺乏有效的试验数据支持，这两个数值曾被称为“神秘的数字（magic number）”（Flather et al, 2011）。实际上，不同物种因其种群特性、遗传特征、所处的生态环境、保护状态和各种随机效应的影响程度不同，不存在对所有种群都适用的统一的 MVP 数值，只有进行种群生存力分析，才能获得相应物种适当的 MVP。为便于实践，许多研究认为 103 可以作为满足保护要求的 MVP 下限（田瑜 等，2011）。

3）极小种群　极小种群植物是指分布地域狭窄，长期受到外界因素胁迫干扰，种群退化和个体数量持续减少，种群和个体数量都极少，已经低于稳定存活界限，随时濒临绝灭的小种群（孙卫邦，2013）。从这个定义来看，极小种群从概念上应该可以定义为低于最小存活种群个体数量的野生小种群，从保护级别看，应该是极危种。

（3）植物引种驯化理论

引种既可以服务于保护性收集，即植物的迁地保护，也可以服务于以驯化利用为目的的资源性收集，即植物引种驯化，也只有这个时候，引种驯化才具有完整的意义。但需要指出的是，对于迁地保护而言，更注重的是引种的方法，而不是驯化，因为迁地保护的稀有濒危植物需要维持该物种原有的遗传性（保持性，retentation），防止因多代繁殖、选择或者杂交等导致等位基因的丢失或污染（防止性，preventation）。

（4）植物区系地理

见 3.1.1“植物园植物学研究的时代特点”部分。

5.1.3 植物园迁地保护技术

除广布种外，植物在野生条件下大都仅分布于一定的生境，具有特殊的生态位，与群落中的其他物种有着一定的种间关系，它们的种群大小和生长动态反映着栖息地的环境条件，遵循着与所在生境条件相适应的生长节律。要把它们从生活了数百年甚至数万年之久的生境迁地栽培到环境相对均一的植物园进行成功的异地保护并非一件简单的事情，需要相应的理论指导和技术支持，其中最关键的是如何保持采样种群遗传上稳定性（stability）、变异性（variability）和对原始种群的代表性（representiveness）。这里讲的植物迁地保护技术是指除了上述引种驯化以及生产上常用的繁殖、栽培等共性技术之外，迁地保护过程中的一些特别需要关注的技术环节，这些环节主要包括：

（1）取样技术

植物园的引种和迁地保护有两个主要目的：针对受威胁植物的保护性收集和以驯化、育种和以利用为目标的资源性收集。这两类收集的野外取样技术虽然有所不同，后者更强调特异性状，但都重视取样的遗传代表性。因此，在取样群体的大小上，要依据植物园迁地保护的目的和实际情况，在有效种群大小和最小存活种群理论的指导下，确定具体的取样技术。

从种群遗传学的角度，取样群体的质量主要依赖于等位基因、平均杂合度和基因型这3个代表性参数，一般要求取样群体能够代表野外种群95%以上的等位基因频率和频率大于5%的所有等位基因（Waldren, 2002）。在具体取样的过程中，还要考虑物种的繁育系统特性（自花还是异花授粉，雌雄同株还是异株）和种群本身的变异程度等因素，采用混合采种或者多基因取样（multiple gene pool sampling）的方法确定能代表原始种群遗传多样性的取样群体大小和合理的遗传结构。有学者提出取样群体要考虑以下5个因素：

① 代表性（representation）：所取的样品必须能代表那个种群的遗传多样性；② 防止性（preventation）：随着时间推移，不会因选择而出现遗传基因流失；③ 保存性（preservation）：必须维持物种的遗传完整性；④ 保持性（retention）：必须能维持种群的基因频率；⑤ 资源（resources）：其方法必须具有在人力、空间和设备资源的最小需要（许再富，1998）。

植物园迁地保护的取样要尽可能地考虑上述因素，但实践操作上要同时满足代表性、防止性、保存性和保持性还是比较困难的，所以一般按照最小取样群体，即最小种群来进行，即所谓的50/500法则。即使如此，最小种群的大小仍多有争议，因此，许多物种管理者提出一些经验性的建议（Franklin, 1980; Menges, 1991; Eloff et al, 1990）。例如，许再富（1998）以保存50~100年为目标，提出了植物园迁地保护取样的经验公式：

$P_n=L_f \cdot E_e \cdot A_m$

P_n为应保护的最小种群大小；L_f为该物种所属生活型要求的保护株数：乔木10~20株，灌木40~50株，草本100~200株；E_e为经鉴别的生态型或遗传型的数量；A_m为该物种的繁殖系统特性系数，初步确定，雌雄同株植物不论自花授粉或异花授粉均为1.2，雌雄异株植物为1.0，无融合生殖种类为0.8。并提出至少要在5个植物园同时保护，以提高保护的安全性。

值得一提的是Eloff等（1990）通过对3棵美丽芦荟（*Aloe spectabilis*）植株90年繁殖的约10 000株进行比较形态学研究后发现，这个群体与300 km外原始群体没有基因交流，因而他们认为，一些植物的迁地保护不一定要求太大的种群数。帕特里克（Patrick et al, 2015）通过对苏铁（*cycas*）活植物收集的研究也指出，迁地保护可以保持野生种群的遗传多样性，前提是：① 在物种生物学的指导下制定合理的采集策略；② 对所有迁地种群进行隔离管理；③ 采集和维持多个登记号；④ 连续多年采集。

（2）迁地保护生境的选择与营造

由于植物具有不同的生态适应性，尤其是珍稀濒危植物对环境的要求更为苛刻，所以，迁地保护要尽量选择多样化的生境，使其具有丰富异质性，必要时还要适当地改变地形、重建群落和植被条件以创造适宜的、符合其生态历史的生境条件，有利于其个体的生长发育和种群重建。

野生植物原产地的野外考察、分析可以为营造迁地保护生境提供很好的参考，但要注意的是有些珍稀濒危植物目前的野生分布地和群落条件不一定是其个体和种群发生、发育全部过程的最适条件或某一阶段最适的条件。这个时候就要结合其生态历史、群落和种群动态的考察来确定其适合的生境。例如，我们调查发现，银缕梅在江苏宜兴的自然分布地一般处在山体上部、竹林的上方，但这并不表明银缕梅的个体和种群只能在海拔相对较高、需要竹林庇护的生境下才能正常发育，而是因为银缕梅种群的退让是受竹林挤压的结果，引种到山下阳光充足的地方，它们往往生长得更好。

选择或创造适宜的群落条件或群落动态也同样重要，因为不同的植物种类对生态条件、种间关系的要求是不同的，即使是同一植物种类，在其不同的发育阶段，要求也是不一样的。如热带雨林群落的很多乔木成分的幼苗和更新苗是在光照仅为林外4%~8%的弱光条件下生长的，也只有在这样的状况下，它们才有可能获得机会成长为群落中的预备种群（许再富，1998）。我们对南方红豆杉（*Taxus wallichiana* var. *mairei*）的调查有类似的发现，野生条件下，南方红豆杉小苗或幼树在林下发育良好，但成年树一般都出现在溪沟两侧或竹林边缘，这是因为南方红豆杉种子的萌发需要较好的水湿条件，苗期比较耐阴，但成年树需要较好的光照条件。迁地保护实践也证实了对某种植物单一种植可能出现的问题。例如对团花（*Anthocephalus chinensis*）的单一栽培幼苗受团花绢螟（*Dianhania glauculelis*）的危害率高达100%，受团花旋皮天牛（*Acalelopta lceruina*）的为害率达36%~78%，而且其生长速度比不上它们在分散分布的自然状况下的自然生长速度。单一栽培的美登木（*Maytenus hookeri*）也100%受美登木果蛾（*Teinoptila antistatica*）的为害。这是由于单一种植使这些植物失去了自然群落中种群间的隔离和协调作用（许再富等，1982）。南京中山植物园在迁地保护南方红豆杉的过程中，选择了类似于其野生群落条件的生境进行栽培，取得了较好的效果，20世纪50年代引种的11株南方红豆杉小苗现在已经发展成一个近700株的准自然种群。

（3）现代生物学技术

除了活植物收集、种子库等传统的迁地保护方法以外，在现代生物技术基础上发展起来的一些新的离体保存方式正逐渐受到重视，例如组织培养、基因组技术等。前面提到的GGI-Gardens就是一种在植物园现有活植物收集基础上，基于基因组和互联网等现代技术的一种新的离体保存方式，保存的是植物组织及其基因组，和传统方式一起构成了更丰富的生物贮存库（biorepository）。

（4）植物物种保护的植物园网络和伙伴关系的建立

无论如何，珍稀濒危物种在单个植物园的迁地保护都是有风险的，这时可以发挥植物园网络的作用，实现在不同植物园的复份栽培，它们合起来相当于形成了一个更为广布的异质种群，可以降低近亲繁殖的风险和绝灭概率。但就像MVP大小一样，针对一个特定物种而言，究竟需要多少个植物园复份栽培才合适也没有明确答案。根据我国植物园和植物受威胁状况，许再富（1998）建议珍稀濒危植物物种应在5个以上的植物园进行复份栽培才较为合适，而且它们分布区的自然条件要有一定的差异。有关国际组织，如IABG、BGCI、TPC、物种存续委员会（Species Survival Commission, SSC）、IBPGR等都在推动国际伙伴关系的建立，以促进珍稀濒危植物全球保护网络的建立，但鉴于国家间利益的考虑，除了部分保护协作组织，如挪威斯瓦尔巴全球种子库（Svalbard Global Seed Vault, SGSV）、美国国家遗传资源计划（National Genetic Resources Program, NGRP）等农作物遗传资源库以外，实际效果还很有限。

（5）不同种类在不同生育阶段的一些特殊问题

野生植物在离开原来的自然生境，迁移到人工栽培环境后，在不同的发育阶段会出现不同的问题，尤其是珍稀濒危植物都存在特殊的致濒原因，这个时候就要根据这些原因找出适合的解决办法，才能保证迁地保护的最终成功，总结起来，这些问题主要包括：

i. 开花结实率或萌发率低：只开花不结果、坐果率低或空秕率高的现象是野生植物家化栽培过程中经常出现的问题。例如野生报春花的5个种［灰岩皱叶报春（*Primula forrestii*）、海仙花（*P. poissonii*）、橘红灯台报春（*P. bulleyana*）、偏花报春（*P. secundiflora*）和钟花报春（*P. sikkimensis*）］在栽培条件下收获的种子均不能萌发，而野生状态下收获的种子，种子发芽率都在70%~90%（张长芹等，2003），萝芙木（*Rauvolfia verticillata*）、美登木也存在类似的现象（许再富，1998）。产生上述问题的原因是多种多样的，可能是在栽培条件下传粉媒介缺乏，也可能是迁地保护种群太小，植物难以进行异株或异花授粉或由于自交的同质不亲和性引起的不育，其他如雌雄器官异熟、胚败育或早期退化等都可能是造成植物“华而不实”或萌发率低的原因。诸如此类的问题，要通过观察、实验和综合分析确定具体原因，采取相应的措施予以解决。

ii. 种子萌发障碍：种子萌发障碍也是野生植物

家化栽培过程经常遇到的问题，在珍稀濒危植物中尤其常见。原因可能是种子结构上的问题，如种皮过厚，也可能是生理上原因，如存在抑制物质，需要后熟等。可采用机械擦伤法、酸蚀法、水浸法、层积法等进行预处理，也可在栽培生境中营造类似的条件诱导自然萌发。例如，调查发现，南京中山植物园迁地保存的南方红豆杉在鸟类啄食的情况下，其种子经过鸟类消化道处理，萌发和传播得到促进，这是自然种群得以增长的重要原因（李新华 等，2001）。

多数情况下，野生植物的濒危是综合因素所导致的，例如气候变化或人为干扰导致其生境的改变或丧失，进而影响到植物的传粉媒介和植物自身的繁育系统等，因此，应综合分析影响野生植物迁地保护的各种因素，并采取综合的保护措施才更加有效。

iii. 幼苗移植的适应性锻炼：许再富（1998）研究发现，一些热带雨林成分的幼苗在自然界都在阴湿的环境下生长，有一个10年左右的生长抑制期。如果用这样的幼苗进行迁地保护，很多植物的幼苗在育苗和露地栽培的强光和较干燥条件下容易产生灼伤，影响生长。在其他地区虽然不像热带地区这样明显，但自然群落取样的幼苗或者采种繁殖的实生苗，也要采取一定的遮阴措施，给予适当的湿度条件，以帮助这些幼苗逐步适应新的栽培环境。

iv. 早衰问题：很多植物在栽培条件下能比它们处在自然条件下提早开花结实，有些植物由此早衰。如生长于热带雨林里的油瓜（*Hodgsonia macrocarpa*），5~6年进入结果期，一年结果一次，挂果10个左右；人工栽培后，半年至一年就开花结果，且一年结果2次，每次每株挂果30~40个，少数高达百个，但3年后早衰。这是由于从雨林“凉湿”环境迁移到“干热”的迁地栽培环境的结果，可以通过模拟其野生环境来防止此早衰现象（许再富，1998）。

5.1.4 活植物迁地保护的评价

对无论哪一类收集而言，似乎都是越多越好，这也是很多国内植物园追求“万种园”的原因，但实践上限于很多因素，这是非常困难的，即使是邱园那样登峰造极的活植物收集，其20 000种也只代表了全球植物种类的8%。很明显，针对特定目的开展的专门收集，应该比那些泛泛的收集更容易取得成功，也更有价值。但遗憾的是很少有植物园有这样清晰的活植物收集策略（Crane et al, 2009），而混乱的活植物收集计划也不可能形成真正有用的活植物收集（Pepper, 1978）。因此，英国爱丁堡皇家植物园（Rae et al, 2006）、美国国家树木园、哈佛大学阿诺德树木园等详略不等地制定了各自的活植物收集策略。南京中山植物园在此基础上也编制了《南京中山植物园活植物收集与数据管理策略》(见扩展阅读五)。

到目前为止，世界上还缺乏统一的活植物收集策略，考虑到活植物收集策略的不同，其标准和方法可能也只能针对具体的策略来制定。例如对于保护性收集，Cibrian-Jaramillo等（2013）曾建议利用3个活植物收集管理优先性指标（物种受威胁等级、遗传代表性和维持遗传代表性所需的相关成本）联合或单独地进行评价，并在此基础上得出保护价值的综合指标：C值（C-Value）。

稀有、濒危植物在迁地条件下保存的时间相当长，一般认为要50~100年，在这样长的时间内和数千种，甚至数万种植物集中栽培的条件下，要保持物种原有遗传多样性、防止遗传漂变和遗传污染是非常困难和重要的，因此保持性和防止性就成为评价珍稀濒危植物迁地保护是否成功的两个重要标准（许再富，1998）。其中保持性既涉及原始取样种群的代表性，也关系到迁地保护条件下的具体措施的安排。因而，对珍稀濒危植物迁地保护的评价可以在经过若干代繁殖后，采用形态比较、DNA分析等检测方法进行分析、对照。

但这可能仅适用于受威胁植物的保护性收集，因为对资源性收集而言，考虑更多的是经济性状，而不关注它们的遗传多样性的代表性，代表这些特定经济性状的基因对某一个植株或种群而言很可能是稀有等位基因，而对于整个资源性活植物收集而言，它们可能又是千差万别的。

表 5-3　植物园活植物保护价值评估

指标 1 物种受威胁等级			指标 2 遗传代表性		指标 3 遗传捕获成本 / 活植物收集成本	C-Value
IUCN	CITES	NatureServe Grank	等位基因捕获 /%	回归引种潜力 /%		
EX	—	GX	90	90	低 Y	1
EW	I	GH	80	80		2
CR	II	G1	70	70	中 Y	3
EN	III	G2	60	60		4
VU	—	G3	50	50	高 Y	5
NT	—	G4	—	—		6
LC	—	G5	—	—		—

引自 Cibrian-Jaramillo A, et al, 2013.

上述讨论还只是建立在之前的按照类群取样的层次上，是对取样的代表性、保护效果和效率的评估。但对全部活植物收集而言，这还是不够的，例如，对于保护性收集，GSPC 提出了受威胁物种 75% 得到迁地保护，其中 20% 可以用于生态恢复项目等。澳大利亚堪培拉国立植物园（Australian National Botanic Gardens, Canberra）保存了乡土植物 6 200 多种，达到了当地乡土种类总数的三分之一①，位于美国克莱尔蒙特市（Claremont）的兰乔 · 圣安娜植物园（Rancho Santa Ana Botanic Garden）保存了 2 000 种左右的加利福尼亚乡土种类，多达当地乡土种类总数的三分之一②，其中部分是受威胁种类，这已经是比较高的比例，而且这种按照区系进行的活植物收集或者专类园区建设也是一种常用的方法，但如何评价它们的代表性和保护效果？其他如按照习性、用途等进行的活植物收集也都需要类似的讨论。

总之，活植物收集或迁地保护评价的目的，是在最经济和最合理的物流效率的情况下，保存最大的遗传多样性。在这一原则指导下，结合各植物园的活植物收集策略，采用 FAI 决策程序，分层次进行分析也许是一种比较合理、全面的评估方法。我们在拟定南京中山植物园的活植物收集策略时就采用了这一方法：第一层次上的优先目标依次是资源性收集、研究性收集、保护性收集和展示性收集，而在资源性、保护性收集等收集类型下的次级优先目标又可以根据经济价值高低、与研究等实际需要的关联程度、受威胁程度等来确定。

南方红豆杉被确认为濒危物种之一，南京中山植物园 20 世纪 50 年代从庐山植物园引种 11 株，其中雌株 5 株，雄株 6 株，按照其野外生境，定植于松柏园边缘山溪与阔叶林交汇处，经过 60 多年的迁地保育，目前已经发展为一个 700 多株的自然衍生种群，沿山溪自然分布。据分析，鸟类等啄食在种子传播过程中起到了重要作用（李新华 等，2001），而山溪和落叶阔叶林等则给种子萌发创造了条件。ISSR 检测迁地保护种群和野生种群的遗传多样性表明，二者都维持着较高水平的遗传多样性，遗传分化和基因流也都处于较高水平，说明迁地保护策略成功地保护和维持了南方红豆杉的遗传多样性，从而证明了植物园在濒危植物迁地保护中具有以往未被认识到的巨大潜力（李乃伟 等，2011；廖盼华 等，2014）。

① Our living collection [EB/OL] . [2019-01-26]. http: andg.gov.au.
② Discover the wonder of california Flora [EB/OL] . [2019-01-26]. http: rsabg.org.

5.2 植物园迁地保护现状

根据IABG统计，全世界现有植物园2 122个（Huang et al, 2018），保存植物至少105 634种，包括了全球30%的物种和超过41%的已知受威胁种类。但从植物区系上看是非常不平衡的，其中93%的活植物收集种类来自北温带，而尚未被收集的植物种类的76%主要位于热带地区。从种系发生来看，植物园活植物收集50%以上的属是维管束植物属，而仅有5%的非维管束植物属（Mounce et al, 2017）。在这些植物园中，活植物收集超过10 000种的植物园有50余座。

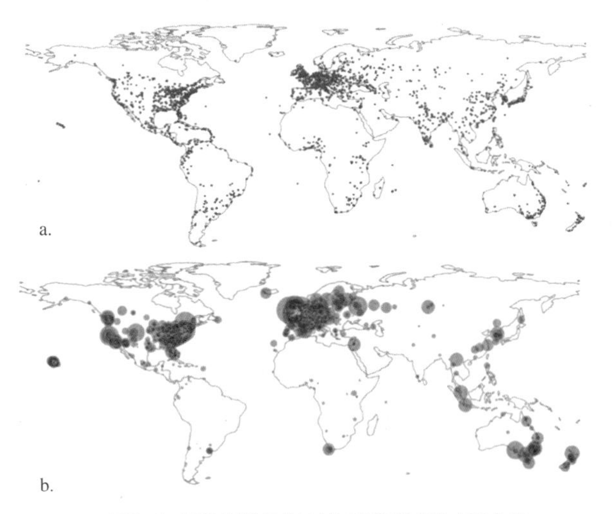

图5–5　迁地保护机构及其可获得数据的全球分布

注：a. BGCI成员（主要为植物园，作者注）的全球分布；b. 迁地保护植物种类的多样性，直径代表了活植物种类的相对多少。参考Mounce等（2017），数据来自BGCI.

根据廖景平等（2018）的最新调查，我国植物园迁地保护的维管束植物有396科3 633属23 340种，分别占我国高等植物科的91%、属的86%和物种的60%，其中木本植物288科2 911属22 104种，《中国植物红皮书》中40%的种类被植物园迁地保护。中国科学院系统的15个植物园共引种保存植物20 000种（占全国植物物种总数的86%）、中国和地方特有种24 740种（占特有种总数的73.56%）。

从世界范围来看，发达国家及其在殖民地所建的植物园植物收集种类都很丰富，发展中国家的植物园则收集种类偏少。例如，英国邱皇家植物园现今面积120 hm²，收集保存的已命名分类群（包括种以下单位）达33 000种，还有未定名类群26 000种左右，合计高达590 000种，是我国所有植物园收集保存物种总数的近3倍。其他如美国的密苏里植物园、纽约植物园，丹麦哥本哈根大学植物园，法国巴黎植物园（Jardin des Plantes, Paris），德国柏林大莱植物园、慕尼黑植物园，加拿大蒙特利尔植物园等都有非常丰富的收集。

表5–4　世界代表性植物园活植物收集、保育情况

序号	植物园名称	国别	面积/hm²	活植物数/种	标本数/万份	特色收集	温室面积/m²
1	邱皇家植物园	英国	120	59 000	700	兰科、苏铁科、棕榈科、蔷薇科、杜鹃花科、蕨类等	20 390
2	茂物植物园	印度尼西亚	87	52 927	200	兰科、棕榈科、豆科、夹竹桃科、天南星科、茜草科、大戟科、槟榔、龙脑香科、芭蕉科、薯蓣科	数据未获得
3	密苏里植物园	美国	32	30 000	450	兰科、蔷薇科、鸢尾科、地中海植物、食虫植物、萱草、玉簪、凤梨科	6 000
4	蒙特利尔植物园	加拿大	73	26 000	50	兰科、天南星科、蕨类、秋海棠、苦苣苔科	数据未获得

续 表

序号	植物园名称	国别	面积/hm²	活植物数/种	标本数/万份	特色收集	温室面积/m²
5	哥本哈根大学植物园	丹麦	9.75	25 000	250	秋海棠、鸭跖草科、豆瓣绿、泰国兰	5 400
6	莫斯科总植物园	俄罗斯	361	21 000	26.7	郁金香、鸢尾、唐菖蒲、芍药	9 300
7	巴黎植物园	法国	13	21 000	650	兰科、多浆植物、仙人掌、凤梨科、天南星科、澳大利亚植物、大丽花、美人蕉、天竺葵、倒挂金钟属、芍药属、非洲紫苣苔、高山植物	4 800
8	爱尔兰国家植物园	爱尔兰	19.5	20 000	数据未获得	兰花、矮生松柏、月季、岩石园、篱壁植物	数据未获得
9	柏林大莱植物园	德国	42	18 000	200	千岁兰、多浆植物、仙人掌、秋海棠、食虫植物和蕨类等	数据未获得
10	乌得勒支大学植物园	荷兰	36	18 000	60	槭树科、番荔枝科、天南星属、卫矛属、苦苣苔科、木兰属、桑科、兰科、木犀科、姜科、圭亚那植物	3 150
11	里昂植物园	法国	7	15 000	数据未获得	高山植物、蕨类、蔷薇属、山茶属、松柏类、苏铁	数据未获得
12	纽约植物园	美国	100	15 000	550	蒙哥马利松柏系列、海维梅叶丁香系列、樱、木兰、萱草、荚蒾、蕨类、美洲和旧世界沙漠植物、棕榈、兰花、热带植物	2 000
13	日内瓦植物园	瑞士	7.5	15 000	600	高山植物、观赏植物、树木	数据未获得
14	帕勒莫植物园	意大利	10	15 000	0.8	仙人掌科、大戟科、番杏科、露兜树科、五加科、棕榈科	1 650
15	英属哥伦比亚大学植物园	加拿大	46	14 000	数据未获得	木兰、杜鹃、高山植物、亚洲植物	数据未获得
16	基辅植物园	乌克兰	130.2	13 000	数据未获得	蔷薇科、菊科、大丽花、唐菖蒲、兰科、仙人掌科、石竹科	5 500
17	汉堡大学植物园	德国	4	12 000	数据未获得	松叶菊科、苏铁科、凤梨科等	7 800
18	亨丁顿植物园	美国	82.8	12 000	7.5	多浆、山茶、苏铁科、松柏类、棕榈、竹、木兰等	数据未获得
19	苏黎世大学植物园	瑞士	7	12 000	150	兰花、蕨类、食虫植物、金缕梅科、水生植物	16 000

续 表

序号	植物园名称	国别	面积/hm^2	活植物数/种	标本数/万份	特色收集	温室面积/m^2
20	爱丁堡皇家植物园	英国	24.8	12 000	200	杜鹃花科、兰科、菊科、蔷薇科	8 000
21	布加勒斯特大学植物园	罗马尼亚	17	11 000	数据未获得	凤梨科、兰科、胡椒科、大丽花、郁金香、藏红花、鸢尾、食虫植物、地中海植物	数据未获得
22	伏龙芝植物园	吉尔吉斯斯坦	148	10 063	1	桦、椴、山楂、忍冬、栎、白蜡、榆、山梅花、苹果、栒子、小檗、槭、樱、杨、柳、茶藨子、绣线菊、松	数据未获得
23	法兰克福植物园	德国	20	10 000	数据未获得	兰科、仙人掌、多浆植物、凤梨科、天南星科、食虫植物、欧石南、帚石南、萱草、水仙、山茶、吊钟花、天竺葵、高山植物	12 000
24	神奈川植物园	日本	6	10 000	数据未获得	数据未获得	数据未获得
25	帕多瓦大学植物园	意大利	2	6 800	40	兰花、食虫植物、多浆植物、药用植物、紫菀属、早熟禾属、百合科、豆科	500

摘自贺善安，2005

5.3 物种濒危的原因

除了地质史上一些突发的绝灭事件之外，物种的生生灭灭本是一个自然的演化过程，在过去的两亿多年里，高等植物的绝灭速率据估计为每世纪4种，到了17世纪，增加到每年10种。绝灭速率的大幅度增长发生在17世纪至20世纪中期，也就是工业革命开始以后，这个时期每年绝灭的物种达到约100种，20世纪末更是增加到每年数千种，估计很快就会达到每年10 000种（Lawton et al, 1995; Primm et al, 1995），即正常速率的1 000倍。到2050年，预计三分之一的维管束植物将处于濒危状态（Raven, 2008; Primm et al, 2017）。根据专家评估，我国濒危物种约占总物种数的15%~25%，在28 000余种维管束植物中，濒危种类应该在4 000~7 000种，国家林业局、农业部1999年公布了我国第一批重点保护野生植物约1 700种，第二批讨论稿（2011）考虑了1 900种（未正式公布），这样合计达到3 600种，约占预估濒危种类的一半左右。

关于生物濒危和绝灭的原因，系统演化学说认为有其自然的因素，包括遗传发育和生物地理历史因素等。如银杉（*Cathaya argyrophylla*）、珙桐的濒危就是历史气候变迁的结果（谢宗强，1999）。

根据化石记载，至少在中新世至上新世时期，银杉在欧亚大陆曾有过广泛的分布（傅立国，1990；李楠，1995），但现代银杉仅见于四川、贵州、广西和湖南等亚热带山地的局部地区，而且呈岛屿状间断分布。究其原因，则与开始于白垩纪的气候变冷有关，随着第四纪更新世的开始（约160万年前），冰川作用变得极为广泛。欧亚大陆在冰期与间冰期之间的温度波动有17~18 ℃。冰期的降水量比现在低得多，间冰期的降水量大体与现在相同。冰川作用下气候变冷，致使欧亚大陆的植物全面南移，而同时期我国现在的银杉分布地越城岭、大瑶山及大娄山等地虽均有冰川发生，但只是局部冰盖所形成的小型冰川，且各山地的冰川多不相连（孙殿卿，1957；李四光，1975）。因此气候变冷幅度较小，且有未被覆盖的空隙，成为欧亚植物南迁的归宿之一。南迁路线主要通过西伯利亚向中国东北，再到中国南部、朝鲜半岛和日本等地。银杉南迁过程中，在冰期首先落脚于我国低纬度和海拔较低的平原、丘陵地区，间冰期气候变暖变干，银杉又不得不向高纬度和高海拔处移动，即所谓的退却（retrogression）。经过几次冰期和间冰期作用，银杉不断地进退转换，加之青藏高原的剧烈隆升，大气环流受到很大影响，西部高原内部和北方气候日趋干燥（王鸿桢，1985）使得退却到北方的银杉逐渐消失，只有退却到高海拔处的银杉在我国南方亚热带山地保留下来，冰后期以来的气候波动则使已经片断化分布的银杉种群数量进一步下降，从而导致了银杉目前的分布格局。类似的原因导致了珙桐类似的分布特征，而这些环境的变化引起的适合度下降进一步导致种群不断衰减。珙桐自然更新的主要形式为种子繁殖和根蘖繁殖，但种子繁殖非常困难，平均每个果核中仅有1~5枚种子发育，败育现象十分严重，且有2~3年休眠期，加之早期落果非常严重，有“千花一果”之说，因此，自然更新以萌条为主（张征云 等，2003），更新速度非常缓慢。

这些自然或物种本身因素导致的濒危是保护生物学研究的内容之一，但由于这是自然规律，是人力难以逆转的，因此大部分时候生物多样性保护所关注的是那些超过正常绝灭速率的部分，这部分种类的濒危原因大都与人类活动有关，因此通过我们自身的努力是可以避免的。这些原因主要包括：

（1）生境的丧失和片段化

生物多样性首先与其栖息地有关，正所谓“皮之不存，毛将焉附”，土地利用方式改变导致的生境丧失是生物多样性下降的主要原因之一。森林是地球上生命的主要栖息地，孕育了全球陆地生物多样性的80%左右，全球有大约30亿人居住在森林萦绕的环境里，其中的1.6亿人依赖森林为生。然而，由于木材采伐、土地开垦和城市扩张等人类活动，仅2000—2012年间，全球就有230万 km^2 的森林被砍伐，曾经覆盖地球1 600万 km^2 的森林现在还剩620万 km^2，相当于每分钟有48块足球场大小的森林消失，直接威胁以森林为栖息地的物种的生存。以生物多样性最为丰富的热带雨林为例，根据总部设在印度尼西亚茂物的国际林业研究中心（Center for International Forestry Research, CIFOR）统计，在亚马孙这个地球上最大的热带雨林，每年消失的森林面积由1991年的41.5万 km^2 上升到2000年的58.7万 km^2（Kaimowitz et al, 2004）。类似的情况也同时发生在印度尼西亚、加里曼丹岛、中美洲沿岸等地。61个热带国家中，有49个国家50%以上的野生生境已不复存在，其中孟加拉国高达94%，越南和印度为80%[①]。在其他亚热带、温带地区也存在类似现象，只不过这些地区的农耕历史更悠久、城市化进程更早，因此栖息地丧失得也更早而已。有专家（Wilson, 2002）预测，到2030年，全球80%的森林将消失，只剩下10%的原始森林和10%的退化林地。其实，早在1992年，Wilson E. O. 就曾警告，由于这些栖息地的丧失，生活在其中的生物物种正以每年50 000种以上的速度绝灭，50年内，四分之一甚至更多物种将有绝灭的危险（Wilson, 1992）。

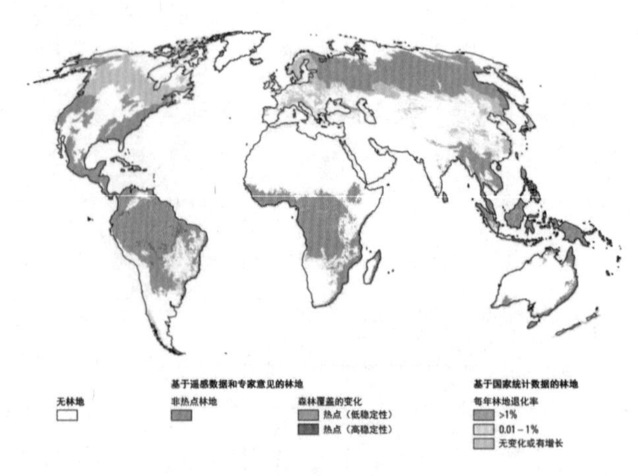

图 5-6　全球森林覆盖的变化

（引自 Mondiale B. World development report: Agriculture for development[M]. Washington, DC: The World Bank, 2008.）

① Country Forest Data (sort by region) [DB/OL]. [2018-05-18] http://data. mongabay. com/deforestation_rate_tables. htm.

除了生境丧失之外，这些人为干扰所导致的生境片段化是导致生物多样性减少的另外一个重要原因，片段化降低了种群之间交流和扩散的机会，导致遗传漂变机会的增加和遗传多样性的减少，从而增加了遗传风险。

（2）环境污染与全球气候变化

工业化带来的空气、水体和土壤污染一方面直接威胁受污染栖息地内的物种生存。例如，由于水体污染，伴随富营养化的发展，昆明滇池从20世纪50年代到90年代，湖滨地带的生物圈层几乎全部丧失，水生高等植物种类丧失了36%（项希希，2004）；另一方面，污染会迫使生态系统结构上趋于单一，从而导致物种生境的丧失，进而导致生物多样性的减少。例如在空气污染方面，二氧化硫是常见和多发的污染物，二氧化硫污染使加拿大北部针叶林退化为草甸草原，北欧大面积针阔混交林退化为灌木草丛，其中许多物种因而丧失；最后，环境污染，尤其是温室气体浓度的上升导致全球变暖，进而雪线和海平面上升，陆地植物向两极和高海拔地区延伸，导致更大范围的生境变迁，影响原栖息地物种生存。以许再富先生的调查为例，温室效应使西双版纳热带雨林内部环境由“凉湿”转为“干暖”，1951—1991年的30多年里，群落内消失物种占观察种类的38%（许再富，1998）。

不同物种对于污染的耐性或抗性水平不同，从而在同样的污染条件下，幸存的物种仍具有一定的区系或种属特点。一般来说，广域分布的物种生存的机会大于分布范围窄小的物种；草本植物生存的机会大于木本植物。

（3）外来物种入侵

物种间的竞争是自然界时刻都在发生的正常现象，从而形成了不同的生态位和现有的植物分布格局。而外来种入侵是人为因素带来的额外竞争压力。外来种入侵严重干扰本地的自然生态系统及其演化进程，压缩本地种的生存空间，占用本地种的生态资源，并可能给本地种中的近缘物种带来遗传污染，从而导致本地生物多样性的丧失，甚至物种的绝灭。这种现象在岛屿上尤其严重，这是因为岛屿面积有限，生态系统和群落结构相对简单，抵御外来种入侵的能力相对薄弱。根据IUCN的统计，在1997年公布的33 000余种濒危植物中，因外来种入侵导致濒危的达245种之多（Wyse, 2002）。例如，由于中国、美洲之间频繁的交流和多样化的交流渠道，加之植物区系上的对应关系，原产中国的葛藤（*Pueraria lobata*）、含羞草（*Mimosa pudica*）甚至卫矛（*Euonymus alatus*）在美国都成为入侵植物。据统计，我国已有188种外来入侵植物（李振宇 等，2002），例如原产墨西哥的紫茎泽兰（*Eupatorium adenophora*）在我国西南地区大面积爆发，原产巴西的水花生（*Alternanthera philoxeroides*）、原产北美的加拿大一枝黄花（*Solidago canadensis*）则在我国造成更大范围的危害。江苏是我国植物入侵的重灾区之一，至少有33种已表现出明显的危害性（李亚 等，2008）。

在广泛引种的过程中，由于部分植物园的活植物收集缺乏必要的风险评估和管控措施，导致很多植物园也成为潜在的入侵中介（Hulme, 2011），而且与其他渠道的入侵相比，植物园逸出的入侵植物更多的是有意引入的。由于植物园活植物记录的规范性，这些逃逸的植物种类都有比较完善的数据记录，这也为植物入侵规律的研究提供了第一手资料。

表5-5 部分植物园引种并逃逸的入侵植物

植物园	年份	入侵种
毛里求斯庞普勒穆斯植物园	1785	风车藤 *Hiptage benghalensis*
	1810	草莓番石榴 *Psidium cattleianum*
	1837	五色梅 *Lantana camara*
	1863	巴西胡椒木 *Schinus terebinthifolius*
毛里求斯鸠比（Curepipe）植物园	1890	粗壮女贞 *Ligustrum robustrum*

续 表

植物园	年份	入侵种
印度加尔各答（Calcutta）植物园	1809 1840	五色梅 *Lantana camara* 飞机草 *Chromolaena odorata*
澳大利亚达尔文（Darwin）植物园	1890	刺轴含羞草 *Mimosa pigra*
澳大利亚布里斯班（Brisbane）植物园	1924 1932	巴西胡椒木 *Schinus terebinthifolius* 风车藤 *Hiptage bengialensis*
新加坡国立植物园	1903 1910	凤眼蓝 *Eichhornia crassipes* 火焰木 *Spathodea campanulate*
印度尼西亚茂物植物园	1894 1920 1949	凤眼蓝 *Eichhornia crassipes* 号角树 *Cecropia peltata* 微甘菊 *Mikania micrantha*
美国夏威夷瓦希阿瓦（Wahiawa）植物园	1941	恶草 *Clidemia hirta*
美国夏威夷哈罗德·L. 里昂（Harold L. Lyon）树木园	1920 1920	东方紫金牛 *Ardisia elliptica* 草莓番石榴 *Psidium cattleianum*
法属波利尼西亚塔希提岛哈里森·史密斯（Harrison Smith）植物园	1937	米氏野牡丹 *Miconia calvescens*
南非科斯坦布须国家植物园	1830	黑荆树 *Acacia mearnsii*

引自 Hulme 2011

（4）人类活动的直接危害

无论是生境的丧失和片段化、环境污染与全球气候变化还是外来物种入侵，基本上都是人类活动的后果，进而导致物种濒危或绝灭。实际上，人类活动还直接导致了物种的濒危或绝灭，而且数量可观、速度惊人。这种直接危害主要来自人类对野生自然资源贪婪的、无节制的攫取，和对有潜在价值资源的不经意的丢弃。最明显的例子之一是甘草（*Glycyrrhiza uralensis*，也称乌拉尔甘草、西甘草），这是我国著名的传统中药材，被称为“药之国老”，年需求量达 4 万多吨，是我国用量最大的中药材品种，在医药保健、烟草、日化、印染、食品、饮料、化妆品等行业应用广泛。正因为如此，我国野生甘草资源遭到无节制采挖，现在，甘草在河北、北京、天津、山西和辽宁等省市几乎绝迹。甘草同时也是一种很好的防风固沙植物，大面积的采挖在造成甘草资源枯竭、濒危的同时，也造成其原产地我国西北、华北等干旱、半干旱荒漠草原、沙漠边缘和黄土丘陵地带大面积草场沙化，适宜生境丧失，进而影响到其他物种的生存。情况类似的还有黄连（*Coptis chinensis*）、人参（*Panax ginseng*）等。

与这种过度采挖导致的物种濒危、生物多样性减少相比，人类不经意“丢弃”的多样性更多，但受到的关注却要少得多，尤其表现在许多地方品种上。以小麦为例，20 世纪 50 年代初我国种植的小麦品种约 10 000 个，几乎都是地方品种，到了 21 世纪初的时候只剩下 400 个左右；无独有偶，山东是我国花生的主产地，据 1963 年统计有花生品种 470 个，21 世纪初仅剩下 14~15 个（刘瀛弢，2008）。在果树方面，据南京中山植物园贺善安等调查，20 世纪 50 年代在浙江衢州常山一带被称为“野花”或“野货”的柑橘（*Citrus reticulata*）地方品种资源非常丰富，记录在案的就有 200 个以上，实际数字应该在 2 倍以上，但现在大部分已经荡然无存。现在时兴的新品“胡柚”或“金柚”（*C. grandis* ‘Golden Pumelo’）就是当时的“野花”之一，可能是柚和橙的天然杂交种，是柚中唯一的金黄色品种，而另一个具有极早熟、单胚（橘类多为多胚）的“野花”——“早福橘”

已无处可觅了（蔡剑华，1991，贺善安，2005）。

5.4 植物迁地保护与《生物多样性公约》

《生物多样性公约》是一项保护全球生物多样性和生物资源的国际性公约，1992年6月1日在联合国环境规划署发起的政府间谈判委员会第七次会议上通过，1992年6月5日，由签约国在巴西里约热内卢举行的联合国环境与发展大会上签署，于1993年12月29日正式生效。常设秘书处设在加拿大的蒙特利尔。联合国《生物多样性公约》缔约国大会是全球履行该公约的最高决策机构。

《生物多样性公约》（简称《公约》）的主要目标：i. 保护全球生物多样性；ii. 促进生物多样性的可持续利用；iii. 合理分享生物多样性的遗传资源以及由它带来的利益。除了这些总体目标与植物园迁地保护的目标高度一致外，《公约》第9条还规定：把生物多样性保存在迁地保护基因库、植物园或其他机构。换句话说，《生物多样性公约》以国际公约的形式约定了植物园作为迁地保护主要机构的职能。此外，《公约》第13条“公众科普教育”和第15条“遗传资源的取得”通过有序途径，支持研究以及允许利用所保存和管理的大量生物多样性资源，提高合作机构的生物多样性保护能力，也同样是植物园的主要职能的一部分，即植物园的公众科普教育和引种交换。

《公约》的其他义务包括：

i. 识别和监测需要保护的重要的生物多样性组成部分。

ii. 建立保护区保护生物多样性，同时促进该地区以有利于环境的方式发展。

iii. 与当地居民合作，修复和恢复生态系统，促进受威胁物种的恢复。

iv. 在当地居民和社区的参与下，尊重、保护和维护生物多样性可持续利用的传统知识。

v. 防止引进威胁生态系统、栖息地和物种的外来物种，并对已入侵的外来物种予以控制和消灭。

vi. 控制现代生物技术改变的生物体引起的风险。

vii. 促进公众的参与，尤其是评价威胁生物多样性的开发项目造成的环境影响。

viii. 教育公众，提高公众有关生物多样性的重要性和保护必要性的认识。

ix. 报告缔约方如何实现生物多样性的目标。

《生物多样性公约》规定了缔约国政府承担保护和可持续利用生物多样性的义务，政府必须制定国家生物多样性战略和行动计划，为本国境内的植物编目造册，制定保护濒危物种的计划等。但实际上，由于在《公约》签署以前，许多发展中国家野生生物资源中的很大一部分已经为发达国家所掌握，例如邱园的植物收集，发达国家也有着更加强大的利用这些资源的能力，因此在有关生物多样性和生物资源利益分享方面的争议比较大，最终形成了一条折中的方案，反映在《生物多样性公约》的第19条“生物技术的处理及其惠益的分配”，提供资源者要按照协定条件分享利益，但公约生效前已经保存在非资源原产国的资源不在此列。不过公约规定，为补偿发展中国家为保护生物资源而日益增加的费用，发达国家将以赠送或转让的方式向发展中国家提供新的补充资金，应以更实惠的方式向发展中国家转让技术，从而为保护世界上的生物资源提供便利。

历史上，植物园间通过出版种子交换名录（indices seminae）进行种子和信息交换，尽管遗传资源剽窃和植物入侵问题最近越来越受到人们的关注（Heywood, 1987），有关国家对这种交换可能导致的类似问题存在一定的戒心，这个体制却一直延续下来。植物园既是这些资源的收集者、保存者，也是这些资源的提供者，在这个过程中如何更好地承担国际义务，并分享应该享有的权益，需要对《公约》的相关内容有更深的理解。

5.5 植物回归引种和种群重建

植物回归引种（reintroduction）是指有目的地将

迁地保护植物重新释放到其野外消失地的过程。需要回归引种的植物种类一般处于野生绝灭状态，考虑到野生绝灭原因的复杂性，回归引种不一定在最后的消失地，可以通过生态历史考察，选择更合适的野外生境，如果回归地是该种原来野生绝灭的地区，则被称为种群重建（Campbell-Palmer et al, 2010）。回归引种也可能为了控制有害生物的爆发，这多应用于31种动物天敌，如将狼回归引种用于控制麋鹿或鹿的泛滥。

类似的概念还有加强引种（reinforcement），是指有目的地将植物种类释放到一个存在同种个体的野外种群的过程。需要加强引种的植物种类一般处于野外种群衰退，甚至濒危状态。

历史上，人类从原产地引种的活动一直在进行，引种的目的可能是为了某种经济活动，如经济植物驯化，或者用于解决人类与野生生物之间的用地矛盾等。20世纪60—70年代，由于环境破坏的日益加剧，野生植物的受威胁程度日益严重，迁地保护和回归引种开始作为一种生物多样性保护的策略在实践中加以运用，以防止物种的永久绝灭（Seddon et al, 2007）。

（1）回归引种的原则

引种和回归引种是植物种群和物种管理的两个重要工具。引种是将野生植物从自然生境转移到另一个迁地保护场所，如植物园，反之就是回归引种。引种除了为那些在野外已经无法就地保护的物种提供一种异地保存的方法，作为科学研究和开发利用的材料外，也为回归引种提供了可能。根据IUCN/SSC《回归引种指导手册》(*Guidelines for Reintroductions and Other Conservation Translocations*, IUCN/SSC 2013)，回归引种的原则包括：

i. 回归引种首先考虑的是保护效益，但也事关生态、社会风险和经济效益。

ii. 在回归引种前，应有充分证据表明导致该物种野生绝灭的原因已经明确并被清除或明显减少。

iii. 对潜在的生态、社会和经济效益等进行充分评估。相对于原地范围外的回归引种，原地回归要简单得多。

iv. 原地以外的回归引种可能导致生态、经济和社会方面的负面影响，这是难以预测的，只有相当长时间以后才会表现出来，因此要十分慎重。

v. 回归引种开展与否的前提是充分平衡好风险和预期效益的关系。

vi. 如果存在高的不确定性或者难以评估风险大小，则应该寻找替代办法。

（2）回归引种的目标

回归引种是迁地保护的最终目的之一，也是迁地保护服务于生物多样性保护的一种重要方法，其目标既包括回归物种的种群重建，也包括了通过种群重建来提高该物种所在群落或生态系统的多样性和稳定性，回归种群重新参与该群落的生态过程，恢复生态功能，实现自我维持（Akeroyd et al, 1995）。

（3）回归引种的植物要求

回归引种的植物，除了IUCN/SSC建议的“必须是原来种类的相同种系”和“注意其遗传组成”外（IUCN/SSC, 2013），还必须要求：

i. 迁地保护的时间不能太长，否则经过多代繁殖，难免被驯化而不再适应野生生境，或因种群太小而产生的遗传漂变等削弱了它们的生命力。

ii. 回归引种所用的材料最好是种子或实生苗，它们具有较强的生命力和较高的遗传多样性。对于那些具有较强无性繁殖能力的种类，也可采用其克隆方式进行。

iii. 用于回归引种的种子和实生苗必须健壮，没有病虫害，以保证正常生长和避免对回归生境的危害（许再富，1998）。

（4）成功和失败

回归引种生物学是一项既传统又有新意的、正在进行的工作。IUCN/SSC回归引种专家组和联合国环境署在他们2011年《全球回归引种展望》中汇编了世界各地的研究案例，其中主要是野生动物回归引种，也包括了少数植物（Soorae, 2011），介绍了保护目标、成功率、面临的主要困难、主要教训以及成功和失败的原因等，遗憾的是其中失败案例所占比例非常高。

珍稀濒危植物回归引种成功的最终标准是能否恢复其遗传多样性，足够丰富的种群和合理的种群结构，即之前提到的保持性，以及能否参与群落的生态过程，并有利于群落稳定性的提高（许再富，1998）。这种评价要在回归较长时间后，借助遗传多样性、物种多样性的测度方法和必要的环境观测资料等来进行。在此之前，回归的植物能够在自然条件下完成“从种子到种子”的过程，并不对这个群落的其他物种造成危害可以作为较低的标准，如果能够发展成一个在较长时间内自我维持的种群则就朝着成功回归更进了一步。

决定回归引种成败的因素有很多，气候、土壤、群落环境以及生物气候历史等。IUCN《回归引种指导手册》着重强调了生境适宜性评估在回归引种计划中的重要性（IUCN/SSC, 2013）。不适宜生境可能降低物种的适合度，从而减少生存概率（Stamps et al, 2007），因而生境恢复，改善导致野生绝灭的条件是回归引种需要考虑的基本条件，不幸的是此后应该继续的监测阶段往往被忽略（Sarrazin et al, 1996）。

（5）改进回归引种的技术和方法

回归引种需要多学科的合作，其中生态学家和植物学家的合作是提高回归引种成功率的有效途径，种群植物学家和野生植物管理者的合作有利于回归引种计划的制定以及此后开展的监测活动，因而为SSC和IUCN所鼓励（IUCN/SSC, 2013）。据Stamps等（2007）的调查，64%的回归引种项目采用的是主观评价（Stamps et al, 2007），这意味着大部分回归引种是基于经验而非统计学结果。Seddon等（2007）建议将来的回归引种应该充分考虑具体目标、总体生态目的以及给定回归引种项目固有的技术和生物学局限，计划和评估程序应该整合实验和模型方法（Seddon et al, 2007）。

回归前后的植株存活、种群发展状态的监测是非常重要的，在引种地条件不太适宜的情况下，适度的人工干预是必要的（IUCN/SSC, 2013）。综合了动态参数、田间观测数据的种群动态模型可以用于模拟和先验假设的验证，用前期结果来指导后期进一步的决策和实验是适合度管理的重要概念。因此，种群生态学家应该与植物学家、生态学家和野生植物管理者合作改进回归引种项目。

回归引种专家组（the reintroduction specialist group, RSG）是以回归引种方法为工具，致力于生物多样性保护和恢复的专家网络。利用跨学科信息、合理的策略和实践在自然生境中重建富有活力的野生种群。由于越来越多的植物种类变得稀有、甚至野生绝灭，回归引种正成为野生植物种群重建的有效方法。通过RSG间的合作有利于提高回归引种的效率和成功率。

5.6 植物迁地保护与全球气候变化

早在1896年，瑞典科学家Ahrrenius就曾警告二氧化碳排放可能会导致全球变暖，但直到20世纪70年代这一现象逐渐显现才引起了广泛关注，并于1992年，缔约方在里约热内卢和CBD一起签署了《联合国气候变化框架公约》，旨在控制大气中二氧化碳、甲烷和其他造成“温室效应”的气体的排放，将温室气体的浓度稳定在使气候系统免遭破坏的水平。在此基础上，逐渐发展出一门研究变化的动力和生物响应的新学科，即全球变化生物学，和保护生物学一起成为现代生物学研究的两个重点和热点领域。

然而，全球变暖的逆转或减缓过程是非常困难和缓慢的，气候变化正和生境改变、过度采挖、外来种入侵一起持续地威胁着野生植物的生存，并成为其中最主要的威胁因素。到2080年，欧洲超过半数的维管束植物将因为气候变化而受到威胁（Thuiller et al, 2005），同样的原因，GSPC（2011—2020）将迁地保护受威胁植物种类的比例从GSPC（2002—2010）的60%提高到75%。气候变化不仅使受威胁物种保护的研究和相关的保护行动更加迫切，也影响到植物园的基本功能，尤其是活植物收集作为植物资源在应对全球气候变化过程中可能受到的威胁和所能发挥的作用。这无论在研究上还是在保护上都对取样和植物记录提出了更高的要求，因此植物园需要对其研究、活植物收集策略进行重新评估，以在应对全球气候变化方面发挥更加积极的作用（Donaldson, 2009; Primack, et al, 2009）。植物园在应对全球气候变化方面的研究优势除了自身丰富的活植物和标本等的收集、完善的活植物记录和长期的研究积累之外（Midgley, 2002，2007; Ellis et al, 2007, 2008; Donaldson, 2009），也在于遍布全球的植物园网络以及植物园之间活植物、信息和人员的交流，这使得他们很容易组成一个研究全球气候变化的网络。这其中最好的例子可能来自国际物候观测园（International Phenological Gardens, IPG）项目。

中国早在汉代就有“七十二候”之说，欧洲人中世纪也已经编制了农用物候历，而有组织的物候观察始于18世纪中期，观测点分布在比利时、荷兰、意大利、英国、瑞士和德国等，其中德国物候观测园于19世纪90年代由植物学家霍夫曼建立，观测持续了40年之久，到20世纪50年代，欧洲各国均建立了物候观测网（Annette, 2003）。1957年，德国著名物候学家斯奈拉（F. Schnella）和福尔克特（E. Volkert）创立了IPG，后来成为国际生物气象学会（International Society of Biometeorology, ISB）的一员，目前19个欧洲国家的89个植物园等机构加入了这一网络，目的在于研究气候变化对森林生态系统的可能影响，具体包括：（1）环境变化监测；（2）气候变化研究；（3）建立物候模型；（4）远程遥感数据的校准；（5）物候图的计算和绘制等[①]。

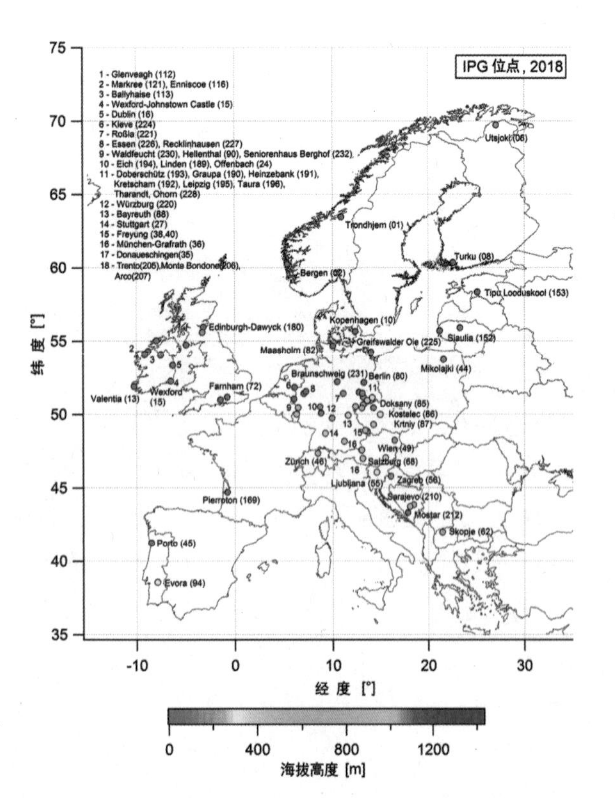

图 5-7　IPG 物候观测点分布（2018，德国洪堡大学 Frank-M. Chmielewski 教授提供）

IPG 自1959年开始对欧洲白桦（*Betula pubescens*）、甜樱桃（*Prunus avium*）、欧洲花楸（*Sorbus aucuparia*）、高山茶藨子（*Ribes alpinum*）等23种植物进行观测记载，观察的物候包括展叶期、花期、果期、叶变色期和落叶期等，为避免遗传因素的影响，这些被观察植株都是统一无性繁殖的材料。截至1999年的统计结果表明，花期和展叶期较50年前提前了6.3天，而秋季物候，如叶变色期、落叶期等推迟了4.5天（Annette et al, 1999），也即生长期延长了11天。这些物候变化无疑是气候变暖所驱动的（Annette et al, 2006）。

类似的项目还有美国的物候观测园、ISB的全球物候监测网（Global Phenological Monitoring, GPM）等。其实，在全球气候变化背景下，频繁的早春现象，如更早萌芽、提前开花、生长期变长、落叶期延迟等自然现象已经为生物学家和公众所熟知。特别是从事野外工作的植物学家会发现，植物分布呈向非原生地的高海拔和高纬度地带延伸的趋势，原有的自然分布区则萎缩，在北极寒冷地区物种甚至呈现增加趋势。显然，这些生物物候和植物行为变化与气候变化密切相关（黄宏文 等，2015）。

气候变化的影响是多方面的，除了可能改变很大一部分世界植物区系的现有生物气候包络（bioclimatic enevlopes）（Vitt et al, 2010），还会导致文化多样性的丧失（Dunn, 2017）。植物响应的方式也是多种多样的，它们可能通过表型可塑性、进化适应、迁徙或者绝灭来应对，这既关系到植物园本身的活植物收集和管护，如活植物收集策略的制定

① The International phenological Gardens of Europe [EB/OL]. [2017-12-15]. http://zpg. huberlin. de.

和实施，也关系到植物园在应对全球变化上能够作出的贡献。

5.7 活植物数据管理和数字化植物园建设

植物档案的保存和数据管理是植物园活植物管理的核心内容，如果物种数代表了一个植物园的活植物收集规模的话，数据的完整性、丰富度和持续性则是植物园科学性的体现，反映了物种收集价值的大小。

活植物文字记录是植物园活植物信息管理最具传统性的一种方法，其形式到目前大概经历了植物登记号（册）—植物记录卡—植物记录数字化—植物记录网络化 4 个发展阶段。另外一种较传统的方法是植物定植图的绘制和保存，以便了解活植物在植物园中的分布和变迁情况。在各植物园发展的初期，这些工作一直是手工进行的。这些纷繁复杂的数据在管理和利用过程中所遇到的困难是显而易见的，最为明显的是不便于保存和查阅。20 世纪末信息技术（IT）的发展为这个问题提供了有效的解决方案，只要根据需求编制相应的程序，就可以实现数据的快速编辑、查询和浏览，前提是活植物数据的积累足够丰富。在此基础上，植物园开展的其他活动也逐渐开始采用现代信息和网络技术，并和活植物信息管理系统整合起来，开始了数字化植物园的建设，发展趋势方兴未艾。因此，完整的活植物记录档案（records）、高效便捷和可视化的信息技术（IT）以及互通互联的网络（Web）和云存储技术是现代活植物数据管理 3 个主要方面。其中活植物记录是基础，后两个只是提高数据管理效率和效果的技术手段。所以这里重点阐述活植物原始记录的管理，至于 IT、Web 和云存储技术等，是日新月异的，合理利用它们的前提是确保活植物记录管理的持续和稳定。

植物园活植物数据一般包括以下几个部分：

1）登记号　这是植物园活植物的唯一性编号，是活植物在植物园的身份记录。登记号的格式除了便于管理、记录流水以外，最好能包含更多信息。如南京中山植物园早年采用的年份＋国内外识别码＋国或省别＋单位编号＋流水号的方式就是比较可取的一种方式，通过识别号就可以大致判断活植物的基本信息。如“1998 I5401-001”表示 1998 年从杭州植物园引入的第一份材料。

对于数据库管理而言，登记号往往也是唯一的关键字，现代信息技术和硬件的进步，如二维码、图像识别等，对登记号的格式有了新的要求，其编排格式也关系到数据库管理是否简便和高效，因此在确保登记号及其关联信息前后连贯、可对照，不影响记录数据连续性和完整性的前提下，可以适当调整，但一定要非常谨慎。而且，登记号及其记录方式、数据本身也是有历史价值的，不可以随意变更。

2）登记数据　记录了来源地、提供或采集人、引种材料、引种时间等植物园种子交换和采集的初步信息。

3）植物名称和特征数据　这是活植物的一般植物属性，其中名称数据要求稳定选用一个与植物园所在植物区系相适合的分类系统以统一名称标准，但由于植物园活植物收集的范围非常广泛，很多时候涉及所在外的植物，所以要求这个系统有很好的代表性。由于活植物收集范围广泛性和分类系统完整性之间的矛盾，有时候不得不选择另外一个系统作为补充，如南京中山植物园被子植物采用恩格勒系统，蕨类植物采用了秦仁昌系统。特征数据可以根据各植物园的特色收集范围制定，一般包括了形态数据（叶、花、果实等）、习性数据（一年生或多年生、常绿或落叶、草本或木本等）、性别数据、物候期数据和生理生化数据（抗性、有用成分含量等）。其中物候期和生理生化数据具有较强的时空差别，长期累计更加有科学价值。

4）定植数据　这是活植物在园区定植时和定植以后需要采集的数据。包括种植的材料、栽培的时间、地点、保存以及生长发育情况等。

5）保护价值和用途数据　主要包括了植物野外受威胁状况和主要用途等。其中受威胁状况由于不同国家、组织的评价标准不同，加之植物的区域性分布和植物园活植物收集的广泛性等原因，最好进行综合考虑，而非仅采用其中一个标准。如我国植物的受威胁状况就有两个不完全相同的标准，即中国科学院植物研究所等制定，环保部公布的《中国植物红皮书》和林业总局、农业部制定，国务院公布的《中国重点保护野生植物名录》，公布的保护的植物种类、划定的保护级别也都不同，前者与 IUCN 红皮书类似，侧重在植物野外受威胁状况本身，而后者除了考虑这些因素外，侧重受威胁的经济植物。

活植物记录和植物园的数字化建设是全球植物园都非常重视的问题。在国内，自南京中山植物园开发出比较成熟的 LICIS 系统到现在已近 30 年，除了网络技术的进步等带来的变化外，这方面工作取得的进展并不大，在 IT 技术日新月异的今天，这似乎不可思议。究其原因，除了前面提到的活植物记录数据本身的不足外，信息整合的人为障碍是另一个重要原因。CUBG 委托中国科学院华南植物园开发的植物信息管理系统（Plant Information Management System, PIMS）已经比较成熟，能否发挥预期的作用，首先取决于国内各植物园自身数据的质量，其次取决于各植物园间的数据能否有效整合。国际上也是如此，例如 GSPC 的首要目标就是要实现世界已知植物名录的在线编目、在线访问。虽然已经有 30 多个国家的 150 多家机构在使用 BG-BASE（作者与 Kerry S. Walter 的私人通讯），但数据的共享依然是个难题。信息只有整合才会有更大的价值，植物资源和多样性的保护也需要全球以及各个植物园之间加强合作，实现信息共享，因为开放、共融和兼收并蓄是植物园特征的一部分，中国植物园当然也应该有这种精神。在这个过程中，如何确保各个国家、各个植物园的自身利益不受损失也是必须考虑的现实问题。

参考文献

蔡剑华，1991. 金柚［M］. 北京：中国林业出版社：52.

傅立国，1990. 银杉的发现与分类［C］// 王伏雄. 银杉生物学. 北京：科学出版社.

傅立国，1991. 中国植物红皮书：稀有濒危植物（第一册）［M］. 北京：科学出版社.

贺善安，2005. 植物园学［M］. 北京：中国农业出版社.

黄宏文，段子渊，廖景平，等，2015. 植物引种驯化对近 500 年人类文明史的影响及其科学意义［J］. 植物学报，50（3）：280–294.

李乃伟，贺善安，束晓春，等，2011. 基于 ISSR 标记的南方红豆杉野生种群和迁地保护种群的遗传多样性和遗传结构分析［J］. 植物资源与环境学报，20（1）：25–30.

李楠，1995. 论松科植物的地理分布、起源和扩散［J］. 植物分类学报，33（2）：105–130.

李四光，1975. 中国第四纪冰川［M］. 北京：科学出版社.

李新华，尹晓明，贺善安，2001. 南京中山植物园秋冬季鸟类对植物种子的传播作用［J］. 生物多样性，9（1）：68–72.

李亚，姚淦，邓飞，等，2008. 江苏省外来种子植物的初步调查和分析［J］. 植物资源与环境学报，17（4）：55–60.

李振宇，解焱，2002. 中国外来入侵种［M］. 北京：中国林业出版社.

廖景平，黄宏文，2018. 植物迁地保护的方法［C］// 黄宏文. 植物迁地保育理论与实践. 北京：科学出版社：52–57.

廖盼华，汪庆，姚淦，等，2014. 南方红豆杉迁地保护小种群适应性进化机制研究［J］. 热带亚热带植物学报，22（5）：471–478.

刘瀛弢，2008. 生物种质资源资产化管理研究

[D]. 北京：中国农业科学院.

木村资生，1986. 自然选择和中性学说之间找到了桥梁[J]. 世界科学(2)：53-55.

孙殿卿，1957. 中国第四纪冰川遗迹纪要[M]. 北京：科学出版社.

孙卫邦，2013. 云南省极小种群野生植物保护实践与探索[M]. 昆明：云南科技出版社.

田瑜，邬建国，寇晓军，等，2011. 种群生存力分析(PVA)的方法与应用[J]. 应用生态学，22(1)：257-267.

汪松，解焱，2004. 中国物种红色名录(第一卷)[M]. 北京：高等教育出版社.

王鸿桢，1985. 中国古地理图集[M]. 北京：地图出版社.

项希希，2004. 滇池湖滨区湿地高等植物及其群落变化研究[D]. 昆明：云南大学.

谢宗强，1999. 中国特有植物银杉的濒危原因及保护对策[J]. 植物生态学报，23(1)：1-7.

许再富，禹平华，邹寿青，等，1982. 滇南热带野生植物在栽培条件下生长及适应性探讨[J]. 热带植物研究(21)：14-23.

许再富，1998. 稀有濒危植物迁地保护的原理与方法[M]. 昆明：云南科技出版社.

张长芹，朱惠芬，吴之坤，2003. 五种野生观赏报春花引种驯化初报[J]. 云南植物研究，25(2)：216-222.

张征云，苏智先，申爱英，2003. 中国特有植物珙桐的生物学特性，濒危原因及保护[J]. 淮阴师范学院学报(自然科学版)，2(1)：66-69.

Akeroyd J, Jackson P W, 1995. A handbook for botanic gardens on the reintroduction of plant to the wild [Z]. London: BGCI: 31.

Alroy J, 2002. How many named species are valid? [J]. Proceedings of the Nationd Academy of Sciences USA, 99 (6) : 3706-3711.

Annette M, 2003. Europe [C]// Schwartz M D. Phenology: An integrative environmental science. Dordrecht: Kluwer Academic Publishers: 45-56.

Annette M, Peter F, 1999. Growing season extended in Europe [J]. Nature, 397 (6721) : 659.

Annette M, Sparks T H, Estrella N, et al, 2006. European phenological response to climate change matches the warming pattern [J]. Global Change Biology, 12 (10) : 1969-1976.

Bramwell D, 2002. How many plant species are there? [J]. Plant Talk, 28: 32-34.

Brummitt N, Bachman S, Moat J, 2008. Applications of the IUCN Red List: Towards a global barometer for plant diversity [J]. Endangered Species Research, 6 (2) : 127-135.

Campbell-Palmer R, Rosell F, 2010. Conservation of the Eurasian beaver Castor fiber: An olfactory perspective [J]. Mammal Review, 40 (4) : 293-312.

Cibrian-Jaramillo A, Hird A, Oleas N, et al, 2013. What is the conservation value of a plant in a botanic garden? using indicators to improve management of *ex situ* collections [J]. Botcmical Review, 79 (4) : 559-577.

Crane P R, Hopper S D, Raven P H, et al, 2009. Plant science research in botanic gardens [J]. Trends in Plant Science, 14 (11) : 575-642.

Donaldson J S, 2009. Botanic gardens science for conservation and global change [J]. Trends in Plant Science, 14 (11) : 608-613.

Dunn C P, 2017. Biological and cultural diversity in the context of botanic garden conservation strategies [J]. Plant Diversity, 39 (6) : 396-401.

Ellis C J, Coppins B J, Dawson T P, et al, 2007. Response of British lichens to climate change scenarios: trends and uncertainties in the projected impact for contrasting biogeographic groups [J]. Biological Conservation, 140 (3-4) : 217-235.

Ellis C J, Yahr R, Coppins B J, 2008. Local extent of old-growth woodland modifies epithyte response to climate change [J]. Journal of Biogeography, 36 (2) : 302-313.

Eloff J A, Powrie L W, 1990. How many plants are needed for *ex situ* conservation to ensure the subsequent established of viable population? [C]// He S A, Heywood V H. Processing of the international symposium on botanical gardens. Nanjing: Jiangsu science and Technology Publishing House: 283.

Forest Watch Indonesia, Global Forest Watch, 2002. The state of forests: Indonesia [R]. Bogor: Forest Watch Indonesia.

Flather C H, Hayward G D, Beissinger S R, et al, 2011. Minimum viable populations: is there a 'magic number' for conservation practitioners? [J]. Trends in Ecology & Evolution, 26 (6): 307–316.

Franklin L A, 1980. Evalutionary change in small populations [C]// Soulé M E, Wilcox B A. Conservations biology: An evolutionary-ecological perspectives. Sandland: Sinner Association: 131–138.

Heywood V H, 1987. The changing role of the botanic gardens [C]// Bramwell D, Hamann O, Heywood V, et al. Botanic gardens and the world conservation strategy. London: Academic Press: 3–18.

Huang H, Liao J, Heywood V, et al, 2018. A global checklist of botanic gardens and arboreta [EB/OL]. [2018-08-07]. http: //iabg.scbg.cas.cn/news/201807/t20180712_416005.html.

Hulme P E, 2011. Addressing the threat to biodiversity from botanic gardens [J]. Trends in Ecology and Evolution, 26 (4) : 168–174.

IABG, 1986. Newsletter, European-Mediterranean Division IABG [Z].Berlin: IABG Regional Conimittee: 7–14.

IUCN/SSC, 2013. Guidelines for reintroductions and other conservation translocations [Z]. Version 1.0. Gland, IUCN Species Survival Commission.

Joppa L N, Roberts L D L, Pimm S L, 2011. How many species of flowering plants are there? [J] Proceedings of the Royal Society B, 278: 554–559.

Kaimowitz D, Mertens B, Wunder S, et al, 2004. Hamburger connection fuels Amazon destruction: Cattle ranching and deforestation in Brazil's Amazon [C]. Bogor: CIFOR.

Lawton J H, May M R, 1995. Extinction rates [M]. Oxford: Oxford University Press.

Menges E S, 1991. The application of minimum viable population theory to plants [C]// Falk D A, Holsinger K E. Genetics and conservation of rare plants. New York: Oxford university Press: 45–61.

Midgley G F, 2002. Assessing the vulnerability of species richness to anthropogenic climate change in a biodiversity hotspot [J]. Global Ecology Biogeography, 11 (6) : 445–451.

Midgley G F, Thuiller W, 2007. Potential vulnerability of Namaqualand plant diversity to anthropogenic climate change [J]. Journal of Arid Environments, 70 (4) : 615–628.

Mounce R, Smith P, Brockington S, 2017. *ex situ* conservation of plant diversity in the world's botanic gardens [J]. Nature Plants, 3 (10) : 795.

Ohta T, Gillespie J H, 1996. Development of neutral and nearly neutral theories [J]. Theoretical Population Biology, 49 (2) : 128–142.

Paton A, Brummitt N, Govaerts R, et al, 2008. Towards Target 1 of the Global Strategy for Plant Conservation: a working list of all known plant species—progress and prospects [J]. Taxon, 57 (2) : 602–611.

Patrick M G, Calonje M, Meerow A W, et al, 2015. Can a botanic garden *Cycad* collection capture the genetic diversity in a wild populations? [J]. International Journal of Plant Sciences, 176 (1) : 1–10.

Pepper J, 1978. Planning the development of living plant collections [J]. Longwood Program Seminars, 10: 24–27.

Pimm S L, Russell G J, Gittleman G L, 1995. The future of biodiversity [J]. Science, 269 (5222) : 347–350.

Prance G, Beentje H, Dransfield J, et al, 2000. The tropical flora remains undercollected [J]. Annals of the Missouri Botanical Garden, 87: 67–71.

Primack R B, Miller-Rushing A J, 2009. The role of botanical gardens in climate change research [J]. New Phytologist, 182 (2) : 303–313.

Pimm S L, Raven, P, 2017. The fate of the world's plants[J]. Trends in Ecology & Evolution, 32: 317–320.

Rae D, Baxter P, Knott D, et al, 2006. Collection policy for the Living Collection [R]. Edinburgh: Royal Botanic Garden Edinburgh.

Raven P H, 2008. Plant in Peril: What Should We Do? [J]. Joumal of International Wildife Law and Policy, 2 (2) : 266–274.

Sahney S, Benton M J, 2008. Recovery from the most profound mass extinction of all time [J]. Proceedings of the Royal Society B, 275 (1636) : 759–765.

Sarrazin F, Barbault R, 1996. Reintroduction: Challenges and Lessons for Basic Ecology [J]. Trends in Ecology and Evolution, 12 (2) : 474–478.

Seddon P J, Armstrong D P, Maloney R F, 2007. Developing the science of reintroduction biology [J]. Conservation Biology, 21 (2) : 303–312.

Soorae P S, 2011. Global re-introduction perspectives: more case studies from around the globe [R]. Gland: IUCN/SSC Re-introduction Specialist Group.

Soulé M E, 1986. What is Conservation Biology?[J]. BioScience, 35(11) : 727–734.

Soulé M E, Wilcox B A, 1980. Conservation biology: an evolutionary-ecological perspective [M]. Sunderland: Sinauer Associates Inc.

Soulé M E, Wilcox B A, 1986. Conservation biology: the science of scarcity and diversity [M]. Sunderland: Sinauer Associates Inc.

Stamps J A, Swaisgood R R, 2007. Some place like home: experience, habitat selection and conservation biology [J]. Applied Animal Behaviour Science, 102 (3–4) : 392–409.

Stevens A D, 2007. Botanical gardens and their role in *ex situ* conservation and research [J]. Phyton (Horn, Austria) , 46 (2) : 211–214.

Synge H, 1987. Plant information computerized programme [J]. Threatened Plants Newsletter, 18: 19–21.

Thuiller W, Lavorel S, Araujo M B, et al, 2005. Climate change threats to plant diversity in Europe [J]. Proceedings of the National Academy of Sciences of the United States of America, 102 (23) : 8245–8250.

Van Dyke F, 2008. Conservation biology: Foundations, concepts, application [M]. 2nd ed. Berlin: Springer Verlag.

Vitt P, Havens K, Kramer A T, et al, 2010. Assisted migration of plants: changes in latitudes, changes in attitudes [J]. Biological Conservation, 143 (1) : 18–27.

Volis S, 2017. Complementarities of two existing intermediate conservation approaches [J]. Plant Diversity, 39 (6) : 379–382.

Waldren S, 2002. Sampling strategy for conservation collections [R]. Beijing: First national workshop on biodiversity and publiceducation for botanic gardens.

Wilson E O, 1992. The diversity of life [M]. Cambridge: Harvard University Press.

Wilson E O, 2002. The future of life [M]. New York: Vintage.

Wyse J P, 2002. An international overview on plant conservation [C]//First national workshop on biodiversity and public education for botaical gardens. Beijing: BWG: 11–16.

扩展阅读五

南京中山植物园活植物收集与数据管理策略

前　言

活植物收集是植物园的核心，一个有效、稳定、规范和有前瞻性的活植物收集、管理政策是保证一个植物园活植物收集、管理效率、效益和特色的前提。近年来，随着全球气候变化和生态环境的变迁，生物多样性正遭受前所未有的威胁。为此，1992 年，联合国通过了《生物多样性公约》，之后在 2010 年又分别通过了《生物多样性公约关于获取遗传资源以及公正和公平地分享其利用所产生惠益的名古屋议定书》和《全球植物保护战略》等。这样的国际背景也为活植物收集和管理提出了新的要求，这些都需要制定一个长期的收集政策和管理规范，以指导植物园未来的活植物收集和管理工作，以更有效地收集和使用获得的材料和资源。

成立于 1929 年的南京中山植物园是我国第一座国立植物园，90 年来，中山植物园在发展过程中遇到过很多挫折，积累了很多经验，这其中之一就是如何持续地发展植物园的活植物收集，并更好地服务于植物资源开发利用、科学研究、生物多样性保护、生态恢复以及科普教育和展示等。南京中山植物园的前身，总理陵园纪念植物园在 1929 年至 1934 年短短 5 年间，而且是在局势动荡的情况下，收集栽培了活植物 3 000 余种，但抗战结束时几荡然无存；1954 年，南京中山植物园恢复建设，到 1959 年时，活植物收集又逐渐恢复到原来的水平，但“十年浩劫”再一次使之回到了起点。1970 年以后，国泰民安，再无大的动荡，但小的波折依然存在，到目前为止，活植物收集还不足 5 000 种，如果去掉栽培品种，大抵也就是中华人民共和国成立前的水平，而且这 3 000 种早已不是当初的 3 000 种了。这种现象，在国内其他植物园中也不同程度地存在。因此，活植物收集与数据管理策略是植物园可持续发展的基本条件之一，一个科学合理并得到坚持的策略，将有助于南京中山植物园实现“国内一流，世界知名”的目标，也可以为后来者制定适合于自身的活植物收集和数据管理策略提供帮助。

● 目的和目标

活植物收集的目的：南京中山植物园的活植物收集，服务于植物资源研究及其开发利用（侧重于观赏、药用和其他新经济植物的引种驯化）以及物种保育，活植物收集同时也服务于面向公众的科普教育。作为国际植物园协会（IABG）、国际植物园保护联盟（BGCI）和中国植物园联盟（CUBG）的成员之一，南京中山植物园的活植物收集也是植物多样性及其种质资源的国际来源和国家战略植物资源的一部分。

制定本手册的目的：为明确活植物收集的优先目标，保证植物园活植物收集保存和管理的规范性和可持续性，更好地服务于植物多样性和植物资源保护、景观建设、科研开发和科普展示，并根据植物园活植物管理的具体情况特制定本策略。本策略将为南京中山植物园园艺与科普中心活植物收集、数据管理和后续发展，为活植物收集的获得与注销等工作提供指导，是执行相应规定的重要工具。

制定本手册的目标：

- 确保活植物收集能够满足南京中山植物园建设和发展的需要，并能为植物科研、生物多样性和物种资源保护、科普教育和培训等其他所（园）发展目标提供物种资源保障；
- 为南京中山植物园活植物收集提供一个长期、可持续的发展计划，以避免短期策略、人事等内外部因素变动可能带来的损失；
- 在条件允许和可获得资源范围内，通过贯彻本策略，希望能够创造最丰富的活植物收集；
- 充分利用植物园内包括温室、水域、坡地、林下等多样的生境资源以及江苏省植物园网络，为迁地保护植物创造适合生长发育的生境；
- 创建和维护一个收集丰富、管理良好、记录完整的植物园活植物收集；
- 尽可能地使活植物收集可接近，满足社会发展和公众需求；利用活植物收集创造优美的植物景观，服务于生态文明建设和人民对美和美好生活的向往。

第 1 部分　编制依据，利益攸关方和用户群

（1）编制依据

那些涉及植物园功能的一系列国际、国内政策、法案、指南、行动计划和法律框架等都是编制活植物收集策略的依据，主要包括：

1）《生物多样性公约》（CBD）

CBD 的目的在于：

- 保护生物多样性；
- 生物多样性的可持续利用；
- 公平、公正地分享生物多样性惠益。

为进一步履行 CBD 的责任和义务，缔约方大会（Conference of the Parties, COP）等相继签署或通过了《卡塔赫纳生物安全议定书》《生物多样性公约关于获取遗传资源以及公正和公平地分享其利用所产生惠益的名古屋议定书》及《卡塔赫纳生物安全议定书关于赔偿责任和补救的名古屋－吉隆坡补充议定书》等。一些区域性机构为履约也制定了一些措施，如最早由德国植物园联合会（Verband Botanischer Gärten, VBG）提出，后为欧盟理事会采纳，作为欧盟植物园间活植物交换机制的《国际植物交换网络》（*The International Plant Exchange Network*, IPEN）等。一些西方植物园也开始制定相关遗传资源、活植物获取、转移和利用方面的共享和惠益分享机制，例如英国邱园协调，全球 28 个植物学机构发起的《遗传资源获取和利益分享的原则》（*The Principles on Access to Genetic Resources and Benefit-Sharing*, Latorre Garcia et al. 2000）。环境保护部为履约也制定和发布了《中国生物多样性保护战略与行动计划（2011—2030 年）》等，它们都应该被遵循或可资借鉴。CBD 中其他应该被南京中山植物园遵循的还包括：

- 采集许可；
- 材料使用协议；
- 材料转让协议（包括植物发放登记表）；
- 未管制／非履约方资源馈赠的接受；
- 记录和使用协议的长期储存；
- 转让协议和植物发放登记表的长期储存；
- 与资源提供方的利益和信息分享。

与这些来自 CBD 的限制同样重要的是遗传资源的使用、转移和利益分享以及由此带来的责任，其他与南京中山植物园有关的方面还包括：

- 遵循并服务于国家发展战略；
- 鉴定和监测；
- 就地保护；
- 迁地保护；
- 生物多样性组分的可持续利用；

● 研究和培训；

● 公众教育和传播；

● 科技合作。

南京中山植物园园艺与科普中心应洞悉这些文件以及它们带来的机会和责任，确保活植物收集的有效管理，并可以用来提升它们的质量。

2）全球植物保护策略（GSPC）

GSPC 有五大目的：

● 理解、记录和认识植物多样性；

● 立即和有效地保护植物多样性；

● 以可持续、平等的方式利用植物多样性；

● 开展关于植物多样性的公众教育，促进其对可持续民生和地球生命重要性的认识；

● 发展必要的执行战略的能力，促进公众参与。

在 GSPC 的五大目的下，另有 16 个具体目标，其中 8 个与植物园活植物收集有关。为履行 CBD 和响应 GSPC，国家林业局、中国科学院和环境保护部组成 GSPC 中国履约联络点，并于 2008 年联合发布了《中国植物保护战略》（CSPC）。CSPC 在 GSPC 框架内，也设置了 16 个保护目标，并制定了相应的行动计划。

南京中山植物园将围绕 GSPC 和 CSPC 有关目标组织开展以下方面的工作，以此参与 GSPC、CSPC 项目，推动我国的植物多样性保护：

● 确保活植物收集能够满足分类学的标准，以此贡献于目标 1；

● 促进综合保护和回归引种，以贡献于目标 3 和目标 8；

● 组织或参与本土植物本底及其民族植物学、传统知识的调查，以贡献于所有目标；

● 收集种植尽可能多的本土珍稀濒危植物，以贡献于目标 8；

● 定期监测园区内外来入侵植物的发生、发展情况，制定防除方案；开展有关入侵植物的科普教育、培训，以提高公众对园艺贸易产品中外来入侵植物的防护意识；与植物检验检疫机构等加强合作，在源头上进行外来入侵植物的防控等，以贡献于目标 10；

● 提供适宜的活植物材料用于教学、社会公众教育等，以贡献于目标 14；用于员工、学生和志愿者等在园内外的园艺与相关专业的科学和实践知识的培训，以贡献于目标 15；

● 以活植物收集为基础，积极参与各类、各级网络，例如 GGI-Garden、IPG 等，以扩大国内、国际合作，提高活植物栽培和利用的水平，并以此贡献于目标 16。

GSPC 和 CSPC 中还有上述策略没有包括的其他内容，例如植物多样性的就地保护以及涉及贸易、传统文化和知识的保护等。这些方面虽然和活植物收集的关系不那么紧密，但也都是植物园的工作内容，都与植物园有着这样或那样的联系，可以根据我国的实际情况，结合南京中山植物园的区位特点、能力和所在区域发展的要求制定相应的优先目标。

3）植物园保护国际议程

《植物园保护国际议程》为植物园有效执行与生物多样性保护有关的国际公约、国家法律法规等制定了一个全球框架。具体目标包括：

● 为植物园的生物多样性保护策略、项目和工作重点提供全球性的基础框架；

● 界定植物园在生物多样性保护中发展全球性伙伴关系和联盟的作用；

● 促进对植物园保护策略与实践的评价及发展，从而提高植物园保护工作的成效；

● 形成一套监测和记录植物园保护行动的方法；

● 宣传植物园在保护中的作用；

● 为植物园在保护中所面临的问题提供指导。

南京中山植物园将积极参与这一进程，并围绕这些保护目标开展如下工作：

● 明确和坚持南京中山植物园的使命，加强植物园自身的能力建设（1.7、2.9）；

● 分析、制定南京中山植物园活植物收集、保护、研究和发展的优先目标（2.4、2.5、2.6、2.7、2.8、2.18 以及附件 1、2、4、5 和 6 等）；

● 发展和维持活植物收集应有的标准和可利用程度，以满足议程 1.4.1 所约定的全球使命；

● 促进保护策略和实践在植物园的评估和发展，以提高效果和效率（目标 1.1 iii）；

● 协助确立可被认可的植物多样性保护水平和标准，整合迁地和就地保护的技术方法（目标 1.4.1 i，条目 2）；

● 在活植物收集中要保存遗传多样性和全球植物物种样本的可利用性（1.4.1 i，条目 6）；

● 为植物园的植物多样性保护发展和实施最好的实践活动(1.4.1 i，条目 9)；

● 支持和实施 2.6 “迁地保护” 部分的第 xix 条和附件 4、5、6、7 的相关内容；

● 利用园艺知识和专长促进植物遗传资源的可持续利用（2.8.1 ii）；

● 收集、保存和开发遗传资源，尤其是：

—具有重要经济价值的受威胁植物；

—具有经济重要性的野生植物，包括作物近缘种；

—品种、主栽品种和半驯化品种等。

● 为真实用户利用植物园的活植物收集提供帮助；

● 促进和推动本地区的植物多样性保护工作（1.6.8、1.6.9、2.2 以及 2.18、2.19 等）。

实际上，除 CBD 外，《植物园保护国际议程》还囊括了《全球气候变化框架公约》(FCCC)、《濒危野生动植物国际贸易公约》(CITES)、《保护世界文化和自然遗产公约》、《联合国湿地公约》等有关的国际公约框架内植物园的责任与义务等。CITES 相关内容将在下文 4）中详细说明，其他公约及其与植物园活植物收集的关系请参考相关公约和《植物园保护国际议程》。

4）野生动植物国际贸易公约（CITES）

CITES 的目的在于管理和监测活着或死去的受威胁野生动植物物种的贸易活动以减少相应的市场需求和价值回报，虽然除了通过企业－客户关系获得园艺植物之外，植物园基本不参与此类商业活动，但鉴于 CITES 所涉及的“贸易”是不一定有资金参与的跨境活动，而且在偶然的情况下，植物园的确也希望收集那些 CITES 名录所列的植物或者将已经拥有的此类植物转移到其他地方，在这种情况下，南京中山植物园的策略是：

● 确保相关员工知晓 CITES 及其意义；

● 始终遵守 CITES 的要求；

● 如果需要收集、转移 CITES 名录中的植物，需要得到相关许可；

● 与海关合作持有因检疫或者违反 CITES 而被没收的植物；

● 如果需要，协助海关、野生动植物保护部门等鉴定相关植物；

● 应要求持有和出具 CITES 文书／记录／许可证等；

● 保持数据库中 CITES 记录始终处于最新状态以便在与 CITES 相关植物活动中采取合适行动。

（2）全球气候变化

毫无疑问，世界气候正在变暖且日益不稳定，证据不仅来自数量众多的科学报告，也来自植物园对活植物收集及其物候的观察。这种变化也毫无疑问地影响着或者即将影响活植物收集的成败，这些影响可能是直接的，也可能是间接的，如影响病虫害的发生进而影响活植物收集保存的状态等。因此，在全球环境和气候变化的大背景下，南京中山植物园将：

● 充分利用活植物及标本等植物收集，开展应对全球气候变化的研究，如物候观察等；

● 更多地观察气候变化对活植物收集的可能影响，在此基础上更加仔细地制定对应的策略，包括回归引种和植物定植的调整；

● 加强沟通与合作，促进野生条件下因气候变化而受威胁的植物的保护；

● 注意观察记载新发生的病虫害和外来植物的传播。

（3）利益攸关方和用户群

活植物收集以利用和保护为主，但同时也是重要的自然遗产资源和国际收集的一部分，有着现实的或潜在的国内外用户和利益攸关方，他们包括：

1）内部利益攸关方和用户群

● 科研人员，如从事植物遗传育种和品种改良、植物药的开发、植物分类、区系研究的人员以及相关著述的作者等；

● 园艺和园区管理人员；

● 引种保育人员以及相关种质库的工作人员等；

● 对外提供相关课程教育、教学的人员、项目等；

● 公众教育及相关项目；

● 物候观察项目；

● 后勤、保卫、财务、人事、信息中心等相关部门；

● 其他人员，如管理人员、驻园单位人员等。

2）外部利益攸关方和用户群

● 大学、科研院所及其他植物园等科研、教学机构和人员；

● 自然保护区、野生动植物保护站等保护机构和人员；

● 森林公园、林场、公园等园林、园艺机构和人员；

● 相关学校学生、培训机构学员等；

● 植物、园林园艺爱好者以及其他从事相关技艺的人员或者爱好者等社会公众；

● 相关管理机构和部门，如中国科学院、江苏省科技厅、江苏省农委和住房城乡建设厅等；

● 其他没有列入的国内外其他需求机构和人员。

这些利益攸关方和用户利用植物园活植物收集的方式主要体现在以下5个方面：

i. 研究和保护：活植物收集在支撑植物园的科研和保护项目方面可以发挥重要作用，但植物园活植物收集的作用不限于此，它也应该广泛服务于植物园之外的研究和保护工作，也正是如此才使得植物园的活植物收集变得具有社会意义，并区别于其他类型的植物收集。本策略认识到南京中山植物园在这方面的作用和意义，并相信这是活植物收集重要性的一部分。作为参考，附录部分列出了南京中山植物园在科学研究上被重视的相关科、属和项目（附录Ⅰ）以及南京中山植物园活植物收集的优先类群（附录Ⅱ）。园艺与科普中心将努力创造高标准的栽培、充足的代表性和广泛的合作，以支持对活植物收集的利用。尤其在以下几个方面。

● 在政策范围内，充分利用园区生态、气候、土壤等资源条件，最大范围地收集栽培活植物；

● 与科研部门紧密合作，确保活植物收集满足科研需要或者讨论新的项目或新的需求；

● 独立开展植物分类和鉴定、园艺品种的选择和应用以及迁地保护理论、技术的研究；

● 尽可能地保存和维持高标准的活植物记录；

● 通过提供空间、资源和植物材料支持短期课程教育和教育、教学项目；

● 需要的情况下，提供不同生长阶段的研究材料（实生苗到开花植株）；

● 与其他个人或合适的机构合作，努力从现有活植物收集中采集最多的数据（照片、标本、凭证标本、DNA以及种子库需要的种子等，请参见本策略的第二部分），以获得更多信息。

ii. 教育和教学：植物园开设的众多正式或非正式课程是以植物材料为基础的，相关的所（园）外教育、教学机构也有这方面的需求。植物园的活植物收集可以提供这些植物材料以支持相关课程，尤其是那些设置了园丁课程的教育项目。园艺与科普中心理解到其活植物收集在教育和教学上的独特价值，附录中上标为“E”的那些植物种类将被保持并服务于这类课程，而且：

● 为职业教育、成人教育和中小学社会实践等提供合适的植物材料是园艺与科普中心的主要职责之一；

● 如果某个分类单位丢失或因其他原因无法利用，则课程导师或有协议的教学单位应被告知，并在被认可的情况下进行替换；

● 园艺人员和课程导师应至少每三年对课程植物名录进行一次复核；

● 在可能的情况下，植物园分园的活植物收集应该包括在名录中；

● 在合适的地方为其他以教学为目的的机构提供植物材料；

● 应教职员的要求获取新的植物材料。

iii. 讲解：在可能的情况下，新的栽培植物应该通过适合的媒介介绍给尽可能多的听众，以增加他们的体验，丰富植物园的使命表述。理想情况下，应该与科研部门合作建立档案，但这个过程应该由园艺与科普中心主导。同时，应该认识到一些短期计划，如一些季节性项目的价值。到目前为止，绝大部分讲解工作都建立在温室植物等一些早期的栽培植物基础上，但实际上，新的栽培植物应该被加入进来，将来：

● 园艺、引种部门和人员将被鼓励与讲解员建立更紧密的合作，并告知他们栽培植物的增补和变化情况；

● 讲解员将被鼓励更紧密地与园艺、引种部门和人员沟通、合作，反映他们对植物以及栽种的需求，以补充讲解内容。

iv. 物候：物候学是研究自然事件的时间节律的科学。植物园的物候观测数据包括了展叶期、花期、果期等。在当前情况下，物候之所以成为一个特别受关注的主题，是因为它可以作为证据来支撑全球气候变化等方面的研究。植物园的活植物收集具有丰富性、长期性、稳定的自然环境、完善的记录标准和已有的形态、来源等记录，结合物候观测数据，特别适合于全球气候变化的研究。

南京中山植物园的物候观察工作在历史上不同时期曾阶段性地开展和中断，最早的观察开始于20世纪50年代，之后我园曾参加中国科学院主持的全国范围内的植物物候观察项目，但这批物候记录的档案资料已缺失，详细情况已无从查证（据吴建忠口述）。1999年至2001年期间曾详细记载361种植物的物候信息，后因部分观察对象长势衰弱、死亡等情况中断。最近的观察始于2003年左右，观察植物物种有十余种，物候记录不详尽，有间断。物候观察记载的价值在于长期性和稳定性，当然之前要有一个科学、完整和可行的方案，尤其是观察涉及的类群、生活型和数量等，在确定观察对象和记录内容的时候，要考虑：

● 与历史上已经有的观察记录对接

这样可以丰富数据，尽可能地将不同时期的观察联系起来。

● 与其他研究工作对接

观察记载是一项非常耗时耗力的工作，园艺与科普中心很难独立完成这项工作，应该加强与其他部门，尤其是科研部门的合作，以扩大观察的范围，丰富观察的内容。

● 与其他类似计划、项目对接

其他单位、组织或政府机构如果也有相关的项目或计划，则应该加强这方面沟通和合作，以整合资源，放大效应。尤其是与有引种关系或者活植物收集来源地植物园的类似项目对接，例如和中国科学院武汉植物园共享引种自湖北的肉果秤锤树（*Sinojackia sarcocarpa*）的物候数据，和密苏里植物园分享北美四照花（*Cornus florida*）和山茶的物候数据等。

● 更多地关注乡土植物

● 与园区重要的类群或园艺花事活动对接，例如石蒜花期、槭树叶变色期等。

物候数据“历久弥贵”，而这是项耗时耗力的工作，因此，不是园艺与科普中心能够独立承担的，需要加强与其他部门、单位的合作，包括：

● 与志愿者更紧密的合作；

● 在志愿者度假或不能参加的情况下，物候记载的替补人员的安排；

● 根据需要，协助利用数据库制作不同的植物清单；

● 协助训练志愿者录入数据；

● 没有充分的理由，不随意移除或变动用于物候观察的植物，确有必要的，要及时通知物候观察人员；

● 可能的话，尝试无性繁殖和在相似的地方补植不得不移动或移除的用于物候观察的植物；

● 组建物候观测网络或者积极考虑参与其他类似的项目，如"国际物候观测园（IPG）"等。

v. 来访公众和特殊兴趣群体：植物园是城市里重要的、高价值的休憩空间。活植物收集，连同景观和基础设施一起构成了植物园的景观空间，它的维护和质量在服务公众需求方面是非常重要的。本策略认识到活植物收集（商店、餐馆、厕所和其他设施的质量也是重要的因素，但不是本策略考虑的内容）在创造有价值的访客体验和把南京中山植物园打造为国际知名植物园方面的重要价值，认识到欠佳的维护会给南京中山植物园以及园艺与科普中心的声誉带来的负面影响，认识到来访公众的重要性，园艺与科普中心将：

● 在园区内建立专门用于展示植物之美的区域（专类园或者局部景观区）；

● 利用可获得资源，尽可能地保持较高标准的植物景观；

● 与后勤等部门紧密合作，维护好园区活植物景观或其他关系到活植物景观的基础设施；

● 园艺、引种和讲解人员之间紧密合作，建立一个讲解和种植有紧密联系的区域；

● 提升长期计划和影响活植物收集的基础设施投入，例如排灌系统、道路和铺装等；

● 促进良好、积极和高标准的计划来协助维持内在环境的标准，摒弃那些不合适的、没有很好设计的项目或者对其采取补救措施。

参考文献

Barker K, Gostel M, 2016. GGI-Gardens: Preserving global plant diversity [J]. Taxon, 65(5): 1217–1218.

Chmielewski F M, Heider S, Moryson S, et al, 2013. International phenological observation networks: Concept of IPG and GPM [M]. Springer Netherlands: 137–153.

Primack R B, Miller-Rushing A J, 2009. The role of botanical gardens in climate change research [J]. New Phytologist, 182: 303–313.

Sparks T H, Collinson N, Crick H, et al, 2006. Natural Heritage Trends of Scotland: phenological indicators of climate change [R]. Scottish Natural Heritage Commissioned Report No.167 (ROAME No. F01NB01).

第 2 部分　信息标准、目标和评价

带有植物信息的活植物收集是植物园区别于公园等其他植物学机构的主要特征，因此这类信息的质量和它们的利用方式就显得非常重要。除了提高活植物收集的科学价值之外，这些信息对于活植物的管理，尤其是活植物收集的内容、目标设定和评价方面也同样重要。本策略设定了活植物收集和管理这些活植物应该努力实现的一系列信息标准，建议了维护和提高活植物收集的目标以及定期评价的过程，以确保这些标准和目标的实现。标签的制作标准以及核实过程等一并呈现在这里。

（1）信息标准

本策略认识到植物园活植物记录的重要性及其在活植物收集、保存、管理和利用上的价值。这些信息包括：

1）新采集植物的简化标准

活植物的田间和其他数据的质量和范围能决定它们现在、将来的价值和可利用程度。例如，凭证标本用来支持野外采集的种子和其他材料，在允许的条件下，以下最简田间数据标准和凭证标本应该被采集：

- 来源
- 名字
- 材料类型
- 种源
- 遗传变异
- 采集者姓名
- 采集号
- 采集日期
- 国家
- 位置
- 海拔
- 经度／纬度
- 生境
- 伴生植物
- 材料描述
- 材料野外凭证标本／图像的采集

这些标准最初来自顾姻等（1990），并配有详细的解释，它们对于希望种植这些植物的园艺学家和希望鉴定其地位的分类学家而言是最基本的，大部分信息如果不在采集时记录的话，后来是无法补救的。

2）定植植物核查的最简化标准

一旦栽培，活植物应该进行定期的核查和监测。理想情况下，每年都应该进行这样的清点，但这并非总是可能的。在这种情况下，目标将是木本植物至少每三年清点一次，而新栽植的木本植物、草本植物和其他植物每年都应该进行清点。而且以下数据应该定期采集：

- 目前位置；
- 植株数量；
- 生长状况，除了生死外，应鼓励更多的信息填写；
- 修改记录的日期和人员。

这些信息也来自顾姻等（1990），在原文中有更详细的解释。

可以理解这样频次的清点在目前也许是非常困难的，但还是希望未来能通过志愿者或新技术的应用等达到这样的水平。

3）信息的获得和发布

无论是用于管理还是作为档案保存，目录的发布都是重要的，因此，南京中山植物园应该致力于每五年发行一次活植物目录，发行方式可以多样化，除了纸质的之外，可以是Web等其他媒体形式，但需要注意敏感信息的管理和数据安全性的防护。

4）新技术在提高活植物记录保存效率上的应用

南京中山植物园曾经率先进行了活植物记录数字化的尝试，但鉴于技术的更新速度，我们无意在技术手段上跟踪，而应更多地关注手段的有效性、持续性和提高管理效率等方面，因为我们深刻地认识到，对于植物园活植物记录而言，完整、有效和长期连续的记录本身才是最重要的，而不在于技术的先进性。另外，对于信息而言，通用、整合也是非常重要的，那些孤立的信息存储方式不应被鼓励。值得采用的那些新技术包括：

- 适合于田间数据快速采集的技术，如高精度的GPS、条形码标签和阅读装置等；
- 远程修改和数据传输技术；
- 时间、空间数据处理、存储和显示技术，如GIS；
- 图像采集、处理和远程传输技术；
- 数字化的风险评估；
- 用于制作植物标签的替代技术和方法等；
- 云空间数据存储技术等。

新技术在不断的更新中，因此，无法预测、推荐将来合适的技术，但只要是符合上述要求的，都可以考虑采纳。

5）安全

活植物记录的安全性是非常重要的，因此数据的备份机制和其他有效的安全措施以及数据恢复技术等应该给予充分考虑。这也是为什么我们建议采用云空间存储技术的原因，只是这可能带来另外一种风险：数据的盗窃，但是，植物作为全人类的财富，有条件的信息共享也同样应该被鼓励，这对有效地保护全球生物多样性是非常重要的。

（2）目标

目标设定是确定优先顺序和工作审核的有用途径，在必要的情况下也有助于提高相应的标准。然而，它更应该被作为一种有用的指导原则而非结果评价标准，应该认识到，外部因素，如严冬、职员短缺和田间工作量等可能会给实现这些目标带来影响。同时考虑到野生来源植物及其准确命名对于研究和保护的重要价值，今后的目标包括：

1）野生来源的植物种类从60%增加到80%

截至2017年，南京中山植物园活植物收集共4 964种，其中野生种类3 713种，约占总数的75%，栽培种类1 251种。在现阶段，野生种的比例可以逐步提高，最终应该达到80%以上。值得注意的是，除了比例增长以外，非野生来源植物尤其是那些观赏园艺品种的数量的增长可能会抵消扩大野生种比例的努力，因此绝对量也应作为参考。

2）核实比例从75%提高到90%

2017年，南京中山植物园活植物收集中的野生来源种类核实比例在80%左右，未核实部分主要是由于引种、定植信息或者生长记录丢失、植物长势欠佳等原因造成鉴定困难，但园艺品种的核实难度较大，核实比例在10%左右，主要是对于国外引进和新培育的栽培品种缺少查询资料和查询渠道，造成鉴定困难。

为协助促进核实进程，鼓励采用Cubey（2003）描述的所谓目标化核实进程（targeted verification process）。

考虑到综合性收集对于使用者的重要性以及不可避免的现有收集的部分死亡。以下目标是必需的：

- 每年不少于1 000号的新的采集；
- 鼓励年轻的、没有经验的员工参与采集过程；
- 鼓励有计划的采集，以提高采集效率，增加针对性。

另外，为了平衡繁育能力和损失速度之间的关系，每年1 000号的采集任务在可能的情况下应该适当扩大，而且在实际工作中应该认识到维护好已有的活植物收集和采集新的植物或者登记号是同等重要的。

（3）评价

评价提供了一个有用的机制来评估和检验目标是否已经完成。为了保证评估的准确性，保持活植物记录的最新状态是必须的，因而之前确定的清点周期应该尽可能地坚持。年度评估应该包括如下信息：

- 活植物的科、属、种等分类单位数，登记号数以及植株数量；
- 野生来源植物的比例；
- 核实登记号的比例；
- 新分类群和新登记号数量；
- IUCN名录以及其他标准确定的珍稀濒危植物种类和分类群数量；
- 分类单位和登记号死亡数量；
- 绿色名录种类和分类群数量。

另外，对一些关键类群、代表性科、属等每5年应进行一次趋势分析，方法可参考Rae（2004）的方法。具体哪些科、属为关键科属，需要另行制定。确定这些科属的原则是：

1）是否具有代表性

虽然不同的活植物收集可以辅以不同的权重，但所有的活植物收集类型都应该包括在评估当中，即要有一定的代表性，以评估不同类型活植物收集的趋势和现状。

2）是否为本园的特色收集

那些代表了本园特色收集的类群或类型应该在每次评估中都包括进来，而且可以给予更高权重以示重视。

3）是否为乡土类群

乡土植物，尤其是那些受威胁或濒危的乡土植物应该在评估中给予高度重视。

按照这个标准，南京中山植物园的活植物收集的下列科、属应该在每次评估时都被包括进来。它们是：

- Amaryllidaceae 石蒜科

Lycoris（石蒜属）

- Apiaceae 伞形科

Angelica（当归属）、*Changium*（明党参属）、*Cryptoaenia*（鸭儿芹属）、*Glehnia*（珊瑚菜属）、*Ligusticum*（藁本属）、*Peucedanum*（前胡属）

- Aquifoliaceae 冬青科

Ilex（冬青属）

- Aracaceae 天南星科

Acorus（菖蒲属）、*Arisaema*（天南星属）

- Bignoniaceae 紫葳科

Catalpa（梓属）

- Calycanthaceae 蜡梅科

Calycanthus（蜡梅属）

- Cornaceae 山茱萸科

Cornus（山茱萸属）、*Aucuba*（桃叶珊瑚属）

- Dioscoreaceae 薯蓣科

Dioscorea（薯蓣属）

- Ericaceae 杜鹃花科

Vaccinium（越橘属）

- Fagaceae 壳斗科

Castanea（栗属）、*Cyclobalanopsis*（青冈属）、*Quercus*（栎属）、*Lithocarpus*（柯属）

- Hamamelidaceae 金缕梅科

Hamamelis（金缕梅属）、*Parrotia*（银缕梅属）

- Iridaceae 鸢尾科

Iris（鸢尾属）

- Juglandaceae 胡桃科

Carya（山核桃属）、*Juglans*（胡桃属）

- Lamiaceae 唇形科

Mentha（薄荷属）

- Lauraceae 樟科

Phoebe（楠属）、*Sassafras*（檫木属）、*Machilus*（润楠属）

- Lytheraceae 千屈菜科

Lagerstroemia（紫薇属）

- Poaceae 禾本科

Cynodon（狗牙根属）、*Zoysia*（结缕草属）、*Eremochloa*（蜈蚣草属）、*Miscanthus*（芒属）

- Ranuncuaceae 毛茛科

Clematis（铁线莲属）、*Acontium*（乌头属）、*Delphnium*（翠雀属）

- Rosaceae 蔷薇科

Rubus（悬钩子属）、*Rosa*（蔷薇属）、*Spiraea*（绣线菊属）

- Saxifragaceae 虎耳草科

Deutzia（绣球属）、*Philadelphus*（山梅花属）、*Dichroa*（常山属）、*Saxifraga*（虎耳草属）

- Taxaceae 红豆杉科

Taxus（红豆杉属）

- Tiliaceae 椴树科

Tilia（椴属）

- Verbenaceae 马鞭草科

Verbena（马鞭草属）、*Clerodendrum*（大青属）、*Vitex*（牡荆属）

（4）核实

核实是鉴定和准确命名收集的活植物的过程，包括已知名、名称改变和未定种类的确定等。核实也包括对植物名合法性的确认，具体可参考《国际植物命名法规》和《国际栽培植物命名法规》。

核实之所以重要，原因在于访客、公众、学生、教育者、研究人员等对活植物的需求都建立在正确命名基础之上，错误的鉴定势必给相关的研究工作带来损失，也影响到植物园的声誉。核实比例从75%提升到90%这一目标的实现是缓慢而耗时的，而且随着活植物收集总量的增加，维持这样高的核实比例也许是困难的，因此核实的优先目标如下：

- 未鉴定的植物；
- 只鉴定到科、属的植物；

● 具有重要保护价值的植物；

● 具有重要研究价值或者所（园）正在研究的植物；

● 具有特殊价值（如特定采集人、命名人等）；

● 首次开花的植物；

● 怀疑鉴定有误的植物。

未知来源、栽培品种等总是作为低优先性的类群。为了提高核实水平，达到90%核实比例的目标，来自科研、标本馆相关专业部门、有经验的园艺管理者以及植物园以外专家的支持与配合也是非常重要的。

为进一步提高核实的水平，以早日达到90%核实比例这一目标，可以考虑：

● 鼓励采用Cubey等（2003）描述的所谓目标化核实进程控制核实流程。

● 来自科研部门的承诺和将核实工作摆在优先考虑的位置。

● 引种保育部门对于核实和监测工作的推动。

● 外部核实人员的使用以及以符合逻辑的、合作的方式使用核实知识库。充分利用标本馆以及其他科技人员的协助来完成这一目标。

● 充分利用有经验的园艺人员参与核实进程，尤其是那些低级别的核实工作，只有高级别的核实需要专家来进行。

（5）信息获取

尽可能多地采集活植物，尤其是野生植物的数据是非常有价值的，但目前的资源问题可能使得获得这些数据变得越来越困难，因此南京中山植物园在这方面的目标是：

● 为活植物收集中每一个野生来源的活植物制作一份腊叶标本（可能的话，还包括一份实生苗的凭证）；

● 记录新采集活植物材料首次开花、结果的时间；

● 为每个登记号野生来源活植物采集和保存一份图像数据，并确保这些数据和数据库相连接，可能的话最好保存一份墨线图；

● 为每个登记号野生来源活植物提取一份DNA样本；

● 其他可供保存的档案数据和信息，如关系到抗寒性或者景观建设过程的园艺／培养记录等。

由于这项工作的巨大工作量，应该设置优先目标，例如从有保存价值或本园有研究兴趣的植物开始。但是，那些非优先的目标植物，例如栽培植物标本，久置可能导致损毁，此时可以和标本馆负责人商议定期压制一部分，以免积压。

（6）标签

标签是连接记录和活植物的重要环节，是向公众展示的主要方式之一，更是管理和利用活植物的主要方式。植物园的标签大致有4种：苗圃标签、主标签、二级标签和临时标签。

1）苗圃标签

多为打印的条形码标签，主要用于定植之前植物的标示，一般包括如下信息：

● 登记号；

● 繁殖数量；

● 采集人；

● 采集号；

● 名称；

● 限定词（qualifier）；

● 条形码；

● 其他需要的信息。

2）主标签

用于已定植植物的标志。一般在黑色或其他深色背景的板材上雕刻而成。大小、形状和底色也多有不同，一般包括如下信息：

● 科；

● 属；

● 种；

● 杂种名（可能还有父母本名称）；

● 亚种、变种或者品种名；

- 组或亚组（如果需要的话）；
- 普通名；
- 采集人名和采集号；
- 国家或者地理区域；
- 采集国；
- 登记号；
- 限定词（qualifier）；
- 特殊码，如T（threatened），V（verified），W（wild origin）。

普通名的使用可能会导致混乱，例如用英文普通名还是来源国的通用名。尽管如此，普通名还是非常重要的，尤其是对社会公众而言，普通名而非拉丁学名才是他们耳熟能详的名称。因此，普通名应该按照下述方式使用：所有中国产乡土植物应该标注中文普通名；欧洲、北美产乔灌木应该标注英文普通名，其他地产植物可以用来源地普通名，如没有可参考 *European Garden Flora* 指定，但都应给出中文拟名。如果空间允许，最多可以使用两个普通名。特别小的标签如高山植物标牌，可以不使用普通名。

3）二级标签

一般为金属片制作的辅助标签，只附带有简单的信息，和主标签搭配使用，以便在主标签丢失时提供备份数据：

- 登记号；
- 限定词（qualifier）。

这里以及前面主标签所用的限定词一般是针对研究和保护性收集中一些有特别兴趣的重要登记号的一种标注方式。一般是在登记号后附加字母（A, B 或 C 等），需要的时候也可另外加数字，如A1、A2等。这种标记方式最早来源于BG-BASE，爱丁堡皇家植物园等采用了BG-BASE的植物园也逐步开始采用这种标注方式。其他植物园则可以建立自己的标注规则，以增加需要标注的额外信息。

以下几点也应该注意：

- 手写或者打印标签是不鼓励的，但有胜于无。如实在需要手写，建议用铅笔或记号笔；
- 在公共区域不接受苗圃标签，新栽植区在主标签已经定制但尚未到达的情况下可以临时使用，但应在3个月内予以更换；
- 同样，丢失、损毁的标签也应在3个月内予以更换；
- 黄色可粘贴的黄色圆点标签（yellow stick-on dots）是用来对诸如物候观察等园区内实施的项目的标记，作为短期项目这种方式是可以接受的，但一旦确定为长期项目，则应有新的解决方案；
- 目前还缺乏适合于残疾人的标签或者标识方式，一旦国际、国内颁布、实施有关这方面的要求，则应予以采纳；
- 主标签下一般包括国家、来源地信息，如果来源地有疑问，也可加以标注。

4）临时标签

一般在没有获得主标签或者二级标签时，或者其他中间过程中，如作为核实材料、实验鉴定材料的标签等。标签的式样也更加多样。

参考文献

顾姻，贺善安，1990. 植物园植物记录计算机管理系统［M］. 南京：河海大学出版社：106.

Cubey R, Gardener M F, 2003. A new approach to targeting verifications at the Royal Botanic Garden Edinburgh［J］. Sibbaldia: the Journal of Botanic Garden Hoticulture（1）: 19-23.

Rae D, 2004. Fit for purpose？ The value of checking collections statistics［J］. Sibbaldia: the Journal of Botanic Garden Hoticulture（2）: 61-73.

第3部分　景观、设计和代表性策略

这部分重点在于植物园的审美、景观和遗产价值，以及园艺品种和活植物收集塑造代表性地理景观等方面的展示作用等。

（1）总体景观

植物个体以及他们组成的有意义的活植物收集有着科学、保护和教育方面价值。同时也应认识到，有重要科学价值的植物被随意地放置在颓废的、未经设计或者设计拙劣的植物景观中也会降低它的价值，而通过园艺措施、设计、组合等，植物个体以及这些个体组成的植物总体景观的美学价值是公众喜欢植物园的一个重要原因。显而易见的是一个具有优美艺术外貌的植物园对于游客的吸引力和由此给植物园带来的影响力、经济效益等。另外，还应该认识到植物园景观的遗产价值以及这种价值与新的开发活动的关系。因此，以下这些方面需要给予关注，以尽可能地创造或营造具有优美艺术外貌的植物景观：

● 尽管本策略强调活植物的丰富性和野生来源的重要性，但也同时关注社会公众对舒适性和观赏性的期待。而那些具有高观赏价值的园艺品种，尤其是花卉，在创造舒适性和观赏性方面有着更加直接和显著的效果，因此也应该成为活植物收集的一部分；

● 植物景观是植物园景观的主体，而园艺技术和掌握这些技术的园丁在塑造植物景观方面发挥着重要作用，因此具有较高园艺素养的园丁和造园师对于植物园植物景观的塑造是至关重要的；

● 植物园并不否认亭台楼阁等硬质景观的价值，它们有时甚至起到画龙点睛的作用。另外，与植物园有关的具有历史和艺术价值的建筑、艺术品的收集与展示、自然历史遗迹和遗产等也都是植物园景观的重要组成部分。

（2）栽培品种的使用

虽然野生来源的植物在活植物收集中居于支配地位，但栽培品种在塑造优美的植物景观方面发挥着不可或缺的作用，因此也应该审慎地选择使用。另外，部分栽培品种还有历史文化、遗产或育种价值，因此也具有保存和教育的作用。但这些栽培品种的使用应限于以下范围：

● 以观赏展示为主的区域，如草本花境、林地花境等；

● 以展示驯化、栽培植物或品种为主的区域，如园林植物区、植物博览园等；

● 有历史意义或价值的品种，如所（园）早期育成的柏树品种中山柏、枫杨和胡桃的嫁接苗等；

● 蔷薇园等以展示植物品种多样性和景观为主的专类园区；

● 稀有品种或者具有特殊形态特点的品种等；

● 与教育、培训课程或其他科普活动有关的品种；

● 在一些重点区域要更强调适地适树（包括草本植物），无论是野生还是栽培品种。

需要注意的是栽培品种不同于栽培来源的植物，后者可能来自其他的活植物收集，如来自其他植物园交换来的种子等。

（3）代表性

没有哪个植物园的所有活植物收集都用于栽培或者展示，展示的植物一定是基于植物园的使命或策略进行了选择的、有代表性的植物。因此，收集策略可以协助工作人员根据预先确定的标准有选择地决定对哪些植物进行栽培、展示。在这个框架下，“代表性策略”提供了经过选择的植物如何布置的指南。

两个最主要的方法是分类群代表性（即来自同一

个科、属的植物种植在一起进行比较）或地理区域代表性（即来自同一地理单元的植物种植在一起）。新建设的植物园可以参考其中任何一种，但像南京中山植物园这样的老植物园经过多年发展已经将这些方法混合在一起，而且新的观点也在不断被提出来，比如用于讲解的园区更多的时候需要混合类群，而气候变化等带来的新的压力也需要复合的生境和多样化地种植等。因此，需要采用一个实际且实用的方法来制定一个合理的代表性策略。在这个过程中，以下问题和标准应该加以考虑：

● 特定的科、属可以适当集中，但并不一定都要集中在一个园区中。

● 特定地理来源的类群也可以根据环境条件适当集中，但也不苛求都集中在一个园区中栽植。园区应该要有具有华东地区显著特点的植物种植方式或者生境及其旗舰种等。

● 术语“生态种植”有时和“地理或者植物地理种植”相混淆或者合并使用，但实际上应加以区分：“生态种植”在这里简单地指生态位或者生境，如水域、林地边缘或者岩石生境等。应鼓励尽可能多地在地貌、土壤和气候条件等允许的范围内进行“生态种植”。

● 尽管“生态种植”曾经被作为植物园种植的主要模式，但理想情况下，新的种植方式应该有着很强的地理成分，但同时应考虑到民族植物学、保护和教育方面有需求的植物种类，在设计上还应考虑到讲解的需要，因此，最好事先与教育、讲解人员进行充分的沟通。

● 一旦某个种植区域或种植床与科研、讲解、保护等某个方面有紧密联系时，建议每5年与这些部门一起进行一次评估。

● 栽培重点还是那些列入优先目标的植物类群，尤其是中国华东地区的珍稀濒危植物以及其他生物多样性热点地区的植物、重要的新经济植物等。

第4部分　收集类型

植物园迁地保护的对象比较广泛，既包括野生的，也包括栽培和半栽培的。本园的活植物收集侧重于具有经济价值、药用价值和观赏价值的植物。正如前面提到的植物材料的代表性那样，活植物收集有着不同的类型，如哈佛大学阿诺德树木园按照核心收集（core collection）、历史性收集（historic collection）和特殊收集（special collection）分类。根据南京中山植物园的实际情况，分为研究性收集、保护性收集和一般性收集，不同的收集有着不同的要求。

（1）活植物收集的对象

1）按照活植物来源，这些对象可以分为3级，其科学价值依次递减：

● 直接采集的野生材料，这是植物园引种保育植物的主体；

● 从各植物园交换和引种来的，有科学记录的材料，这部分材料在科学价值上略逊于野生植物材料；

● 从缺乏足够科学记录的来源所得到的材料，这部分材料不适合栽培到专类园区。适合用于园区内园林景观的营建。

2）按照活植物对象，主要包括如下类型：

● 濒危植物

濒危植物既是就地保护的重点，也是迁地保护的重点。国际自然保护联盟（IUCN）、各国甚至不同地区都根据自己的评估结果发布了不同版本的珍稀濒危植物红皮书。南京中山植物园将在此基础上，结合自己的评估选择保护对象开展迁地保育，在这个过程中应尽可能多地增加种群和个体数量。

● 栽培植物近缘种和地方品种

栽培植物近缘种是栽培植物改良的重要遗传资源，由于栽培植物种类较多，近缘种的数量更多，南京中山植物园的优先目标是保存那些观赏植物、药用植物和经济果树的野生近缘种，其他如农作物、蔬菜等近缘种的保存则由农科教单位来进行。

● 新经济植物资源

在地方上或者民间有栽培利用的，有可能成为栽培植物的物种，尤其是野生和半野生植物，也是植物园迁地保护的对象。

● 明星物种

指的是那些在生境修复和生态重建上具有特殊观赏价值（如白鹭花、银扇草、大花草等）、特殊文化价值（如佛教的“五树六花”，具有民族植物学学科价值的植物等）、特殊科学价值［如单（寡）型科、属的物种、特有种］、特殊生态价值（如能够吸引公众关注的标志性物种：银杏、望天树、智利棕、巨魔芋、双椰子等）等特殊价值的物种，也包括那些有特殊纪念意义的植物种类，如1972年尼克松访华期间赠送的北美红杉、总理陵园纪念植物园时期各地赠送的纪念植物等。

（2）活植物收集的类型

1）研究性收集

顾名思义，是指用于目前或将来研究之用的活植物收集。实际上，植物园所有的活植物收集或多或少地都具有这方面的价值，因此也都可以作为研究性收集，这类收集需要高标准的活植物记录、准确的核实和良好的栽培，为科学研究提供准确的一手资料。研究项目结束后，应对这类植物收集重新评估，以确定是否将其作为种质资源和用于展示的植物收集进行登录。

2）资源性收集

种质资源收集的作用是对一个特定的分类单元或在某一地理区域内，保存具有代表性的植物多样性遗传样本。种质资源的收集包括来自原产地的野生种和变种，以及表现出园艺、农艺价值或其他经济性状的植物。为了确保代表性，在收集过程中应充分注意区域代表性、遗传代表性（核心种质）和科学合理的取样策略。

作为南京中山植物园一定时期内资源性、研究性收集的重点，山地花卉资源应给予更多关注，这充分地体现在附录中所给出的参考类群中，而山地花卉在南京的气候条件下保存，首先要解决的是耐热的问题，因此我们的策略罗列如下表。

表1　根据耐热性指标的植物类群收集策略

编码	说明
H1	着重收集的耐热类群，只要空间允许，应全部收集野生来源的属和种
H2	长期关注但未更多付诸实践、与H1关联的耐热类群。可以收集50%的属，25%的种
H3	需要少量的代表性耐热类群，每科少数属，每属1~2个种
HT1	着重收集的H1类群中不耐热种类，只要能够栽培、空间许可，应尽可能多地收集其中的科、属
HT2	长期关注但未付诸实践的、与HT1有关的耐热类群。根据具体情况，收集10%的属和5%的种
HT3	只需适量代表性收集的耐热类群。每科少数属、种即可

3）保护性收集

保护性收集指那些被评估为珍稀濒危等级的野生植物的迁地保护或用于回归引种、生态恢复等目的的活植物收集。评估机构可以是世界保护监测中心（World Conservation Monitoring Center, WCMC）、国际自然保护联盟（IUCN）和相关政府机构、非政府组织或者科研院所等，主要包括以下类型：

● 为防止野生植物的丢失、遗传侵蚀等进行储备性收集；

● 用于特定的生态恢复、增强引种或回归引种的收集；

● 用于保护性研究的活植物收集；

● 需要进行抢救性迁地保护的类群。

保护性收集非常注重取样种群的遗传代表性，因此需要采取合适的取样策略，以保证尽可能丰富的遗传多样性，即这类收集都需要较多的个体、占据较大的面积。具体原则总结如下：

● 优先性应该首先给予那些南京中山植物园过去曾经研究过或正在开展研究的类群；

● 稀有、脆弱或者受威胁的种类，尤其是那些列入江苏、华东、中国和IUCN红皮书的受威胁植物；

● 优先性应该给予那些稀有、脆弱和受威胁的野生观赏和其他有用植物；

● 列入当地生物多样性保护计划的乡土野生植物或其他值得保护的乡土植物；

● 对现有遗传多样性不足的植物，应加强植物园间的合作，确保南京中山植物园活植物取样自其他植物园不同的种群/种源；

● 所有保护性收集和其他保护方式应该进行有效整合而不能孤立开来，鼓励采用综合的保护技术、措施；

截至2017年，南京中山植物园活植物收集中有国家重点保护野生植物92种、《中国植物红皮书》收录植物89种和《中国珍稀濒危保护植物名录》收录植物65种。GSPC要求至2020年75%受威胁植物种类得到迁地保护，尤其在产地国，其中20%可以用于修复和恢复项目。为此，南京中山植物园将：

● 促进相关保护项目的实施；

● 参加对相关项目建议植物的栽培；

候选保护植物类群有 *Sinojackia*（秤锤树属）、*Ceratoteris*（水蕨属）、*Isoetes*（水韭属）、*Parrotia*（银缕梅属）、*Glehnia*（珊瑚菜属）等。

● 启动或参与相关的保护项目。

为促进本地植物的保护工作，主动参与本地区植物的保护工作，制定相关的保护计划，例如制定江苏省区域植物园联盟计划，建立基于气候带的植物保护网络，促进植物保护的利益攸关方，如环保机构（组织）、农业机构（组织）以及园林机构（组织）等相关机构在保护项目方面的整合；在条件许可的情况下，也可以领衔组织或积极参与相关的国际合作项目，例如密苏里植物园的 *Flora of China* 项目，爱丁堡皇家植物园的International Conifer Conservation Programme等。在这些计划中，活植物收集可以起到的作用包括：

● 繁殖和栽培，在需要时，可以优先为相关项目提供足够数量的登记号，用于相关的保护和研究工作；

● 在园区中确保每个类群有一种迁地栽培；

● 需要时，栽培和繁殖“关联种”(associate species)。

异地收集：一般情况下，绝大部分乃至全部的活植物收集是保存在一个地方，对于那些像南京中山植物园一样只有一个园区的植物园而言，好像也只能如此。但对于被保存的植物而言，会增加其“栽培绝灭”(自拟)的风险。这个时候可以考虑选择合适地方进行异地收集（off site collections），或者与其他植物保护组织，尤其是植物园加强合作，建立官方植物交换园（official plant exchange gardens），组成植物保护网络。

南京中山植物园已经建立了4个分园，可以考虑建立更紧密的关系，尤其在植物异地保护方面，充分利用各分园地理位置、气候条件、地形地貌差异以及本地植物多样性的不同，建立更加安全、覆盖度更广的植物保护网络。选择异地收集点的标准包括：

● 较高的园艺管理标准，以确保植物得到有效管护；

● 所属关系的长期性，以确保业主不会卖掉相应地块，导致前期投入的损失；

● 真正的，好的联合，以确保业主有真正的和长期的承诺；

● 无商业化计划，以不与CBD目标矛盾；

● 保持记录的承诺；

● 同意用于保存的繁殖；

● 在业主放弃，项目结束等情况下的退出机制。

4）展示性收集和收藏

展示用的植物收集能够很好地向公众解释园艺中的科学与艺术，传播知识，激发大众正面情绪。此类收集包括用于景观展示的植物、具有良好园艺特性的植物，以及适应亚热带季风气候的其他观赏植物等。优先收集、保护树龄（株龄）较大的植物、无法轻易更换的植物，以及在科学研究、遗传育种等方面的野生种或种群及培育的栽培种或品种等。对于临时展示用的植物收集，如果其中包括用于研究的植物收集、种质资源收集，则应予以登记，或者予以分配随机串号录入数据库。

作为展示的不仅有活植物，还包括了与之有关的自然遗产、遗迹、景观以及其他有关的材料和收藏物等。相较于欧洲植物园，中国的植物园还比较年轻，除部分植物园有历史遗存，如北京植物园的卧佛寺、大观园遗址以及梁启超墓、孙传芳墓等之外，绝大部分植物园只能用现存的孑遗植物等古老的种类或者一些古树名木去展示植物园的历史，但这些植物本身的历史并不长。因此中西方植物园在园内收集及其所在国的历史方面形成鲜明对比，但这并不应该影响中国植物园对自然历史的重视，年轻的中国植物园可以从厚重的华夏文明，尤其是农业史、造园史和自然遗产中去寻找、挖掘甚至重塑和再现这些历史。能反映南京中山植物园作为我国第一个国立植物园的历史景观特征包括：

- 药用植物园及时珍馆；
- 科普楼；
- 总理纪念植物园时期获赠的树木；
- 尼克松赠送的北美红杉；
- 著名采集人、分类学家采集的植物、标本以及我所（园）分类学家命名的植物。如以裴鉴之名命名的长梗大青（*Clerodendrum peii* Moldenke）、钩毛紫珠（*Callicarpa peichieniana* Chun & S. L. Chen），以单人骅名字命名的单氏木属（*Shaniodendro* M. B. Deng, H. T. Wei et X. Q. Wang、都支杜鹃（*Rhododendron shanii* Fang）以及姚（淦）氏毛茛（*Ranunculus yaoanus* W. T. Wang）、周（太炎）氏碎米荠（*Cardamine cheotaiyienii* Al-Shehbaz & G. Yang）、（耿）以礼草属（*Kengyilia* C. Yen & J. L. Yang）等。
- 所（园）培育的主要品种，如中山柏（*Cupressus lusitanica* 'Zhongshanbai'）、中山杉（*Taxodium hybrid* 'Zhongshanshan'）、'金幌'紫薇（*Lagerstroemia indica* 'Golden Curtain'）等；
- 所（园）主要科研活动涉及的活植物，如枫杨（*Petrocarya stenoptera*）和胡桃（*Jugalans nigra*）的嫁接苗、油橄榄（*Olea europaea*）、最早引种的黑莓（*Rubus fruticosis*）、越橘（*Vaccinium vitis-idaea*）和落羽杉（*Taxodium* sp.）等；
- 所（园）研发新药的药源植物，如“血安”与棕榈等。

在园区景观及植物管理的过程中，应给予历史植物、植物收集和部分特殊景观更多关注。其中，针对景观而言，应该：

- 建立一个包括全部特殊历史价值部分的目录；
- 在建议的景观规划框架下，制定一个确保这些特殊历史区域完整性的策略和相应的标准；
- 制定并遵循园区的景观规划；
- 注意那些与植物有关的建筑物、构筑物的价值。

针对植物和植物收集而言，应该：

- 建立一个基于开始部分描述标准的历史植物收集名录；
- 制定一个历史植物活植物收集管护、繁殖、监测和记录的特殊策略及其标准。

理想情况下，上述两个策略应该在本策略中一并制定，但鉴于还有这部分基础工作的薄弱，可以考虑在本策略修订时予以增补。

（3）乡土植物区系的就地保护

即自然植被区，是介于自然保护区和植物园迁地保护之间的一种类型，更多是供科学研究和科普教育之用。

南京中山植物园的活植物收集应该包括了我国华东地区的主要代表种类，尤其是江苏乡土植物的标本和各不同生境的活植物。重要的是在丰富活植物收集的基础上，对本地来访者或游客展示、讲解本地区的自然历史。当然，这些乡土植物也关乎教育和保护。

南京中山植物园可以充分利用植物园北侧次生植被，结合破坏之前的地带性植物群落的调查和研究结果，恢复和保存乡土植物区系成分，展示乡土植物景观。

江苏农耕历史悠久，经济发达，自然资源相对匮乏，是人口－环境问题的典型，可以作为自然资源保护和经济发展关系的模式地区加以研究，在这个过程中，南京中山植物园可以组织开展的工作包括：

- 对江苏本土植物进行评估，确定优先保护级别；
- 尽可能多地迁地保护乡土维管束植物，最终目标应该是江苏野生来源的维管束植物100%得到保护，在这个过程中，应注意防止基因污染，尤其是对于那些用于回归引种的植物种类；
- 对于保护和研究而言，要尽可能地按照保护性收集的要求，即要有足够的遗传代表性取样和栽培。一般性收集也应该在考虑空间、土壤、水分等限制因素的基础上，尽量多地取样和栽培；
- 展示乡土植物，利用生态小径等形式同时展示其生境；
- 园艺与科普中心、科普旅游部、引种保育部都应该充分认识到乡土植物之于环境教育和讲解的重要价值，因此在这个过程中应加强科普旅游部、引种保育部和园艺部之间的沟通与合作，以建立起活植物收集，尤其是乡土植物区（自然植被区）与科普讲解之间的协调关系；
- 针对GSPC目标8的要求，优先收集栽培那些珍稀濒危植物；
- 建立自然植被区并制定自然或半自然植被区的管理策略，以加强乡土植物的保护和展示、教育；
- 相关园区的主管要了解省、国家乃至地区和国际有关乡土植物保护的政策；
- 对适合的类群，如中华水韭（*Isoetes sinensis*）、秤锤树（*Sinojackia xylocarpa*）等制定回归引种计划，开展回归引种研究。

参考书目

Falk D A, Holsinger K E, 1991. Genetics and conservation of rare plants [M]. New York: Oxford University Press.

Radford E, Dossman M, Rae D, 1993. The management of '*Ad Hoc*' *ex situ* conservation species at the Royal Botanic Garden Edinburgh: A review of options [J]. *Sibbaldia*: the Journal of Botanic Garden Horticulture (1): 43–80.

第5部分 获取和转移

为了满足上述策略和标准，必须首先获得符合收集目标的材料，这包括在园区或野外收集植株或种子、根据种子交换名录从其他收集者那里获得种子等。所有这些获取植物材料的方法都需要策略和预案来构建一个有序的流程，确保优先目标得到执行，混淆和重复得以避免。同样地，将我们的活植物收集转移到其他地区或彻底出售它们的程序也是需要的。

（1）野外采集

野外采集是获得新植物以补充活植物收集的主要方法。但这需要仔细的计划以确保这些活动与《生物多样性公约》的要求相吻合并及时筹措到足够的资助，确保策略确定的优先物种和建议的野外采集地之间有效对接。考虑到野外采集工作的难度及其对活植物收集的重要意义，以下野外采集策略或建议是应该采纳的：

- 建立覆盖未来野外采集工作的日志以协助计划进程，避免重复和确定优先目标区域；
- 园艺与科普中心应制定一个分析活植物收集策略和更适宜地组织野外采集活动之间差距的具有前瞻性的方法，也可以与科研部门协商弥补这种差距的方法；

● 制定一个鼓励青年和缺乏经验者参加野外采集活动的详细计划，提供活植物收集技术方面的培训。考虑印制一本包括采集技术在内的有用信息的小册子；

● 在野外采集过程中，应坚持在第二部分中推荐的田间记录的最低标准以及其他如凭证标本、优先性原则等；

● 应该筹措尽可能多的资金用于野外采集工作，在可能的情况下，也可能寻求植物园以外的资金支持；

● 鼓励野外采集过程中与其他机构和人员的多学科合作，其中所在地或所在国人员的参与是最基本的要求；

● 对于在国内外开展项目需要的资金筹措而言，一个完善的策略非常重要，因此应鼓励参与野外采集计划的工作人员在制定、提升和实施该计划的过程中与宣传及其他部门合作；

● 所有参与野外调查的人员在采集、交换和转移野生植物材料过程中都应该遵守CBD、CITES以及植物检验检疫法规和其他地方法规。

(2)种子交换名录

很多植物园都把编制种子交换名录作为主要任务之一。名录中的种子多半来自已有的栽培活植物，也有部分来自多余的野外采集，它们都是免费提供的。其中存在问题是这些采自栽培的活植物的种子很可能已经存在杂交污染或者来源不清，因此降低了其对于科学研究的价值，但这在无法通过其他途径获得需要的种类，或者在用于展示、讲解或培训、教育的情况下还是有用的获取途径，只是大家可能更关注其中野生来源的那一部分。南京中山植物园的策略是：

● 具有全部田间记录的野生来源的植物引种是南京中山植物园首选的方法；

● 在无法获取野生来源种子的情况下，可以借助种子交换名录收集用于展示、讲解或科普教育为目的的引种；

● 从种子交换名录中选择具有明确野外记录的野生来源植物是允许的。

(3)其他种子或植物目录

商业来源的植物很难确定野生来源，也很难有任何田间记录，如果是野外采集的，则可能与《生物多样性公约》《野生动植物国际贸易公约》等相违背。因此，原则上，南京中山植物园不采取这条途径来获取植物材料。然而，可能会有很多很好的理由需要购买此类商品苗木，例如主要用于教育、展示、讲解或分类的目的，或者在野生来源无法获得的情况下，在这类情况下，需要通过合法的途径进行申请获取。

(4)获取

传统上，植物园活植物的获取主要是野外采集和植物园间的种子交换，园艺品种则主要是通过购买等商业途径。西方发达国家的植物园早期曾派出大量植物猎人全世界采集植物材料。随着生物多样性和环境问题日益引起大家重视，尤其是《生物多样性公约》《野生动植物国际贸易公约》以及GSPC等通过之后，活植物获取的形式、内容和途径等发生了很大变化，其中保护性收集成为主要内容之一，这就大大增加了活植物收集的范围，提高了取样的要求，也增加了保护的难度。在这种背景下，以下因素都应该纳入考虑范围：

● 科研项目的研究材料（R）；

● 保护项目或者有保护价值的植物（C）；

● 更广泛意义上的教育、讲解和展示等（E）；

● 教学课程（T）；

● 历史性收集或者特殊意义的收集或者收藏等（H）。

其中字母及其所代表活植物收集的类型等代码系统参考了英国爱丁堡皇家植物园活植物编码系统，根据南京中山植物园的具体情况进行了修改，并体现在后面的附录中。

郊区化是土地利用形式的主要变化之一，也是生物多样性丧失和物种绝灭增速的主要原因之一，而绝大部分植物园就位于这个范围之内，因此保护郊区化过程中容易绝灭的植物，并在合适的地点和合适的时候进行回归引种也理所当然地是植物园的主要任务之一。当然，需要或可以回归引种的不只是郊区的植物种类，只要是植物园有历史收集而野外已经绝灭或者种群极度萎缩的种类都可以通过回归引种来恢复或扩大种群，当然也包括那些被国外植物园早期引种的植物类群。在开展回归引种时，应遵循以下原则：

● 伦理学——得到必要的协议和地方支持，以确保回归实践是包容性的；

● 最好的实践——植物园将制定合适的策略来确保随后的回归引种实践是最佳的；

● 技术需求——回归引种需要的技术是多方面的，对提供者和接受者都是如此；

● 基于物种来源国的技术应该进行必要的评估，接受方则可能需要接受必要的培训；

● 追踪监测——起草回归引种政策时必须考虑回归引种计划的长期性，包括过程中的监测、评估以及环境影响评价。对于此类项目，回归引种报告和监测报告的撰写和发表是必须的，以为其他类似的工作提供借鉴。

(5)种子的短期或中期储藏以及播种策略

种子库传统的作用主要是种质资源的保存，当然也可以作为迁地保存或者生物多样性保护的一种手段，这正是GSPC鼓励种子库建设的原因。但从中国的经验来看，大部分种子库是由行业主管部门建设的，以保存种质资源为主要目的，如中国农作物种子资源库、江苏省农业种质资源库等以及名目繁多的基因库、资源圃等，但其中不少种子库存在库容大而种子不足或者重建设轻维护的问题。从种子库类型来看，国内外大部分为低温种子库，适合于大部分种子的保存，因此种子库集中建设和维护可能效率更高、成本更低。种质资源保存也是植物园种子库主要功能之一，可以将适合于低温保藏的种子交由所在地区的大型低温种子库保藏。但由于植物园迁地保护对象的多样性、复杂性，传统的种子库未必能够满足其全部需要，因此，南京中山植物园种质库建设的方向主要在：

i. 和所在地区的大型种子库，例如江苏省农业种质资源库，合作开展植物园关注的种质资源的保存；

ii. 根据迁地保护，尤其是一些不适于低温保藏的种子保存的需要，可以考虑建立短期种子库，或者基于特殊方法（例如基于基因片段的GDI-Garden）、针对特殊材料（例如组织培养、花粉等）的保存库；

iii. 根据自身使命、发展以及科学研究、园区建设等的需要，建立一些特殊类群的种质库；

iv. 在条件合适的情况下，可以考虑寻求资助或合作建设中长期迁地保存种质库。

很多时候，植物园的种子贮藏并非为了种质资源保存或作为一种迁地保存的手段，而只是一种植物园管理工作的需要，这些需要包括：

● 在合适的播种季节到来之前提供一种最佳的保持种子活力的手段；

● 对那些短命植物而言，保存有活力的种子以便于重复播种；

● 作为防止意外（例如播种材料被盗或因其他原因伤害导致损失）而采取的一种保险手段；

● 在有多余种子的情况下，作为贮备，可用于种子交换、赠送或增加播种量或面积等。

即使这样，种子也最好集中贮藏，除非非常特别的繁殖体，如孢子。为有效保存这些种子，一般标准如下：

● 要有序地分类，以免混乱。分类可以按照种质号、登记号，也可以是采集号或更原始的植物名、采集地信息；

● 贮藏设备最好选用更专业的种子冷藏设备，而非一般的家庭冰箱；

● 种子最好贮存在密封容器中，置于湿度7%，温度4 ℃条件下。

在有足够量种子的情况下可以留有余量，以防播种后的损失。但对于野生采集的种子而言，能够收集到的种子量往往不足，种子活力、发芽率等也往往未知，这种情况下，要尽可能多地播种以获取更多实生苗。具体播种和留种的比例可以和其他参与项目的人员一起商量制定，同样地，对于短命植物留种和保种的比例也要苗圃管理人员和园区管理人员之间共同议定。

这里需要指出的是，对于那些通过采种播种而来的植物，需要重新给予登记号。因为开放授粉等原因，这种植物可能已经不同于原来的植物，而只能作为已知野生来源的栽培植物对待。

（6）出售策略（Deaccession Policy）

一般而言，除了一些通过商业途径获得的、多余的园艺品种，植物园的野生来源植物是不允许出售的，如果需要出售，也必须完成如下程序：

● 尽可能多地获得该植物的信息，如图片、最后核实情况、标本以及 DNA 样本等；

● 提交给其他需要的植物园；

● 如果没有植物园愿意接受，可尝试返还原产国；

● 如果植物园、原产国都不愿意接受，该植物也不在 IUCN 红色名录之列，或在 IUCN 红色名录之列，但在 5 个以上植物园有栽培（可以自 BGCI 查询），则可以出售；

● 如果该植物在 IUCN 名录中，且无植物园、原产国接受，栽培植物园也不足 5 个，则必须保留。

致谢

本策略由李亚、殷茜起草，主要参考了英国爱丁堡皇家植物园（Rae et al, 2006）和美国国家树木园、哈佛大学阿诺德树木园的活植物收集策略，以及英国邱皇家植物园的《遗传资源获取和利益分享策略》（*Policy on Access to Genetic Resources and Benefit-Sharing*），并以爱丁堡皇家植物园的活植物收集策略为本建议稿的基本框架，在此向上述文件的制定者和有关植物园表示深深的谢意。在成稿过程中，园艺与科普中心刘兴剑等提出了部分修改意见，在此一并致谢！本建议稿为作者在园艺与科普中心任职期间起草，并未按计划进行全面论证，因此仅代表作者本人的初步意见，特此说明。

参考文献

Rae D, Baxter P, Knott D, et al, 2006. Collection Dolicy for the Livmg Couection [Z]. Edinburgh: Royal Botanic Garden Edinburgh.

附录I 南京中山植物园以科学研究为目的的活植物收集类群

由于除了《江苏省中国科学院植物研究所“十三五”科研发展规划》外，所（园）目前尚无长期的科研发展策略，因此本策略根据所（园）历史上形成的科研优势类群、目前正在研究的类群以及园艺与科普中心为促进科研、建园相融合需要发展的类群三方面的需要，编制了科研方面需要优先考虑的活植物收集类群，具体包括：

Amaryllidaceae 石蒜科

Lycoris（石蒜属）

Apiaceae 伞形科

Angelica（当归属）、*Changium*（明党参属）、*Cryptoaenia*（鸭儿芹属）、*Eryngium*（刺芹属）、*Glehnia*（珊瑚菜属）、*Ligusticum*（藁本属）、*Peucedanum*（前胡属）

Aquifoliaceae 冬青科

Ilex（冬青属）

Aracaceae 天南星科

Acorus（菖蒲属）、*Arisaema*（天南星属）

Bignoniaceae 紫葳科

Caltapa（梓属）

Brassicaceae 十字花科

Alyssum（庭荠属）、*Brassica*（甘蓝属）

Calycanthaceae 蜡梅科

Calycanthus（蜡梅属）

Cornaceae 山茱萸科

Cornus（山茱萸属）、*Aucuba*（桃叶珊瑚属）

Dioscoreaceae 薯蓣科

Dioscorea（薯蓣属）

Ericaceae 杜鹃花科

Vaccinium（越橘属）

Fagaceae 壳斗科

Castanea（栗属）、*Cyclobalanopsis*（青冈属）、*Quercus*（栎属）、*Lithocarpus*（柯属）

Hamamelidaceae 金缕梅科

Hamamelis（金缕梅属）、*Parrotia*（银缕梅属）

Iridaceae 鸢尾科

Iris（鸢尾属）

Juglandaceae 胡桃科

Carya（山核桃属）、*Juglans*（胡桃属）

Lamiaceae 唇形科

Mentha（薄荷属）、*Ocimum*（罗勒属）、*Thymus*（百里香属）

Lauraceae 樟科

Phoebe（楠属）、*Sassafras*（檫木属）、*Machilus*（润楠属）

Lytheraceae 千屈菜科

Lagerstroemia（紫薇属）

Pittosporaceae 海桐花科

Pittosporum（海桐花属）

Poaceae 禾本科

Bambusa（簕竹属）、*Phyllostachys*（刚竹属）、*Coix*（薏苡属）、*Cynodon*（狗牙根属）、*Zoysia*（结缕草属）、*Eremochloa*（蜈蚣草属）、*Paspalum*（雀稗属）、*Miscanthus*（芒属）

Ranuncuaceae 毛茛科

Clematis（铁线莲属）、*Acontium*（乌头属）、*Delphnium*（翠雀属）、*Anemone*（银莲花属）、*Coptis*（黄连属）

Rosaceae 蔷薇科

Rubus（悬钩子属）、*Rosa*（蔷薇属）、*Spiraea*（绣线菊属）

Saxifragaceae 虎耳草科

Deutzia（绣球属）、*Philadelphus*（山梅花属）、*Dichroa*（常山属）、*Saxifraga*（虎耳草属）

Taxaceae 红豆杉科

Taxus（红豆杉属）

Tiliaceae 椴树科

Tilia（椴属）

Verbenaceae 马鞭草科

Verbena（马鞭草属）、*Clerodendrum*（大青属）、*Vitex*（牡荆属）

附录Ⅱ 南京中山植物园活植物收集的优先类群

除了分类学研究涉及的那些类群以及不便于按照活植物方式进行大规模保育的类群（如禾草）和部分不太适宜于园区布置的类群（如具刺的悬钩子属等）之外，大部分研究涉及的类群也作为保护性收集或者资源性收集的优先类群。一是为了促进科研和建园的融合，其次，大部分研究性收集本身也都具有保护或资源价值。但由于这些资源早期多由科研部门收集而来，在活植物和管理上需要考虑如何与园艺与科普中心的活植物收集策略对接。为了提高效率、效益，可持续地利用这些资源，园艺与科普中心建议在本策略保护性收集、资源性收集和展示性收集与收藏范围内的类群或相关实物成果，在研究活动进行期间由科研部门负责日常管理，但数据纳入园艺与科普中心数据管理系统，并在该系统中进行登记注册。在研究活动结束后交由园艺与科普中心按照《活植物管理办法》和本策略进行管理，但相关科研部门享有优先使用权。本策略参考英国爱丁堡皇家植物园的做法，以属为对象将研究性收集、资源性收集、保护性收集和展示性收集，4类活植物依次标注为R、G、C、E，兼具这些价值的活植物则同时标注。部分类群，如珊瑚菜属、大部分兰科植物等，虽然急需迁地保存，但南京中山植物园还缺乏相应的保存条件和技术储备，应加强这方面的能力建设，以实现对所有列入本策略优先类群的收集、保存。

Acanthaceae 爵床科

Rungia（孩儿草属）、*Peristrophe*（观音草属）

Aceraceae 槭树科

Acer^{RGE}（槭属）、*Dipteronia*^{CE}（金钱槭属）

Adiantaceae 铁线蕨科

Adiantum^{GE}（铁线蕨属）

Alismataceae 泽泻科

Alisma^{GE}（泽泻属）、*Caldesia*^{GE}（泽薹草属）、*Ranalisma*^{GCE}（毛茛泽泻属）、*Sagittaria*^{GE}（慈姑属）

Amaryllidaceae 石蒜科

Lycoris^{RGE}（石蒜属）

Angiopteridaceae 观音座莲科

Angiopteris^{GE}（观音座莲属）

Apiaceae（Umbelliferae）伞形科

Angelica^{RGE}（当归属）、*Changium*^{RCE}（明党参属）、*Glehnia*^{RCE}（珊瑚菜属）、*Peucedanum*^{RGE}（前胡属）、*Semenovia*^{E}（大瓣芹属）

Apocynaceae 夹竹桃科

Amsonia（水甘草属）、*Apocynum*（罗布麻属）

Aquifoliaceae 冬青科

Ilex^{RGE}（冬青属）

Araceae 天南星科

Acorus^{RGE}（菖蒲属）、*Arisaema*^{RGE}（天南星属）

Araliaceae 五加科

Aralia（五加属）

Aristolochiaceae 马兜铃科

Asarum^{GCE}（细辛属）、*Saruma*^{GE}（马蹄香属）

Athyriaceae^{GE} **蹄盖蕨科**

Acystopteris（亮毛蕨属）、*Allantodia*（短肠蕨属）、*Anisocampium*（安蕨属）、*Athyriopsis*（假蹄盖蕨属）、*Athyrium*（蹄盖蕨属）、*Callipteris*（菜蕨属）、*Cornopteris*（角蕨属）、*Cystopteris*（冷蕨属）、*Gymnocarpium*（羽节蕨属）、*Lunathyrium*（蛾眉蕨属）、*Pseudocystopteris*（假冷蕨属）、*Rhachidosorus*（轴果蕨属）

Begoniaceae 秋海棠科

Begonia（秋海棠属）

Berberidaceae 小檗科

Berberis^{RGE}（小檗属）、*Mahonia*^{GE}（十大功劳属）、*Nandina*^{GE}（南天竹属）、*Sinopodophyllum*^{CE}（桃儿七属）、*Epimedium*^{GE}（淫羊藿属）、*Dysosma*^{GE}（八角莲属）

Bignoniaceae 紫葳科

Catalpa^{RGE}（梓属）

Blechnaceae^{GE} **乌毛蕨科**

Blechnum（乌毛蕨属）、*Struthiopteris*（荚囊蕨属）、*Woodwardia*（狗脊属）

Borraginaceae 紫草科

Echium（蓝蓟属）、*Anchusa*（牛舌草属）、*Amblynotus*（钝背草属）、*Antiotrema*（长蕊斑种草属）、*Arnebia*（软紫草属）、*Bothriospermum*（斑种草属）、*Craniospermum*（颅果草属）、*Eritrichium*（齿缘草属）、*Lasiocaryum*（毛果草属）、*Lindelofia*（长柱琉璃草属）、*Lithospermum*（紫草属）、*Mertensia*（滨紫草属）、*Metaeritrichium*（颈果草属）、*Microcaryum*（微果草属）、*Microula*（微孔草属）、*Myosotis*（勿忘草属）、*Pulmonaria*（肺草属）、*Sinojohnstonia*（车前紫草属）、*Solenanthus*（长蕊琉璃草属）、*Stenosolenium*（紫筒草属）

Brassicaceae（Cruciferae）十字花科

Alyssum^{E}（庭荠属）、*Brassica*^{RGE}（甘蓝属）、*Cheiranthus*^{E}（桂竹香属）、*Hesperis*^{E}（香花芥属）、*Solms-laubachia*^{GE}（丛菔属）、*Draba*（葶苈属）

Calycanthaceae 蜡梅科

Chimonanthus^{RGE}（蜡梅属）、*Calycanthus*^{RCE}（夏蜡梅属）

Campanulaceae 桔梗科

Campanula（风铃草属）、*Adenophora*（沙参属）、*Codonopsis*（党参属）、*Cyananthus*^{HT1}（蓝钟花属）、*Lobelia*（半边莲属）、*Pratia*（铜锤玉带属）

Caprifoliaceae 忍冬科

Abelia（六道木属）、*Lonicera*（忍冬属）、*Viburnum*（荚蒾属）、*Weigela*（锦带花属）

Caryophyllaceae 石竹科

Dianthus（石竹属）、*Acanthophyllum*^{HT1}（刺叶属）、*Agrostemma*^{HT1}（麦仙翁属）、*Arenaria*（无心菜属）、*Gypsophila*^{HT1}（石头花属）、*Lychnis*（剪秋罗属）、*Minuartia*^{HT1}（米努草属）、*Sagina*（漆姑草属）、*Saponaria*（肥皂草属）、*Silene*（蝇子草属）、*Vaccaria*（麦蓝菜属）

Celastraceae 卫矛科

Celastrus^{GE}（南蛇藤属）、*Euonymus*^{GE}（卫矛属）、*Monimopetalum*^{CGE}（永瓣藤属）、*Tripterygium*（雷公藤属）

Chloranthaceae^{GE} 金粟兰科

Chloranthus（金粟兰属）、*Sarcandra*（草珊瑚属）

Cistaceae 半日花科

Cistus（岩蔷薇属）、*Helianthemum*（半日花属）

Compositae 菊科

Achillea（蓍草属）

Cornaceae 山茱萸科

Dendrobenthamia^{RGE}（四照花属）、*Cornus*^{RGE}（山茱萸属）、*Bothrocaryum*^{GE}（灯台树属）、*Aucuba*^{RGE}（桃叶珊瑚属）、*Helwingia*^{E}（青荚叶属）

Crassulaceae 景天科

Hylotelephium（八宝属）、*Sedum*（景天属）、*Orostachys*（瓦松属）等

Davalliaceae^{GE} 骨碎补科

Davallia（骨碎补属）、*Humata*（阴石蕨属）

Dennstaeditiaceae 碗蕨科

Dennstaedtia^{GE}（碗蕨属）、*Hypolepis*^{GE}（姬蕨属）、*Microlepia*^{GE}（鳞盖蕨属）

Dicksoniaceae 蚌壳蕨科

Cibotium（金毛狗属）

Dryopteridaceae^{GE} 鳞毛蕨科

Arachniodes（复叶耳蕨属）、*Cyrtomidictyum*（鞭叶蕨属）、*Cyrtomium*（贯众属）、*Dryopteris*（鳞毛蕨属）、*Leptorumohra*（毛枝蕨属）、*Polystichum*（耳蕨属）

Ericaceae 杜鹃花科

Vaccinium^{RGE}（越橘属）、*Cassiope*^{E}（岩须属）、*Rhododendron*^{RGE}（杜鹃属）、*Pieris*^{RGE}（马醉木属）、*Gaultheria*^{E}（白珠树属）、*Erica*（欧石南属）

Euphorbiaceae 大戟科

Euphoribia^{RGE}（大戟属）、*Bischofia*^{GE}（秋枫属）、*Sapium*（乌桕属）

Fagaceae 壳斗科

Castanea^{RGE}（栗属）、*Cyclobalanopsis*^{RGE}（青冈属）、*Quercus*^{RGE}（栎属）、*Lithocarpus*^{RGE}（柯属）

Gentianaceae 龙胆科

Centaurium（百金花属）、*Gentiana*（龙胆属）、

Gentianella（假龙胆属）、*Gentianopsis*（扁蕾属）、*Lomatogonium*（肋柱花属）

Geraniaceae 牻牛儿苗科

Pelargonium（天竺葵属）、*Geranium*（老鹳草属）

Gleicheniaceae 里白科

Hicriopteris^{GE}（里白属）、*Dicranopteris*^{GE}（芒萁属）

Guttiferae 藤黄科

Hypericum（金丝桃属）、*Triadenum*（三腺金丝桃属）

Hamamelidaceae 金缕梅科

Hamamelis^{RGE}（金缕梅属）、*Parrotia*^{RCE}（银缕梅属）、*Corylopsis*^{GE}（蜡瓣花属）、*Semiliquidambar*^{GE}（半枫荷属）、*Sycopsis*^{GE}（水丝梨属）、*Loropetalum*^{GE}（檵木属）、*Distylium*^{RGE}（蚊母树属）

Hemionitidaceae 裸子蕨科

Coniogramme^{GE}（凤丫蕨属）

Hippocsatana 七叶树科

Aesculus（七叶树属）

Hypodematiaceae^{GE} 肿足蕨科

Hypodematium（肿足蕨属）

Iridaceae 鸢尾科

Iris^{RGE}（鸢尾属）、*Gladiolus*^{RGE}（唐菖蒲属）、*Belamcanda*（射干属）、*Crocosmia*（雄黄兰属）、*Crocus*（番红花属）

Isoetaceae 水韭科

Isoetes^{RCE}（水韭属）

Juglandaceae 胡桃科

Carya^{RGE}（山核桃属）、*Juglans*^{RGE}（胡桃属）、*Engelhardia*^{RGE}（黄杞属）

Juncaceae 灯心草科

Juncus（灯心草属）、*Luzula*（地杨梅属）

Lamiaceae（Labiatae）唇形科

Mentha^{RGE}（薄荷属）、*Ocimum*^{RGE}（罗勒属）、*Thymus*^{RGE}（百里香属）、*Agastache*^{GE}（藿香属）、*Ajuga*^{E}（筋骨草属）、*Anisochilus*^{E}（排草香属）、*Basilicum*^{E}（小冠薰属）、*Betonica*^{GE}（药水苏属）、*Calamintha*^{GE}（新风轮属）、*Comanthosphace*^{E}（绵穗苏属）、*Dracocephalum*^{GE}（青兰属）、*Elsholtzia*^{GE}（香薷属）、*Perovskia*^{GE}（分药花属）、*Phlomis*^{GE}（糙苏属）、*Phyllophyton*^{E}（扭连钱属）

Lauraceae 樟科

Cinnamomum（樟属）、*Phoebe*^{RGE}（楠属）、*Sassafras*^{RGE}（檫木属）、*Machilus*^{RGE}（润楠属）

Leguminosae（Fabaceae）豆科

Lupinus（羽扇豆属）、*Bauhinia*（羊蹄甲属）、*Codariocalyx*（舞草属）、*Cassia*（决明属）、*Caesalpinia*（云实属）、*Caragana*（锦鸡儿属）、*Chesneya*^{HT1}（雀儿豆属）、*Calophaca*（丽豆属）、*Wisteria*（紫藤属）、*Cercis*（紫荆属）、*Vicia*（野豌豆属）、*Lotus*^{GE}（百脉根属）、*Indigofera*（木蓝属）、*Lespedeza*（胡枝子属）

Liliaceae 百合科

Agapauthus（百子莲属）、*Allium*（葱属）、*Lilium*（百合属）、*Aloe*（芦荟属）、*Aspidistra*（蜘蛛抱蛋属）、*Cardiocrinum*（大百合属）、*Clintonia*（七筋姑属）、*Convallaria*（铃兰属）、*Disporum*（万寿竹属）、*Eremurus*^{HT1}（独尾草属）、*Erythronium*^{HT1}（猪牙花属）、*Fritillaria*（贝母属）、*Gloriosa*^{H1}（嘉兰属）、*Heloniopsis*（胡麻花属）、*Hemerocallis*（萱草属）、*Hosta*（玉簪属）、*Lilium*（百合属）、*Liriope*（山麦冬属）、*Notholirion*^{HT1}（假百合属）、*Ophiopogon*（沿阶草属）、*Paris*（重楼属）、*Polygonatum*（黄精属）、*Scilla*（绵枣儿属）、*Smilacina*（鹿药属）、*Speirantha*（白穗花属）、*Streptopus*（扭柄花属）、*Tricyrtis*（油点草属）、*Trillium*（延龄草属）、*Tupistra*（开口箭属）、*Veratrum*（藜芦属）、*Tofieldia*（岩菖蒲属）

Loganiaceae 马钱科

Buddleja（醉鱼草属）、*Gelsemium*（钩吻属）

Lythraceae 千屈菜科

Lagerstroemia^{RGE}（紫薇属）、*Lythrum*^{GE}（千屈菜属）

Magnoliaceae 木兰科

Magnolia^{RGE}（木兰属）、*Alcimandra*^{RCE}（长蕊木兰属）、*Kmeria*^{RCE}（单性木兰属）、*Manglietia*^{RGE}（木莲属）、*Manglietiastrum*^{RCE}（华盖木属）、*Michelia*^{RGE}

（含笑属）、*Parakmeria*[RCE]（拟单性木兰属）、*Tsoongiodendron*[RCE]（观光木属）

Malvaceae 锦葵科

Abelmoschus（秋葵属）、*Althaea*（蜀葵属）、*Hibiscus*（木槿属）、*Lavatera*（花葵属）、*Malva*（锦葵属）

Myrsinaceae 紫金牛科

Ardisia（紫金牛属）

Nephrolepidaceae[GE] **肾蕨科**

Nephrolepis（肾蕨属）

Nymphaeaceae[RGE] **睡莲科**

Brasenia（莼属）、*Euryale*（芡属）、*Nelumbo*（莲属）、*Nymphaea*（睡莲属）

Oleaceae 木犀科

Chionanthu[GE]（流苏树属）、*Fraxinus*[GE]（梣属）、*Forsythia*[GE]（连翘属）、*Jasminum*[GE]（素馨属）、*Ligustrum*[RGE]（女贞属）、*Osmanthus*[GE]（木犀属）

Onagraceae 柳叶菜科

Epilobium（柳叶菜属）

Onocleaceae[GE] **球子蕨科**

Onoclea（球子蕨属）、*Matteuccia*（荚果蕨属）

Ophioglossaceae 瓶尔小草科

Ophioglossum[RCE]（瓶尔小草属）

Botrychiaceae 阴地蕨科

Botrychium[RCE]（阴地蕨属）

Orchidaceae 兰科

Bletilla（白及属）、*Cephalanthera*（头蕊兰属）、*Changnienia*（独花兰属）、*Coeloglossum*（凹舌兰属）、*Cymbidium* Subgen. *Jensoa* Sect. *Jensoa*（兰属建兰亚属建兰组）、*Cypripedium*（杓兰属）、*Epipactis*（火烧兰属）、*Goodyera*（斑叶兰属）、*Gymnadenia*（手参属）、*Herminium*（角盘兰属）、*Neof inetia*（风兰属）、*Neottia*（鸟巢兰属）、*Neottianthe*（兜被兰属）、*Nothodoritis*（象鼻兰属）、*Orchis*（红门兰属）、*Pecteilis*（白蝶兰属）、*Pogonia*（朱兰属）、*Sedirea*（萼脊兰属）、*Spathoglottis*（苞舌兰属）、*Spiranthes*（绶草属）

Papaveraceae 罂粟科

Roemeria[HT1]（疆罂粟属）、*Papaver*（罂粟属）、*Meconopsis*[HT1]（绿绒蒿属）、*Macleaya*（博落回属）、*Hypecoum*[HT1]（角茴香属）、*Hylomecon*[HT1]（荷青花属）、*Glaucium*[HT1]（海罂粟属）、*Eomecon*（血水草属）、*Dicranostigma*[HT1]（秃疮花属）、*Dicentra*[HT1]（荷包牡丹属）、*Corydalis*（紫堇属）、*Eschscholtzia*（花菱草属）

Plumbaginaceae 白花丹科

Ceratostigma（蓝雪花属）、*Limonium*（补血草属）、*Plumbago*（白花丹属）

Poaceae（Gramineae）禾本科

Bambusa[RGE]（箣竹属）、*Phyllostachys*[RGE]（刚竹属）、*Coix*[RGE]（薏苡属）、*Miscanthus*[RGE]（芒属）、*Cymbopogon*（香茅属）[E]、*Microstegium*[E]（莠竹属）、*Oryza*[E]（稻属）、*Triticum*[E]（小麦属）、*Pennisetum*[E]（狼尾草属）、*Shibataea*[E]（倭竹属）、*Stipa*[E]（针茅属）、*Zizania*[E]（菰属）

Polypodiaceae[GE] **水龙骨科**

Arthromeris（节肢蕨属）、*Colysis*（线蕨属）、*Lepidogrammitis*（骨牌蕨属）、*Lepidomicrosorum*（鳞果星蕨属）、*Lepisorus*（瓦韦属）、*Microsorum*（星蕨属）、*Neolepisorus*（盾蕨属）、*Phymatopteris*（假瘤蕨属）、*Polypodiodes*（水龙骨属）、*Polypodium*（多足蕨属）、*Pyrrosia*（石韦属）、*Saxiglossum*（石蕨属）

Polygonaceae 蓼科

Antenoron（金线草属）、*Fagopyrum*（荞麦属）、*Polygonum*（蓼属）、*Rheum*（大黄属）

Primulaceae 报春花科

Androsace（点地梅属）、*Cortusa*（假报春属）、*Glaux*（海乳草属）、*Lysimachia*（珍珠菜属）

Pteridaceae 凤尾蕨科

Pteris[GE]（凤尾蕨属）、*Ceratoteris*（水蕨属）

Ranunculaceae 毛茛科

Aconitum[RGE]（乌头属）、*Actaea*[GE]（类叶升麻属）、*Adonis*[E]（侧金盏花属）、*Anemone*[GE]（银莲花属）、*Aquilegia*[GE]（耧斗菜属）、*Caltha*[GE]（驴蹄草属）、*Cimicifuga*[GE]（升麻属）、*Circaeaster*[E]（星叶草

属)、*Clematis*[RGE](铁线莲属)、*Consolida*[GE](飞燕草属)、*Coptis*[GE](黄连属)、*Delphinium*[RGE](翠雀属)、*Helleborus*[GE](铁筷子属)、*Hepatica*[GE](獐耳细辛属)、*Oxygraphis*[GE](鸦跖花属)、*Paeonia*[GE](芍药属)、*Paraquilegia*[GE](拟耧斗菜属)、*Pulsatilla*[GE](白头翁属)、*Ranunculus*[RGE](毛茛属)、*Thalictrum*[RGE](唐松草属)、*Trollius*[GE](金莲花属)、*Batrachium*[GE](水毛茛属)

Rosaceae 蔷薇科

Rosa[RGE](蔷薇属)、*Spiraea*[RGE](绣线菊属)、*Agrimonia*[E](龙芽草属)、*Acomastylis*[E](羽叶花属)、*Alchemfa*[E](羽衣草属)、*Amygdalus*[RGE](桃属)、*Aruncus*[GE](假升麻属)、*Cerasus*[RGE](樱属)、*Chamaerhodos*[E](地蔷薇属)、*Coluria*[GE](无尾果属)、*Cotoneaste*[RGE](栒子属)、*Dryas*[GE](仙女木属)、*Exochorda*[GE](白鹃梅属)、*Geum*[GE](路边青属)、*Potentilla*[RGE](委陵菜属)、*Rosa*[RGE](蔷薇属)、*Sanguisorba*[RGE](地榆属)、*Sorbaria*[GE](珍珠梅属)、*Sorbus*[RGE](花楸属)、*Stranvaesia*[GE](红果树属)、*Taihangia*[GE](太行花属)、*Malus*[GE](苹果属)、*Photinnia*[GE](石楠属)、*Prunus*(李属)、*Chaenomeles*(木瓜属)、*Pyracantha*(火棘属)、*Filipendula*(蚊子草属)

Sapindaceae 无患子科

Xanthoceras(文冠果属)、*Sapindus*(无患子属)

Saxifragaceae 虎耳草科

Deutzia[RGE](溲疏属)、*Philadelphus*[RGE](山梅花属)、*Dichroa*[RGE](常山属)、*Saxifraga*[RGE](虎耳草属)、*Astilbe*[GE](落新妇属)、*Bergenia*[GE](岩白菜属)、*Astilboides*[GE](大叶子属)、*Cardiandra*[RGE](草绣球属)、*Hydrangea*[RGE](绣球属)、*Kirengeshoma*[GE](黄山梅属)、*Parnassia*(梅花草属)[GE]、*Tiarella*[GE](黄水枝属)、*Heuchera*[GE](矾根属)

Saururaceae[GE] 三白草科

Gymnotheca(裸蒴属)、*Saururus*(三白草属)

Scrophulariaceae 玄参科

Veronica Sect. *Pseudolysimachia*(婆婆纳属穗花组)、*Verbascum*(毛蕊花属)、*Monochasma*(鹿茸草属)、*Bacopa*(假马齿苋属)、*Castilleja*(火焰草属)、*Cymbaria*(芯芭属)、*Digitalis*(毛地黄属)、*Lagotis*(兔耳草属)、*Linaria*(柳穿鱼属)、*Lindenbergia*(钟萼草属)、*Pedicularis*(马先蒿属)、*Petitmenginia*(钟山草属)、*Rehmannia*(地黄属)、*Rhinanthus*[HT1](鼻花属)、*Scrofella*[HT1](细穗玄参属)、*Veronicastrum*(腹水草属)、*Pentstemon*(钓钟柳属)

Sinopteridaceae[GE] 中国蕨科

Onychium(金粉蕨属)、*Notholaena*(隐囊蕨属)、*Pellaea*(旱蕨属)、*Leptolepidium*(薄鳞蕨属)、*Cheilosoria*(碎米蕨属)、*Aleuritopteris*(粉背蕨属)、*Sinopteris*(中国蕨属)

Stemonaceae[GE] 百部科

Stemona(百部属)、*Croomia*(黄精叶钩吻属)

Styracaceae 安息香科

Alniphyllum(赤杨叶属)、*Melliodendron*(陀螺果属)、*Styrax*(安息香属)、*Sinojackia*(秤锤树属)

Taxaceae 红豆杉科

Taxus[RCE](红豆杉属)

Thelypteridaceae[GE] 金星蕨科

Cyclosorus(毛蕨属)、*Dictyocline*(圣蕨属)、*Leptogramma*(茯蕨属)、*Macrothelypteris*(针毛蕨属)、*Metathelypteris*(凸轴蕨属)、*Parathelypteris*(金星蕨属)、*Phegopteris*(卵果蕨属)、*Pseudocyclosorus*(假毛蕨属)、*Pseudophegopteris*(紫柄蕨属)、*Thelypteris*(沼泽蕨属)

Thymelaeaceae 瑞香科

Edgeworthia(结香属)、*Daphne*(瑞香属)、*Wikstroemia*(荛花属)

Tiliaceae 椴树科

Tilia[RGE](椴属)

Typhaceae 香蒲科

Typha(香蒲属)

Ulmaceae 榆科

Celtis[RGE](朴属)、*Pteroceltis*[CE](青檀属)、*Zelkova*[RGE]

（榉属）

Urtiaceae 荨麻科

Elatostema（楼梯草属）

Valerianaceae 败酱科

Patrinia（败酱属）、*Valeriana*（缬草属）

Verbenaceae 马鞭草科

*Verbena*RGE（马鞭草属）、*Clerodendrum*RGE（大青属）

Violaceae 堇菜科

Viola（堇菜属）

Vitaceae 葡萄科

Parthenocissus（地锦属）、*Vitis*RGE（葡萄属）、*Cissus*GE（白粉藤属）

Vittariaceae 书带蕨科

*Vittaria*GE（书带蕨属）

附录 III 温室植物收集

植物园温室活植物收集主要有两类：研究性收集和展示性收集。南京中山植物园温室的活植物收集以后者为主。对于这些依赖于温室的活植物收集，应注意以下几点：

- 温室管理和展示那些不能在本地露地栽培的具有重要经济、药用和民族植物学价值的植物等，因此，应尽可能地反映这些植物区系的植物多样性和地理景观；
- 温室应注意收集那些叶、花、果、种子等植物器官或整个植株都很奇特的热带植物种类，即除了代表性、专类收集以外，温室植物应该关注那些观赏性、奇特性和教育价值高的热带植物；
- 研究性收集的多样性和范围主要取决于温室空间的大小。即使是研究性收集，也主要服务于有价值的教学活动和保护性收集，因此，要做好与代表性间的平衡；
- 许多热带和亚热带木本被子植物也许不能够开花结果，但这并不一定没有价值，现代植物学研究也许只需要细胞或DNA分子就可以了，前提是植物材料能够被核实，但对于保护性收集来说，这样的材料意义有限。

1. 石松类和蕨类

蕨类植物种类非常多样，除了那些能够在南京露地栽培的种类以外，温室收集的种类可以集中在*Asplenium*（铁角蕨属）、*Adiantum*（铁线蕨属）、*Woodwardia*（狗脊属）、*Davalia*（鳞盖蕨属）、*Dicksonia*（蚌壳蕨属）、*Hymenophyllum*（膜蕨属）、*Trichomanes*（瓶蕨属）、*Angiopteris*（观音座莲属）、*Platycerium*（鹿角蕨属）、*Pteris*（凤尾蕨属）、*Alsophila*（桫椤属）和*Sphaeropteris*（白桫椤属）、*Brainea*（苏铁蕨属）、*Chieniopteris*（崇澍蕨属）、*Cyclopeltis*（拟贯众属）以及Polypodiaceae（水龙骨科）等类群上，这些收集主要用于教学和研究，也有部分，如桫椤属，可以用于教育。

2. 松柏类

Podocarpaceae（罗汉松科）、*Araucaria*（南洋杉属）、*Parasitaxus*（寄生陆均松属）、*Sundacarpus*（苦味罗汉松属）、*Acmopyle*（铁门杉属）等。这些类群多具有保存、研究价值。

3. 双子叶植物

Acanthaceae 爵床科

世界广布的大科，其中多种可用于观赏或教学。那些用于教学而不耐寒的属包括*Acanthus*（老鼠簕属）、*Tarphochlamys*（肖笼鸡属）、*Sanchezia*（黄脉爵床属）、*Phlogacanthus*（火焰花属）、*Aphelandra*（单药花属）、*Eranthemum*（可爱花属）、*Adhatoda*（鸭嘴花属）、*Cyrtanthera*（珊瑚花属）、*Strobilanthes*（紫云菜属）、*Justicia*（爵床属）、*Pseuderanthemum*（山壳骨属）、*Ruellia*（芦莉草属）、*Strobilanthes*（马蓝属）、*Thunbergia*（山牵牛属）等。

Aizoaceae 番杏科

一个重要的多肉多浆类群，主要用于展示和教育。包括*Antimima*（眉叶番杏属）、*Aptenia*（露水草属）、*Bergeranthus*（照波属）、*Cheiridopsis*（虾钳花属）、*Dorotheanthus*（彩虹菊属）、*Conophyllum*（肉锥花属）、*Delosperema*（露子花属）、*Faucaria*（肉黄菊属）、*Meyerophytum*（冰糕属）、*Tanquana*（拈花玉属）和*Lithops*（生石花属）等。

Annonaceae 番荔枝科

Cananga（依兰属）。

Asclepiadaceae 萝藦科

另一重要的多肉多浆植物类群，主要用于教育、教学和展示。包括*Asclepias*（萝藦属）、*Caralluma*（水牛角属）、*Ceropegia*（吊灯花属）、*Stapelia*（豹皮花属）和 *Hoya*（球兰属）。

Begoniaeae 秋海棠科

一个重要的研究和教学类群，主要是 *Begonia*（秋海棠属）。

Cactaceae 仙人掌科

一个重要的多肉植物类群，主要用于教育、展示和教学等。包括：*Cereus*（仙人山属）、*Cleistocactus*（管花柱属）、*Dolichothele*（长疣球属）、*Echinocereus*（鹿角柱属）、*Echinopsis*（仙人球属）、*Ferocactus*（强刺球属）、*Gymnocalycium*（裸萼球属）、*Mammillaria*（银毛球属）、*Opuntia*（仙人掌属）、*Pereskia*（叶仙人掌属）、*Parodia*（锦绣玉属）、*Rhipsalis*（丝苇属）和 *Stenocereus*（新绿柱属）。

Crassulaceae 景天科

主要用于教育、展示和教学等。包括：*Kalanchoe*（伽蓝菜属）、*Rhodiola*（红景天属）、*Bryophyllum*（落地生根属）等。

Droseraceae 茅膏菜科

Drosera（茅膏菜属）。

Ericaceae 杜鹃花科

Rhododendron Sect. *Vireya*（杜鹃属越橘杜鹃组）、*Agapetes*（树萝卜属）、*Dimorphanthera*（异蕊莓属）等。

Euphorbiaceae 大戟科

Euphoribia（大戟属）、*Acalypha*（ 铁苋属）。

Geraniaceae 牻牛儿苗科

Pelargonium（天竺葵属）。

Gesneriaceae 苦苣苔科

一个在系统发育和细胞学研究上非常重要的类群。包括：*Aeschynanthus*（芒毛苣苔属）、*Chirita*（唇柱苣苔属）、*Columnea*（金鱼花属）、*Cyrtandra*（浆果苣苔属）、*Saintpaulia*（非洲堇属）、*Sinningia*（大岩桐属）、*Streptocarpus*（好望角苣苔属）等。

Magnoliaceae 木兰科

Michelia champaca（黄兰）。

Moraceae 桑科

Ficus（榕属）。

Nepenthaceae 猪笼草科

Nepenthes（猪笼草属）。

Oleaceae 木犀科

Jasmimum[GE]（素馨属）、*Jasmimum sambac*（茉莉花）。

Passifloraceae 西番莲科

Passiflora（西番莲属）。

4. 单子叶植物

Agavaceae 龙舌兰科

Agave（龙舌兰属），主要用于教育展示和教学。

Aloaceae 芦荟科

Aloe（芦荟属）、*Haworthia*（玉扇属），主要用于教育和教学。

Amaryllidaceae 石蒜科

Clivia（君子兰属）、*Hippeastrum*（朱顶红属）、*Curculig*[E]（仙茅属）、*Haemanthus*（网球花属）、*Polianthes*（晚香玉属）、*Amaryllis*（百支莲属），主要用于教学、展示。

Apocynaceae 夹竹桃科

Pottsia（帘子藤属）、*Allemanda*（黄蝉属）、*Beaumontia*（清明花属）、*Kopsia*（蕊木属）、*Plumeria*（鸡蛋花属）、*Rauvolfia*（萝芙木属）、*Thevetia*（黄花夹竹桃属）、*Wrightia*（倒吊笔属）。

Araceae 天南星科

世界性大科，不少种类具有教育、展示价值。*Aglaonema*（广东万年青属）、*Anthurium*（花烛属）、*Dieffenbachia*（花叶万年青属）、*Monstera*（龟背竹属）、*Philodendron*（喜林芋属）和 *Spathiphyllum*（白鹤芋属）。

Bixaceae 红木科

Bixa（红木属）。

Borraginaceae 紫草科

Carmona（基及树属）、*Chionocharis*（垫紫草属）、*Coldenia*（双柱紫草属）、*Cynoglossum*（琉璃草属）、*Messerschmidia*（砂引草属）、*Onosma*（滇紫草属）、*Tournefortia*（紫丹属）、*Trichodesma*（毛束草

属）、*Trigonotis*（附地菜属）

Bromeliacaae 凤梨科

主要用于教学、教育和展示。包括：*Aechmea*（附生凤梨属）、*Ananas*（凤梨属）、*Billbergia*（水塔花属）、*Cryptanthus*（姬凤梨属）、*Dyckia*（雀舌兰属）、*Fascicularia*（束花凤梨属）、*Pitcairnia*（比氏凤梨属）、*Neoregelia*（彩叶凤梨属）、*Puya*（粗茎凤梨属）、*Tillandsia*（铁兰属）和 *Vriesea*（莺歌属）。

Commelinaceae 鸭跖草科

Floscopa（聚花草属）。

Compositae 菊科

Gynura（菊三七属）。

Hyacinthaceae 风信子科

Lachenalia（非洲莲香属）、*Ledebouria*（红点草属），可用于教学和展示。

Iridaceae 鸢尾科

Freesia（小苍兰属）、*Tigridia*（虎皮花属）、*Sisyrinchium*（庭菖蒲属）、*Gladiolus*（唐菖蒲属）。

Liliaceae 百合科

Haworthia（十二卷属）、*Ypsilandra*（丫蕊花属）、*Gasteria*（鲨鱼掌属）、*Cordyline*（朱蕉属）、*Sansevieeria*（虎尾兰属）、*Ornithogalum*（虎眼万年青属）、*Ruscus*（假叶树属）。

Loganiaceae 马钱科

Buddleja（醉鱼草属）、*Fagraea*（灰莉属）。

Marantaceae 竹芋科

Calathea（肖竹芋属）、*Donax*（竹叶蕉属）、*Maranta*（竹芋属）。

Musaceae 芭蕉科

Musa（芭蕉属），用于教学和展示。

Orchidaceae 兰科

一个非常重要的类群，主要用于教学、教育、展示和研究。包括：*Acampe*（脆兰属）、*Acanthephippium*（坛花兰属）、*Aerides*（指甲兰属）、*Agrostophyllum*（禾叶兰属）、*Amitostigma*（无柱兰属）、*Ascocentrum*（鸟舌兰属）、*Bulbophyllum*（石豆兰属）、*Bulleyia*（蜂腰兰属）、*Calanthe*（虾脊兰属）、*Callostylis*（美柱兰属）、*Cheirostylis*（叉柱兰属）、*Chiloschista*（异型兰属）、*Chrysoglossum*（金唇兰属）、*Cleisostoma*（隔距兰属）、*Coelogyne*（贝母兰属）、*Cremastra*（杜鹃兰属）、*Cryptochilus*（宿苞兰属）、*Cymbidium*（兰属）、*Diphylax*（尖药兰属）、*Doritis*（五唇兰属）、*Epigeneium*（厚唇兰属）、*Epipogium*（虎舌兰属）、*Eria*（毛兰属）、*Erythrodes*（钳唇兰属）、*Esmeralda*（花蜘蛛兰属）、*Flickingeria*（金石斛属）、*Galeola*（山珊瑚属）、*Geodorum*（地宝兰属）、*Holcoglossum*（槽舌兰属）、*Hygrochilus*（湿唇兰属）、*Kingidium*（尖囊兰属）、*Liparis*（羊耳蒜属）、*Ludisia*（血叶兰属）、*Neogyna*（新型兰属）、*Panisea*（曲唇兰属）、*Paphiopedilum*（兜兰属）、*Papilionanthe*（凤蝶兰属）、*Phalaenopsis*（蝴蝶兰属）、*Pholidota*（石仙桃属）、*Podochilus*（柄唇兰属）、*Pomatocalpa*（鹿角兰属）、*Porpax*（盾柄兰属）、*Renanthera*（火焰兰属）、*Rhynchostylis*（钻喙兰属）、*Risleya*（紫茎兰属）、*Robiquetia*（寄树兰属）、*Satyrium*（鸟足兰属）、*Schoenorchis*（匙唇兰属）、*Thrixspermum*（白点兰属）、*Thunia*（笋兰属）、*Uncifera*（叉喙兰属）、*Vanda*（万代兰属）、*Vandopsis*（拟万代兰属）。

稍抗寒的类群有：*Cyrtosia*（肉果兰属）、*Dendrobium*（石斛属）、*Dendrochilum*（足柱兰属）、*Eulophia*（美冠兰属）、*Gastrochilus*（盆距兰属）、*Hemipilia*（舌喙兰属）、*Ischnogyne*（瘦房兰属）、*Oberonia*（鸢尾兰属）、*Oreorchis*（山兰属）、*Phaius*（鹤顶兰属）、*Pleione*（独蒜兰属）、*Tangtsinia*（金佛山兰属）。

Palmae 棕榈科

主要用于教育、展示等。包括 *Jubaea*（智利棕榈属）、*Livistona*（蒲葵属）、*Phoenix*（刺葵属）、*Pritchardia*（曾氏扇棕属）、*Sabal*（菜棕属）和 *Washingtonia*（丝葵属）。

Pandanaceae 露兜树科

Pandanus（露兜树属）。

Poaceae 禾本科

Microchloa[E]（小草属）、*Yushania*[E]（玉山竹属）、

Thyrsostachys[E]（泰竹属）、*Thysanolaena*[E]（粽叶芦属）。

Polygonaceae 蓼科

Homalocladium（竹节蓼属）。

Rafflesiaceae 大花草科

Mitrastemon（帽蕊草属）、*Sapria*（寄生花属）。

Streliziaceae 旅人蕉科

Strelitzia（鹤望兰属）。

Zingiberaceae 姜科

一个重要的用于研究、展示的类群。其中适合于研究的有：*Alpinia*（山姜属）、*Amomum*（豆蔻属）、*Cautleya*（距药姜属）、*Curcuma*（姜黄属）、*Globba*（舞花姜属）、*Hedychium*（姜花属）和 *Zingiber*（姜属）等。以下属更需要保护性收集：*Curcuma*（姜黄属）、*Boesenbergia*（凹唇姜属）、*Globba*（舞花姜属）、*Kaempferia*（山柰属）和 *Zingiber*（姜属）。

长木植物园皮尔斯·杜邦老宅（摄影　郗厚诚）

这是长木植物园在杜邦故居的基础上改建而成的博物馆和室内花园，主要展示长木植物园的历史遗产，包括历史照片、手工制品以及这块土地的早期守护者们的家庭影像资料等。”是本章前那张大图的说明文字，请随图前移至图的下方，并删除前四文字即“这是长木植物园在杜邦故居的基础上改建而成的博物馆和室内花园，主要展示长木植物园的历史遗产，包括历史照片、手工制品以及这块土地的早期守护者们的家庭影像资料等。

第 6 章 植物园的经营和管理

植物园是一种准公共产品，是在社会经济发展到一定程度以后产生的一种供求关系。因此植物园的发展自然也与所在国家、地方政府以及整个社会的发展和需求程度有关，正因为如此，植物园总是在经济发达国家以及经济发达地区首先建立起来。从供给侧来看，这与植物园的数量、质量有关。作为准公共产品，植物园的属性及其能够提供的公共服务主要包括植物资源（多样性）的战略性收集、保护以及在此基础上开展的公益性研究、环境教育和植物景观的展示等，这些公共服务的数量和质量也反过来影响、甚至决定着需求水平。而植物园的经营管理行为都是在此基础上开展并服务于这些目标的。

植物园具有准公共产品的属性，是非营利性机构。根据 BGCI 的统计（Wyse Jackson et al., 2000），大部分植物园由政府资助和管理，只有一小部分属于私有性质，30% 以上的植物园附属于大学或其他研究机构，为高等教育服务。近年来的趋势是植物园越来越多地获得财政和管理上的独立，实行信托管理，部分通过筹措独立基金运行。在西方国家，私人赞助或捐赠也是植物园经费或收集的来源之一。为了弥补经费上的不足，部分植物园也开展一些与植物有关的经营性活动，提供部分私人产品以改善其公益服务的条件，提高其公益服务的能力（管开云，2006），因此说植物园是“准”公共产品。这里讲的经营活动主要是指植物园利用其丰富的植物收集、优美的植物景观为游客和社会提供的日常有偿服务，主要包括门票和园区内开展的有偿服务项目，不包括那些在园区以外实施的商业性有偿服务，如园林设计与施工、科技成果转化与产业化等。植物园的准公共产品属性主要体现在是否收取门票、门票定价以及植物资源的收集、保存和共享等方面，而这些方面是否收费以及如何定价主要取决于提供该准公共产品的政府的财政状况、植物园的供给和需求情况。至于园区内开展的其他有偿服务项目，由于其性质、类型不一，在此简单地归结为私人产品，不作为本书的论述范畴。

植物园是研究机构和花园、公园交融的产物，在性质和结构上也是如此，在目的、效果和功能上也是它们的叠加，因此在经营管理上也有其特殊性。本章重点讨论由这种融合而产生的植物园不同于其他单一机构的管理特点。

6.1 植物园与公共产品需求

和其他产品一样，公共产品的生产、效率和效益情况也是由供求关系决定的，只是一般认为由于公共产品是福利性而非营利性的，且这种福利具有外溢性，私人不愿生产，由公共部门提供效率更高。植物园的使命决定了它是一种准公共产品，而且是一种比较高端的准公共产品，对它的生产者、消费者都有比较高的要求，是在社会经济发展到一定程度以后产生的，因此植物园的发展自然也与国家、地方政府以及整个社会的发展和需求程度有关，也正因为如此，植物园才总是在经济发达国家以及经济发达地区首先建立起来。从供给侧来看，则与植物园的数量、质量有关。作为准公共产品，植物园提供的公共服务主要包括植物资源（多样性）的战略性收集、保护以及在此基础上开展的公益性研究、环境教育和植物景观的展示等，这些公共服务的数量和质量也反过来影响，甚至决定着需求水平。之所以说植物园的资源收集是战略性的，是因为它不同于一般以现实利用为目的的收集、保护，它是着眼于长远、着眼于未来的收集和保护，是着眼于国家、民族甚至人类未来福祉的收集和保护，这正是其作为准公共产品的最根本的体现，英、美等西方国家植物园的发展历程就足以说明这一点。

无论在中国还是西方国家，作为准公共产品，植物园总是和公园相提并论，它们之间是有联系也有区别的。这种联系体现在它们都有供公众欣赏、游憩的性质，区别在于植物园更着重于植物的收集、保护以及在此基础上开展的科学研究、科普教育等。

在英、美等西方国家，“park”和“garden”是有区别的，前者指林园或公园，是对外开放，为保护目的而建的自然、半自然或者国有、虽然已经开发但有保护价值的区域，类似于我国的地质公园、森林公园的概念。这一园林形式源于工业革命以后，对大自然无序、掠夺性开发导致了植被减少、水土流失和水体、大气污染等自然生态失衡，而同时相对集中的大工业模式，导致城市人口密集、交通堵塞、环境恶化的“城市病”，在这种情况下，F. L. 奥姆斯特德首先倡导了自然保护、城市公园以及风景园林的概念，并亲自参与了作为城市公园运动标志的纽约中央公园设计，以及随后费城斐蒙公园、布鲁克林前景公园、波士顿“绿宝石项链”（Emerald Necklace）公园系统等的规划设计，逐步形成了今天的美国国家公园体系。

花园（garden）则指的是一个设计空间，主要用于栽培植物和其他自然物的展示和欣赏，尽管也有动物园、禅花园等非植物主题，但西方的花园以植物为主，非常接近于植物园，这从APGA关于公共花园的定义也可以看出来：公共花园（public garden）是为了公众教育和享受而建立的活植物的收集机构，有专业培训的管理人员和完善的植物记录系统，可以在此基础上开展研究、保育和更高水平的教育培训活动等，它的资源、设施等必须向公众开放。在我国，公园一般指政府修建、经营，供公众休息游玩的自然观赏区或公共区域。随着植物园的发展，尤其是园林系统植物园的发展，植物园才逐渐和公园系统交融。尽管有少数专类园，如梅园、樱花园、荷园等注重品种资源的收集，个别也有技术研究的内容，但我国传统的公园更关注景观，很少有收集、保护计划，更谈不上科学研究。因此我国综合性植物园和观赏性植物园可谓泾渭分明，尽管近些年来逐渐增加了交流的内容和渠道。

植物园或性质类似的国家公园作为准公共产品，其生产的数量和质量取决于国家或地方政府的投入。以邱园为例，其早期资助主要来自政府拨款，游客参观不收门票，后来政府资助逐步削减，邱园不得不多方筹措资金来解决运转问题，收取门票也成为解决途径之一。其中的邱宫依然不售票，但宫前的牌子上写着：“历史悠久的皇家宫殿，没有收到来自政府或官方的资金，所以我们依靠访客、会员、捐助者、志愿者和赞助商的支持。”美国的国家公园也免收门票，公园管理局只负责管理，私人旅游产品授权私人生产，保证了充分、有效率的旅游产品供应。植物园的情况与上述案例大体类似，只是其资金来源更加多样化。在这方面，作为亚洲植物园的领跑者，“花园城市中的城市花园”——新加坡国立植物园的建设与发展或许能给予我们更多的启示。

1822年，英国博物学家史丹福·莱佛士（Stamford Raffles, 1781—1826）爵士来到当时还是英国殖民地的新加坡，在政府山（如今的福康宁公园）上建立了“植物学实验园”，这就是新加坡国立植物园的雏形。莱佛士去世后，实验园区逐渐衰败，并于1829年关闭。

1859年，殖民地政府用驳船码头的土地从土地商胡亚基（Hoo Ah Kay）那里置换了32 hm^2的东陵（Tanglin）土地，并授予农业园艺协会创办一个公园，协会聘用尼文（Lawrence Niven）规划建设了一个具有英国运动型园林风格的花园，这就是现在新加坡植物园的前身，乐队山、指环路、天鹅湖和大门等整体布局一直保留至今。1875—1878年间，由于财政困难，协会将这块土地重新移交给政府，殖民地政府委派邱园的植物学家、园艺学家来负责园区的管理，开始赋予它科学的使命。此后，园艺学家莫顿（H. J. Murton），建立了标本馆、图书馆，以及与世界其他地区植物学机构广泛的联系。1879年，他用获得的41.3 hm^2土地建立了经济植物园，组织开展了咖啡种植试验，咖啡后来成为马来亚（今马来西亚）重要的支柱产业；1880年，邱园植物学家坎特利（N. Cantley）接任，新建了办公楼（现在的Ridley Hall）、植物宫，在经济植物园里新建了树木园和一个植物苗圃，坎特利还组织开展了广泛的标本采集。作为充满热情的学者，莫顿和坎特利为新加坡国立植物园奠定了坚实、系统的基础。

1888年，博物学家里德利成为第一个被正式任命的植物园主任，里德利在那里孜孜不倦地工作了23年，将植物园的作用扩大到农、林业等多个方面。这23年也成为新加坡国立植物园历史上最丰产的时期，里德利一生出版了包括《马来亚半岛植物志》在内的多部著作，描述了约1 000个新种。里德利最突出的成就之一是发明了不造成树体永久伤害的连续割胶法和乳胶制备工艺等，从而开创了马来亚的橡胶产业，为他赢得了“狂人里德利”和“橡胶里德利”的绰号。到1920年，马来亚地区生产了全球半数以上的橡胶，至今仍然是该地区重要的经济作物。也是在里德利任期内，胡姬花‘卓锦小姐’凤蝶兰（*Papilionanthe* ‘Miss Joaquim’）被发现，后来成为新加坡的国花。

1912—1925年，伯基尔（I. H. Burkill）继任，尽管受到一战影响，伯基尔还是坚持了里德利关于经济植物的研究，1935年出版了《马来亚半岛经济产品词典》(*Dictionary of the Economic Products of the Malay Peninsula*)，并于1968、2004年两次再版。战后，伯基尔决定将植物园的研究方向调整到植物分类学上，并开始为此设立标本馆馆长的职位、聘请分类学家等，他自己也专注于标本和图书的收集，研究重点的转移使得新加坡国立植物园逐步与邱园和同为英国殖民地植物园的加尔各答植物园区别开来，树立了自己的研究特色。

1925—1949年，赫顿（Richard Eric Holttum）在任期间，植物园开始大量引进观赏植物种类及其品种，组织开展了兰花杂交育种，优秀的兰花品种成为后来国家兰花园的基础，自由开花，耐寒兰花品种的培育成功，开创了每年数百万美元贸易额的兰花切花产业。赫顿还是第一个招募地方政府人员进行园艺培训的主任，此后，园艺活动成为植物园的主要活动内容，并为当地社区提供了大量园艺服务。

日本入侵后，植物园被改名为“昭南植物园”，植物园的活植物收集留存了下来。战后初期的植物园非常困难，1957年，老伯基尔主任的儿子汉弗莱·伯基尔（Humphrey Morrison Burkill）接任植物园主任，并见证了该英国殖民地植物园“马来亚化”转型的关键时期。小伯基尔重建了标本馆，以收集、处理那些在马来亚和加里曼丹岛重新开始的标本采集工作。

1963年，李光耀总理亲自倡导了“绿色新加坡”运动，1967年，又实施了“花园城市”运动，在这些绿化、美化新加坡的行动中，植物园都起到了重要作用。1986年开始，新加坡国立植物园归属国家公园局管理，依然由政府资助为主，实行免费开放。

1988年，谭伟凯博士接任园主任一职，为了将植物园建设成为一个充满活力，集娱乐、教育、保育和研究于一体的植物学机构，他制定了一个宏伟的计划，在后来的继任者，如Chin See Chung（1996—2010）、泰勒（Nigel Taylor 2011至今）的共同努力下，新加坡国立植物园相继建成了国家兰花园、交响乐湖和舞台、游客服务中心、姜园以及植物进化园、植物中心、儿童园等。2015年，这座具有150多年历史的植物园成为第三个被列入世界文化遗产保护名录的植物园，成为热带植物学研究的领导者和东南亚地区重要的植物资源保存机构。

6.2 植物园的经营与可持续发展

植物园作为一个公益组织，所提供的公共产品和公共服务实际上是通过政府购买的方式进行的，如前面介绍的新加坡国立植物园就是由政府资助，免费开放。在西方发达国家，中央或者地方政府的财政拨款和私人赞助、捐赠能基本上满足植物园发展的需要，因此植物园已经能够提供持续、稳定的公共服务。而反观我国植物园，除部分植物园外，大部分由于政府投入不足，不得不开展有限的经营活动以弥补投入上的不足。在这种情况下，植物园经营活动的成败决定了其提供的公共服务的质量和其自身可持续发展的能力，反过来也决定了社会公众对植物园所提供的公共服务的满意和需求程度，这也是我国植物园和西方发达国家植物园存在巨大差距的主要原因之一。在我国生态文明建设、经济建设、政治建设、文化建设和社会建设"五位一体"和"创新、协调、绿色、开放、共享"的中国特色社会主义原则指导下，如何提高植物园公共产品、公共服务的质量和水平是事关我国植物园可持续发展和建设生态文明、实现"绿色、共享"理念的重大课题之一。要实现这一点，加大政府购买力度，改善供给侧是直接而有效的方法，而不能仅仅依靠市场调节和需求拉动，否则将影响到我国植物园在科学研究、物种保存和科普教育等方面主体作用的发挥。

6.3 植物园的经营性资源

作为准公共产品的植物园及其资源不应和私人产品的营利性经营活动直接关联。但从目前国内大部分植物园的实际情况来看，这些资源的确主要被用于门票为主的经营性活动。因此，在此将它们作为经营性资源加以论述。

（1）植物及景观环境

奇特的植物种类，优美的植物景观，怡人的植物环境使植物园每年都吸引了大量游客入园游览，有些植物园甚至成为闻名遐迩的游览胜地，如新加坡国立植物园、英国邱园、美国长木植物园、印尼茂物植物园和我国西双版纳热带植物园等。其中很多国外植物园，如新加坡国立植物园、瑞士日内瓦植物园免费入园；也有些植物园，如邱园、我国香港的嘉道理农场植物园（Kadoorie Farm and Botanic Garden）等仅象征性地收取门票，以限制游客数量。而门票收入是国内的绝大部分植物园经营性收入的主要来源。

长木植物园位于美国宾夕法尼亚州肯尼特广场（Kennett Square）附近的白兰地山谷（Brandywine Creek Valley）中。土地最初由教友派信徒皮尔斯（George Peirce）购得，并作为农场经营了大半个世纪，1798年，皮尔斯的第四代双胞胎嫡孙Samuel和Joshua开始建设一个约15英亩（约合6 hm^2）的树木园，到1850年的时候皮尔斯公园已经成为当时美国最好的乔木活植物收集区，并成为当地人野炊、集会等户外活动的最佳场所。20世纪初，皮尔斯家族的后人们失去了对这份产业的兴趣，将其出售，经过几轮转手之后，1906年该公园被一个木材加工厂收购并准备将其中树木砍伐加工木材。为了保护这些树种并把该公园建成一个招待朋友、商务接待的场所，当时36岁的杜邦家族成员皮埃尔·杜邦（Pierre S. du Pont）将其购买下来，逐步建成了当今世界著名的、以园艺展示为特色的长木植物园。1954年，根据杜邦去世时留下的遗嘱，植物园向公众开放，并用其遗产设立杜邦基金，用于长木植物园的建设和维护。

如今的长木植物园占地436 hm^2，拥有20个室外花园和同等数量的室内花园，2012年以来，每年接待游客100多万人。门票和旅游纪念品商店收入一起提供了其年度运转经费的30%，其余部分由杜邦基金会提供。

除了接待散客之外，正像长木植物园的前身皮尔斯公园那样，植物园也利用其优美的自然环境组织丰富多样的户外活动（常见的这类活动包括户外婚礼和其他小型集会、音乐会、展览和展出等），并建设了相应的户外配套设施。

长木植物园室内展厅（摄影　郗厚诚）

长木植物园小火车（摄影　郗厚诚）

布鲁克林植物园探索发现园（摄影　郗厚诚）

图6-1　植物园提供的不同活动场地

（2）园艺及相关产品

大部分植物园都建有游客服务中心，并在此出售园艺相关的产品，如盆栽植物、花卉种子、工艺品、园林书籍、园林器具等。一些著名植物园还有定制的其他旅游纪念品、礼品等。

图6-2　韩国国立树木园游客中心

图6-3　邵氏基金舞台（Shaw Foundation Symphony Stage）
位于新加坡国立植物园交响乐湖的中央，由邵氏基金捐资兴建。每逢周末举办免费的音乐会，很多人就聚集过来坐在湖边的草地上静静地欣赏

（3）游憩设施

为了满足入园游客，尤其是孩子们在园区游览和休憩的需要，植物园还建设有不同的游憩设施、设备等，如儿童乐园、茶吧、咖啡屋、观光车辆等。这些设施、设备一般都很好地融合在周围的植物环境中，不致突兀。

（4）收集和收藏

植物园实际上就是一个植物的博物馆，它收集的不仅仅是植物的现代史（活植物）、早期历史（孑遗植物及其历史凭证、化石等），甚至还包括了植物的将来（基因库），而这正是植物园的使命，它不仅收集、保存活植物，也收集、保存与之有关的其他材料和历史凭证（标本、种子、文献和其他有历史价值的材料等）。它保存了人类和植物，甚至和整个环境之间关系的历史脉络，这种保存越丰富、越精细，这个植物园的历史或学术价值就越高，这从一个侧面说明了为什么植物园活植物数据积累如此重要，它们是植物与人类历史的一部分，并可能在将来发挥重要作用。有关活植物的收集前面有多处交代，这里所说的收集、收藏主要是活植物、种子库等之外的收集和保存。

英国邱园的经济植物博物馆（Museum of Economic Botany），曾经由4个分馆组成，其中1号馆主要展示人类和植物的关系，2号馆展示植物的果实，3号馆展示木材，4号馆展示不列颠的林业。1988年改名为经济植物收集（Economic Botany Collection, EBC），并集中搬迁到约瑟夫·班克斯大厦（Sir Joseph Banks Building）。现在，EBC是邱园最大的样本收集，囊括了超过10万件藏品，其中9万件为植物材料，其他为人们日常生活各个方面的人工制品，包括药物、织物、篮筐、燃料、树胶树脂、食物和木材等。目前每年增加藏品800件左右，参观方式也由原来的全天开放改为预约参观。

图6-4 邱园收集的木材标本达34 000份，占到世界木材种类的17%

图6-5 1905年，Edith Delta Blackman（1866—1941）专门为博物馆制作的兰花蜡模

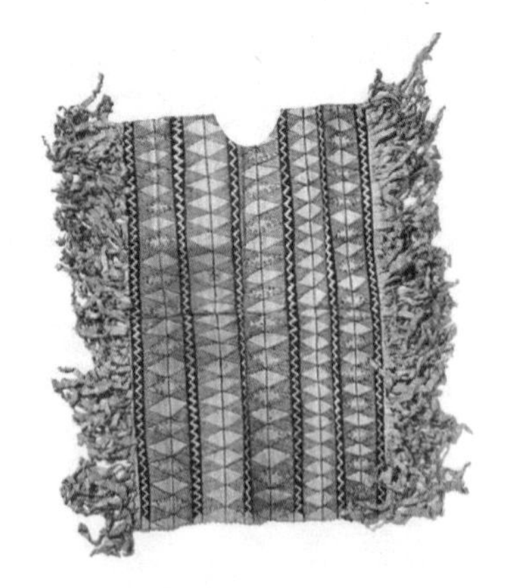

图6-6 1866年，Rev. T. Powell捐赠的，南太平洋萨摩岛居民用构树皮制作的衣服

图6-7 1851年，J. Motley捐赠的，在加里曼丹岛收集的葫芦制作的水壶

参考文献

管开云，2006. 浅论植物园的经营［C］// 中国植物学会植物园分会2006年学术会议论文集——中国植物园 . 北京：中国林业出版社：8-13.

Wyse Jackson P S, Sutland L A, 2000. International agenda for botanical gardens in conservation［M］. Richmond: BGCI.

跋

原计划用4年时间来完成这本最早定名为《中国植物园——机遇与挑战》的册子的编写，再用4年的实践来丰富、完善它。现在，在写下当初那个序3年零3个月的时候，这本小册子已经写完了，由于种种原因，我决定将它提前出版，因此，它也未能逃脱“早产”的命运。而在此期间，关于植物园使命的讨论依然在世界范围内进行着，植物园既迎来了生物多样性保护的机遇也面临着诸多挑战。中国植物园可能面临更多、更大的挑战，这些挑战并非仅仅来自外界，更多的是来自植物园自身。

1869年，法国神父戴维在四川宝兴首次发现了大熊猫（之前当地人称之为“竹熊”）和珙桐（当地人称之为“空桐”），“雅安双发现”震惊了世界，引起一股搜寻中国植物的热潮。1888年，当时受聘大清帝国宜昌海关医师的英国人韩尔礼再次在当地一个小客栈门前偶遇了珙桐，之后还发现了光叶珙桐（*Davidia involucrata* var. *vilmoriniana*）。1899年，英国维奇园艺公司派威尔逊专程赴宜昌引种珙桐，这也是威尔逊首次中国之行。当威尔逊根据韩尔礼提供的线索找到它的时候，当地人已经把它砍作木材了，仅余下一节树桩。1900年，威尔逊最终在宜昌西部的大吉岭找到了另一个珙桐种群，收获了14 875粒种子，数年之后，“鸽子树”成为欧洲花园和城市里常见的著名观赏树种。54年之后，周恩来总理赴日内瓦参加国际会议，游览苏黎世时，导游特地介绍了珙桐，周总理问身边的随行人员，竟然没有一个人知晓它的来历，导游员感到诧异，差一点就要说出“这是你们国家的宝贝啊”这句话来[①]。回国后，周总理立即指示林业部门开展调查，鸽子树才被国人所熟知，但至今也很少在城市园林中看到它的身影。而且这绝不仅仅是一个特例，韩尔礼在中国中西部采集植物的时候就曾呼吁保护好那里的植物天堂，然而，在威尔逊游猎华西、盛赞那里的珍贵植物并羡慕中国为“世界园林之母”，国人也倍感骄傲的过去近一个世纪里，在《华盛顿公约》《生物多样性公约》签署20年之后，在我国的专利发明突飞猛进，申请量跃居世界第一的情况下，在资本主义的义

① 疏延祥.罗伯特·福琼——西方收集中国植物开新纪元者［J］.传记文学，2014（4）

工们正在植物园里细心呵护花草的时候，国人们却踊跃着去英国欣赏切尔西花展，中国植物园晨练的人们顺手挖走牡丹、月季美化自家阳台去了，而包括植物园在内的国内很多地方依然每年进口数以万计的郁金香种球来开办“欧洲花卉展”。这种对待植物资源完全不同的认识和态度，也从另外一个侧面解释了为什么现代植物园起源并发展于西方，同时反映了我国植物园存在的差距、面临的挑战，这也正是中国植物园需要建设、有待发展的原因。因此，要正确认识、理解植物园的功能和作用，须有一批对植物和植物园有知识、有热情乃至激情的建设者，以及一大批真正热爱自然、懂得欣赏自然和五彩缤纷的植物世界的社会公众，这将需要一个长期积累的过程。

世界植物园也同样面临着一系列的挑战和困惑。首先，在西方这块“植物学的园地”里，虽然植物分类学、植物园艺学和民族植物学等传统优势学科依然有生命力，并有可能继续下去成为未来植物园研究的主流，但却无法掩饰植物园研究优势正在丧失，被逐步边缘化的趋势；其次，自诞生以来，全球植物园都把活植物收集作为核心，但科学研究和活植物收集之间却始终没有建立起积极的相互依赖的关系，即使扩大到植物学所有领域和有关机构，这些活植物收集的研究利用率也非常低下，活植物收集和科学研究就像偶尔附体，却长期分离的躯壳和灵魂；再次，当代植物园虽然扛起了生物多样性保护的大旗，但迁地保护有效性这一理论上的瓶颈依然没得到有效解决。这些挑战直接威胁着科学研究这一植物园传统使命的地位，进而影响到植物园对于社会的价值和意义。因而，当代植物园不得不重新思考这些挑战对于植物园的影响。

在这个过程中，有些现象或趋势正逐渐显现出来：一是全球植物园发展的不同步性。欧美发达国家及其植物园经过多年的发展之后，已经进入一个相对稳定的时期，在植物景观、园艺水平、多样性保护和科普教育等方面发挥的作用越来越突出，植物园博物馆化的趋势更加明显，而发展中国家的植物园正处于发展时期，科学研究，尤其是植物资源的开发与利用这一传统使命依然是这些国家植物园的主要任务之一，而其景观建设、园艺水平和科普教育等方面相比西方植物园仍有很大差距。二是植物园使命的再确立。现代植物园诞生近500年来，随着时代的变化，植物园使命也在因应时代的需要而改变，尤其是当代的西方植物园，其使命也有被重新定位的趋势。如果说过去的植物园因为植物学研究和科学的植物记录而被称为特殊公园的话，这些特殊之处正由于植物园研究在西方植物园的地位的下降和其他公园对生物多样性保护的重视而变得愈发模糊。但不可否认活植物收集依然是植物园的核心，再确立植物园使命的关键任务之一在于活植物收集质量的提高，这既包括活植物收集本身的质量（类群的数量、满足于研究需要的程度、迁地保护种群的有效性等），也包括活植物记录档案的质量（数据的丰富性、持续性和完整性等）。因为只有这样，它们对于科学研究和应用应有的价值才能真正体现出来。三是植物园的植物博物馆化。在这方面，邱园已经做出了很好的榜样，其他西方国家植物园的博物馆化趋势也非常明显。这既包括重视植物园传统的活植物收集、标本的保藏等，也包括活植物、标本以外更大范围的收集和收藏，即博物学收集，要认识到，植物园是植物的博物馆，不是纯粹的展览馆。四是公众教育。这是植物园的传统使命，只是面对环境和生物多样性保护问题的日益突出，植物园的科普教育作用越发重要了。但对于中国植物园而言，需要提醒的是植物园的科普是基于其自身活植物收集和科学研究的有关植物学知识的传播，而不仅仅是植物园形象的宣传或宣扬，这才是植物园科普教育的实质。

孔子曰："知之者不如好之者，好之者不如乐之者。"（《论语·雍也》）这就是中国植物园建设者需要的精神。

2018年1月27日于南京麒麟门寓中

致　谢

在本书行将脱稿之际，首先要感谢我的母亲、妻子一直以来在我背后给予我的默默支持，女人之伟大在于爱的实践，她们正是这样一直实践着对我的关爱，就如同现在，我正伏案笔耕之际，妻子将沏好的茶水放在我的手边然后悄然走开，而我却很少这样去关爱她们，以致常怀负疚之心。其次要感谢老友徐增莱研究员、张光宁高工。植物园是一门综合性很强的学问，以我短短几年的实践和思考，书中难免纰漏，甚至错误，他们以自己所长，帮我修正、勘误，使本书增色不少。第三要感谢我在园艺与科普中心工作期间的所有同事，他们是本书的第一批读者，当时我每写完一章就发到中心的 QQ 群里供他们参考，尽管从未收到过他们直接的反馈，但我知道他们在思考，也在实践，这很重要，因为他们是植物园今天的建设者、明天的管理者。其中殷茜（第 1、2、5 章）、严冬琴（第 3、6 章）和杨虹（第 4 章）三位女士分别认真、仔细地校读了本书的有关章节和相应的扩展阅读部分，提出了很有价值的修改意见和建议，全大治协助收集了部分资料。第四要感谢我研究团队的同事和学生们，在我忙于植物园工作的日日夜夜里，是他们承担了团队所有的研究工作，汪庆副研究员审核了书中的全部植物名称，高露璐硕士协助绘制、修正了部分插图，李素梅博士、王淑安博士和在读研究生张恩亮、乔东亚等协助收集了部分资料。第五，要感谢东南大学出版社编辑陈跃先生和李婧、陈筱燕女士，他们对本书文稿逐字逐句的修改，才避免了我的疏漏。最后，要郑重感谢贺善安、薛建辉和顾姻三位教授，贺老耄耋之年，以他渊博的学识及其对植物园深厚的情感，多次与我讨论，不厌其烦地帮助修改。贺老和薛建辉所长欣然为本书作序，赐名《植物园学导论》，始成终稿。

另外，还要感谢那些为本书提供资料的人们，他们的名字已经在书中相应部分进行了标注，部分内容和图片引自相关植物园的官方网站，由于缺乏作者的具体信息，在此一并致以衷心的感谢！

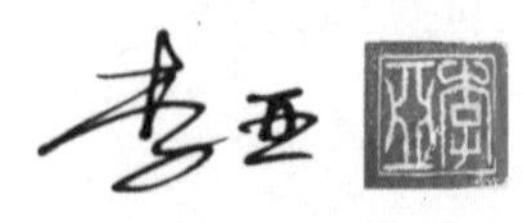

2018年5月20日于南京六合灵岩

植物园名称索引

续 表

中文名	外文名	国别	页码
新谷植物园	Shingu Botanic Garden	韩国	119
荷兰球根植物园	Hortus Bulboroum	荷兰	13、44、45
莱顿大学植物园	Hortus Botanicus Leiden	荷兰	55、58
乌得勒支大学植物园	Botanical Garden of the State University, Utrecht	荷兰	210
伏龙芝植物园	Frunze Botanical Garden	吉尔吉斯斯坦	211
加拿大皇家植物园	Royal Botanical Gardens, Canada	加拿大	168
蒙特利尔植物园	Montreal Botanic Garden	加拿大	110、209
尼亚加拉公园植物园	Niagara Parks Botanical Gardens	加拿大	119
英属哥伦比亚大学植物园	Botanical Garden, University of British Columbia	加拿大	210
鸠比植物园	Curepipe Botanic Gardens	毛里求斯	213
庞普勒穆斯植物园	Pamplemousses Botanical Garden	毛里求斯	28、67、213
邦尼·梅隆花园	Bunny Mellon Garden	美国	122
宾夕法尼亚大学莫里斯树木园	Morris Arboretum of University of Pennsylvania	美国	3
雄鸡植物园	Chanticleer Garden	美国	151
布鲁克林植物园	Brooklyn Botanical Garden	美国	90、91、110、115、167、261
采石山植物园	Quarry Hill Botanical Gardens	美国	37、38
长木植物园	Longwood Gardens	美国	4、10、11、12、92、102、111、122、151、168、256、260、261、263
达拉斯树木园和植物园	Dallas Arboretum and Botanical Garden	美国	151
丹佛植物园	Denver Botanic Garden	美国	110
哈佛大学阿诺德树木园	Arnold Arboretum of Harvard University	美国	3、6、12、13、30、35、118、129、207、237、244
亨茨维尔植物园	The Huntsville Botanical Garden	美国	117
亨丁顿植物园	Huntington Botanical Garden	美国	210
金门公园植物园	Golden Gate Park Botanical Garden	美国	111
旧金山植物园	San Francisco Botanical Garden	美国	150、151
康奈尔大学植物园	Cornell Botanical Gardens	美国	74

续 表

续 表

中文名	外文名	国别	页码
派拉丹尼亚植物园	Peradeniya Royal Botanic Garden	斯里兰卡	28
基辅植物园	Kiev Botanical Garden	乌克兰	210
新加坡滨海湾花园	Gardens by the Bay	新加坡	4、17
新加坡国立植物园	Singapore National Botanic Gardens	新加坡	5、12、15、16、28、68、214、259、260、261
达尼丁植物园	Dunedin Botanic Garden	新西兰	115
柏吉斯植物园	Bergius Botanic Garden	意大利	100
比萨大学植物园	Orto Botanico di Pisa	意大利	2、134、135
佛罗伦萨植物园	Orto Botanico di Firenze	意大利	100、135
帕多瓦大学植物园	Orto Botanico，Universita degli Studi di Padova	意大利	2、10、12、100、106、134、135、211
帕勒莫植物园	Istituto Botanico e Giardino Colonial, Palermo	意大利	210
加尔各答植物园	Calcutta Botanical Garden	印度	16、28、214、259
印度植物园	Acharya Jagadish Chandra Bose India Botanic Gardens	印度	16、28、67
茂物植物园	Bogor Botanic Gardens	印度尼西亚	16、74、104、209、214、260
爱丁堡皇家植物园	Royal Botanic Garden Edinburgh	英国	4、7、15、29、30、31、38、107、108、114、122、129、167、168、207、211、235、239、242、244、246
伯明翰植物园	Birmingham Botanic Gardens	英国	30
伦敦摄政园植物园	Regent's Park Gardens	英国	159
剑桥大学植物园	Cambridge University Botanic Garden	英国	12、68、121、151
牛津大学植物园	University of Oxford Botanic Garden and Arboretum	英国	3、135
切尔西药用植物园	Chelsea Physic Garden	英国	3、124
邱皇家植物园	Royal Botanic Garden, Kew	英国	3、4、7、21、36、38、65、73、88、91、129、136、167、209、244
威尔士国家植物园	National Botanic Gardens of Wales	英国	101
希菲尔德植物园	Sheffield Botanic Gardens	英国	181

续 表

续 表

中文名	外文名	国别	页码
南京中山植物园	Nanjing Botanical Garden Mem. Sun Yat-sen	中国	6、25、50、72、87、88、89、90、92、103、104、105、109、111、112、118、122、124、129、196、197、201、202、206、207、208、214、219、220、224、225、226、227、228、229、230、231、232、233、234、237、238、239、240、241、242、423、245、246、252
宁波植物园	Ningbo Botanical Garden	中国	7
厦门园林植物园	Xiamen Botanical Garden	中国	102、104
上海辰山植物园	Shanghai Chenshan Botanical Garden	中国	7、16、102、104、114、121、167、168
上海植物园	Shanghai Botanical Garden	中国	6、92、196
沈阳树木园	Shenyang Arboretum	中国	6
台北植物园	Taibei Botanical Garden	中国	6
中国科学院武汉植物园	Wuhan Botanical Garden CAS	中国	6、129、229
中国科学院西双版纳热带植物园	Xishuangbanna Tropical Botanical Garden CAS	中国	13、15、75、91、93、100、101、102、112、114、117、118、129、260
仙湖植物园	Fairlake Botanical Garden	中国	7、10、16
香港动植物园	Hong Kong Zoological & Botanical Gardens	中国	6
兴隆热带植物园	Xinglong Tropical Botanical Garden	中国	6
熊岳树木园	Xiongyue Arboretum	中国	6
浙江大学植物园	Botanical Garden of Zhejiang University	中国	6、10
中国科学院昆明植物研究所植物园	Kunming Botanical Garden CAS	中国	13
总理陵园纪念植物园	Mem. Sun Yat-sen	中国	6、196、224、238

植物名称索引

续 表

续 表

续 表

学名	中文名	页码
Berberis thunbergii var. *atropurpurea*	红叶小檗	123
Bergenia purpurascens	岩白菜	184、250
Beta vulgaris	甜菜	77
Betula pubescens	欧洲白桦	218
Bletilla striata	白及	171、249
Boehmeria nivea	苎麻	76
Borassus flabellifer	糖棕	201
Brassica campestris	油菜	85
Brassica oleracea var. *acephala*	羽衣甘蓝	168
Briza maxima	大凌风草	182
Bromus inermis	无芒雀麦	80
Broussonetia papyrifera	构树	123
Buchloe dactyloides	野牛草	154
Buddleja davidii	大叶醉鱼草	173
Buxus sinica	黄杨	123
Calamagrostis epigeios	拂子茅	80
Callicarpa peichieniana	钩毛紫珠	240
Callirhoe involucrate	罂粟葵	186
Callistephus chinensis	翠菊	201
Camellia chrysantha	金花茶	35
Camellia japonica	山茶	35
Camellia reticulata	滇山茶	35
Camellia sinensis	茶	28
Campanula lactiflora	阔叶风铃草	167
Campanula punctata	紫斑风铃草	187
Cananga odorata	依兰	83
Canna × *generalis*	大花美人蕉	163、176
Canna indica	美人蕉	161
Cannabis sativa	大麻	27、77
Cannabis sativa var. *indica*	印度大麻	79
Capsicum annuum	辣椒	77

续 表

续 表

续　表

续 表

续　表

续　表

学名	中文名	页码
Entada gigas	巨榼藤	167
Ephedra sinica	草麻黄	165
Epimedium brevicornu	淫羊藿	78
Eremochloa bimaculata	西南马陆草	154
Eremochloa ciliaris	蜈蚣草	116、154、233、245
Eremochloa ophiuroides	假俭草	116、154、155
Eremochloa zeylanica	马陆草	154
Eremurus altaicus	阿尔泰独尾草	170
Erysimum cheiri	桂竹香（墙花、香紫罗兰）	182
Erythronium dens-canis	狗牙堇	56
Erythropsis Kwangsiensis	广西火桐	196
Eschscholzia californica	花菱草	190、249
Euonymus alatus	卫矛	213
Eupatorium adenophora	紫茎泽兰	213
Euphorbia jolkinii	大狼毒（岩大戟）	180
Euphorbia lathylris	续随子	85
Euphorbia tirucalli	绿玉树	85
Fagopyrum esculentum	荞麦	76
Fagus sylvatica 'Purpurea'	紫叶欧洲山毛榉	117
Farfugium japonicum	大吴风草	190
Fatsia japonica	八角金盘	82、185
Felicia amelloides	蓝雏菊（费利菊）	190
Festuca arundinacea	高羊茅	152
Festuca glauca	蓝羊茅	182
Festuca longifolia	硬羊茅	152
Festuca ovina	羊茅	128
Festuca pratensis	草地羊茅	152
Festuca rubra	紫羊茅	152
Ficus altissima	高榕	201
Ficus carica	无花果	27
Ficus elastica	印度橡胶	84

续 表

续 表

学名	中文名	页码
Hedychium chrysoleucum	黄姜花	201
Helianthus annuus	向日葵	85
Helichrysum orientale	东方蜡菊	191
Heliopsis 'Summer Nights'	'夏夜' 赛菊芋	167
Heliopsis helianthoides	赛菊芋	191
Helleborus thibetanus	铁筷子	175、250
Hemerocallis	萱草属	33、248
Hemerocallis fulva	萱草	160、171
Heuchera	矾根属	250
Hevea brasiliensis	橡胶	28
Hibiscus moscheutos	芙蓉葵	186
Hibiscus syriacus	木槿	123
Hippeastrum	朱顶红属	41、253
Hiptage benghalensis	风车藤	213
Hordeum distichon	二棱大麦	77
Hordeum vulgare	大麦	40
Hosta plantaginea	玉簪（白萼、白鹤花）	165、171
Houttuynia cordata	鱼腥草	181
Humulus japonicus	葎草	202
Hyacinthus orientalis	风信子	44、83、58、167、171
Hydrangea macrophylla	八仙花（绣球、紫阳花）	82、184
Hylotelephium spectabile	长药景天（八宝景天）	160、187
Hymenaea courbaril	孪叶豆	84
Hypericum forrestii	川滇金丝桃	36
Hypericum patulum	金丝梅	185
Hypericum perforatum	贯叶连翘	83
Ilex cornuta	枸骨	35
Illicium verum	八角	83
Impatiens	凤仙花属	41
Imperata cylindrica 'Red Baron'	'红叶' 白茅（日本血草）	162、182

续 表

续 表

学名	中文名	页码
Leucanthemum maximum	大滨菊	191
Leucojum aestivum	夏雪片莲	183
Liatris spicata	蛇鞭菊	166
Ligularia dentata	齿叶橐吾	191
Ligularia pavifolia	小叶橐吾	199
Ligustrum × vicaryi	金叶女贞	123
Ligustrum quihoui	小叶女贞	123
Ligustrum robustrum	粗壮女贞	213
Lilium stewartianum	单花百合	199
Ligustrun lucidum	女贞	123
Lilium formosanum	台湾百合	30
Lilium lancifolium	卷丹	172
Lilium regale	岷江百合	30、167
Limonium bicolor	二色补血草	169
Linum perenne	宿根亚麻	189
Linum usitatissimum	亚麻	77
Liquidambar formosana	枫香	84
Liriodendron chinense	鹅掌楸	196
Liriope muscari 'Variegata'	'金边' 阔叶山麦冬	172
Litsea cubeba	山鸡椒	83
Lobularia maritima	香雪球	183
Lodoicea maldivica	海椰子（双椰子）	201
Lolium arense	田野黑麦草	152
Lolium multiflorum	多花黑麦草	152
Lolium perenne	黑麦草	128
Lolium persicum	欧黑麦草	152
Lolium remotum	疏花黑麦草	152
Lolium rigidum	硬直黑麦草	152
Lolium temulentum	毒麦	152
Lonicera fragrantissima	郁香忍冬	29
Lonicera ligustrina subsp. *yunnanensis*	亮叶忍冬	180

续 表

续 表

续 表

续 表

学名	中文名	页码
Pennisetum alopecuroides 'Tall'	'大布尼' 狼尾草	168
Penstemon campanulatus	钓钟柳	161
Penstemon cobaea	草地钓钟柳	188
Penstemon laevigatus subsp. *digitalis*	毛地黄叶钓钟柳	188
Perilla frutescens	紫苏	165
Perovskia abrotanoides	分药花	162
Perovskia atriplicifolia	滨藜叶分药花	177
Petasites japonicus	蜂斗菜	169
Petrocarya stenoptera	枫杨	240
Petunia hybrid	矮牵牛	40
Phalaenopsis	蝴蝶兰属	254
Phalaris arundinacea 'Variegata'	花叶虉草	183
Phaseolus vulgaris	菜豆	28
Philadelphus	山梅花属	31、82、233、245、250
Phlomis tuberosa	块根糙苏	177
Phlox paniculata	宿根福禄考	185
Phlox divaricata		185
Phoebe burnei	闽楠	81
Phoebe sheareri	紫楠	81
Phoebe zhennan	楠木	81
Phoenix dactylifera	波斯枣	27、28
Phyllostachys nigra	紫竹	82
Physocarpus opulifolius var. *luteus*	金叶美国风箱果	178
Physostegia virginiana	随意草（假龙头）	178
Pieris formosa var. *forrestii*	大花马醉木	36
Pieris taiwanensis	台湾马醉木	30
Pinus bungeana	白皮松	29
Piper nigrum	胡椒	17
Pistacia vera	阿月浑子	27
Pisum sativum	豌豆	27
Plantago depressa	车前草	78

续　表

续 表

续 表

续 表

续 表

续 表

续 表